G. OSTERLOH **Angewandte LEICA-Technik**

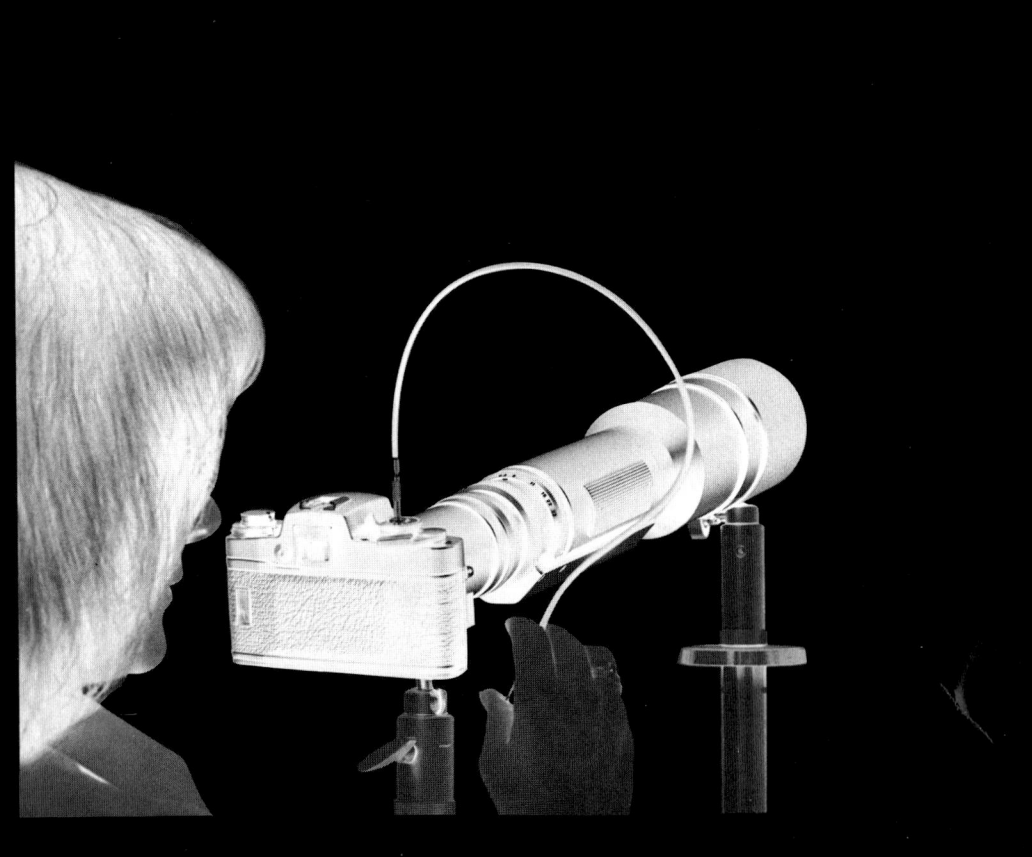

GÜNTER OSTERLOH

Angewandte LEICA-Technik

UMSCHAU VERLAG

Die im vorliegenden Buch zitierten und im Zusammenhang
mit von Leitz beziehbarer Ware verwendeten Bezeichnungen:

ABSORBAN	HEKTOR	PHOTAR
ANGULON	ILLUMITRAN	PRADO
APO-TELYT	LABORLUX	PRADOLUX
COLORPLAN	LEITZ	PRADOVIT
CURTAGON	LEICA	REPROVIT
ELMAR	LEICAFLEX	ROKKOR
ELMARIT	LEICAMETER	SUMMICRON
ELMARON	NOCTILUX	SUMMILUX
FOCOMAT	ORTHOPLAN	TRINOVID und
FOCOTAR	PERIPLAN	VISOFLEX

sind eingetragene Warenzeichen und genießen daher
Warenzeichenschutz.

CIP-Kurztitelaufnahme der Deutschen Bibliothek
Osterloh, Günter:
Angewandte LEICA-Technik / Günter Osterloh. —
Frankfurt am Main · Umschau Verlag, 1980.
ISBN 3-524-68009-7

4. Auflage 1985 — Nachdruck 1986

© 1980 Umschau Verlag Breidenstein GmbH, Frankfurt am Main.
Gesamtherstellung: Brönners Druckerei Breidenstein GmbH;
Datenerfassung: dateam Vertriebsgesellschaft mbH + Co KG,
beide Frankfurt am Main

ISBN 3-524-68009-7 · Printed in Germany

INHALT

Vorwort

Ohne Fotografie ist unser heutiges Leben kaum vorstellbar. Ohne Leica ist die moderne Fotografie kaum denkbar. Als vor mehr als 50 Jahren die geniale Konstruktion von Oskar Barnack — die Leica — der Weltöffentlichkeit vorgestellt wurde, ahnten nur wenige, daß damit eine neue Ära der Fotografie angebrochen war: das Zeitalter der Kleinbildfotografie. Keine andere Kamera prägte so nachhaltig den Stil fotografischer Bilder und keine andere Kamera beeinflußte so stark die Aufnahme- und Wiedergabetechnik.

Fortschritte in der Fotochemie vereinfachten in den letzten Jahren die Verarbeitung des Aufnahme- und Wiedergabematerials und schufen immer empfindlichere Filme mit immer besserer Wiedergabequalität. Neue Forschungsergebnisse und verbesserte Fertigungstechnologien führten ständig zu immer vollkommeneren Kameramodellen. Seit mehr als 15 Jahren kann ich die Entwicklung des Spiegelreflexkamera-Systems bei Leitz aus nächster Nähe beobachten und mitgestalten. Während dieser Zeit habe ich jede Gelegenheit genutzt, mich mit Fotografen aus aller Welt zu unterhalten, um von den Erfahrungen der Profis und Amateure zu lernen und zu ergründen, wo sie im fotografischen Alltag der Schuh drückt. Das vorliegende Buch ist die Summe meiner Erkenntnisse aus diesen Gesprächen. Es ist der Versuch, Fragen zu beantworten, die sich ergeben, wenn die Möglichkeiten des Leica R-Systems voll ausgeschöpft werden sollen.

Meinen Vorsatz, dabei nur selbst erprobte Verfahren und Rezepte weiterzugeben, konnte ich durch die tatkräftige Unterstützung vieler Leitzianer und Freunde des Hauses Leitz verwirklichen. Ihnen sei an dieser Stelle herzlich gedankt. Besonderer Dank gebührt jedoch meiner Frau, die mich nicht nur mit unendlicher Nachsicht meinem Hobby, der Fotografie, nachgehen ließ, sondern sich auch noch geduldig als Assistentin und Fotomodell ständig zur Verfügung stellte.

Wetzlar, im September 1980

LEITZ — gestern und heute

Die Geschichte der Leitz-Werke beginnt im Sommer 1849, als der damals 23jährige Mathematiker Carl Kellner aus Hirzenhain in Wetzlar ein „Optisches Institut" gründete, um seine wissenschaftlichen Erkenntnisse zur Verbesserung optischer Systeme in eigener Werkstatt nutzbar zu machen. Vater und Großvater waren leitend im Hüttenwesen der heimischen Industrie tätig gewesen. Er besuchte die Lateinschule in Braunfels. Sein starkes Interesse galt der Mathematik und Physik. In seinen Mußestunden beschäftigte er sich speziell mit Fragen der Optik. 17jährig verließ er die Schule und ging nach Gießen in die Werkstatt des Mechanikers Sartorius, um dort seine theoretischen Kenntnisse durch solide handwerkliche Fertigkeiten zu ergänzen. Seine mathematischen Studien vertiefte er bei Dr. Stein, dem Lehrer und späteren Direktor der Realschule in Gießen. Nach zwei Jahren intensiven Studiums in Gießen ging er für ein Jahr nach Hamburg, um sich im Bau von astronomischen Instrumenten zu vervollkommnen. Danach vertiefte er sein Wissen in zweijährigem Selbststudium in Braunfels, ehe er nach Wetzlar übersiedelte. Die Nähe der Universitäten Gießen und Marburg mag mit dazu beigetragen haben.

Kellners Werkstätte legte den Grundstein zum wirtschaftlichen Aufschwung Wetzlars. Während andere Betriebe damals Linsen für Fernrohre und Mikroskope noch nach alten „Hausregeln" durch Probieren herstellten, war Kellner in der Lage, Optiken mathematisch zu berechnen und genauestens zu justieren. Er entwickelte Optiken und Mikroskope, mit denen er 1851 auf den Markt kam und die schon bald in Deutschland und Europa zu den bekanntesten Erzeugnissen dieser Art zählten. 1850 hatte er zunächst sein berühmt gewordenes orthoskopisches Okular zur Begutachtung an den bekannten Mathematiker Carl Friedrich Gauß gesandt, der es sogleich für die Sternwarte Göttingen behielt.

Ernst Leitz kommt nach Wetzlar
Nach dem frühen Tode Carl Kellners am 13. Mai 1855 — 29jährig — führte seine junge Witwe den Betrieb mit zwölf Beschäftigten weiter. 1869 übernahm der Feinmechaniker Ernst Leitz die Firma und baute sie unter eigenem Namen aus. Er war als Sohn eines Lehrers 1843 in Sulzburg in Südbaden geboren worden und sollte eigentlich Theologe werden. Infolge seiner ausgeprägten praktischen Veranlagung verließ er jedoch 15jährig die Schule und ging in die Lehre bei einem Bekannten des Vaters, dem Instrumentenbauer Christian Ludwig Oechsle in Pforzheim. „Die Werkstätte physikalischer und chemischer Instrumente und Apparate und Maschinen des Mechanikus und großherzoglich-badischen Goldkontrolleurs Oechsle" war wie kaum ein anderer Platz geeignet, den wißbegierigen und praktisch veranlagten Lehrjungen in die Welt der Mechanik einzuführen und ihm vielseitige Kenntnisse zu vermitteln. Zum Ruf des Unternehmens hatten die „Oechslesche Mostwaage" und eine Goldlegierungswaage wesentlich beigetragen.

Nach einem längeren Aufenthalt in der Schweizer Uhrenindustrie, wo er das Problem der Arbeitsteilung und Serienfertigung kennenlernte, wo er aber auch aufgeschlossen wurde für die Kunst der Menschenführung, kehrte Ernst Leitz nach Deutschland zurück und kam Anfang 1864 nach Wetzlar. Am 7. Oktober 1865 — 22jährig — wurde er Teilhaber der Firma, die er durch Können, Unternehmungsgeist und Optimismus gegen harte Konkurrenz aus schwacher Position herausführte, in der er im Kontakt mit Wissenschaftlern und Forschern Geräte entwickelte, die die Zeit erforderte. 1869 übernahm Ernst Leitz I die alleinige Geschäftsführung. Seine herausragende Konstruktion war das binokulare Mikroskop. 1887 wurde bereits das 10 000. Mikroskop hergestellt; die Zahl der Mitarbeiter war auf 120 gestiegen. Immer neue Mikroskoptypen folgten.

Ende des 19. Jahrhunderts genossen die Leitz-Werke bereits Weltgeltung im Bereich der Mikroskop-Herstellung. Auch die sozialen Leistungen des Unternehmens waren beachtlich. Um die Jahrhundertwende hat Ernst Leitz schon den Achtstundentag in seiner Firma eingeführt und einen Krankenversicherungsverein gegründet.

Die Leica wird gebaut

Der 1. Weltkrieg und die nachfolgende Inflation traf das Unternehmen 1923 wirtschaftlich schwer. Und wieder war es eine revolutionäre Idee, die einen neuen Aufschwung brachte. Im Juli 1920 war Ernst Leitz I gestorben. Inzwischen war sein Sohn Ernst Leitz II (1871 bis 1956) Leiter des Unternehmens. Er war es, der im Jahre 1924 die Entscheidung traf: Die von Oskar Barnack konstruierte Leica sollte in Serie gebaut werden! Dieser Entschluß sollte in den Jahren wirtschaftlicher Depression Arbeitsplätze erhalten und neue schaffen. Die Entscheidung war gegen den Rat von Fachleuten aus der Fotobranche getroffen worden. Das Werk hatte damals bereits 1000 Beschäftigte. Auf der Leipziger Frühjahrsmesse 1925, einem acht Jahrhunderte alten Umschlagplatz von Gütern und Waren aus aller Herren Länder, wurde die Leica erstmals der Öffentlichkeit vorgestellt — und trat von da aus einen Siegeszug um die ganze Welt an. Ihr Erfolg wurde zur „Umsatzrakete" der dreißiger Jahre; brachte dem Werk 60 Prozent des Gesamtumsatzes.

Mittlerweile waren die Söhne von Ernst Leitz II in das Unternehmen eingetreten: Ernst Leitz III (1906 bis 1979), Ludwig Leitz (Jahrgang 1907) und Günther Leitz (1914 bis 1969). Nach dem Tode des Vaters 1956 hatten sie die Leitung des Hauses übernommen. Großes Glück bedeutete die Tatsache, daß das Werk durch die Kriegseinwirkungen nicht zerstört worden war. Nach dem Kriege durfte zunächst nur für die Amerikaner produziert werden. Aber allmählich kamen die Gesetze des freien Marktes wieder in Gang, die Wirtschaftspolitik von Ludwig Erhard (†) löste die Fesseln der Zwangswirtschaft, und im Zuge der freien Marktwirtschaft kam es auch bei Leitz wieder zu neuem Aufschwung.

Leitz Wetzlar heute

Heute setzt sich das Fertigungsprogramm zu etwa 60 Prozent aus dem Instrumentensektor (Mikroskope und mikroskopische Zusatzeinrichtungen, optisch-mechanische Feinmeßgeräte, physikalisch-optische Untersuchungsgeräte und Raster-Elektronenmikroskope) und zu 40 Prozent aus dem sogenannten Fachhandelsbereich (Foto, Projektion, Vergrößerungsgeräte und Ferngläser) zusammen. Etwa 4000 verkaufsfähige Einheiten aus 77 000 Einzelteilen umfaßt das Lieferprogramm der Ernst Leitz Wetzlar GmbH. Zusammen mit den Ersatzteilen für den Kundendienst müssen ca. 120 000 verschiedene Einzelteile in entsprechenden Stückzahlen disponiert und eingekauft bzw. gefertigt werden. Das Unternehmen gilt als einer der Pioniere im Bereich der quantitativen Mikroskopie, in der das Mikroskop weit über seine ursprüngliche Funktion der Erweiterung des menschli-

Das Stammwerk in Wetzlar

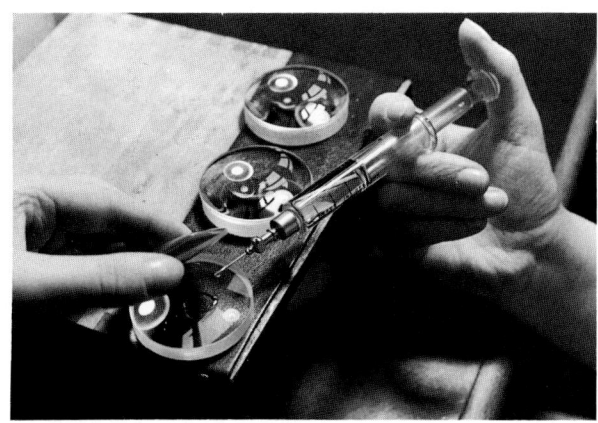
Feinverkittung von Linsenpaaren

chen Sehvermögens hinausgeht und zu einem Meß- und Analysegerät höchster Genauigkeit zur Auswertung mikroskopischer Objekte wird. Neue Entwicklungen auf diesem Sektor stellen eine Einheit von Optik, Präzisionsmechanik und Elektronik dar, die auch die Computer-Technologie einschließt.

Das Wetzlarer Stammwerk

In Wetzlar bestehen neben dem Hauptwerk vier Nebenbetriebe mit mehr als 3500 Mitarbeitern. Das Wetzlarer Stammwerk umfaßt neben Marketing-Bereich und Verwaltung im großen Umfang Abteilungen der Fertigung sowie Forschungslaboratorien und Entwicklungsbüros. Leitz war das erste glasverarbeitende Werk, das sich ein eigenes Glasforschungslabor einrichtete — im Jahre 1948. Bereits kurz nach seiner Gründung konnte es den ersten großen Welterfolg für sich verbuchen: Es war gelungen, hochbrechendes Glas, ohne das bis dahin obligatorische Thorium, eine radioaktive Substanz, zu erschmelzen. Das LaK9 (Lanthan-Kronglas 9) war eines der ersten thoriumfreien Lanthangläser, das von Leitz Anfang der 50er Jahre allen europäischen Glasherstellern in Lizenz vergeben wurde und sich heute in praktisch allen Objektiven mittlerer bis hoher Öffnung findet.

Das LaK9 ist eines der Gläser, das die Summicron-Reihe berühmt gemacht hat. Alleine aus jener Entwicklungszeit hält Leitz etwa 50 Patente. Seither sind zahlreiche weitere neue Glastypen unterschiedlicher Eigenschaften entwickelt worden. Ihre Herstellung wurde in der Regel anderen Glashütten in Lizenz vergeben. Leitz selber produziert bis heute nur in relativ geringen Mengen von sechs bis acht Tonnen spezielle Gläser. Darunter auch solche mit anomaler Teildispersion. Dieses optische Glas besitzt die Eigenschaften von Kristallen und findet im Apo-Telyt-R

1:3,4/180 mm und Telyt-S 1:6,3/800 mm Verwendung. Aus diesem Beispiel ist der Vorteil des Leitz-eigenen Glasforschungslabors deutlich zu erkennen. Durch die Tatsache, daß die Optik-Rechner, die Glasentwicklung und der Bereich Marketing unter einem Dach zusammen arbeiten, halten Leitz-Objektive seit Jahrzehnten einen Leistungsvorsprung im Weltmarkt.

Im Wetzlarer Stammwerk ist auch die Qualitätssicherung, d. h. das zentrale Prüfwesen mit fast 300 Mitarbeitern untergebracht: Unabhängig von den Entwicklungsabteilungen und der Fertigung hat die Qualitätssicherung drei Aufgaben zu erfüllen:

- Beurteilung und Erprobung neu entwickelter Geräte,
- Eingangs- und Fertigungskontrolle der Einzelteile,
- Endabnahme aller Geräte im Stammwerk und allen Außenwerken.

Diese Aufgaben gibt es in jedem Fabrikationsbereich: für den sogenannten Fachhandelsbereich mit Foto, Repro, Projektion, Ferngläser und Vergrößerungsgeräte, für die Mikroskopie, Metallographie, dem Meßgerätebau usw. Darüber hinaus bestehen für Prüfaufgaben aller Fertigungsbereiche Speziallabors sowie Untersuchungs- und Erprobungseinrichtungen. Eine große Bedeutung fällt dem optischen Meßlabor für die Prüfung von Objektiven zu. Hier werden optische Daten von Objektiven gemessen und Systeme auf ihre Gesamtleistung hin untersucht. Elektronische und elektrische Bauelemente und Geräte werden im elektrischen Prüffeld geprüft und fotografische Geräte in Testlabors getestet. Außerdem verfügt die Qualitätssicherung über große begehbare Klimaprüfräume von -45° bis +70 °C, Klimaprüfschränke von -70° bis +95 °C zur Einstellung beliebiger Klimawechsel-, Vakuum-, Nebel-, Sprüh- und Berieselungskammern sowie über Verpackungstester, Vibrations-, Schock- und Druckprüfanlagen.

Die Leitz-Qualitätsnormen sind sehr streng. Dazu ein Beispiel: Wenn man davon ausgeht, daß ein normaler Fotoamateur etwa zehn Filme im Jahr belichtet, aufgerundet also etwa 400 Aufnahmen tätigt, dann kommt er in zehn Jahren auf etwa 4000 Belichtungen. Leitz geht jedoch davon aus, daß eine Leica viel häufiger benutzt wird, etwa zehnmal mehr. Außerdem soll eine Leica länger als nur zehn Jahre funktionieren. Entsprechend hoch sind deshalb auch die Vorgaben, mit denen man diese Kamera testet: 100 000 Auslösungen muß eine Leica (und die Springblende des Objektivs) schadlos überstehen!

Die weit verzweigte, sinnvoll koordinierte Organisation der Qualitätssicherung bietet die Gewähr für eine beständige Qualität und die Zuverlässigkeit aller Leitz-Geräte.

Auch das Ausbildungszentrum und der Technische Service (Kundendienst) befinden sich in Wetzlar; im Verwaltungsgebäude sind Leica-Technik, Info-Dienst und Leica-Schule untergebracht. Seit ihrer Gründung im Jahre 1938 haben viele tausend Leica-Freunde aus aller Welt die Leica-Schule besucht. Praktisches Arbeiten mit allen Leica-Objektiven, die Vertonung eines Diavortrages und das Selbstvergrößern eigener Aufnahmen stehen u. a. auf dem „Lehrplan". Mancher Fotograf hat hier gelernt, welche Möglichkeiten ihm seine Leica bietet.

Die Außenwerke

Mitte der sechziger Jahre entstand vor den Toren der Stadt Weilburg, etwa 20 km westlich von Wetzlar, ein moderner Fertigungsbetrieb. Im April 1966 wurde dort die Produktion aufgenommen. Die Belegschaft beläuft sich heute auf rd. 450 Mitarbeiter. Jährlich werden dort zahlreiche Facharbeiter verschiedener Fachrichtungen ausgebildet und auf hochwertige Arbeiten vorbereitet. Der Beitrag des Werkes Oberlahn zum Produktionsprogramm besteht in der Vorfertigung, Oberflächenbehandlung und Montage von Geräten für Mikroskopie, Fotovergrößerung, Labor- und Sonderausrüstungen einschließlich des umfangreichen Zubehörs.

Im badischen Rastatt sind etwa 100 Mitarbeiter mit der Produktion von Projektionsobjektiven beschäftigt. Das Werk Portugal in Vila Nova de Famalicao, 30 km nördlich von Porto, nahm 1973 in angemieteten Räumen seine Arbeit auf. Gleichzeitig wurde begonnen, eine eigene Fertigungsstätte zu errichten. Der erste Bauabschnitt wurde 1975 bezogen. Die derzeit 370 Beschäftigten, acht deutsche Mitarbeiter sind als ständiges Personal dort, fertigen Baugruppen und Geräte: Trinovid-Ferngläser, Leica R-Kameragehäuse, Stative für Schul- und Kursusmikroskope.

Entwicklung und Konstruktion aller Geräte einschließlich der Nullserien-Fertigung erfolgt in Wetzlar. Für die Endabnahme und Qualitätskontrolle sind Fachleute aus Wetzlar tätig.

Die Tochtergesellschaft Ernst Leitz (Canada) Ltd. hat ihren Sitz in Midland in der Provinz Ontario. Das Werk — mittlerweile über 25 Jahre alt — wurde 1952 gegründet und beschäftigt etwa 450 Mitarbeiter. Unter diesen Mitarbeitern befinden sich 110 Deutschkanadier, davon 31 ehemalige Wetzlarer, sowie 78 Facharbeiter aus Ländern wie Großbritannien, den Niederlanden, aus Österreich und der Schweiz.

Das Werk in Midland/Ontario hat einen ausgezeichneten Ruf auf dem Gebiet der Optik und Feinmechanik. Neben fotografischen Objektiven und der Leica M4-P fertigt man dort auch selbstentwickelte Spezialgeräte für Optik und Präzisionsmechanik.

Innerdeutsche Vertriebsgesellschaften haben ihren Sitz in Hamburg, Köln, Frankfurt, Stuttgart, München und Berlin. Ein Netz von eigenen Vertriebsgesellschaften und Auslandsvertretungen überzieht die ganze Welt. In mehr als 80 Ländern wurden zur Stärkung der Marktposition und als Ergebnis des Zusammenschlusses mit der Wild Heerbrugg AG (Schweiz) die Verkaufsorganisation zusammengelegt.

Die wirtschaftliche Entwicklung

Wie stellt sich die wirtschaftliche Entwicklung in den letzten Jahren dar? Im wesentlichen verlief sie ähnlich wie in den anderen bedeutsamen Wirtschaftszweigen. Der Umsatz betrug 1980 = 314,7 Millionen DM, 1981 = 345,5 Millionen und 1982 = 347,9 Millionen DM. Die internationale Zusammenarbeit wuchs zunehmend, andererseits jedoch auch der Konkurrenzdruck auf dem Weltmarkt. Die Kooperation mit der renommierten Schweizer Firma Wild Heerbrugg AG begann 1972 und führte 1974 zur Übernahme weiterer Kapitalanteile bei Leitz. Andererseits wird auch mit Minolta in Japan auf technischem Gebiet zusammengearbeitet, ebenso wie mit der Firma Bendix Automation & Measurement Division in Dayton/Ohio. Eine breite Palette von Sozialleistungen des in sozialer Hinsicht traditionell aufgeschlossenen Unternehmens bietet viele Anreize. Trotzdem ist es für Leitz bisweilen schwer, qualifizierte Facharbeiter zu finden. Denn gefordert wird genaue Arbeit, bei der es häufig um tausendstel Millimeter geht. Wichtig ist deshalb die Erhaltung der Ausbildungsplätze, deren Zahl auch in den letzten Jahren konstant blieb. Insgesamt werden etwa 230 Auszubildende unterrichtet, von denen nicht wenige für immer dem Werk verbunden bleiben. Der Anteil der Frauen an der Beschäftigtenzahl beläuft sich auf etwa 30 Prozent. Die Zahl der Gastarbeiter beträgt etwa 5 Prozent.

Leitz auch im Weltraum

Die Elektronik gewinnt auch in der feinmechanisch-optischen Branche immer größere Bedeutung. Ein Beispiel dafür ist die Leica R4-Mot electronic. Seit Jahrzehnten wurde und wird bei Leitz ein hohes Maß an Präzision entwickelt. Die Anforderungen sind hoch, z. B. in der Metallbearbeitung und Oberflächenbehandlung. Moderne Technologien und in Jahrzehnten erworbenes „Know-how" vereinen sich in allen Leitz-Produkten. Völlig neuartige Geräte werden heute auf dem Markt verlangt; oftmals heißt es auch: „Können Sie dieses oder jenes herstellen?" Dann bedarf es einer gesonderten Entwicklungsarbeit. Zu den modernsten Produkten in der Feinmeßtechnik gehören Längen- und Winkelmeßgeräte mit digitaler Anzeige und optische Sensoren mit ihrer breiten Anwendungsmöglichkeit von der Satellitenstabilisierung im Weltraum bis zum Fahrzeugbau (Abstands-Warngeräte, Geschwindigkeits- und Bewegungsmessung, Seitenabweichungen beim Durchfahren von Kurven etc.). Der Markt zeigt, daß deutsche Qualitätsarbeit noch immer international hoch im Kurs steht. Diese Stellung gilt es zu erhalten.

Leitz heißt Präzision. Weltweit

Mehr als 130 Jahre Ernst Leitz Wetzlar: Eine umfassende Geschichte wirtschaftlicher und sozialer Entwicklung, eine Geschichte wissenschaftlichen Denkens, Forschens und Entwickelns, eine Geschichte technischen Fortschritts mit immer wieder neuen Problemlösungen, eine Geschichte unternehmerischen Weitblicks und Wagemuts, eine Geschichte unendlichen Fleißes und hohen Qualitätsbewußtseins in den Reihen der Beschäftigten. Sie alle gemeinsam haben die Namen LEICA und LEITZ in alle Welt getragen und beiden zu hohem Ansehen verholfen.

Oskar Barnack: Pionier der Kleinbildfotografie — Erfinder der LEICA

Die Fotowelt hat Oskar Barnack viel zu verdanken. Denn viele Anwendungen der Fotografie in Wirtschaft, Wissenschaft, Technik und Verwaltung sowie im humanitären, medizinischen und kulturellen Bereich, ohne die unsere heutige Welt nicht mehr vorstellbar wäre, basieren auf der von Oskar Barnack begründeten Kleinbildfotografie.

Oskar Barnack, der im Jahre 1979 hundert Jahre alt geworden wäre, schuf die Leica. Mit dieser Kamera gelang der eigentliche Durchbruch des einfachen und unbeschwerten Fotografierens. Doch nicht nur das Hobby Fotografieren verbreitete sich mit dem kleinen Format von Oskar Barnack, auch die moderne Life-Fotografie, der aktuelle Bildjournalismus, die wissenschaftliche und industrielle Fotografie hängen eng mit Barnacks Kamera und dem Kleinbildformat zusammen. Diese Tatsachen sind sicher Grund genug, auch an dieser Stelle das Werk von Oskar Barnack zu würdigen und auf die Geschichte der Leica und der Kleinbildfotografie einzugehen.

Als Oskar Barnack am 1. November 1879 in Lynow in Mecklenburg geboren wurde, bestand in der alten, freien Reichsstadt Wetzlar bereits seit 30 Jahren ein Unternehmen, das sich auf die Fertigung von Mikroskopen spezialisiert hatte: die Firma Ernst Leitz. Das Werk war 1849 von Carl Kellner unter dem Namen „Optisches Institut" gegründet worden. 1865 war der Mechaniker und Instrumentenmacher Ernst Leitz als Teilhaber in die Firma eingetreten und hatte diese 1869 als alleiniger Inhaber übernommen und ihr den heutigen Namen gegeben. Zum Jahresende des Geburtsjahres von Oskar Barnack hatte Ernst Leitz bereits 40 Mitarbeiter und konnte auf eine Jahresproduktion von 350 Mikroskopen zurückblicken. Die Qualität der Mikroskope des Hauses Leitz war bereits über die Grenzen Deutschlands hinaus bekannt. Der Export der Leitz-Mikroskope stieg ständig. Um die Jahrhundertwende und bis zum 1. Weltkrieg stellten die Ernst Leitz Werke für den gesamten Raum Wetzlar und Umgebung einen gewichtigen Industrie-Komplex und einen bedeutenden Exportfaktor dar. Bis zum Jahre 1911 war die Zahl der Mitarbeiter des Hauses Leitz auf über 950 angewachsen, und man produzierte jährlich über 9000 Mikroskope. Man fertigte mehr als 30 Mikroskop-Typen unterschiedlichster Bauart, und in aller Welt setzten Wissenschaftler und Forscher die Leitz-Mikroskope ein. Im gleichen Jahr stand auch die Produktion des 150 000. Mikroskopes vor der Tür, das dem Nobelpreisträger Prof. Dr. Paul Ehrlich im Jahre 1912 überreicht wurde. Bis zum Jahre 1911 hatte die Firma Leitz wenig mit der Fotografie zu tun gehabt, wenn man davon absieht, daß bereits seit Jahrzehnten zu den Mikroskopen auch Fotoeinrichtungen gefertigt wurden. So lieferte man seit 1885 eine große mikrofotografische Horizontalkamera. Um 1890 kam ein Zeichenapparat mit Kamera dazu, und um 1900 ein Apparat für Mikro- und Diapositivprojektion. Für den rein fotografischen Sektor wurden lediglich Objektive verschiedener Brennweiten für großformatige Plattenkameras anderer Hersteller produziert. Darüber hinaus hatte die Firma Leitz nie irgendwelche Ambitionen auf dem Fotosektor gezeigt — Fotografen und

Typisch Barnack, typisch Leica! Bereits 1913 fotografiert Oskar Barnack mit der Ur-Leica so wie Jahrzehnte später die Foto-, grafen, die mit den von der Leica geschaffenen journalistischen Bildern einen neuen fotografischen Stil prägten.

Fotohändler gehörten nicht zu ihrem Kundenkreis. Mit dem Jahresbeginn 1911 wurde jedoch das Vorzeichen für eine Erweiterung der Leitz-Produktpalette gesetzt, denn im Januar 1911 trat Oskar Barnack in das Wetzlarer Unternehmen ein. Der inzwischen 31jährige Mechanikermeister wurde der neue Leiter der Mikro-Versuchsabteilung.

Aus der Jugend Barnacks ist nicht viel bekannt. Man weiß, daß seine Eltern, als er noch ein Kind war, in die Hauptstadt Berlin übersiedelten, wo Oskar zur Schule ging und später auch seine Lehre als Mechaniker in einer Werkstätte für astronomische Geräte absolvierte. Schon in frühen Jahren fühlte er sich zur Mathematik und technischen Dingen hingezogen, insbesondere auch zur Fotografie. So soll er seine Freizeit oft dazu ausgenutzt haben, um mit der Kamera in die Natur hinauszuziehen — um die Heimat im Bild festzuhalten. Vielleicht war es auch seine künstlerische Begabung (er wollte ursprünglich Kunstmaler werden), die

seine Liebe zum Gestaltungsmittel Fotografie und Film günstig beeinflußte.

Wie er später selbst schrieb, war es um 1905, als er an den Wochenenden mit einer unhandlichen 13 × 18 cm-Plattenkamera, einem Rucksack voller Platten und Zubehör und einem schweren Stativ durch den Thüringer Wald zog, um seinem Hobby nachzugehen. Schon damals kam ihm die Idee, einen kleineren Fotoapparat zu schaffen. Es sollte ein handliches Gerät sein, das man ohne Aufwand überall mitführen konnte. Um Aufnahmen zu machen, die mehr Spontaneität besaßen. Seine ersten Versuche in dieser Richtung mißlangen jedoch. Die in jener Zeit üblichen Aufnahmeplatten gestatteten kein so kleines Aufnahmeformat, wie er es sich vorstellte, bzw. die kleineren Negative erlaubten keine starke Rückvergrößerung. Auch während seiner Gesellen- und Wanderjahre, die er in Sachsen, in Wien und in Tirol und später in Jena verbrachte, ließ ihn die Idee der kleinen Kamera nicht mehr los — wenn auch ohne praktisches Ergebnis. Erst als er zu Leitz nach Wetzlar kam, konnte er sich seinen Ideen wieder widmen. Als er nämlich an die Konstruktion einer Kinokamera ging. Im Jahre 1912 konstruierte Oskar Barnack bei Leitz eine Aufnahmekamera für Kinofilme. Es war die erste Ganzmetall-Kamera aus Aluminium, in der technischen Konzeption seiner Zeit weit voraus! In Verfolgung seiner lange gehegten Ideen stellte er damals Versuche zur Vergrößerung von Kinofilm-Negativen an. Das im Vergleich zu den großformatigen Fotoplatten feine Korn ließ in ihm neue Gedanken reifen und brachte ihn auch in verhältnismäßig kurzer Zeit auf einen neuen Weg.

Oskar Barnack hatte bereits eine Reihe von Heimatfilmen gedreht, die als „Leitz-Filme" von sich reden machten und in einem Kinotheater öffentlich aufgeführt wurden. Immer wieder kam es bei den Filmaufnahmen vor, daß einige Szenen der 60 m langen Filme über- oder unterbelichtet waren. Bei den damaligen Filmpreisen kam das Oskar Barnack teuer zu stehen. Hinzu kam der Zeitverlust, wenn Barnack die fehlbelichteten Stellen herausschneiden und neu aufnehmen mußte. Was er daher benötigte, war ein genau arbeitender Belichtungsmesser. Die heute jedermann geläufigen Selen-Zellen, CdS-Fotowiderstände und Silizium-Fotodioden waren noch unbekannt. Man behalf sich für die Lichtmessung mit optischen Hilfsmitteln, wie etwa des Fettfleck-Fotometers. Oskar Barnack machte sich daher an die Konstruktion eines Belichtungsmessers für die Kinofilmaufnahme. Und er tat dies auf echt Barnacksche Weise, d. h. unorthodox und richtungsweisend. Warum sollte er die Belichtung eigentlich optisch messen und mechanisch ermitteln? Viel genauer mußte doch die fotochemische Messung sein, indem man ein Stück des Kinofilms für Probeaufnahmen bei verschiedenen Blendeneinstellungen verwendete, schnell entwickelte und anhand der Ergeb-

Die schnappschußbereite Leica als ständige Begleiterin! Was heute für viele Fotografen selbstverständlich ist, war für Oskar Barnack schon eine liebe Gewohnheit. So entstand 1913 diese Aufnahme vom Hochwasser in Wetzlar.

nisse genau den richtigen Wert erkannte. Was lag also näher, als für diese unbestechliche Belichtungsmessung eine kleine Meßkammer zu bauen, die ein Objektiv besaß, das dem Kinokamera-Objektiv entsprach. Mit einem Verschluß, der eine Verschlußzeit ermöglichte, die der Aufnahmefrequenz der Kinokamera gleichkam. Also machte sich Barnack daran, eine kleine Belichtungsmeßkammer zu bauen, und schlug damit quasi „zwei Fliegen auf einen Streich". Wenn diese kleine Meßkammer, die ja nichts anderes als eine kleine Kamera darstellte, schon Belichtungen auf Kinofilm machte, konnte man dann nicht diese Meßaufnahmen auch als normale Fotoaufnahmen einsetzen? Warum sollte er hier nicht seine Versuche hinsichtlich eines kleinen Fotoapparates fortsetzen? Barnack konstruierte also eine kleine Metallkamera, die man bequem in der Tasche mitführen konnte. Sie besaß einen feststehenden Schlitzverschluß für 1/40 sec Belichtungszeit sowie eine Kupplung von Verschluß und Filmtransport: Doppelbelichtungen waren damit ausgeschlossen. Als Optik diente ein teleskopartig versenkbares Objektiv.

Barnack beschloß, die doppelte Kinobildhöhe für seine fotografischen Aufnahmen auszunutzen. Er belichtete also Negative mit 24 mm Breite und 36 mm Länge. Dieses neue Format war kein Produkt monatelanger Grübeleien, wie er sie später oft bei der Konstruktion nur winziger Kameradetails anstellen mußte. Die Formatfestlegung entsprach vielmehr ganz seinem Gefühl, weil er das Seitenverhältnis 2:3 für das schönste und zweckmäßigste hielt. Die Ur-Leica war geboren. Es war eine „Rollfilm-Kamera", die mit einem 2 m langen Streifen des perforierten Kinofilms geladen wurde.

Drei Jahre lang beschäftigte sich Barnack mit der Konstruktion und Verbesserung seines neuen Fotoapparates, der ursprünglich als Belichtungsmesser gedacht war. 1913 und 1914 entstanden die ersten Fotos, die uns heute noch erhalten sind.

Oskar Barnack hatte inzwischen ein zweites Modell der Ur-Leica gebaut, die von seinem Chef, Ernst Leitz, auch bei dessen Auslandsreisen ausprobiert wurde. Man trug sich damals sicher noch nicht mit dem Gedanken, die Kamera zur Marktreife zu entwickeln und daraus ein völlig neuartiges Produkt der Ernst Leitz Werke entstehen zu lassen, aber Ernst Leitz sagte: „Im Auge behalten!" Dann brach der 1. Weltkrieg aus. Die Weiterentwicklung der kleinen Kamera wurde dadurch unterbrochen. Gelegentlich fotografierte Oskar Barnack noch mit seinem Prototyp und sammelte dabei Erfahrungen, die ihm später zugute kamen. Anfang der 20er Jahre konnte er sich dann seinen ur-

sprünglichen Ideen wieder widmen. Im Jahre 1920 machte er mit seiner inzwischen verbesserten Kamera Aufnahmen von einer Flutkatastrophe in Wetzlar — richtige Live- oder News-Fotos. Diese Art, d. h. eine Serie von Aufnahmen vom gleichen Sujet zu fotografieren, war typisch für Barnack, jedoch bis dahin bei Amateur- und Berufsfotografen nicht üblich. Erst viele Jahre später wurde diese Arbeitsweise von so berühmten Fotografen wie Erich Salomon im fotografischen Alltag der Reporter angewandt.

Solche Fotos konnten natürlich nicht mit einer Belichtungszeit von 1/40 sec entstehen. Sie wurden vielmehr mit dem neuen Verschluß belichtet, den Barnack inzwischen entwickelt hatte. Es war ein verdeckt aufziehbarer, in der Schlitzbreite verstellbarer „Rouleau-Verschluß", der auch kurze Verschlußzeiten ermöglichte. Weiterhin hatte Barnack einen Entfernungsmesser konstruiert, der für die kleine mattscheibenlose Kamera unbedingt erforderlich war. Nach dem Bau eines Fernrohrsuchers und der Konzeption einer neuartigen Tageslicht-Kassette, die das Filmeinlegen bei hellem Tageslicht ermöglichte, blieb für Barnack nur noch ein Problem: ein genau auf das Bildformat abgestimmtes Objektiv. Es mußte höchste Leistung aufweisen, um eine zumindest zehnfache lineare Vergrößerung der Negative zu ermöglichen. An dieser Stelle setzte die Objektivrechnung von Prof. Dr. Max Berek ein. Er errechnete einen Anastigmaten mit der Lichtstärke 1:3,5 und der Brennweite von 50 mm, die in etwa der Diagonale des Aufnahmeformates entsprach. Die kleine Barnacksche Kamera war nach dieser Vervollkommnung endlich marktreif.

Inzwischen war aber wieder ein äußeres großes Hemmnis für den Bau der Kamera eingetreten. In Deutschland herrschte größte Not und die Inflation. Man rechnete nicht mehr nach Hunderten. Tausende, Millionen, Milliarden und selbst Billiarden waren die Größenordnung, mit denen man im Alltag rechnete. Selbst für einen normalen Brief mußte man RM 25 000,— für das Porto zahlen, dann sogar 1 Milliarde und schließlich 20 Milliarden. Wer eben seinen Arbeitslohn ausgezahlt bekam, konnte schon am Morgen danach bestenfalls ein Brötchen für das Geld erstehen. In dieser Zeit eine neue Kamera auf den Markt zu bringen, wäre für ein Unternehmen Selbstmord gewesen. Doch dann kam mit der Währungsreform ein Ende für die Inflation. Dafür brach die Zeit größter Arbeitslosigkeit über das Land herein. Dr. Ernst Leitz II, der nach dem Tode seines Vaters die Leitung der Leitz-Werke übernommen hatte, mußte eine überaus schwerwiegende Entscheidung fällen: Sollte er die Kamera tatsächlich bauen?

Für viele Unternehmen blieben die notwendigen Aufträge aus. Es war schwer, die Belegschaft unter Vertrag zu halten, und in starkem Maße war auch die deutsche optische Industrie von der wirtschaftlichen Krise gefährdet. Überall standen Menschen nach Arbeit und Arbeitslosengeld an. Diese äußeren Umstände ließen Dr. Ernst Leitz II eine für die Zukunft seines Werkes wichtige Entscheidung treffen. Er beschloß, seinen Betrieb zu erweitern und die Produktion einer Kamera aufzunehmen. Nicht zögernd oder mit Vorbehalten, sondern mit der Entschlossenheit eines modernen Managers ließ er die Produktion der ersten Barnackschen Kamera anlaufen, die man im Inflationsjahr 1923 gründlich getestet hatte.

Die ersten Kleinbildkameras mit den Nummern 100 – 130 wurden 1923 von Hand gefertigt, und mit ihnen wurde nun der Markt erforscht. Bislang hatten die Optischen Werke Leitz im wesentlichen Mikroskope gefertigt. Die hohe Präzision, die der Bau von Mikroskopen und die Fertigung von Mikro-Objektiven erforderten, kam nun der Kamera zugute. Im Jahre 1924 ließ man die ersten Exemplare der neuartigen Präzisionskamera von Fotografen und Wissenschaftlern testen. Waren die einen von der Kamera und den Bildergebnissen begeistert, so beurteilte eine ganze Reihe von Fachfotografen die kleine Kamera mit Skepsis. Man war große Kameras gewohnt, arbeitete mit Stativen und schaute auf große Mattscheiben . . . und nun so ein kleines Ding. Man traute dem winzigen Fotoapparat ganz einfach nicht. Und selbst im Hause Leitz stieß das neue Produkt bei manchen auf Ablehnung. Trotzdem ließ Dr. Leitz im Jahre 1924/25 die Produktion der ersten 500 Kleinbildkameras anlaufen. Gleichzeitig wurde der Handelsname LEICA als Warenzeichen angemeldet. Man hatte dieses Kunstwort, das bald weltweit bekannt wurde und sich in allen Sprachen leicht aussprechen ließ, aus dem Begriff **Lei**tz-**Ca**meras abgeleitet.

Anläßlich der Leipziger Frühjahrsmesse des Jahres 1925 wurde die Leica offiziell der Welt angekündigt. In der ersten Anzeige wurde der neue Apparat als „Revolution der Fotografie" bezeichnet. Im Vergleich zu allen anderen bisherigen Kameras bot die Leica nämlich vom ersten Modell an schnellste Aufnahmebereitschaft. Doppelbelichtungen wurden vermieden. Außerdem konnte ein Fotograf auch 36 Aufnahmen schnell hintereinander folgen lassen, ohne zwischendurch den Film wechseln zu müssen. Und dann der Filmpreis: Mit der Leica konnte man 12 Aufnahmen zum Preis einer 9 × 12 cm-Aufnahme machen. Der Fotograf konnte mit seiner neuen Leica das Objekt in Augenhöhe anpeilen und erhielt so eine überra-

schend wahre „Augenperspektive". Selbst relativ lange Verschlußzeiten, die bis 1925 in der Regel die Verwendung eines Stativs erforderten und die Fotografie damit statisch machten, konnte man nun durch die Handlichkeit, die weiche Verschlußauslösung und die kurze Objektiv-Brennweite aus der Hand wagen. Die Kamera war auch bei schlechten Lichtverhältnissen mobil. Mit der Leica wurde nicht nur eine neue Idee verwirklicht: Die Leica und die Kleinbildfotografie leiteten eine neue Ära der Fotografie ein.

Bei den Amateuren und den Bildjournalisten verursachte die Leica großes Aufsehen. Die Kunde von der neuartigen Kamera und dem neuartigen Aufnahmeformat ging in Windeseile um die ganze Welt. Bis zum Jahresende 1925 wurden bereits über 1000 Stück der Leica A, die später unter der Bezeichnung Leica I bekannt wurde, gefertigt. Die ersten Modelle waren mit den Objektiven Leitz-Anastigmat 1:3,5/50 mm (etwa

200 Kameras) sowie Elmax 1:3,5/50 mm (etwa 500 Kameras) und später mit dem auch heute noch berühmten Elmar 1:3,5/50 mm ausgestattet.

Kaum ein Jahr nach der Ankündigung der ersten Leica ging die Leica B in Produktion — das heute so gesuchte und auf Auktionen teuer bezahlte Modell, das meist mit „Compur-Leica" bezeichnet wird. Viele weitere Kamera-Modelle folgten in den vergangenen 50 Jahren bis heute. Als neuestes Modell der Spiegelreflex-Kameraserie präsentierte Leitz zur photokina '80 die Leica R4-Mot electronic.

Zur Umgehung der hohen Lohnkosten in Deutschland basiert die Leica R4-Mot electronic ebenso, wie zuvor die Leica R3/R3-Mot electronic, auf internationaler Fertigung und dem Zukauf verschiedener Einzelteile aus Großserien-Produktionen. Dabei spielt selbstverständlich auch die Firma Minolta, mit der Leitz schon seit einer Reihe von Jahren kooperiert, eine entsprechende Rolle. Im Rahmen der Fertigung des Leica R4-Mot-Systems auf internationaler Basis kommt natürlich den Leitz-Werken in Portugal und Kanada eine ganz besondere Bedeutung zu. In diesem Zusammenhang muß betont werden, daß Leitzsche Technologien, Fertigungsverfahren und Konstruktionen erfreulicherweise nicht nur auf das Stammwerk in Wetzlar ausgerichtet sind, sondern sich auch international nutzen lassen.

Die Herstellung der Leica R4-Mot erfolgt gemäß den bewährten Leitz-Fertigungs-Richtlinien. Danach werden nur geprüfte Einzelteile im Rahmen einer Individualmontage im Leitz-Werk in Portugal zusammengefügt. Unter der Leitung deutscher Ingenieure und Meister arbeiten dort mehrere Hundert portugiesische Facharbeiter mit der gleichen Präzision, wie sie in Wetzlar in der 130jährigen Geschichte stets gepflegt wurde. Viele Millionen Kleinbildkameras werden heute weltweit jährlich gebaut. Leitz fertigt vergleichsweise nur geringe Stückzahlen — dafür aber in der Gewißheit, daß diese Geräte bis ins kleinste Detail den hohen Anforderungen entsprechen, die Oskar Barnack und die Verantwortlichen für die Einführung der ersten Leica an diese neuartige Kamera stellten.

Kleine Leica-Chronik

Es gibt nur wenige Industrieprodukte, deren Namen auch in den entferntesten Ländern zum Begriff wurden, wie z. B. Ford, Aspirin und Leica. Wie oft bei genialen Einfällen, so war auch die ursprüngliche Idee zur Leica einfach und logisch. Sie ist es heute noch — genau so, wie vor über 50 Jahren, als die erste Leica

auf dem Markt erschien. Längst haben sich Photographica-Interessenten in der ganzen Welt auf das Sammeln der vielen verschiedenen Leica-Modelle spezialisiert. Umfangreiches Schrifttum in allen wichtigen Sprachen gibt Auskunft über jedes Detail vom Kamera-Gehäuse, Wechselobjektiven und Zubehör (siehe auch Seite 302). Auf dieser und den nachfolgenden Seiten beschränkt sich die Vorstellung der Leitz-Kameras deshalb auf die Ur-Leica und auf die wichtigsten Leica-Modelle, die von Leitz gefertigt wurden.

UR-LEICA

Ur-Leica

1914 konstruierte Oskar Barnack den ersten funktionsfähigen Prototyp der Leica für 35 mm Kinofilm. Er besteht aus einem Ganzmetallgehäuse, hat ein versenkbares Objektiv und einen Schlitzverschluß, der allerdings noch nicht überlapt. Ein angeschraubter Objektivdeckel, der beim Filmtransport vorgeschwenkt wird, verhindert den Lichteinfall. Die Kamera ist unter der Bezeichnung Ur-Leica in die Geschichte der Fotografie eingegangen.

Leica I ohne Auswechselfassung

1925 erscheint das Leica-Modell A, auch bekannt als Leica I ohne Auswechselfassung. Zunächst wird dieses Modell mit Leitz Anastigmat 1:3,5/50 mm sowie Elmax 1:3,5/50 mm, später mit Elmar 1:3,5/50 mm geliefert. Die Objektive besitzen eine Arretierungsfeder für Unendlich. Der Schlitzverschluß erlaubt Belichtungszeiten von 1/20 bis 1/500 sec und Zeitaufnahme. Dazu wird ein aufsteckbarer Entfernungsmesser angeboten.

Leica I mit Auswechselfassung

1930 geht die erste Leica mit Wechselgewinde, das Leica-Modell C (auch als Leica I mit Auswechselfassung bezeichnet) in Fertigung. Allerdings sind Anschraubring und Objektive noch nicht auf „0" abgestimmt, d. h. für jede Leica sind speziell auf das Gehäuse abgestimmte Objektive erforderlich. Ab 1931 sind Kamera-Anschraubring und Objektive auf „0" abgestimmt.

Folgende drei Objektive sind verwendbar: Weitwinkel-Objektiv Elmar 1:3,5/35 mm, Normal-Objektiv Elmar 1:3,5/50 mm und als lange Brennweite das Elmar 1:4,5/135 mm. Sonst entspricht das Leica-Modell C dem Modell A.

Elmar 1:3,5/35 mm	Elmar 1:4/90 mm
Elmar 1:3,5/50 mm	Elmar 1:6,3/105 mm
Hektor 1:2,5/50 mm	Elmar 1:4,5/135 mm
Hektor 1:1,9/73 mm	

Zum weiteren Zubehör zählen drei Nahgeräte für Reproduktionen bis 1:1.

Leica III

1933 wird das Leica-System durch die Leica III ergänzt, die Verschlußzeiten von 1 bis 1/500 sec besitzt. Die langen Zeiten von 1 bis 1/20 sec werden über einen Langzeitknopf an der Frontseite der Kamera eingestellt. Außerdem wird das Objektiv-Programm weiter ausgebaut.

Leica IIIf

1950 erscheint die erste Neukonstruktion von Leitz nach dem Kriege. Bis zu diesem Jahr war die Verwendung der Leica mit Blitzgeräten nur durch besondere Ausführung möglich. Die Leica IIIf ist synchronisiert für alle Lampen- und Elektronen-Blitzgeräte. Im gleichen Jahr wird die 500 000. Leica, ein Modell IIIc, fertiggestellt.

LEICA I

LEICA II

LEICA IIIf

Leica II

1932 bietet die Leica II als wichtige Neuerung den eingebauten, gekuppelten Entfernungsmesser zur Verwendung einer großen Objektiv-Familie. Mit der Kamera zusammen wird das leichte, schlanke Elmar 1:6,3/105 mm, das unter dem Namen „Berg-Elmar" berühmt werden soll, angekündigt. Die Leica ist jetzt eine echte System-Kamera mit sieben auswechselbaren Objektiven, die genormte Wechselgewinde haben und sich mit dem Entfernungsmesser kuppeln. Die Objektive:

Leica M3

1954 beginnt eine neue Ära der Kleinbildfotografie. Von Leitz wird die Leica M3 vorgestellt. Diese neue Kamera ist mit einem kombinierten Leuchtrahmen-Meßsucher ausgerüstet. Beim Einsetzen der Leica-Objektive von 50, 90 und 135 mm Brennweite spiegelt sich automatisch der zugehörige Bildrahmen ein. Außerdem können 35 mm-Weitwinkel-Objektive mit angebautem Sucher-Vorsatz verwendet werden. Die Leica M3 ist die erste Kleinbildkamera der Welt mit Sucher für vier Brennweiten. Ein ebenfalls bedeutender

LEICA M3

LEICAFLEX

LEICAFLEX SL

Fortschritt ist der leuchtend helle Sucher mit automatischem Parallaxausgleich über den gesamten Einstellbereich der verwendbaren Objektive. Weitere Vorzüge der Leica M3 sind: automatisches Bildzählwerk, Schnellschalthebel und Objektiv-Schnellwechselbajonett von ungewöhnlicher Präzision und Robustheit. Zusammen mit der Leica M3 wird der Belichtungsmesser „Leicameter" angeboten, der sich mit dem Zeiteinstellknopf kuppelt. Dem Leica-Fotografen stehen jetzt 11 verschiedene Objektive zur Verfügung.

Leicaflex
1965 wird am 1. März die langerwartete einäugige Spiegelreflex-Kamera von Leitz, die Leicaflex auf den Markt gebracht. Gleichzeitig mit der Kamera erscheinen vier neue Objektive der meistgebrauchten Brennweiten — alle mit automatischer Springblende:

Elmarit-R 1:2,8/35 mm   Summicron-R 1:2/50 mm
Elmarit-R 1:2,8/90 mm   Elmarit-R 1:2,8/135 mm

Die Leicaflex besitzt einen neuentwickelten Schlitzverschluß mit 1/2000 sec als kürzeste Belichtungszeit und mit Elektronenblitz-Synchronisation bei 1/100 sec. Die Kamera zeichnet sich durch ein strahlend helles und großes Sucherbild mit Mikroprismen-Meßfeld in der Mitte aus. Der CdS-Belichtungsmesser ist eingebaut (Außenmessung).
Seit 1965 werden von Leitz zwei Kleinbildkamera-Systeme angeboten, das der Spiegelreflex-Leica und das der Meßsucher-Leica. Ihr Objektiv- und Zubehör-Programm ist jedem System optimal zugeordnet und deshalb unterschiedlich. Die zusätzlichen Bezeichnungen aller Produkte, „M" für Meßsucher-System und „R" für Reflex-System, verdeutlichen das.

Leicaflex SL
1968 wird die Leicaflex SL mit selektiver Lichtmessung durch das Objektiv vorgestellt. Eine von Leitz neuentwickelte Einstellscheibe mit feinstmattierten Mikroprismen für die Schärfenbeurteilung über das ganze Sucherfeld und zentralem Meßfeld mit Vierkant-Mikroprismen für das eindeutige Scharfeinstellen sowie die Schärfentiefe-Taste und ein vereinfachtes Filmeinlegen für alle handelsüblichen Kleinbildfilme sind die Verbesserungen gegenüber der Leicaflex mit Außenmessung. Der Leicaflex-Motor mit der Spezialkamera Leicaflex SL-Mot bietet Bildgeschwindigkeiten von 3 — 4 Bildern pro Sekunde. Zum Leicaflex-System zählen jetzt Objektiv-Brennweiten von 21 mm bis 560 mm sowie das robuste Balgeneinstellgerät-R mit dem Spezial-Objektiv Macro-Elmar 1:4/100 mm.

LEICAFLEX SL2   LEICA R3

Leicaflex SL 2

1974 erfährt das Leicaflex-Programm weitere Verbesserungen. Die Leicaflex SL 2 bietet einen erweiterten Meßbereich der selektiven Lichtmessung durch das Objektiv. Der Belichtungsmesser weist eine 8fache Empfindlichkeit im Vergleich zur bisherigen Leicaflex SL auf. Eine beleuchtete Meßanzeige erleichtert das Arbeiten bei schlechten Lichtverhältnissen. Die Einstellscheibe mit feinstmattierten Mikroprismen besitzt innerhalb des Viereck-Mikroprismen-Einstellringes einen zusätzlichen Schnittbildentfernungsmesser als Einstellhilfe, vor allem bei kurzbrennweitigen Objektiven. Im Zubehörschuh der Leicaflex SL 2 ist ein Mittenkontakt eingebaut. Der Leicaflex-Motor ist an der Spezialkamera Leicaflex SL 2-Mot weiterhin verwendbar. Für beide Kamera-Modelle werden mehr als 20 R-Objektive angeboten.

Leica R3 electronic
Leica R3-Mot electronic

Einäugige Kleinbild-Spiegelreflexkamera mit Belichtungsmessung durch das Objektiv und umschaltbaren Belichtungsmeßmethoden:

● Leitz-Selektivmessung
● Leitz-Großfeld-Integralmessung

Zeit-Automatik mit Blendenvorwahl und elektronisch gesteuerter CLS-Verschluß (Leitz-Copal-Shutter). Ganzmetall-Gehäuse
Leitz-Schnellwechselbajonett für Leica R-Objektive Silbern oder schwarz verchromt

Abmessungen (ohne Objektiv): Höhe 96,5 mm, Länge 148 mm, Gesamt-Tiefe 64,6 mm, Gehäuse-Tiefe allein 32 mm.
Gewicht (ohne Objektiv): ca. 780 g

Belichtungsmeßsystem

Hauptschalter: Ein/Ausschalter für den Stromkreis an der rechten Kamera-Rückseite. Auslöser in abgeschaltetem Zustand blockiert.
Belichtungsmessung: Umschaltbar für zwei Meßmethoden (selektiv/integral) kombinierbar mit vier Betriebsarten (automatisch/manuell/Offenblenden-/Arbeitsblendenmessung).
Offenblenden-Messung bei allen R-Objektiven mit Springblende, wenn R-Steuernocken vorhanden:

Leitz-Selektivmessung = exakte Meßfeldbegrenzung von 7 mm Durchmesser

Leitz-Großfeld-Integralmessung = Schwerpunktmessung.

Arbeitsblenden-Messung bei allen Objektiven ohne Springblende, z. B. Telyt-R 1:6,8/400 mm, wenn Steuernocken vorhanden:
Integral und selektiv (siehe Offenblenden-Messung).
Meßwertspeicherung bei Selektiv-Messung:
Durch Niederdrücken des Auslösers (Druckpunkt nehmen) bei automatischer Belichtungsmessung. Meßnadel fällt auf 0-Position.
Zeitanzeige/Zeiteinstellknopf: Automatik-Einstellung „A" durch Sperr-Rastung am Zeiteinstellknopf gesichert. Anzeige im Sucher: orange-farbenes „A"

oben, rechts wird die elektronisch gebildete Verschlußzeit durch die Meßnadel angezeigt.

Manuelle Einstellung nach dem Nachführ-Prinzip. Entweder durch Vorwahl der Blende und Drehen des Zeiteneinstellknopfes bis die durch die Meßnadel angezeigte Belichtungszeit eingestellt ist, oder durch Verstellen der Objektiv-Blende, bis die Meßnadel auf den Wert der vorgewählten Belichtungszeit zeigt. Im Sucher wird anstelle des orange-farbenen „A" die jeweils eingestellte Belichtungszeit angezeigt.

Belichtungskorrektur (override): Plus/minus 2 Lichtwerte. Die Grenzwerte ASA 12/12 DIN bzw. ASA 3200/36 DIN sind Endanschläge und lassen nach den entsprechenden Korrekturseiten keine Verstellung zu.

12/12 =	0	−2	3200/36 =	+2	0
25/15 =	+1	−2	1600/33 =	+2	−1
50/18 =	+2	−2	800/30 =	+2	−2

Meßbereich: 0,25 cd/m² bis 32 000 cd/m² bei Blende 1,4 = bei ASA 100/21 DIN Belichtungswerte von +1 EV bis +18 EV (Exposure Value) bzw. Blende 1,4/1 sec bis Blende 16/1/1000 sec.

Meßzellen: Selektiv = ein CdS-Doppel-Fotowiderstand im unteren Kameraraum hinter dem Schwingspiegel. Integral = zwei CdS-Doppel-Fotowiderstände am Pentaprisma in Kombination mit dem CdS-Doppel-Fotowiderstand für die Selektiv-Messung.

Filmempfindlichkeit: ASA 12-3200/12-36 DIN

Stromversorgung: Zwei Silberoxid Knopfzellen, 1,55 Volt, Ø = 11,5 mm/5 mm hoch im Kameraboden. Alle nachstehend aufgeführten Silberoxid-Knopfzellen können verwendet werden:

Bezeichnung und überwiegendes Einsatzgebiet

Hersteller	Fotogeräte	Hörgeräte	Uhren
UCAR	EPX 76	S 76 E	Nr. 357
MALLORY	MS 76 H	MS 76 H	10 L 14
VARTA	V 76 PX	V 76 HS	Nr. 541
EVEREADY	—	S 76 E	—
NATIONAL	G 13	G 13	WL-14*
RAY-O-VAC	RS 76 G	RS 76 G	RW-42*
MAXELL	SR 44 F	—	G 13 W*

* = diese Typen wurden noch nicht im Leitz-Labor getestet.

Batteriekontrolle: Prüfknopf links oben am Kamerakörper (DIN-Index) mit Lichtanzeige an Deckkappenaußenseite.

Verschluß und Transport-System

Verschluß: Elektronisch gesteuerter CLS-Metall-Lamellen-Schlitzverschluß (Copal-Leitz-Shutter).

Elektronisch gebildete Verschlußzeiten: Bei Automatik-Stellung von 4 sec bis 1/1000 sec stufenlos. Bei Manuell-Schaltung in vollen Werten: 4, 2, 1, 1/2, 1/4, 1/8, 1/15, 1/30, 1/60, 1/125, 1/250, 1/500, 1/1000 sec.

Mechanisch gebildete Verschlußzeiten: „X"-Einstellung = 1/90 sec für Elektronenblitz-Synchronisation. „B"-Einstellung für Zeitaufnahmen von beliebiger Dauer.

Blitzsynchronisation: Norm-Kontaktbuchsen für Lampen- und Elektronen-Blitzgeräte (M- bzw. X-Kontakte). Mittenkontakt (X) im Zubehörschuh, (Blitzgerätehalter). Beide Kontakte können nicht gleichzeitig von Blitzgeräten benutzt werden. „X"-Einstellung = 1/90 sec (mechanische Zeitenbildung). Alle Zeiten von „B" bis 1/60 sec bei manueller Einstellung.

Mechanischer Selbstauslöser nur bei Leica R3: Vorlaufwerk einstellbar von ca. 6 – 10 sec.

Auslöser: Auslöseknopf mit genormtem Gewinde für Drahtauslöser. Leitz-Meßdatenspeicherung für selektive Messung durch Druckpunktnahme: 1,2 mm (Auslösung erfolgt nach weiteren 0,5 mm).

Filmtransport: Leitz-Schnellschalthebel: Spannweg aus der Bereitschaftsstellung heraus = 130° (effektiver Schaltweg 115°). Motorischer Filmtransport nur bei Leica R3-Mot mit Motor-Winder R3 (2 B/sec).

Mehrfachbelichtung durch Hebelschaltung. Automatische Rückstellung beim erneuten Spannen des Verschlusses oder von Hand vor der Auslösung. Zählwerk wird nicht weitergeschaltet. Anzahl der Mehrfachbelichtungen beliebig.

Bildzählwerk an Kamera-Rückseite. Zählt vorwärts „S" (Start = −2 Bilder) bis „36". „20" und „36" rot gekennzeichnet. Automatische Rückstellung auf Ausgangsposition nach Öffnen der Rückwand.

Filmschnellwechsel: Filmanfang wird in die Lasche der Aufwickelspule eingeschoben.

Film-Transportkontrolle: Der Filmtransport wird an der Kamera-Rückseite über dem Zählwerkfenster angezeigt.

Bildfeldmaske: Bildfeldgröße 23,9 × 35,7 mm. Negativformat variiert ein wenig, je nach Aufnahme-Brennweite.

Leitz-Filmpatronen-Sichtfenster: Anzeige, ob ein Film eingelegt ist, und welcher Filmtyp benutzt wird.

Rückwicklung: Aufklappbare Rückspulkurbel auf der Oberseite des Kameragehäuses.

Rückwand: Als Ganzes aufklappbar, schwenkt nach Hochziehen der Rückspulkurbel auf.

Suchersystem

Leitz-Schwingspiegel: 90% des Lichtes werden dem Sucher zugeführt. Der Rest des Lichtes gelangt auf den CdS-Doppel-Fotowiderstand für die selektive Lichtmessung.
Erschütterungsfreie Schwingspiegelbewegung durch Kurbelschleifengetriebe.

Leitz-Universaleinstellscheibe: Feinstmattierte Leitz-Dreieck-Mikroprismen über das gesamte Sucherfeld. Zentraler Viereck-Mikroprismen-Ring von 7 mm ∅. Zusätzlicher Schnittbild-Entfernungsmesser von 3 mm ∅.

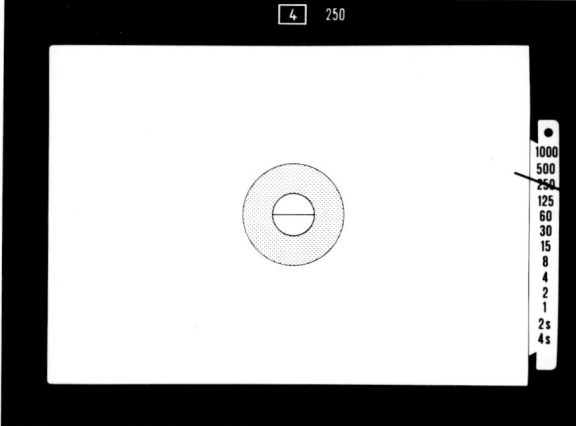

Im Sucher sichtbar: Bei Automatik-Einstellung ein orange-farbenes „A". Bei manueller Einstellung wird die jeweils eingestellte Belichtungszeit anstelle des orange-farbenen „A" angezeigt. Einspiegelung der Objektivblende. Meßnadel zeigt Belichtungszeiten an. Bei selektiver Messung und Automatik-Einstellung wird die Meßdatenspeicherung durch Ausschwenken der Meßnadel auf die Grundstellung (wie beim stromlosen Zustand) angezeigt.

Zusätzlich bei Leica R3-Mot: Gewählte Belichtungs-Meßmethode durch Symbole oberhalb der Zeitenskala, rechts im Sucher.

● = Leitz-Selektivmessung
■ = Leitz-Großfeld-Integralmessung

Suchervergrößerung:
3,75 × = 0,79 mit 50-mm-Objektiv.
Bildfeldgröße: 23,2 × 33,8 mm (92% der Filmfläche = gerahmtes Dia).
Schärfentiefen-Hebel rechts am Objektivanschluß ermöglicht visuelle Schärfentiefebeurteilung.
Objektivwechsel: Leitz-Schnellwechselbajonett mit Entriegelungsknopf seitlich am Objektivanschluß.
Schließen der Okularblende durch Betätigung des links vom Okular befindlichen Hebels.

Sonstiges

Stativgewinde: A 1/4 (1/4")
Seitliche Ösen am Gehäuse für 20 mm breiten Kameratragriemen.

Leica R4-Mot electronic,
Leica R4 und Leica R4s

Kompakte, einäugige Kleinbild-Spiegelreflexkameras. Belichtungsmessung durch das Objektiv mit zwei umschaltbaren Belichtungsmeßmethoden:

● Leitz-Selektivmessung,
● Leitz-Großfeld-Integralmessung.

Leica R4-Mot electronic und Leica R4:

Die Leica R4-Mot electronic wurde von Leica-Freunden bereits bei ihrer Vorstellung ganz einfach Leica R4 genannt. Leitz hat sich ab Juli 1981 diesem Sprachgebrauch angeschlossen und benutzt seither die zusätzlichen Bezeichnungen „MOT" und „ELECTRONIC" nicht mehr. Änderungen der bisherigen Funktionen und technischen Daten sind damit nicht verbunden. Beide Kameras sind mit einer Multi-Automatik ausgestattet:

● Zeit-Automatik,
● Blenden-Automatik,
● Programm-Automatik.

Leica R4s:

Den Anregungen und Wünschen von Profis und Amateuren folgend hat Leitz bei dieser Variante der Leica R4 auf die Blenden- und Programm-Automatik verzichtet. Außerdem wird bei manueller Einstellung die eingestellte Belichtungszeit nur am Zeiteinstellknopf abgelesen. Alle anderen Funktionen werden durch die universellste Automatik-Betriebsart, die bei einer Kamera denkbar ist, beibehalten:

● Zeit-Automatik.

Ganz-Metall-Gehäuse: Aluminium-Druckguß, Deckkappe = 1 mm Zinkdruckguß, Bodendeckel = 0,8 mm Messing, Rückwand gegen Data-Back auswechselbar.

Auswechselbare Sucherscheiben.

Mechanischer Anschluß und elektrische Kontakte für Motor-Winder R4 und Motor-Drive R4.

Leitz-Schnellwechselbajonett für Leica R-Objektive.

Silbern oder schwarz verchromt.

Abmessungen (ohne Objektiv): Höhe 88,1 mm, Länge 138,5 mm, Gesamt-Tiefe 60 mm, Gehäuse-Tiefe allein 32,2 mm.

Gewicht (ohne Objektiv): R4 = 630 g, R4s = 620 g.

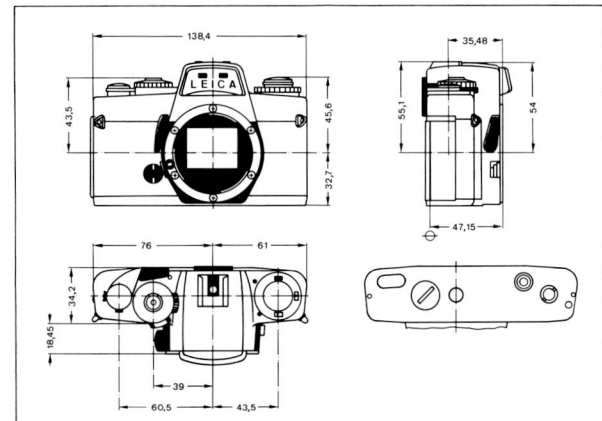

Belichtungssystem

Inbetriebnahme: Durch Niederdrücken des Kamera-Auslösers oder durch Druck auf die Sperrtaste am Programmwähler.

Belichtungsmeßmethoden: Leitz-Selektivmessung und Leitz-Großfeld-Integralmessung kombiniert mit Programmen. Offenblenden- und Arbeitsblenden-Messung.

Leitz-Selektivmessung: Exakte Meßfeldbegrenzung von 7 mm Durchmesser. Meßwertspeicherung bei Automatik-Betrieb.

Meßwertspeicherung: Durch Niederdrücken des Auslösers (Druckpunkt nehmen) bei Automatikbetrieb mit Leitz-Selektivmessung bis zu 30 sec.

Leitz-Großfeld-Integralmessung: Schwerpunktmessung.

Programme:

Ⓐ Zeit-Automatik mit Blendenvorwahl und Leitz-Selektivmessung.

🅰 Zeit-Automatik mit Blendenvorwahl und Leitz-Großfeld-Integralmessung.

🆃 Blenden-Automatik mit Zeitvorwahl und Leitz-Großfeld-Integralmessung (nur R4).

🅿 Programm-Automatik und Leitz-Großfeld-Integralmessung (nur R4).

Ⓜ Manuelle Einstellung von Zeit und Blende mit Leitz-Selektivmessung.

Zusätzlich Blitz-Automatik.

Anzeige der gewählten Programme: Durch Symbole im Sichtfenster neben dem Programmwähler/Zeitstellring und im Sucher links unterhalb des Sucherbildes (LED-Beleuchtung).

Ⓐ 🅰 Zeit-Automatik:

Wahlweise kombiniert mit Leitz-Selektivmessung oder Leitz-Großfeld-Integralmessung.

Blende vorwählen — die Belichtungszeit bildet sich automatisch stufenlos von ca. 8 sec bis 1/1000 sec. Über- und Unterbelichtung werden durch Dreieck-LEDs oberhalb und unterhalb der Zeitenskala rechts im Sucher angezeigt.

🆃 Blenden-Automatik:

Kombiniert mit Leitz-Großfeld-Integralmessung.
Belichtungszeit vorwählen — die Blende wird im Bereich von voller Öffnung des Objektivs bis zur vorgewählten Blende automatisch stufenlos gesteuert.

Wird der Regelbereich der Blende über- oder unterschritten (zu hell oder zu dunkel), werden Fehlbelichtungen durch eine automatische Korrektur der vorgewählten Belichtungszeit vermieden (Anzeige: kürzere Belichtungszeiten durch Aufleuchten der Dreieck-LED oberhalb — längere Belichtungszeiten durch Aufleuchten der Dreieck-LED unterhalb der Blendenskala rechts im Sucher).

Blinken des Programm-Symbols im Sucher, wenn am Objektiv nicht die kleinste Blende eingestellt ist (eingeschränkter Regelbereich der Blende).

🅿 Programm-Automatik:

Kombiniert mit Leitz-Großfeld-Integralmessung.
Belichtungszeit und Blende werden automatisch stufenlos eingestellt.

Bei eingeschränktem Regelbereich der Blende (Objektiv nicht auf kleinste Blende eingestellt) blinkt das Programm-Symbol.

Über- und Unterbelichtungen werden durch die oberhalb bzw. unterhalb der Zeitenskala angeordneten Dreieck-LEDs angezeigt.

Ⓜ Manuelle Einstellung von Zeit und Blende:

Kombiniert mit Leitz-Selektivmessung.

Einstellung nach dem Nachführprinzip. Entweder durch Vorwahl der Blende und Drehen des Zeiteinstellknopfes bis die durch eine LED angezeigte Belichtungszeit eingestellt ist, oder durch Verstellen der Objektivblende, bis die LED auf den Wert der vorgewählten Belichtungszeit zeigt. Bei der Leica R4 kann im Sucher die eingestellte Belichtungszeit rechts unten (neben der Blendenanzeige) abgelesen werden.

Die Arbeitsbereichsgrenzen des Belichtungsmessers werden durch die oberhalb (zu hell) bzw. unterhalb (zu dunkel) der Zeitenskala angeordneten Dreieck-LEDs angezeigt.

Blitz-Automatik: Durch systemkonforme Blitzgeräte automatisches Umschalten der Kamera-Elektronik auf „X" (1/100 sec), wenn Ladezustand erreicht ist. Wirksam bei allen Programmen.

Anzeigen der Blitzbereitschaft durch Blinken der oberen Dreieck-LED auf der rechten Sucherseite (Zeiten- bzw. Blendenanzeige durch LED erlischt).

Arbeitsblenden-Messung: Bei allen Leica R-Objektiven und Zubehör ohne Springblenden-Automatik, wenn R-Steuernocken vorhanden ist; bei Ⓐ 🅰 =

Zeit-Automatik mit Blendenvorwahl und ⓜ = manueller Einstellung von Zeit und Blende.

Offenblenden-Messung: Bei allen Leica R-Objektiven mit Springblende, wenn R-Steuernocken vorhanden ist; bei allen Programmen.

Programmwähler: Als Hebel mit Sperrtaste ausgebildet; unterhalb des Zeiteinstellringes angeordnet. Eingestelltes Programm durch Symbole gekennzeichnet: durch Sichtfenster von oben auf der Kamera und beim Durchblick durch den Sucher ablesbar.

● für Leitz-Selektivmessung.

■ für Leitz-Großfeld-Integralmessung.

Ⓐ = Zeit-Automatik und Leitz-Selektivmessung. „A" für Aperture = Blende vorwählen.

🅰 = Zeit-Automatik und Leitz-Großfeld-Integralmessung. „A" für Aperture = Blende vorwählen.

🆃 = Blenden-Automatik und Leitz-Großfeld-Integralmessung. „T" für Time = Zeit vorwählen.

🅿 = Programm-Automatik mit Leitz-Großfeld-Integralmessung. „P" für Programm = Zeit und Blende werden automatisch gebildet.

ⓜ = Manuelle Einstellung von Zeit und Blende mit Leitz-Selektivmessung. „m" für manuelle Einstellung.

Zeiteinstellring: Alle Einstellungen rastend und von oben auf der Kamera ablesbar. Beim Blick durch den Sucher können bei der Leica R4 die eingestellten Werte auch bei Blenden-Automatik und bei manueller Einstellung abgelesen werden.

„100" (orange) = 1/100 sec mechanisch gebildet. Blitzsynchronisation. Kann auch bei Batterieausfall benutzt werden.

„B" = Einstellung für Langzeit-Aufnahmen. Mechanisch gebildet. Kann auch bei Batterieausfall benutzt werden.

„X" = Blitzsynchronisation bei 1/100 sec Mechanisch gebildet, jedoch elektromagnetische Auslösung. Kann bei Batterieausfall nicht mehr benutzt werden.

„1" bis „1000" = Elektronisch gebildete Belichtungszeiten von 1 sec bis 1/1000 sec.

Stufenlose Zeitenbildung bei Zeit-Automatik mit Blendenvorwahl und Programm-Automatik.

Stufige Einstellung bei Blendenautomatik mit Zeitvorwahl und manueller Einstellung von Zeit und Blende.

Belichtungskorrektur (override): Plus/minus 2 Belichtungswerte. Die Grenzwerte ISO 12/12° bzw. ISO 3200/36° (ASA 12/12 DIN bzw. ASA 3200/36 DIN) sind Endanschläge und lassen nach den entsprechenden Korrekturseiten keine Verstellung zu:

12/12° =	0	−2	3200/36° = +2	0
25/15° =	+1	−2	1600/33° = +2	−1
50/18° =	+2	−2	800/30° = +2	−2

Bei Korrektureinstellung blinkt im Sucher (unten links) eine Warnanzeige: rote Dreieck LED. ▼

Filmempfindlichkeit: ISO 12/12° bis 3200/36° (ASA 12−3200 bzw. 12−36 DIN).

Meßzelle: Eine Silizium-Fotodiode für Leitz-Selektivmessung und Leitz-Großfeld-Integralmessung unter dem Schwingspiegel in der Kamera. Über Programmwähler wird für die Leitz-Selektivmessung eine Sammellinse vor die Si-Fotodiode geschaltet.
Meßbereich: Leitz-Selektivmessung: 1 cd/m² bis 63 000 cd/m² bei Blende 1,4.
Bei ISO 100/21° Belichtungswerte von +3 EV bis +19 EV (Exposure Value) bzw. Blende 1,4/1/4 sec bis Blende 22/1/1000 sec.
Leitz-Großfeld-Integralmessung: 0,25 cd/m² bis 63 000 cd/m² bei Blende 1,4.
Bei ISO 100/21° Belichtungswerte von +1 EV bis +19 EV (Exposure Value) bzw. Blende 1,4/1 sec bis Blende 22/1/1000 sec.
Stromversorgung: Zwei Silberoxid Knopfzellen, 1,55 Volt, Ø = 11,5 mm/5 mm hoch im Kameraboden. Alle nachstehend aufgeführten Silberoxid-Knopfzellen können verwendet werden (wie Leica R3).

Bezeichnung und überwiegendes Einsatzgebiet

Hersteller	Fotogeräte	Hörgeräte	Uhren
UCAR	EPX 76	S 76 E	Nr. 357
MALLORY	MS 76 H	MS 76 H	10 L 14
VARTA	V 76 PX	V 76 HS	Nr. 541
EVEREADY	—	S 76 E	—
NATIONAL	G 13	G 13	WL-14*
RAY-O-VAC	RS 76 G	RS 76 G	RW-42*
MAXELL	SR 44 F	—	G 13 W*

* = diese Typen wurden noch nicht im Leitz-Labor getestet.

Bei angesetztem Motor-Winder R4 oder Motor-Drive R4 erfolgt die Stromversorgung automatisch über diese motorischen Aufzüge (Knopfzellen werden automatisch abgeschaltet).

Batteriekontrolle: Prüfknopf (Bezeichnung „C" = Check) auf der linken Seite der Kamera-Deckkappe; Lichtanzeige durch LED neben dem Knopf. Gleichzeitig Sperrknopf für Filmempfindlichkeits-Einstellung (Bezeichnung „ISO").

Verschluß- und Transport-System

Verschluß: Elektronisch gesteuerter Metallamellen-Schlitzverschluß in Kompakt-Bauweise (Typ MFC-ES der Fa. Seiko), vertikaler Ablauf.

Verschlußzeiten elektronisch gebildet: Bei automatischen Programmen von ca. 8 bis 1/1000 sec stufenlos. Bei manueller Einstellung und Blenden-Automatik in vollen Werten: 1, 1/2, 1/4, 1/8, 1/15, 1/30, 1/60, 1/125, 1/250, 1/500, 1/1000 sec.

Verschlußzeiten mechanisch gebildet: „X" = 1/100 sec für Elektronenblitz-Synchronisation.
„B" für Zeitaufnahme von beliebiger Dauer.
„100" orange-farben = 1/100 sec für Elektronenblitz-Synchronisation. Die Funktionen bei „B" und „100" sind auch bei Batterie-Ausfall gewährleistet.

Blitzsynchronisation: Norm-Kontaktbuchse (X) für Lampen- und Elektronenblitzgeräte.
Mittenkontakt (X) im Zubehörschuh, bzw. Blitzgerätehalter.
Beide Kontakte können nicht gleichzeitig von Blitzgeräten benutzt werden.

Einstellung auf:
„X" = 1/100 sec mechanisch gebildet, elektromagnetische Auslösung.
„100" = 1/100 sec mechanisch gebildet, mechanische Auslösung.
Alle Zeiten von 1 bis 1/60 sec bei manueller Betriebsart.
„B" Zeitaufnahme von beliebiger Dauer.
Systemkonforme Blitzgeräte schalten bei allen Programmen über zusätzlichen Kontakt im Zubehörschuh die Belichtungszeit automatisch auf 1/100 sec, wenn das Blitzgerät blitzbereit ist.

Auslöser: Auslöseknopf mit genormtem Gewinde für Drahtauslöser.
Einschalten des Stromkreises (LED's im Sucher leuchten auf/Belichtungsmesser arbeitet) durch Niederdrücken nach 0,3 mm.
Meßwertspeicherung bei ❹ (Druckpunkt) nach 1 mm. Elektromagnetische Auslösung für elektronisch gebildete Belichtungszeiten und „X" (1/100 sec) nach 1,3 mm.
Mechanische Auslösung für mechanisch gebildete Belichtungszeiten „B" und „100" nach 2,25 mm.

Elektronischer Selbstauslöser (Vorlaufwerk): Einstellen durch Drehen des Schaltknopfes. Auslösen durch Kameraauslöser. Der Ablauf kann durch Zurückdrehen des Schaltknopfes gestoppt werden. Vorlaufzeit etwa 8 sec.
Blinkanzeige durch rote LED auf der Kamera-Vorderseite, rechts, oberhalb des Schriftzuges Leica. Vor der Verschlußauslösung ca. 2 sec Dauerlicht.

Filmtransport: Leitz-Schnellschalthebel mit Bereitschaftsstellung. Schaltweg für Filmtransport und Verschlußaufzug = 130°.
Motorischer Filmtransport:
Motor-Winder R4 (2 B/sec). Motor-Drive R4 (4 B/sec).

Mehrfachbelichtung:
Durch Drücken des Rückspulsperrknopfes.
Automatische Rückstellung beim Spannen des Verschlusses.
Zählwerk wird nicht weitergeschaltet.
Anzahl der Mehrfachbelichtungen beliebig.

Bildzählwerk auf Kamera-Oberseite. Zählt vorwärts von „S" (Start = −2 Bilder) bis „36".
„20", „24" und „36" rot gekennzeichnet.
Automatische Rückstellung auf Ausgangsposition nach Öffnen der Rückwand.

Filmschnellwechsel: Filmanfang wird in die Lasche der Aufwickelspule eingeschoben.

Filmtransport-Kontrolle: Der korrekte Filmtransport wird auf der Kamera-Oberseite (oberhalb der Schnellschalthebel-Achse) angezeigt.

Bildfeldmaske: Bildfeldgröße 23,9 × 35,7 mm. Negativformat variiert ein wenig, je nach Objektiv-Brennweite.

Leitz-Filmpatronen-Sichtfenster: Anzeige, ob ein Film eingelegt ist und welcher Filmtyp benutzt wird.

Rückwicklung: Aufklappbare Rückspulkurbel auf der linken Kameraoberseite.

Abnehmbare Rückwand: Als Ganzes aufklappbar, schwenkt nach Hochziehen der Rückspulkurbel auf.

Kennzeichnung der Filmebene: Durch Symbol ⊖ auf der Kamera-Oberseite.

Suchersystem

Leitz-Schwingspiegel-System: Teildurchlässiger Schwingspiegel mit 17 aufgedampften Schichten (70% Reflexion, 30% Durchlaß). Dahinter angeordneter Fresnel-Reflektor für Leitz Selektivmessung und Leitz-Großfeld-Integralmessung.

Fresnelreflektor mit 1345 Mikro-Reflektoren, die das Licht zerstreuen und auf die Silizium-Fotodiode konzentrieren.

Erschütterungsfreie Schwingspiegelbewegung.

Fünf auswechselbare Einstellscheiben:

1. Universalscheibe
2. Vollmattscheibe
3. Mikrosprismenscheibe
4. Vollmattscheibe mit Gitterteilung
5. Klarscheibe mit Fadenkreuz.

Unterseite jeweils mit Fresnelteilung. Scheiben 2 bis 5 als Zubehör lieferbar.

Universalscheibe: Standardscheibe, gehört zum Lieferumfang jeder Leica R4-Mot.

Feinstmattierte Leitz-Dreieck-Mikroprismen über das gesamte Sucherfeld (Teilung 0,04 mm, ∢ 152°). Zentraler Viereck-Mikroprismen-Ring von 7 mm Ø (Teilung 0,12 mm, ∢ 164°). Zusätzlicher Schnittbild-Entfernungsmesser von 3 mm Ø (∢ 8°).

Vollmattscheibe: Mit Kreis (Ø 7 mm) als Anzeige für Meßfeldbegrenzung bei Leitz-Selektivmessung.

Mikrosprismenscheibe: Feinstmattierte Leitz-Dreieck-Mikroprismen über das gesamte Sucherfeld (Teilung 0,04 mm, ∢ 152°). Zentrales Viereck-Mikroprismen-Feld von 7 mm Ø (Teilung 0,12 mm, ∢ 164°).

Vollmattscheibe mit Gitterteilung: Mit Kreis (Ø 7 mm) als Anzeige für die Meßfeldbegrenzung bei Leitz-Selektivmessung. Die beiden Linien rechts und links vom Selektivmeßkreis im Abstand von 10 mm dienen als Hilfe zur Bestimmung des Abbildungsverhältnisses, z. B. bei Reproduktionen.

Klarscheibe mit Fadenkreuz: Mit Kreis (Ø 7 mm) als Anzeige für Meßfeldbegrenzung bei Leitz-Selektivmessung.

Fadenkreuz mit Markierungen für endoskopische Aufnahmen.

Im Sucher sichtbar (Anzeigen durch LED):

- eingestelltes Programm links unterhalb des Sucherbildes
- Meßdaten (Zeit oder Blende) rechts vom Sucherbild
- Meßdaten-Speicherung bei Leitz-Selektivmessung durch Verlöschen der Programm-Anzeige
- Anzeige des Langzeitbereichs bei **A**, **Ⓐ**,

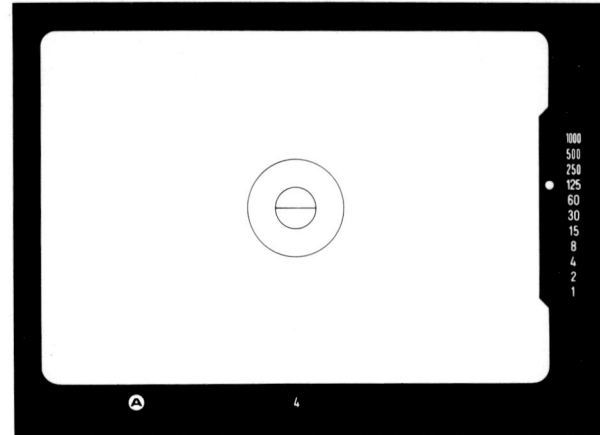

Anzeigen im Sucher bei Zeit-Automatik und Leitz-Selektivmessung.

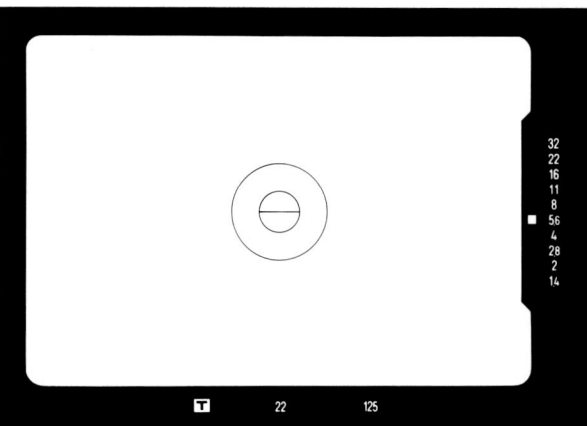

Anzeigen im Sucher bei Blenden-Automatik und Leitz-Großfeld-Integralmessung.

P und **m** bzw. Anzeige einer großen Blendenöffnung bei **T** durch Viereck-LEDs:

ab 1/30 sec und länger = Verwackelungsgefahr,

ab Blende 5,6 und größer = geringe Schärfentiefe,

bis Kamera Nr. 1597500 bei **P** zusätzliche Abdeckung der Belichtungszeiten Anzeige ab 1/8 sec und länger

- Über- und Unterbelichtung rechts vom Sucherbild durch Dreieck-LEDs (ober- bzw. unterhalb der Meßdaten)
- Blitzbereitschaft bei systemkonformen Blitzgeräten durch Blinken der Dreieck-LED rechts oberhalb der Meßdaten und Verlöschen der LED-Meßdaten-Anzeige
- eingestellte Plus- bzw. Minus-Korrektur (override)

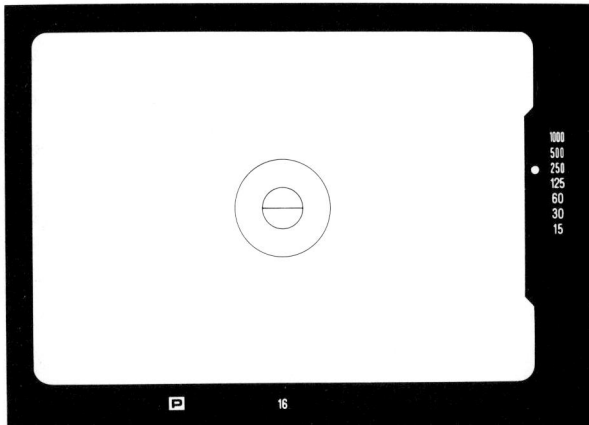

Anzeigen im Sucher bei Programm-Automatik und Leitz-Großfeld-Integralmessung.

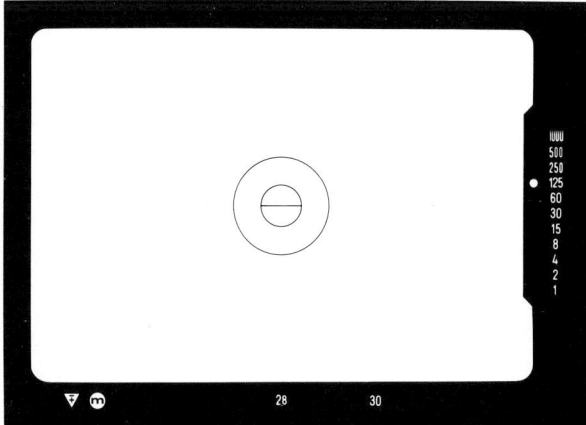

Anzeigen im Sucher bei manueller Einstellung von Belichtungszeit und Blende mit Leitz-Selektivmessung.
Die Belichtungskorrektur (override) ist zusätzlich eingeschaltet.

durch blinkende Dreieck-LED (Kennzeichnung = ▼), links neben der Betriebsarten-Anzeige.

Anzeigen durch Einspiegelungen:

— vorgewählte Blende bei allen R-Objektiven mit Springblenden-Automatik, Mitte unterhalb des Sucherbildes

— eingestellte Belichtungszeit (einschließlich „X", „B" und „100") bei 🚩 und 🔴.

Suchervergrößerung: 4,06 × = 0,85 mit 50-mm-Objektiv.

Sucherabstimmung: −1 Dioptrie.

Bildfeldgröße: 23 × 34,6 mm = 92% des Negativformates.

Schärfentiefe-Kontrolle: Durch Hebelbetätigung rechts vom Objektivanschluß ist eine visuelle Schärfentiefebeurteilung möglich.

Objektivwechsel: Leitz-Schnellwechselbajonett mit Entriegelungsknopf seitlich am Objektivanschluß.

Schließen der Okularblende: durch Betätigung des links am Okular befindlichen Drehknopfes. Anzeige des geschlossenen Okulars durch weißen Punkt auf der Blende.

Sonstiges

Stativgewinde: A 1/4 (1/4").

Seitliche Ösen: für 16 mm breiten Kameratragriemen.

Leica R4s MOD. 2

Ab 1986 wird die Leica R4s als Leica R4s MOD. 2 geliefert. Einige technische Details wurden bei diesem Modell wie folgt optimiert:

Die Taste des Programmwählers wurde neu konstruiert, wodurch das Umschalten von selektiver auf integrale Belichtungsmessung bei Zeit-Automatik einfacher und sicherer wird. Die Umschaltung von der einen zur anderen Belichtungs-Meßmethode kann quasi „auf Anschlag" erfolgen. Die Einstellung für eine manuelle Bedienung von Belichtungszeit und Blende kann nur erfolgen, nachdem die Taste des Programmwählers ein zweites Mal gedrückt wurde.

Die Belichtungszeit kann auch bei manueller Einstellung im Sucher abgelesen werden.

Verbessert wurde die Belichtungskorrektur (override). Die Korrektureinstellung kann nach Entriegeln der Sperrtaste jetzt mit einem Finger erfolgen. Der griffige Override-Hebel ermöglicht ein schnelles Einstellen von minus zwei bis plus zwei Belichtungswerten (− 2 Ev bis + 2 Ev). Die Einstellung erfolgt in Drittelwerten. Die sich ändernden Belichtungszeiten sind bei eingeschalteter Kamera im Sucher sichtbar. Da sich die Null-Stellung des Override-Hebels gut führen läßt, kann die Korrektureinstellung ohne Absetzen der Kamera vom Auge erfolgen.

Die Okularfassung besitzt in der rechten Führungsnut eine Ausfräsung, in die der Greifer des neuen Korrektionslinsen-Halters oder der neuen Augenmuschel einrastet. Dadurch ist dieses Zubehör noch besser gegen unbeabsichtigtes Lösen und Verlust gesichert. Diese neue Okularfassung wurde übrigens bei der Leica R4 ab Nr. 1 662 952 eingeführt und kann bei allen bisherigen Leica R- und Leicaflex SL2-Modellen nachträglich angebracht werden.

Der Schnellschalthebel wurde überarbeitet und die Rückspulkurbel wurde etwas größer und griffiger.

Die Kamera

Die Kleinbild-Spiegelreflexkameras von Leitz unterscheiden sich im wesentlichen dadurch voneinander, daß jedes Kameramodell zum Zeitpunkt seines Erscheinens den neuesten Stand einer ausgereiften Technologie im Kamerabau repräsentiert. Dabei wurde und wird niemals die Technik nur um der Technik willen realisiert. Im Vordergrund steht seit eh und je vielmehr das Bemühen der Leitz-Konstrukteure, dem Fotografen ein Werkzeug in die Hand zu geben, mit dem es ihm gelingt, bequem perfekte Bilder zu fotografieren — sozusagen ohne technische Probleme.

Zu den traditionellen und bewährten Möglichkeiten, die dafür von der Leitz'schen Präzisionsmechanik und Optik angeboten werden, gesellt sich die moderne Elektronik in einem immer stärkeren Maße. Mit dem neuesten Modell, der Leica R4-Mot electronic wurde so eine Kamera verwirklicht, bei der eine große Universalität mit einem Höchstmaß von Bedienungskomfort erreicht wurde. Man kann sagen: die Leica R4-Mot electronic kann nicht nur einfach alles, sondern auch alles einfach!

Wesentlich ist auch, daß man die bei den verschiedenen Spiegelreflex-Kameras von Leitz bewährten Konstruktionsdetails immer wieder in gleicher oder verbesserter Form vorfindet. Dadurch bleibt die Bedienung aller Kameras auch nahezu gleich, wenn man von einem Modell auf ein anderes „umsteigt", oder mit zwei verschiedenen Kamera-Modellen fotografiert. Das ist wichtig, weil auch für die einfachsten Aufnahmen bestimmte Handgriffe notwendig sind, z. B. das Scharfeinstellen. Je mehr der Fotograf beim Fotografieren gestalterisch eingreift, um so mehr werden Manipulationen am Gerät notwendig. Wenn diese dann bei allen Kamera-Modellen mit der gleichen Hand, an der gleichen Stelle und in der gleichen Reihenfolge vorgenommen werden können, muß sich der Fotograf nicht jedesmal umgewöhnen. Er arbeitet dadurch sicherer und schneller.

Trotzdem sollte man die für die jeweilige Kamera gültige Bedienungsanleitung sorgfältig lesen. Auch dieses Buch ersetzt nicht die speziellen Anleitungen für die verschiedenen Kameras und deren Zubehör! Entsprechende Druckschriften, und auch weiteres Informationsmaterial, können vom Leitz-Informationdienst in Wetzlar oder von der jeweiligen Landesvertretung — ohne Kosten für den Interessenten — jederzeit bezogen werden. In diesem Buch wurde sogar bewußt auf die umfassende Schilderung aller produktspezifisch notwendigen Handgriffe verzichtet, sofern sie in den Anleitungen von Leitz nachgelesen werden können. Um so mehr Raum bleibt der Fototechnik vorbehalten. Sie ist allgemein gehalten, unter Berücksichtigung der Belange des Leica R- und Leicaflex-Benutzers. An die Regeln der Fototechnik muß sich jeder Fotograf halten, wenn er technisch einwandfreie Fotos anstrebt. Egal, ob als Anfänger, Fortgeschrittener oder als erfahrener Routinier, egal, ob als Amateur oder als Profi! Alle Fotografen können die Fototechnik jedoch auch mit Hilfe der Kamera-Elektronik und Automatik bequem und sicher für ihre Zwecke nutzen, wenn sie wissen, worauf es ankommt. Technisch perfekte und gekonnt gestaltete Fotos sind meistens „nur" das Ergebnis einer virtuos beherrschten Fototechnik. Versuchen wir also, die Fototechnik zu erlernen und sie voll auszuschöpfen. Versuchen wir also, noch bessere Bilder zu fotografieren! Fangen wir gleich an!

Fotografische Grundbegriffe

Die Bedienung einer modernen Kamera, wie die Leica R4-Mot, setzt keine besondere technische Ausbildung oder gar fotografische Lehre voraus. Elektronische Bausteine regeln alle notwendigen Abläufe, wenn der Benutzer es wünscht. Sie kontrollieren den Fotografen bei seinen Manipulationen, korrigieren ihn, wenn es notwendig ist, und warnen vor Fehlergebnissen. Fotografieren mit der Leica R4-Mot kann so einfach sein, wie Fahrstuhlfahren im Hochhaus. Wer jedoch lieber Treppen steigt, um sich fit zu halten — wer wissen möchte, wie es zwischen den Stockwerken aussieht — wer auch noch aufs Dach des Bauwerkes gelangen möchte (wohin kein Fahrstuhl fährt) — wer aus lauter Jux und Tollerei auch gern einmal auf dem Treppengeländer herunterrutschen möchte und wer sich dafür interessiert, wie ein Fahrstuhl im

Detail funktioniert — wer also mehr verlangt, als daß nach Drücken eines bestimmten Knopfes ein bestimmtes Stockwerk erreicht wird, muß sich zu Fuß auf den Weg machen, muß laufen lernen und Kondition sammeln!

Der Vergleich mag, wie so viele andere auch, hinken. Er zeigt jedoch, daß es außer Fahrstuhl-Fahren — sprich Knipsen — auch noch andere Möglichkeiten gibt: sprich Fotografieren! Dazu sind allerdings einige wenige fotografische Grundbegriffe notwendig, die man wissen muß, und die auch die meisten Leser dieses Buches kennen. „Alte Fotohasen" dürfen deshalb gleich auf Seite 42 weiterlesen.

Anmerkung: Auch fortgeschrittene Fotografen sollten sich nicht genieren, den Fahrstuhl zu benutzen, wenn es für sie wichtig ist, ein bestimmtes Stockwerk schnell und bequem zu erreichen.

Die Brennweite

Die Eigenschaft einer Sammellinse, Sonnenstrahlen zu bündeln und das Abbild der Sonne als konzentriertes Bild, sozusagen als Brennpunkt, auf einem Stück Papier in der Bildebene abzubilden, so daß die Strahlen das Papier entzünden, kennen wir. Unter den gleichen Bedingungen, d. h. bei gleichem Abstand der Sammellinse zum Papier, werden alle unendlich (∞) weit entfernten Objekte abgebildet. Den Abstand nennt man Brennweite (f).

Für nähere Objekte muß der Abstand von der Linse zur Bildebene größer sein als die Brennweite, d. h. auf die Entfernung des Objektes (Objektebene) muß scharf eingestellt (fokussiert) werden.

Leider zeigt das von einer Sammellinse entworfene Bild verschiedene Abbildungsfehler, die sich beim Fotografieren sehr störend bemerkbar machen. Durch Kombination mehrerer Linsen mit verschiedenen Krümmungen und aus unterschiedlichen Glassorten entstehen sammelnde Systeme mit erheblich besserer Abbildungsleistung: die Objektive. Die Brennweite jedes Objektives wird in Millimetern angegeben und ist im vorderen Bereich der Objektivfassungen als ein Teil der vollen Objektivbezeichnung mit eingraviert. Die Brennweitenbezeichnung wird bei Leica R-Objektiven zusätzlich noch an besonders gut sichtbarer Stelle angebracht, damit bei jedem Objektivwechsel das richtige Objektiv schnell aus einer Gruppe von ähnlich aussehenden Objektiven herausgegriffen werden kann.

Die Brennweite eines Objektivs ist maßgebend für die Abbildungsgröße. Je länger die Brennweite, um so größer wird das Objekt bei gleicher Aufnahmeentfernung abgebildet. Normal- oder Standard-Objektive nennt man Objektive mit einer Brennweite, die in etwa der Diagonale des Aufnahmeformates entspricht. Bei Kleinbild-Kameras (Negativformat 24 × 36 mm) sind das die 50-mm-Objektive. Kleinbild-Objektive mit längerer Brennweite bezeichnet man als Tele- oder Fern-Objektive, solche mit kürzerer Brennweite als Weitwinkel-Objektive.

Die Bezeichnung „Weitwinkel" macht darauf aufmerksam, daß der Bildwinkel des Objektivs — auch Aufnahmewinkel genannt — von der Brennweite des Objektivs abhängig ist. Je größer der Bildwinkel ist, um so mehr Details unserer Umwelt werden erfaßt und auf den Film abgebildet. Entsprechend weniger Details erfassen Objektive mit kleinem Bildwinkel, d. h. mit langer Brennweite. Da die Negativgröße mit 24 × 36 mm konstant bleibt, ergibt sich daraus zwangsläufig, daß mit einem Weitwinkel-Objektiv zwar sehr viel erfaßt, aber auch alles winzig klein abgebildet wird; lange Brennweiten erfassen zwar weniger, bilden aber das, was sie erfassen, wesentlich größer ab. Für die fotografische Praxis lassen sich diese physikalischen Gesetzmäßigkeiten bewußt als Gestaltungselement einsetzen. Die mehr als ein Dutzend verschiedenen Objektiv-Brennweiten zur Leica R und Leicaflex fotografisch optimal zu nutzen und bildgestalterisch einzusetzen, ist u. a. der Zweck dieses Buches.

Die Lichtstärke

Die Lichtstärke eines Objektivs wird durch das Verhältnis seines Durchmessers zur Brennweite gekennzeichnet. Sie ist ebenfalls im vorderen Bereich der Objektivfassung als Teil der vollen Objektivbezeichnung aufgraviert. Bei dieser Angabe wird das Maß der Objektivöffnung = 1 gesetzt. Bei einer Lichtstärke 1:2 ist zum Beispiel die Brennweite 2mal so groß wie der freie Durchmesser des Objektivs bei offener Blende.

Abb. 1

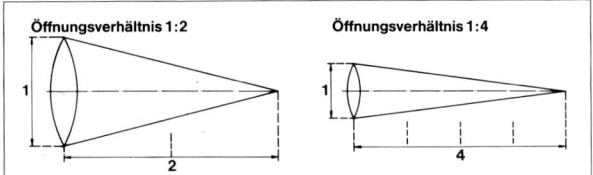

Die Blende

Durch eine eingebaute Irisblende kann die Öffnung des Objektivs kontinuierlich verkleinert und damit die Lichtstärke verringert werden. Dadurch gelangt weniger Licht durch das Objektiv in den Sucher und auf den Film.

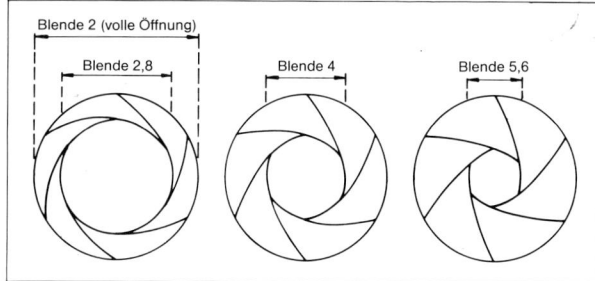

Abb. 2

Durch die Blende kann das für eine exakte Belichtung erforderliche Licht reguliert werden. Die Blendenzahl gibt darüber Auskunft, in welchem Maße sich das Öffnungsverhältnis verändert: bei Blendenzahl 5,6 = Öffnungsverhältnis 1:5,6, bei Blendenzahl 8 = Öffnungsverhältnis 1:8 usw. Aus praktischen Erwägungen wird die Unterteilung so vorgenommen, daß jede nachfolgende Blendenzahl die halbe Lichtstärke der vorhergehenden ergibt, und damit eine doppelt so lange Belichtungszeit erforderlich wird. Die heute übliche internationale Blendenreihe zeigt folgende Abstufungen:

1 — 1,4 — 2 — 2,8 — 4 — 5,6 — 8 — 11 — 16 — 22.

Bei Leica R-Objektiven lassen sich außerdem halbe Blendenstufen einstellen.

Die Schärfentiefe

Anhand optischer Abbildungsgesetze läßt sich leicht nachweisen, daß durch ein Objektiv jeweils nur die Objektebene scharf abgebildet wird, auf der die Entfernungseinstellung erfolgt. In der dazugehörigen Bildebene baut sich dann die Abbildung aus vielen Millionen Bildpunkten auf. Für jede davor- und dahinterliegende Ebene kann die Abbildung nicht mehr

Abb. 3

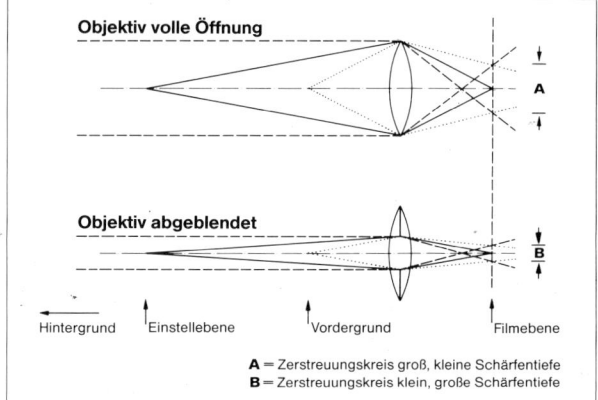

Objektiv volle Öffnung

A

Objektiv abgeblendet

B

Hintergrund   Einstellebene   Vordergrund   Filmebene

A = Zerstreuungskreis groß, kleine Schärfentiefe
B = Zerstreuungskreis klein, große Schärfentiefe

punktförmig erfolgen. Es bilden sich statt der Punkte mehr oder weniger große unscharfe Flächen, die sogenannten Zerstreuungskreise. Unser Auge bemerkt jedoch eine Abweichung von der scharfen (punktförmigen) Abbildung erst dann, wenn die Zerstreuungskreise eine bestimmte Größe überschreiten. Mit anderen Worten: Bedingt durch die Sehschärfe unseres Auges können wir in der Abbildung auch Objekte als scharf wahrnehmen, die vor oder hinter der eigentlichen Objektebene liegen. Der Raum, der im Bild ohne merkbare Unschärfe erscheint, heißt Schärfentiefe. Aus den beiden Skizzen (Abb. 3) ist deutlich zu entnehmen, daß durch Abblenden die Größe der Zerstreuungskreise verringert wird und damit die Schärfentiefe wächst. Die Schärfentiefe ist in starkem Maße abhängig vom Abbildungsverhältnis. Je größer etwas abgebildet wird, um so geringer wird die Schärfentiefe! Diese Erscheinung führt häufig zu der irrtümlichen Annahme, daß Weitwinkel-Objektive eine größere Schärfentiefe besitzen als lange Brennweiten.

Durch gleich große Abbildungen des selben Objektes in zwei verschiedenen Fotos — mit dem Weitwinkel-Objektiv aus geringer Distanz fotografiert und mit langer Brennweite aus großer Entfernung aufgenommen — kann man diese These widerlegen.

Für die Bildgestaltung spielt die Möglichkeit, die Schärfentiefe durch Abblendung des Objektivs steuern zu können, eine große Rolle. Durch geringe Schärfentiefe kann z. B. ein scharf abgebildetes Objekt vom unscharf wiedergegebenen Hintergrund „gelöst" werden; durch große Schärfentiefe kann z. B. bei einer Werbeaufnahme das im Vordergrund scharf dargestellte Produkt in Beziehung zum ebenfalls scharf abgebildeten Hintergrund gebracht werden. Die Gestaltung des Bildes mit Hilfe der Schärfentiefe wird durch die Schärfentiefe-Skala am Objektiv erleichtert. Sie zeigt den Bereich der Schärfentiefe für die verschiedenen Blenden in Abhängigkeit von der Entfernungseinstellung an. Ausführlich informiert darüber auch eine Schärfentiefe-Tabelle, die vom Leitz Info-Dienst angefordert werden kann. Wer sich mit der Schärfentiefe näher befaßt, wird bald merken, daß sie sich im normalen Entfernungsbereich von etwa 1 m bis ∞ zu etwa einem Drittel auf den Raum vor der Einstellebene und zu etwa zwei Drittel auf den Raum hinter der Einstellebene verteilt. Nur bei Nahaufnahmen ist sie vor und hinter der Einstellebene etwa gleich groß.

Eine gewisse Beurteilung der Schärfentiefe ist bei räumlichen Objekten auch im Sucher der Kamera möglich, wenn der Schärfentiefe-Hebel der Leica R oder die Schärfentiefe-Taste Leicaflex SL/SL 2 ge-

Abb. 4 bis 7:
Die Schärfentiefe-Skala
links und rechts vom Index-
strich gibt Auskunft darüber,
wieweit die Schärfentiefe bei
der jeweiligen Blende reicht:

Entfernungseinstellung auf
das „Raumschiff" im Hinter-
grund (∞). Blende 2,8 =
Schärfentiefe von ca. 87 m
bis ∞.

Entfernungseinstellung auf
„Astronaut" im Vordergrund
(ca. 5,5 m). Blende 2,8 =
Schärfentiefe von ca. 5,2 m
bis 5,8 m.

Entfernungseinstellung auf
„Marsmenschen" (10 m).
Blende 2,8 = Schärfentiefe
von ca. 9 m bis 11,5 m.

Entfernungseinstellung auf
„Marsmenschen" (10 m).
Blende 22 = Schärfentiefe
von ca. 5,3 m bis ∞.

Abb. 8: Durch eine geringe Schärfentiefe wird das Wesentliche plastischer, d. h. deutlicher hervorgehoben und damit bildwirksamer. Mit der Schärfentiefe kann der Fotograf die Bildgestaltung stark beeinflussen. Links: Blende 16; rechts: Blende 2.

drückt wird: Die Objektivblende schließt sich dann auf den vorgewählten Blendenwert. Da das Sucherbild dabei dunkler wird, ist ein wenig Übung notwendig, um den Effekt der Schärfentiefe sicher beurteilen zu können.

Die in den Tabellen von Leitz und auf den Skalen der R-Objektive angegebenen Werte der Schärfentiefe beziehen sich auf 1/30 mm Zerstreuungskreis. Sind die Schärfeanforderungen bei großen Vergrößerungen sehr hoch, so sind diese Werte zu großzügig bemessen. Es empfiehlt sich dann, nur 1/60 mm als zulässigen Durchmesser des Zerstreuungskreises zuzulassen. Die Schärfentiefe wird dadurch natürlich geringer! In welchem Maße, das läßt sich aus den Tabellen oder von den Skalen ebenfalls ablesen, wenn die Angaben bei den halben Blendenwerten abgelesen werden, zum Beispiel bei Blende 8, wenn auf 16 abgeblendet wird.

Der Verschluß

Durch den Verschluß der Kamera läßt sich die Lichtmenge, die auf den lichtempfindlichen Film fällt, ebenfalls regulieren. Dadurch kann die Belichtungszeit auch als wesentliches Element in die fotografische Bildgestaltung mit einbezogen werden. Schnelle Bewegungen lassen sich z. B. durch eine kurze Belichtungszeit „einfrieren" oder durch längere Belichtungszeiten besonders deutlich darstellen. Im Gegensatz zu dem in Objektiven eingebauten Zentralverschluß besitzen alle Leica- und Leicaflex-Modelle einen Schlitzverschluß. Er ist knapp vor der Filmebene angeordnet und sichert den Film lichtdicht ab. Deshalb können Objektive und Zubehör bequem gewechselt werden. Beim Schlitzverschluß laufen zwei „Vorhänge" nacheinander ab. Der erste gibt den Film zur Belichtung frei, der zweite deckt ihn wieder ab. Bei kurzen Belichtungszeiten folgt der zweite Vorhang dem ersten unmittelbar, d. h. es bildet sich ein Schlitz, der

vor dem Film vorbeiläuft. Das Negativformat wird quasi fortlaufend von einer Seite zur anderen (Leicaflex) oder von oben nach unten (Leica R) belichtet. Die Schlitzbreite bestimmt dabei die Belichtungszeit. Die einstellbaren Belichtungszeiten sind so abgestimmt, daß die nächstfolgende Einstellung jeweils die Belichtungszeit halbiert. Eine Belichtungsstufe entspricht einer Blendenstufe. Für die exakte Belichtung des Films können deshalb verschiedene Zeit/Blenden-Kombinationen gewählt werden, zum Beispiel 1/1000 sec/Blende 4 oder 1/500 sec/Blende 5,6 oder 1/250 sec/Blende 8 usw. Welche der Kombinationen die vorteilhafteste ist, hängt vom Gestaltungsvorhaben des Fotografen ab. Eine große Schärfentiefe erfordert z. B. kleine Blendenöffnungen und deshalb lange Belichtungszeiten; eine Sportaufnahme verlangt dagegen normalerweise eine kurze Belichtungszeit — die Objektivblende muß entsprechend geöffnet werden.

Je schneller sich die Objekte bewegen, um so kürzer muß die Belichtungszeit sein, wenn sie ohne Bewegungsunschärfe im Foto festgehalten werden sollen. Die dafür erforderliche Belichtungszeit ist abhängig

— von der Länge der Brennweite
— von der Schnelligkeit der Bewegung
— von der Aufnahme-Entfernung
— vom Verhältnis des Aufnahmewinkels zur Bewegungsrichtung
— von der zulässigen Unschärfe (Unschärfekreis = Zerstreuungskreis) im Bild

Für eine Bewegung, die senkrecht zur optischen Achse abläuft, errechnet sich die längste Belichtungszeit nach folgender Formel:

$$\text{Belichtungszeit} = \frac{\text{Aufnahme-Entfernung}}{\text{Brennweite} \cdot \text{Geschw. des Objektes (m/sec)}} \cdot \text{Unschärfekreis}$$

Abb. 9: Kurze Belichtungszeiten lassen Bewegungen im Foto erstarren. Lange Belichtungszeiten verdeutlichen die Bewegung. Je nach Motiv kann der Fotograf beide Möglichkeiten zur Bildgestaltung sinnvoll nutzen.

An einem Beispiel kann das leicht erläutert werden. Wenn ein Radfahrer, der in der Sekunde drei Meter zurücklegt, in 10 m Entfernung an uns vorbeifährt und mit dem Standard-Objektiv von 50 mm Brennweite fotografiert werden soll, dann muß das mit einer Belichtungszeit von mindestens

$$\frac{10}{50 \cdot 3} \cdot \frac{1}{30} = \frac{1}{450} \text{ Sekunde}$$

erfolgen, wenn Bewegungsunschärfe im Bild ausgeschlossen werden soll. Verläuft die Bewegung unter einem Winkel von 60° zur Aufnahme-Richtung, so kann die Belichtungszeit um das 1,2fache verlängert werden; bei 45° um das 1,4fache und bei 30° um das 2fache. Und, wenn sich das Objekt direkt auf uns zubewegt bzw. sich direkt von uns entfernt, kann die Belichtungszeit um das 3–4fache länger gewählt werden als nach obiger Formel. Die nachfolgende Tabelle enthält Beispiele für erforderliche Belichtungszeiten bei unterschiedlich schnellen Objekten, die sich in unterschiedlicher Entfernung senkrecht zur optischen Achse bewegen und mit dem Standard-Objektiv fotografiert werden.

Objekt	Geschw. (m/sec.)	Aufnahme-Entfernung			
		5 m	10 m	30 m	60 m
Fußgänger	1,25	1/500	1/250	1/60	1/30
Kinderspiele	2,5	1/1000	1/500	1/125	1/60
Stadtverkehr	14	1/4000	1/2000	1/1000	1/500
Schnellzug	30	1/8000	1/4000	1/2000	1/1000

Alle Belichtungsangaben entsprechen der international üblichen, geometrischen Reihe (abgerundete Werte). In der fotografischen Praxis wird man natürlich nur bei ganz speziellen Aufnahme-Techniken derartige Rechnungen durchführen. In der Regel bekommt man bereits nach kurzer Übung mit der Kamera soviel Erfahrung, daß man darauf verzichten kann. Die Kennzeichnung der Belichtungszeiten erfolgt an der Kamera ohne Angabe des Zählers über dem Bruchstrich. „60" heißt also 1/60 sec. Der Zeiteinstellring der Leica R und Leicaflex zeigt folgende Reihe, bzw. einen Teil davon:

4 s, 2 s, 1, 2, 4, 8, 15, 30, 60, 125, 250, 1000, 2000, B und X

Bei der Einstellung „B" bleibt der Verschluß so lange geöffnet, wie der Auslöser gedrückt bleibt. Die Einstellung „X" = 1/100 sec ist die kürzeste Belichtungszeit bei Verwendung von Elektronen-Blitzgeräten.

Achtung Aufnahme

Ein bekannter Musiker hat einmal gesagt, wer sich eine Orgel kauft, muß sich auch der Mühe unterziehen, das Orgelspiel zu erlernen. Sonst ist es leichter, auf einem Leierkasten erträgliche Musik zu machen oder Grammophon zu spielen. Für den Fotografen gilt sinngemäß das gleiche. Er muß seine Kamera auch im Schlaf richtig bedienen können. Fokussieren, Belichtungsmessen und Filmwechsel müssen z. B. auch unter erschwerten Bedingungen in Sekunden erledigt werden können. Alle dafür notwendigen Handgriffe muß man trainieren. Nur wer die Technik beherrscht, kann sich voll der Beobachtung und der Gestaltung des Motivs widmen. Man muß gewillt sein, als Fotograf den Dingen hinterherzulaufen. Selten kommt von selbst etwas vor die Kamera! Manchmal führt allerdings auch nur unendliche Geduld zum Ziel. Spürsinn und Aufgeschlossenheit, gepaart mit Beweglichkeit zeichnen den guten Kleinbild-Fotografen aus.

Die Kamera-Haltung

Eine wesentliche Voraussetzung für eine technisch perfekte Aufnahme ist die sichere Kamerahaltung und ruhige Auslösetechnik. Sehr viele Fotos werden durch falsche Haltung und nachlässige Auslösung verwakkelt. Leica R und Leicaflex werden „fest umfaßt" und, wenn immer möglich, abgestützt. Im Normalfall am Kopf, besser gesagt an Augenbraue und Nase des Fotografen. Brillenträger sind dabei etwas benachteiligt. Sie legen deshalb z. B. den Daumen der rechten Hand zwischen Kamera und Stirn. Beide Oberarme des Fotografen werden bei Querformat-Aufnahmen an den Oberkörper fest angelegt (nicht gepreßt). Bei Hochformat-Aufnahmen kann der linke Arm diese Funktion ausüben. Kamera und Objektiv werden so angefaßt, daß ein Umgreifen bei der Bedienung nicht notwendig ist. So kann das Programm der Leica R4-Mot schnell gewechselt oder bei der Leica R3 augenblicklich von integraler auf selektive Meßmethode umgeschaltet werden. Wenn sich die Gelegenheit bietet: Ellbogen aufstützen! Oder das Leitz-Tischstativ benutzen, das sich nicht nur auf einen Tisch setzen läßt, sondern auch an senkrechte Flächen, wie Mauern, Säulen und Bäumen „gepreßt" werden kann. Leitz hat verschiedenes Zubehör für eine optimale Kamera-Haltung entwickelt. Das sollte genutzt werden. Beispiele für eine gute Kamera-Haltung und das dafür empfehlenswerte Zubehör werden in diesem Buch gezeigt. Das Auslösen der Kamera erfolgt „weich", keinesfalls ruckartig. Dieser Technik muß man anfangs besondere Beachtung schenken. Bei guter Kamera-Haltung und Kamera-Auslösung ist es ohne weiteres möglich, mit dem Standard-Objektiv und 1/15 sec Belichtungszeit verwacklungsfrei zu fotografieren.

Unerwähnt blieb bisher die Haltung des Fotografen. Einbeinig auf Zehenspitze kann niemand bei längerer Belichtungszeit scharfe Bilder fotografieren. In vielen Fällen erreicht man einen sicheren Stand durch die von Gymnastikübungen her bekannte Grundstellung, d. h. etwas breitbeinig und locker. Mit langen Brennweiten wird man sich nach Art der Schützen aufstellen, also im Ausfallschritt. Dabei wird das linke Bein vorangestellt und die linke Schulter vorgezogen. Mit der linken Hand kann dann das Objektiv gut unterstützt und leicht bedient werden, während die rechte Hand den Auslöser bedient. Wer sich beim Fotografieren an Türpfosten, Mauern, Baumstämmen und Laternenpfählen anlehnt, zeigt nicht ein flegelhaftes Benehmen, sondern den Mut der Verwacklungsgefahr Paroli zu bieten. Auf fahrenden Schiffen, im Autobus, Zug oder Flugzeug lehnt man sich dagegen niemals an. Das gilt u. a. auch für befahrene Brücken und stark frequentierte Freitreppen. Die vielen Erschütterungen würden sich unweigerlich auf die Kamera übertragen. Besser ist es, in solchen Fällen, durch ein leichtes „in die Knie gehen" alle Stöße abzufangen.

Der Verwacklungstest

Jeder Fotograf sollte mit Hilfe eines Verwacklungstestes seine optimale Kamera-Haltung herausfinden, und seine Grenzen kennenlernen. Zu diesem Zweck werden im Zentrum eines etwa 30 × 40 cm großen, dunklen Kartons (schwarzer Fotokarton) ein Dutzend Löcher mit einer Stopfnadel oder einem dünnen Nagel (ca. 1 mm Durchmesser) gestoßen. Dieser Karton wird so vor einer hellen Lichtquelle, z. B. vor einer

Abb. 10

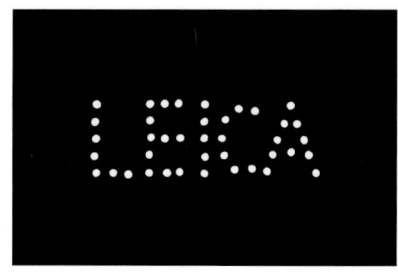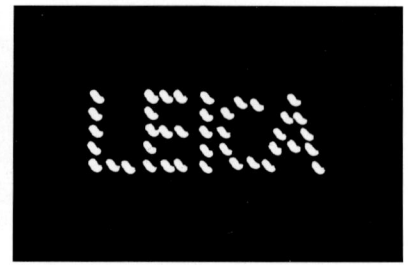

Abb. 11: 1/125 sec = Verwacklungsfrei, 1/15 sec = Geringe Verwacklung, 1/4 sec = Totale Verwacklung.

Schreibtischlampe angeordnet, daß die Löcher von hinten durchleuchtet werden. Je nach Brennweite fotografiert man anschließend die mittlere Partie des Kartons aus verschiedenen Abständen. Mit einem 50 mm-Objektiv aus ca. 70 cm Abstand, mit 180 mm Brennweite aus etwas mehr als 2 m Entfernung. Dabei werden alle Belichtungszeiten von 1/4 bis 1/250 Sekunde bei entsprechenden Blenden-Einstellungen zwei- oder dreimal benutzt.

Anmerkung: Die entsprechenden Zeit/Blendenkombinationen lassen sich einfach ermitteln, wenn man die jeweilige Lichtquelle ohne Karton selektiv anmißt und die Belichtungszeit mit 4 multipliziert.

Auf den entwickelten Schwarzweiß-Negativen kann man an der Form der Löcher erkennen, ob mit oder ohne Verwacklung belichtet wurde. Nur wenn die Löcher kreisrund wiedergegeben werden, kann man sich einer ruhigen Hand rühmen (Abb. 11). Wenn die Negative wie Dias gerahmt und groß projiziert werden, ist eine gute Beurteilung besonders einfach. Durch den Verwacklungstest läßt sich auch die Atemtechnik des Fotografen kontrollieren. Beim Auslösen langer Belichtungszeiten hält man den Atem kurz an, **nachdem** man ausgeatmet hat! Wie wichtig es ist, beim Fotografieren mit langen Brennweiten das Objektiv im vorderen Bereich durch ein zweites Stativ zu unterstützen, wird durch einen Verwacklungstest ebenfalls deutlich. Auch die Behauptung, daß bei einem wackligen Stativ durch Selbstauslöser-Benutzung bessere Ergebnisse erzielt werden können, wird als Märchen entlarvt!

Übung macht den Meister

Oft kann die Handhabung der Fotoausrüstung ohne Film geübt werden. Eine anschließende Kontrolle durch das Aufnahme-Ergebnis ist manchmal jedoch unumgänglich. Dabei lassen sich die meisten Übungen mit preiswerten Schwarzweiß-Filmen durchfüh-

ren, die nach der Entwicklung nicht vergrößert, sondern direkt mit einer Lupe begutachtet werden. Übrigens eignen sich dafür auch die Standard-Objektive der Leica R und Leicaflex. Aber Vorsicht, da das Auge des Betrachters nahe an die Linsen heran muß, ist die Gefahr der Verschmutzung durch die Augen-Wimpern gegeben.

Formatfüllend fotografieren

Eine der wichtigsten Voraussetzungen für eine qualitativ gute Kleinbild-Aufnahme ist die formatfüllende Aufnahme. So einfach sich diese Forderung auch anhört, sie wird doch selten konsequent erfüllt. Am einfachsten gelingt das, wenn man an das Objekt zunächst ganz nah herangeht, dann die Kamera vors Auge nimmt und sich dann wieder so weit entfernt, bis das Objekt formatfüllend erfaßt wird. Umgekehrt, d. h. sich mit vor dem Auge gehaltener Kamera dem Objekt zu nähern und auszulösen, wenn es das Format voll ausfüllt, bringt erst nach längerer Übungszeit den gleichen Erfolg. Probieren Sie's doch mal!

Schärfe einstellen

Beim Blick durch den Sucher sollte man zusätzlich auch auf stürzende Linien und einen geraden Horizont achten, d. h. die Kamera nicht verkanten. Und auch die Schärfe muß ständig kontrolliert werden. Wer zunächst die Entfernung schätzt, den Wert auf das Objektiv überträgt, dann erst die Kamera ans Auge nimmt und fokussiert, ist schneller! Außerdem kann er unbeobachteter fotografieren. Erst schätzen, dann messen, heißt die Devise!

Eine exakte Scharfeinstellung kann nur erfolgen, wenn man das Sucherbild in optimaler Schärfe wahrnimmt. Das gilt unabhängig davon, ob man mit oder ohne Brille durch das Okular blickt. Wichtig ist, daß man bei der Universal-Einstellscheibe die Meßkante des Schnittbild-Entfernungsmessers scharf und kontrastreich sieht. Viele Menschen haben einen minimalen Augenfehler, der so lange unentdeckt bleibt, bis man im Umgang mit optischen Geräten, z. B. einer Leica R4-Mot höchste Genauigkeit von Auge zu Kamera verlangt.

Korrektionslinsen

Sollten sich Einstellschwierigkeiten ergeben, ist die Verwendung von Leitz-Korrektionslinsen empfehlenswert. Sie werden in folgenden Plus- oder Minus-Werten (sphärisch) geliefert: 0,5, 1,0, 1,5, 2,0, 3,0. Wenn möglich, sollte man der Bestellung (beim Foto-Fachhändler) ein Brillenrezept beilegen. Kann das nicht geschehen, sollte man wissen, daß die Sucher der Leica R-Modelle auf − 1 dpt. abgestimmt sind, die der Leicaflex auf − 0,5 dpt. Dieser Wert muß bei der notwendigen Korrektur berücksichtigt werden. Wer z. B. generell eine Korrektionslinse von + 1 dpt. benötigt, beschafft sich deshalb zur Leica R eine mit + 2 dpt. zur Leicaflex eine mit + 1,5 dpt. Die zusätzliche Verwendung von Korrektionslinsen kann auch für brillentragende Benutzer einer Leica R oder Leicaflex eine Hilfe sein, sofern mit der Brille (ohne Blick durch das Kameraokular) Gegenstände auf 1 m Entfernung nicht optimal scharf gesehen werden. Für Leicaflex-Modelle gilt eine Entfernung von 2 m.

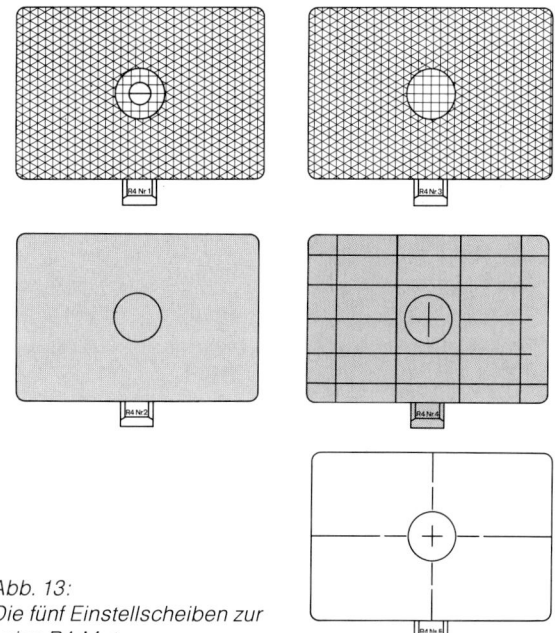

Abb. 13:
Die fünf Einstellscheiben zur Leica R4-Mot

Abb. 12: Mit einer speziellen Pinzette können die Einstellscheiben der Leica R4-Mot einfach und schnell gewechselt werden.

Auswechselbare Einstellscheiben

Helligkeit und Kontrast des Suchers sind ebenfalls entscheidend für die exakte Scharfeinstellung, ohne die ein Leica R-Objektiv nicht seine volle Leistung zeigen kann! Lichtstärke des Objektivs, Absorption des Lichtes durch das Objektiv, Reflexionsgrad des Schwingspiegels, Verspiegelung des Pentaprismas

sowie dessen Lichtabsorption spielen dabei eine große Rolle. Diesen Konstruktionsdetails widmet Leitz sein volles Augenmerk. Von entscheidender Bedeutung ist jedoch auch die Art der Einstellscheibe und deren optische Abstimmung. Die fest eingebaute Einstellscheibe der Leica R3- und Leicaflex-Modelle wird bei der Kamera-Montage eingesetzt und auf „Lebenszeit" optimal abgestimmt. Bei der Leica R4-Mot kann die Einstellscheibe vom Benutzer selbst ausgetauscht werden. Um eine gleich gute und dauerhafte optische Abstimmung zu erreichen, ist ein erheblicher konstruktiver Aufwand erforderlich. Leitz-Konstrukteure entwickelten dafür eine Dreipunkt-Halterung, durch die die verschiedenen Einstellscheiben der Leica R4-Mot exakt in der festgelegten Abstimmebene fixiert werden. Ein Wechsel erfolgt bei herausgenommenem Objektiv mit Hilfe einer speziellen Pinzette.
Alle Einstellscheiben zur Leica R4-Mot sind aus einem hochtransparenten chemischen Werkstoff gespritzt. Zur besseren Bildfeldausleuchtung ist die Unterseite der Scheiben zu einer Fresnellinse ausgebildet worden.

Universalscheibe

Von Haus aus werden alle Leica R- und Leicaflex-SL2-Modelle mit der Leitz-Universalscheibe ausgestattet. Sie verfügt über einen zentral angeordneten Schnittbild-Entfernungsmesser von 3 mm Durchmesser, der von einem Viereck-Mikroprismenring von 7 mm Durchmesser umgeben ist. Die äußere Begrenzung dieses Ringes ist identisch mit der Begrenzung des selektiven Belichtungsmeßfeldes. Das übrige Sucherfeld besitzt feinstmattierte Leitz-Dreieck-Mikroprismen, die Mattscheibencharakter aufweisen. Die Universalscheibe ist für die häufigsten fotografischen Anwendungsbereiche ideal. Die feinstmattierten Leitz-Dreieck-Mikroprismen garantieren in Verbindung mit fast allen Objektiven ein helles und brillantes Sucherbild und lassen auch bei langen Brennweiten und im Nahbereich noch eine akzeptable Bildbeurteilung und Scharfeinstellung zu. Der Ring mit den groben Leitz-Viereck-Mikroprismen gestattet ein schnelles Scharfeinstellen mit Objektiven kurzer bis mittellanger Brennweiten, vor allem auf Motivdetails, die keine eindeutig senkrechten Strukturen aufweisen, wie z. B. das Auge bei einer Porträt-Aufnahme. Auf eine senkrechte Kontur stellt man dagegen am besten mit dem Schnittbild-Entfernungsmesser ein. Er kann auch bei schlechten Lichtverhältnissen noch gut benutzt werden. Wenn das Öffnungsverhältnis der Objektive gering ist, z. B. bei sehr langen Brennweiten, bzw. verändert wird, z. B. durch Abblendung oder im Nahbereich, können der Schnittbild-Entfernungsmesser und die Leitz-Viereck-Mikroprismen nicht mehr zur Scharfeinstellung benutzt werden. Durch Abschattung werden sie dunkel. Fokussiert wird dann auf dem übrigen Feld mit den feinstmattierten Mikroprismen. Viele Fotografen vermissen nie eine andere Einstellscheibe. Mit Erfahrung überspielen sie in Sonderfällen die systembedingten Nachteile der Universalscheibe. Es ist ihnen einfach nicht der Mühe wert, diese Scheibe zu wechseln. Sollte jedoch der Sonderfall zur Regel werden, oder fehlt es ihnen an Erfahrung, werden sie mit Erleichterung auf eine andere Einstellscheibe zurückgreifen. Für solche Sonderfälle können z. B. Vollmattscheiben in Leica R3-Mot- und Leicaflex SL-Modelle fest eingebaut werden. Der Leitz-Kundendienst gibt darüber im einzelnen Auskunft.

Vollmattscheibe

Wer sehr oft im extremen Nahbereich oder mit sehr langen Brennweiten fotografiert, wählt die Vollmattscheibe. Die exakte Scharfeinstellung kann dabei auf dem gesamten Sucherbild gut beurteilt werden. Allerdings wird das Licht durch die Mattscheibe stärker gestreut, so daß das Sucherbild insgesamt etwas dunkler erscheint. Auch bei Abblendung bleibt die gute Bildbeurteilung erhalten. Der Kreis im Zentrum begrenzt das Meßfeld für die Leitz-Selektivmessung.

Mikroprismenscheibe

Ohne den Schnittbild-Entfernungsmesser der Universalscheibe gewährleistet die Mikroprismenscheibe eine ungestörtere Bildbeurteilung. Das zentral angeordnete Feld mit Leitz-Viereck-Mikroprismen entspricht dem Meßfeld bei selektiver Belichtungsmessung. Die feinstmattierten Leitz-Dreieck-Mikroprismen auf dem übrigen Sucherfeld zeigen auch bei wenig Licht deutlich den Schärfe-/Unschärfebereich und sorgen im normalen Einstellbereich der Objektive für ein etwas helleres Bild als die Mattscheibe.

Vollmattscheibe mit Gitterteilung

Für Architektur-Aufnahmen und Reproduktionen muß die Kamera exakt ausgerichtet werden können. Die Vollmattscheibe mit Gitterteilung ist dafür besonders gut geeignet. Beim Verschieben des PA-Curtagon-R 1:4/35 mm dunkeln außerdem die Sucherecken weniger stark ab, als bei den Einstellscheiben mit Mikroprismen. Das Ausrichten der Kamera läßt sich dadurch noch besser kontrollieren. Mit den senkrechten Strichmarkierungen im Abstand von 10 mm kann das Abb.-Verh. bei Nahaufnahmen leicht bestimmt werden (siehe Seite 163). Das Selektiv-Meßfeld des Belichtungsmessers wird ebenfalls angezeigt.

Klarscheibe mit Fadenkreuz

Für den Einsatz der Leica R4-Mot an optischen Instrumenten mit vergrößernder Darstellung, wie z. B. Mikroskope oder astronomische Fernrohre, ist die Klarscheibe mit Fadenkreuz gedacht. Auch für medizinische Aufnahmen mit dem Endoskop ist diese Einstellscheibe optimal geeignet. Eine Markierung des Meßfeldes für die Leitz-Selektivmessung ist vorhanden. Alle Einstellscheiben sind durch Nummern gekennzeichnet. Sie werden — staubgeschützt — in einem Kunststoffbehälter geliefert. Dieser Aufbewahrungsbehälter kann zusätzlich eine weitere Einstellscheibe aufnehmen und enthält auch die Pinzette zum Wechseln der Scheiben, sowie einen Staubpinsel. Wichtig ist, daß man die Einstellscheibe nicht mit den Fingern berührt. Bei geöffneter Aufbewahrungsbox kann die für einen Wechsel aus der Kamera herausgenommene Einstellscheibe in zwei entsprechende Führungen senkrecht eingeschoben und so vorübergehend deponiert werden — bis die in der Box befindliche Einstellscheibe eingesetzt wurde.

Reinigen der Einstellscheiben

Staubpartikel auf der Einstellscheibe werden mit Hilfe des Staubpinsels vorsichtig entfernt. Grobe Verschmutzungen, auch Fingerabdrücke, läßt man durch ein Ultraschall-Bad beim Optiker oder beim Leitz-Kundendienst beseitigen. Eigene Versuche, eine Einstellscheibe durch Abreiben mit Linsenpapier oder einem Tuch zu reinigen, können die Oberfläche so stark beschädigen, daß die Scheibe ersetzt werden muß.

Augenmuschel

Bei starkem Seitenlicht und relativ dunklem Sucherbild, z. B. bei Nahaufnahmen im Atelier, wenn eine Fotolampe direkt neben der Kamera aufgestellt ist, hält die flexible Augenmuschel das Störlicht vom Auge fern. Das Sucherbild wirkt dann wesentlich brillanter und kann deshalb besser beobachtet werden. Außerdem kann man mit ihr zusätzlich die Kamera gut am Gesicht abstützen. Brillenträger benutzen eine weiche Augenmuschel oft, um empfindliche Kunststoff-Brillengläser gegen ein Verkratzen zu schützen. Diese Lösung ist jedoch nicht ganz ideal, weil dann meistens nicht mehr das gesamte Sucherbild überblickt werden kann. Die Augenmuschel ist unten stark abgeflacht, damit sich die Kamera-Rückwand zum Filmwechsel bequem öffnen läßt. Sie wird auf die Okularfassung aufgeschoben und kann auch eine Korrektionslinse halten. Sie ist für alle Leica R- und Leicaflex SL 2-Modelle verwendbar.

Winkelsucher

Bei Aufnahmen aus der Froschperspektive, d. h. aus Bodennähe, bei Reproduktionen und beim Fotografieren über Köpfe hinweg — um nur einige Beispiele zu nennen — erleichtert der Winkelsucher die Beobachtung des Sucherbildes erheblich. Er wird durch einen Winkel gehalten, der in den Zubehörschuh der Kamera geschoben wird und erlaubt den Suchereinblick unter 90° zur Aufnahmerichtung. Der Winkelsucher ist rundum drehbar und alle 90° rastend — mit Rotpunkt-Markierung. Das gesamte Sucherbild wird nur unwesentlich verkleinert und läßt sich einschließlich aller Anzeigen gut überblicken. Das Okular des Winkelsuchers läßt sich von −5 dpt bis +3 dpt verstellen. Für eine optimale Einstellung wird es zunächst bis zum Anschlag herausgedreht und dann unter Beobachtung des Sucherbildes wieder hineingedreht, (langsam) bis die Begrenzung des selektiven Meßfeldes scharf gesehen wird. So justiert, betrachtet man das Sucherbild mit „entspanntem" Auge; auch bei längerem Arbeiten, z. B. am Mikroskop, treten dadurch kaum Ermüdungserscheinungen auf. Winkelsucher von Leitz werden in zwei Ausführungen, für Leica R4-Mot-/Leicaflex-Modelle und für Leica R3/R3-Mot geliefert.

Schärfenebene vorher festlegen

Bei schnellen Bewegungsabläufen ist eine exakte Scharfeinstellung auf das sich bewegende Objekt kaum möglich. Insbesondere bei Sportaufnahmen, wo oft mit längeren Brennweiten fotografiert wird, legt man die Schärfenebene daher vorher fest. Beim Hürdenlauf wird man z. B. die Schärfe auf eine bestimmte Hürde legen, bei einem Autorennen z. B. auf einen Riß in der Asphaltdecke. Jetzt braucht man mit dem Auslösen nur noch zu warten, bis sich der Läufer oder das Auto an dieser Stelle befindet. Weiß man, in welcher Größe der Läufer, bzw. das Auto, dann im Sucher der Kamera abgebildet wird, kann man auch auslösen, wenn diese Größe im Sucher erreicht ist. Wer das Fotografieren von „schnellen Motiven" übt, wird bald merken, daß man immer einen kleinen Moment vorher auslösen muß, um die eigene „Schrecksekunde" und die Zeitparallaxe von der Betätigung des Kamera-Auslösers bis zur eigentlichen Filmbelichtung zu kompensieren. Ganz wesentlich ist auch eine gute Kenntnis der Sportart, wenn beim Fotografieren der Zufall ausgeschlossen werden soll. Nur ein Kenner kann den winzigen Augenblick des Höhepunktes einer sportlichen Disziplin gezielt im Bild festhalten!

Kamera mitziehen

Dosiert angewandte Bewegungsunschärfe im Bild gilt als wesentliches Gestaltungselement der Fotografie für die Darstellung von Geschwindigkeit und Bewegung. Sollen die Ergebnisse nicht durch den Zufall bestimmt werden, müssen vorher entsprechende Übungen absolviert werden. Zunächst wird versucht, das sich bewegende Objekt im „richtigen" Moment, d. h. im optimalen Bildausschnitt zu erwischen. Am einfachsten ist es, wenn man die Kamera mit einem Standard-Objektiv ausrüstet, auf einem Stativ befestigt und an einer von Autos befahrenen Straße aufstellt. Der Abstand zur ersten Fahrspur sollte etwa 15 m betragen. Fokussiert wird auf die Struktur des Straßenbelages, dort wo die Autos fahren. Mit 1/500 sec oder 1/1000 sec Belichtungszeit wird dann die Fahrzeugbewegung im Foto „eingefroren". Diese Übung vermittelt das Gefühl dafür, wann man auszulösen hat, wenn das Fahrzeug an einer bestimmten Stelle im Bild plaziert werden soll.
Die nächsten Aufnahmen werden dann mit relativ langen Zeiten von 1/15 sec bis 1/125 sec belichtet. Jetzt kann man anhand der Ergebnisse erkennen, welcher Unschärfegrad den Eindruck der Geschwindigkeit am besten wiedergibt.
Bei der dritten Übung wird ebenfalls mit den relativ langen Belichtungszeiten fotografiert, jedoch die Ka-

mera vom Stativ genommen und das fahrende Auto im Sucher der Kamera verfolgt. Das geschieht bereits bei der Annäherung. Ausgelöst wird allerdings erst, wenn das Fahrzeug genau auf der Höhe des Fotografen angelangt ist. Dabei wird die Kamera weiter mitgezogen, das Auto also weiter im Sucher verfolgt, bis es sich entfernt hat. Wenn die Bewegung des Mitziehens aus der Hüfte heraus erfolgt, hat man ein Gefühl dafür, wann sich das Fahrzeug direkt auf der eigenen Höhe befindet. Damit läßt es sich auch vor einem ganz bestimmten Ausschnitt des verrissenen Hintergrundes abbilden. Das kann wichtig sein, wenn bei der Farb-Gestaltung z. B. weiße Häuserwände, die als große, weißgraue Flächen wiedergegeben werden, den Bildaufbau stören würden.

Inwieweit es gelingt, das Fahrzeug im richtigen Moment zu erwischen, und bei welcher Belichtungszeit der Hintergrund die notwendige Bewegungsunschärfe aufweist, zeigen erst die Ergebnisse. Ganz wichtig ist jedoch, daß das Fahrzeug absolut scharf wiedergegeben wird. Wird das Mitziehen der Kamera beherrscht, kann man sich auf weitere Gestaltungsmöglichkeiten konzentrieren. Man kann z. B. das Fahrzeug ins Bild „hinein"- oder „hinausfahren" lassen (am rechten oder linken Bildrand plazieren) oder einen Läufer in einer ganz bestimmten, typischen Bewegungsphase festhalten. Bei rhythmischen Bewegungen, wie das Laufen, zählt man einfach mit: z. B. linkes Bein = 1 . . . rechtes Bein = 2 . . . 1 . . . 2 . . . 1 . . . 2 usw. und löst im „richtigen" Moment aus. Wenn man will, kann man dann sogar bestimmen, welches Bein des Läufers sich im Foto „vorn" befinden soll.

Unbeobachtetes Fotografieren

Wer die visuelle Kontrolle über den Kamerasucher auszuüben versteht, kann sich auch daran wagen, einmal auf den Sucher zu verzichten. Auf Seite 98 wird z. B. erläutert, wie man ohne Blick durch den Sucher fotografieren kann und trotzdem weiß, was auf's Bild kommt. Versuchen Sie dabei einmal im Laufen auszulösen. Aber nicht gerade in dem Moment, wo der eigene Fuß aufgesetzt wird. Lösen Sie aus, wenn eines Ihrer Beine nach vorne „schwingt". So werden Verwacklungen vermieden. Diese Art des unbeobachteten Fotografierens garantiert Bilder mit Seltenheitswert. Wenn es notwendig sein sollte, läßt sich das Auslösegeräusch übrigens durch ein lautes Räuspern übertönen. Auch routinierte Fotografen werden bei den hier geschilderten Übungen entdecken, daß es noch weitere Möglichkeiten gibt, das eigene Können weiterzuentwickeln. Wer sich vervollkommnen möchte, wird sogar weitere Übungen entwickeln müssen!

Abb. 14: Reaktionsvermögen, Beobachtung des Sucherbildes und Kamerahaltung lassen sich mit einfachen Übungen verbessern. Beim oberen und mittleren Foto blieb die Kamera unbeweglich ausgerichtet, während das Fahrzeug ins Bild hineinfuhr. Um es an der richtigen Stelle, z. B. etwas außerhalb der Mitte, zu erwischen, muß man mit „Vorgabe", d. h. Sekundenbruchteile früher auslösen. Belichtungszeiten: 1/1000 sec (oben) bzw. 1/60 sec (Mitte). Wird die Kamera mitgezogen, reicht auch eine relativ lange Belichtungszeit (1/30 sec) für eine scharfe Wiedergabe des fahrenden Autos.

Belichtungsmessung

Wer einmal Gelegenheit hat, in einem Großlabor zu sehen, wie gleichmäßig heute Negativfilme aller Formate in Kameras aller Preisklassen von einer Vielzahl verschiedener Personen richtig belichtet werden, der wird staunen. Totale Fehlbelichtungen sind, gemessen an der Zahl der fotografierten Aufnahmen, relativ selten. Nicht ganz zu Unrecht wird man folgern, daß das beim Stand des heutigen Kamerabaus eigentlich selbstverständlich sein sollte. Geht man jedoch der (Ur-) Sache auf den Grund, gibt es eine große Überraschung. Eine Vielzahl aller Aufnahmen wird nämlich in Kameras ohne Belichtungsmesser belichtet, und eine TTL-Belichtungsmessung (**T**hrough **T**he **L**ens = Durch das Objektiv) haben sogar nur die wenigsten aller Kameras! Auch wenn Leica R- und Leicaflex-SL/SL2-Besitzer bei ihrer praktischen Arbeit immer wieder erfahren müssen, daß man selbst mit dem einzigartigen Meßsystem ihrer Kameras, der selektiven Belichtungsmessung durch das Objektiv, hin und wieder unter- oder überbelichtete Fotos produzieren kann, sollten Sie sich jetzt nicht verunsichert fühlen. Denn so könnte man vielleicht meinen, wenn Kameras ohne Belichtungsmesser Filme durchweg gleichmäßig und richtig belichten können, dann dürften bei Kameras mit so aufwendigen Licht-Meßsystemen, wie bei Leica R und Leicaflex doch niemals Über- oder Unterbelichtungen vorkommen! Tatsächlich sind Fehlmessungen, und damit Unter- oder Überbelichtungen auch ausgeschlossen, wenn die Belichtungsmessung durch das Objektiv richtig angewendet wird. Richtig angewendet heißt in diesem Fall: die Methoden und die Funktion der Belichtungsmessung zu kennen und zu verstehen. Werfen wir jedoch noch einmal einen Blick auf die Negativfilme im Großlabor. Es fällt deutlich auf, daß ganz bestimmte Motivbereiche die Mehrzahl aller Aufnahmen ausmachen, und daß gerade bei diesen Motiven keine Fehlbelichtungen vorkommen. Es sind Aufnahmen, die bei guten bis sehr guten Lichtverhältnissen im Freien fotografiert wurden oder solche, die mit Blitzlicht im Innenraum entstanden. Für diese Art von „normalen Fotos" sind, so unwahrscheinlich es auch klingen mag, keine Belichtungsmesser erforderlich! Die Angaben und Tips auf den Gebrauchsanweisungen der Film- und Blitzgeräte-Hersteller sind dafür völlig ausreichend, und Kameras mit Symbol-Einstellungen (Sonne, Wolken, Blitz) garantieren eine ausreichende Belichtungssicherheit. Außerdem besitzen Negativfilme einen größeren Belichtungsspielraum. Sie verkraften daher auch geringe Über- oder Unterbelichtungen ohne große Qualitätseinbuße. Farb-Um-kehrfilme reagieren darauf viel empfindlicher. Krasse Fehlbelichtungen sind auch bei Negativfilmen im Großlabor häufig zu sehen, wenn die Aufnahmen unter schlechten Lichtverhältnissen wie z. B. bei Regen und in der Dämmerung, in Innenräumen ohne Blitz oder bei Kunstlicht-Beleuchtung entstanden. Hier lassen sich die vielfältigen Helligkeitsunterschiede der Motive nicht mehr tabellarisch erfassen und auch unser Auge kann sie nicht mehr richtig abschätzen. Dafür ist ein Belichtungsmesser unbedingt erforderlich! Doch bei derartig kritischen Lichtsituationen — dies zeigt die Praxis — fotografiert die Mehrzahl aller Amateure eben nicht, und sie versäumen gerade in solchen Augenblicken die besonders attraktiven Motive jenseits der Schönwetter-Fotografie. Der Verzicht auf besonders interessante Fotos, die bei außergewöhnlichen Lichtverhältnissen häufig entstehen, kommt nicht von ungefähr. Zu oft wurde man durch totale Über- oder Unterbelichtungen enttäuscht und entmutigt weiterzumachen. Doch das muß nicht sein! Wer die Möglichkeiten der modernen Fototechnik nutzen möchte und in der Beherrschung schwieriger Lichtverhältnisse eine ständige Herausforderung erblickt, der besitzt mit Leica R und Leicaflex alle Voraussetzungen für optimale Belichtungsergebnisse unter allen Bedingungen. Vorausgesetzt er hat sich auch ein wenig mit den Besonderheiten der Belichtungsmessung, mit der Theorie beschäftigt.

Licht- und Objektmessung

Grundsätzlich unterscheidet man zwischen Licht- und Objektmessung. Bei der Lichtmessung wird das aufs Objekt fallende Licht gemessen, bei der Objektmessung dagegen das vom Objekt reflektierte Licht. Einmal wird also vom Objekt zur Kamera gemessen (Lichtmessung), das andere Mal von der Kamera zum Objekt (Objektmessung). Für die Lichtmessung wird eine zusätzliche Vorrichtung des Belichtungsmessers benötigt, die das von allen Seiten einfallende Licht auffangen kann. Außerdem muß man die Möglichkeit haben, aus unmittelbarer Nähe des Objektes in Richtung auf die Kamera messen zu können. Deshalb wird diese Methode nur mit Handbelichtungsmessern vorgenommen, und fast ausschließlich in Ateliers praktiziert. Die Objektmessung hat den Vorzug, daß man vom Aufnahme-Standpunkt aus die Belichtung ermitteln kann. Bei dieser Methode muß der Belichtungsmesser anhand des reflektierten Lichtes auf die Lichtintensität der Lichtquelle schließen und daraus den Belichtungswert, d. h. Zeit und Blende ermitteln. Kameras mit Belichtungsmessung durch das Objektiv nehmen also eine Objektmessung vor. Diese Metho-

Abb. 15: Normales, „abnormal"-helles und „abnormal"-dunkles Motiv.

de ist besonders vorteilhaft für die dynamische Fotografie, für Aufnahmen mit langen Brennweiten oder im extremen Nahbereich und für den Schnappschuß — um nur einige Beispiele zu nennen. Also für die Anwendungsbereiche, welche die Domänen der Kleinbildfotografie ausmachen.

Normale Motive
In der Regel präsentiert sich uns unsere Umwelt farbig und voller Kontraste. Unsere Foto-Motive setzen sich entsprechend aus verschieden farbigen und unterschiedlich hellen Objekt-Details zusammen. Bei der Belichtungsmessung durch das Objektiv, d. h. bei der Messung des reflektierten Lichtes (Objektmessung), werden die unterschiedlichen Reflexionsgrade aller Details erfaßt. Der Belichtungsmesser mißt sozusagen die Summe aller Helligkeiten: man spricht von integraler Messung.

Wie umfangreiche Untersuchungen gezeigt haben, besitzt die Mehrzahl aller Foto-Motive eine durchschnittliche Reflexion, die einem mittleren Grauwert mit 18% Reflexionsvermögen entspricht. Auf dieses Reflexionsvermögen bzw. auf diesen Grauwert sind alle international üblichen Belichtungsmesser abgestimmt. Auch die der Leica R und Leicaflex.

Leitz-Großfeld-Integralmessung
Aus dem bisher Gesagten läßt sich leicht ableiten, daß die integrale Belichtungsmessung des ganzen vom Objektiv erfaßten Bildes in den weitaus meisten

Fällen eine exakte Belichtung garantiert. Durch ausgeklügelte Systeme werden bei den Leica R-Modellen zusätzlich unterstützende Maßnahmen getroffen: Da sich das Bildwichtige in einer Aufnahme fast immer im Zentrum des Bildes befindet, wird die Bildmitte bei der Belichtungsmessung besonders berücksichtigt. Diese praxisgerechte Mittenbetonung verleiht dem Benutzer der Leica R schon sehr bald das sichere Gefühl, problemlos und in allen Normalsituationen richtig zu belichten. Sie ist bei allen Motiven ausreichend, die keine hohen Lichtkontraste haben, wie es fast immer im Auflicht gegeben ist, d. h. wenn keine schweren Schatten fallen, wenn sich Hell-Dunkel-Flächen gleichmäßig verteilen und keine sehr großen Farbgegensätze vorhanden sind.

Korrektur bei Hell und Dunkel
Wer zum ersten Mal bei strahlendem Sonnenschein in alpiner Winterlandschaft die Belichtungszeit mißt, wird den Meßwerten des Belichtungsmessers ohne Argwohn vertrauen. Die ermittelten kleinen Blenden und kurzen Belichtungszeiten scheinen bei der blendenden Helligkeit angebracht zu sein. Man ist bei dieser Lichtfülle sogar versucht noch weiter abzublenden, bzw. noch kürzer zu belichten. Um so enttäuschender ist das Ergebnis, wenn der Film aus dem Labor zurückkommt: lauter unterbelichtete Aufnahmen! Warum es zu diesen Fehlergebnissen gekommen ist, läßt sich leicht erklären. Der Belichtungsmesser, der die für eine bestimmte Lichtintensität notwen-

dige Belichtungszeit ermittelt, kann nicht wissen, daß bei diesen Lichtverhältnissen nur die Reflexion des Lichtes größer ist (und nicht die Intensität). Auf die normale Reflexion des Lichtes von 18% (mittlerer Grauwert) geeicht, schließt er aus der empfangenen Menge des Lichtes, daß die Lichtquelle eine große Intensität besitzt. Die angegebene Belichtungszeit muß deshalb um den Faktor zu kurz ausfallen, um den das Reflexionsvermögen des Schnees größer ist als die Reflexion von einem mittleren Grauwert. Da die weißen Flächen des Schnees etwa 80 bis 90% des Lichtes reflektieren, also etwa 4× so viel wie ein „normales" Objekt, wird auch die Belichtungszeit etwa 4× zu kurz ausfallen und muß entsprechend korrigiert werden, d. h. sie wird mit vier multipliziert, bzw. die Blende um zwei Stufen geöffnet. Entsprechend kürzer muß die Belichtungszeit gewählt werden, wenn das angemessene Motiv überwiegend aus dunklen Objekt-Details besteht. Die Leica R-Modelle besitzen für „abnormal" helle oder dunkle Motive eine Korrekturmöglichkeit der Automatik (override) von ± 2 Belichtungswerten. Bei den Leicaflex-Modellen wird die Einstellung von Zeit und Blende entsprechend von Hand korrigiert. Man muß sich jedoch darüber im klaren sein, daß derartige Korrekturen immer nur auf Schätzwerten beruhen und keine exakten Belichtungsergebnisse garantieren können!

Leitz-Selektivmessung = Nahmessung aus der Ferne

In den meisten Fällen setzen sich „abnormal" helle oder dunkle Motive jedoch nicht ausschließlich aus nur hellen oder nur dunklen Objekt-Details zusammen. In der oben als Beispiel angeführten Schneelandschaft stehen z. B. Bäume, Sträucher oder Häuser, bewegen sich Skifahrer oder sind kräftige Schatten zu sehen, die sich vom weißen Schnee gut differenzieren. Wäre das nicht so, würden wir nur eine reinweiße Fläche ausmachen — und die lohnt es sich nicht zu fotografieren. Die sich vom Weiß des Schnees differenzierenden Objekte weisen in der Regel wiederum eine normale Reflexion von 18% auf. Wenn man bei der Belichtungsmessung nur das von diesen Objekten reflektierte Licht mißt, z. B. nur das Gesicht des Skifahrers, erhält man ein exaktes Belichtungsergebnis. Weil man zur Bestimmung des Belichtungswertes nahe an das „normale" Objekt herangehen muß, spricht man von einer Nahmessung. Oft ist es jedoch sehr störend, oder sogar unmöglich nahe genug für eine solche Messung an das Objekt heranzukommen. Deshalb wurde von Leitz eine Lösung des Problems angestrebt, mit der sich auch aus grö-

ßerer Entfernung eine exakte „Nahmessung" durchführen läßt: die Leitz-Selektivmessung. Dabei wird nur ein exakt begrenzter und im Sucher angezeigter Ausschnitt aus dem total erfaßten Motiv für die Messung herangezogen. Das kreisrunde Meßfeld des Belichtungsmessers hat einen Durchmesser von 7 mm, das ist flächenmäßig nur etwa 1/5 des gesamten Sucherbildes. Mit einem 90 mm-Objektiv erfaßt man damit aus mehr als 2 m Entfernung das Gesicht eines Menschen. Für eine normale Nahmessung müßte man sich dafür der Person auf weniger als 70 cm nähern.

Meßwertspeicherung

Das selektive Meßfeld des Belichtungsmessers ist genau im Zentrum des Suchers angeordnet. In der Praxis wird sich das anzumessende Objekt dagegen nicht immer genau in der Mitte des gewählten Bildausschnittes befinden. Man muß deshalb die Kamera zunächst entsprechend schwenken, um das in Frage kommende Objekt anmessen zu können. Bei Zeit-Automatik-Einstellung der Leica R-Modelle kann dann die selektiv ermittelte Belichtungszeit gespeichert werden bis der gewünschte Bildausschnitt festgelegt ist oder bis der situationsgerechte Moment gekommen ist. Beim Niederdrücken des Auslösers bis zum Druckpunkt speichert das Meßsystem die vorher angezeigte Belichtungszeit und hält sie bis zu 30 Sekunden fest, d. h. solange bis ausgelöst wird. Diese Speicherautomatik ist in der Handhabung ganz einfach. Sie ist ein besonderes Merkmal der Leica R-Modelle, erweitert die kreative Bildgestaltung entscheidend und schafft Möglichkeiten, von denen man keine Vorstellung hatte, solange die technischen Voraussetzungen dazu fehlten. In Ausnahmefällen, wo eine Meßwertspeicherung von 30 Sekunden nicht ausreicht, kann die Belichtungszeit manuell eingestellt werden.

Besonders reizvoll: große Kontraste

In Fotobüchern wird oft der Rat gegeben, bei Motiven mit großen Kontrasten zunächst die hellsten Partien anzumessen und danach die dunkelsten (oder in umgekehrter Reihenfolge), um anschließend aus beiden Meßwerten einen Mittelwert für die korrekte Belichtung zu bilden. Leider ist das Ergebnis meistens nicht befriedigend, weil in vielen Fällen der Kontrast zu groß ist. Er darf beim farbigen Papierbild nicht mehr als 4:1, also zwei Blendenstufen, beim Farbdia und Schwarzweiß-Film nicht mehr als knapp drei Blendenstufen (7:1) betragen. Größere Kontrastumfänge können im Foto nicht wiedergegeben werden, wenn sowohl in den Lichtern, (helle Partien) als auch in den Schatten

 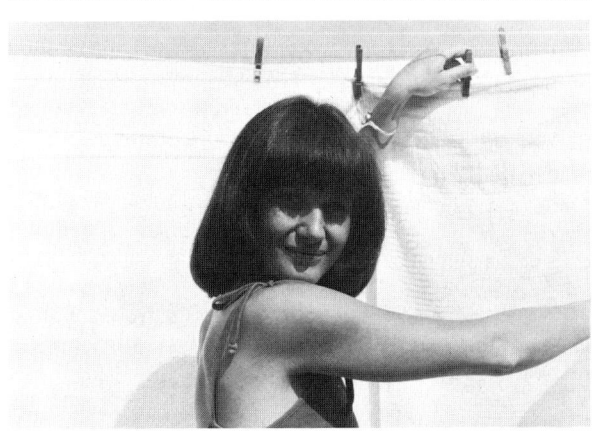

Abb. 16: Der sehr dunkle Hintergrund des Motivs führt bei integraler Belichtungsmessung zur Überbelichtung der abgebildeten Personen (Abb. oben). Deshalb wird das Gesicht der Mutter selektiv angemessen (Mitte), bei Zeit-Automatik der Meßwert gespeichert und — nachdem der ideale Bildausschnitt gefunden ist (Abb. unten) — ausgelöst. Der Meßwert kann bei dieser Arbeitsweise bis zu 30 Sekunden gespeichert werden.

Abb. 17: Der „Nachteil" der integralen Belichtungsmessung wird auch bei diesem Beispiel sichtbar. Der sehr helle Hintergrund führt bei integraler Meßmethode zu einer Unterbelichtung. Die selektive Belichtungsmessung garantiert auch bei solchen Motiven eine exakte Belichtung, wenn das Gesicht angemessen wird. Messen, Speichern, Ausschnitt festlegen und Auslösen kann in Bruchteilen von Sekunden geschehen!

Abb. 18: Bei dieser Bildserie wurde die Belichtungsautomatik abgeschaltet, weil der aufgewirbelte, helle Staub sonst die Meßergebnisse bei der zweiten und dritten Aufnahme verfälscht hätte und Unterbelichtungen die Folge gewesen wären. Immer dann, wenn sich das Reflexionsvermögen des Objektes während der Aufnahmeserie verändert und keine Zeit mehr bleibt, gezielt zu messen, ist diese Arbeitsweise angebracht.

(dunkle Partien) noch Differenzierungen vorhanden sein sollen, Schwarzweiß-Filme können einen geringfügig größeren Helligkeitsumfang verkraften, wenn sie entsprechend „weich" entwickelt werden (siehe Seite 216). Weist das Motiv einen sehr großen Kontrastumfang auf, muß man sich entscheiden, welche Partien bildwichtig sind, d. h. selektiv angemessen werden und wo auf die Differenzierungen im Detail verzichtet werden kann. Viele gute Fotos leben von solchen großen Lichtgegensätzen. Erinnert sei nur an Gegenlichtaufnahmen, an Aufnahmen, bei denen die Sonne scheinwerferartig einzelne Bildpartien beleuchtet, an Situationen in Innenräumen, bei denen gegen eine helle Fensterfläche fotografiert wird, an Ausblicke durch Torbögen oder an Aufnahmen, mit starken Lichtquellen im Bild. Mit der Leitz-Selektivmessung lassen sich bei diesen Beispielen jeweils die Motiv-Details anmessen, die bildwichtig sind und die den mittleren Grauwert repräsentieren. Die gezielte Belichtungsmessung setzt allerdings auch voraus, daß sich der Fotograf mit den Besonderheiten der Filme, der Filmentwicklung und der Beleuchtung auseinandersetzt. Beherrscht er die Spielregeln, kann er die gestalterischen Möglichkeiten des Lichtes durch die Leitz-Selektivmessung voll nutzen.

Ersatzmessung

In der fotografischen Praxis zeigt sich, daß es gelegentlich auch Situationen gibt, in denen selbst die „Tele-Wirkung" der Leitz-Selektivmessung nicht ausreicht, um die Belichtung exakt zu bestimmen, weil das anzumessende Objekt zu klein abgebildet wird und man nicht näher herankommen kann oder weil z. B. bei einem sich bewegenden Objekt keine Zeit mehr bleibt die Belichtungszeit zu bestimmen, wenn es auftaucht. In solchen Fällen nimmt man eine Ersatzmessung vor. Darunter versteht man, daß anstelle des anzumessenden Motiv-Details ein Ersatzobjekt unter den gleichen Beleuchtungsverhältnissen angemessen wird. Praktiker unter den Fotografen verwenden als Ersatzobjekt gerne die Innenfläche ihrer eigenen Hand. Bei seitlichem Licht, wenn sich innerhalb der Handfläche Schatten bilden, ist diese Methode ausgezeichnet. Bei direktem Auflicht, wenn sich keine Schatten bilden können, muß eine Korrektur um einen knappen halben Belichtungswert vorgenommen werden, da Hauttöne etwas mehr als 18% des einfallenden Lichtes reflektieren! Die Fa. Kodak liefert für die Bestimmung der Belichtungszeit eine Neutral-Testkarte, deren graue Seite exakt einen Reflexionsgrad von 18% aufweist. Die weiße Seite dieser Testkarte reflektiert 90%, ist also 5 × heller. Bei besonders schlechten Lichtverhältnissen spricht damit eventuell noch der Belichtungsmesser an, wenn er ansonsten keine Reaktion mehr zeigt. Selbstverständlich kann die weiße Seite dieser Karte oder ein weißer nicht glänzender Karton (Zeichenpapier) auch generell für eine Ersatzmessung benutzt werden. Da Weiß eine stärkere Reflexion besitzt muß der Meßwert nur entsprechend korrigiert werden:

Korrekturen der Meßwerte bei Objektmessungen		
Objekt-helligkeit	Kodak Neutral-Testkarte	weißer Karton
hell	um ½ Blendenstufe knapper belichten	x 3
normal	nach Meßwert belichten	x 4 – 5
dunkel	um ½ Blendenstufe länger belichten	x 6

Diese Tabelle berücksichtigt auch, daß helle Objekte ein wenig kürzer und dunkle Objekte ein wenig länger belichtet werden sollen als „normale" Objekte unter den gleichen Lichtbedingungen. Projizierte Diapositive wirken dadurch brillanter und Negative lassen sich dann besser vergrößern.

Belichtungsmessung bei Nahaufnahmen
Die Benutzung der Kodak Neutral-Testkarte oder eines weißen Kartons ist besonders bei Nahaufnahmen zu empfehlen, da fast alle Objekte, die im Nahbereich fotografiert werden, keine ausgewogenen Anteile an hellen und dunklen Objekt-Details aufweisen, die zusammen 18% des Lichtes reflektieren. Im Vergleich zur grauen Neutral-Testkarte läßt sich übrigens leicht feststellen, ob ein Objekt vom mittleren Grauwert gradierend abweicht. Dazu gleich ein Beispiel: Soll eine Silbermünze (helles Objekt) auf dunklem Untergrund fotografiert werden (siehe Abb.), dann wird die Karte — Kodak-Grau-Karte oder weißer Karton — so nahe wie möglich an die Münze herangebracht (auf die Münze oder an deren Stelle gelegt) und angemessen. Wichtig ist, daß bei der Belichtungsmessung kein Schatten auf die Karte fällt. Der so gemessene Belichtungswert muß danach, entsprechend dem hellen Objekt, korrigiert werden:

Kodak-Graukarte
gemessen: 1/30 sec. bei Blende 8
Korrektur: 1/2 Blendenstufe knapper belichten
Exakte Belichtung: 1/30 sec. bei Blende 8 – 11

Weißer Karton
gemessen: 1/125 sec. bei Blende 8
Korrektur: × 3
Exakte Belichtung: 1/42 sec. bei Blende 8
bzw. 1/30 sec. bei Blende 8 – 11
Selbstverständlich wird im Nahbereich der notwendige Verlängerungsfaktor von der Belichtungsmessung durch das Objektiv automatisch mit berücksichtigt (siehe Seite 169).

Belichtungsmessung mit Foto-Filtern
Bei Verwendung von Farbfiltern wird der notwendige Verlängerungsfaktor im allgemeinen auch automatisch berücksichtigt. Die verschiedenen Filme haben aber in den einzelnen spektralen Bereichen eine unterschiedliche Empfindlichkeit. Bei dichteren und extremeren Filtern können deshalb Abweichungen gegenüber der gemessenen Zeit auftreten. So fordern z. B. Orange-Filter eine Verlängerung um etwa einen Blendenwert, Rot-Filter im Mittel um etwa zwei Blendenwerte. Bei Zirkular-Polarisationsfiltern, wie sie von Leitz geliefert werden, kann wie bei normalen Filtern gemessen und eingestellt werden (siehe Seite 193).

Belichtungsmessung ersetzt das Denken nicht
Für jede korrekte Belichtungsmessung sollte man prüfen, ob das Objekt der Norm entspricht oder nicht, ob der Meßwert vom Belichtungsmesser übernommen werden kann oder ob er im Hinblick auf Besonderheiten des Motivs korrigiert werden muß. Das setzt voraus, daß mitgedacht wird! „Blindes Vertrauen" kann bei schwierigen Lichtverhältnissen zu Fehlergebnissen führen. Die Betonung liegt bei dieser Feststellung auf „schwierigen Lichtverhältnissen". Wenn man nicht absolut sicher ist, ob die gewählte Meßmethode zum optimalen Ergebnis führt, wechselt man

Abb. 19

bei den Leica R-Modellen von der selektiven zur integralen Belichtungsmessung (oder umgekehrt). Ergeben sich dabei Meßdifferenzen von mehr als einem halben Meßwert, sollte man sein Vorgehen bei der Belichtungsmessung unbedingt überprüfen. Als Faustregel für die selektive Belichtungsmessung gilt: Messen Sie das, worauf Sie scharf einstellen. Messen Sie keine Extreme an. Also keine Objektdetails wie tiefe Schatten bzw. dunkle Farben oder helle Wolken und weiße Häuserwände. Dies führt immer zu Über- bzw. Unterbelichtung. Messen Sie Ausschnitte im Gesamtmotiv an, die sich aus vielen unterschiedlichen Objekthelligkeiten zusammensetzen. Messen Sie ein Motiv im Motiv an. Fast alle Motive weisen solche Partien auf. Als weitere praktische Faustregel für Aufnahmen bei strahlender Sonne sollte man sich merken: Belichtungszeit für Blende 16 = $\frac{1}{ASA}$ (ASA ist die amerikanische Normzahl für die Filmempfindlichkeit). Das bedeutet beispielsweise beim Einsatz eines 50-ASA-Films (18 DIN) 1/50 sec bei Blende 16 oder bei Einsatz eines 25 ASA Films (15 DIN) 1/25 sec bei Blende 16 etc. Andere Zeit-Blenden-Kombinationen lassen sich daraus leicht ableiten. In der Praxis heißt das z. B. für einen Kodachrome 25 bei Sonnenschein Blende 8 / 1/125 sec oder Blende 5,6 / 1/250 sec. Werden diese Werte bei der Belichtungsmessung nicht annähernd ermittelt, sollte man kontrollieren, ob vielleicht die gewählte Meßmethode (selektiv oder integral) nicht dem Objekt angepaßt wurde, ob vielleicht das angemessene Objektfeld bei selektiver Belichtungsmessung nicht dem mittleren Grauwert entspricht, ob vielleicht vergessen wurde, die richtige Filmempfindlichkeit einzustellen, ob vielleicht die Batterien erschöpft sind, ob vielleicht ... usw. Jeder ambitionierte Leica-Fotograf sollte bewußt Erfahrungen sammeln und bei Außenaufnahmen auch einmal einen Film nur nach den Angaben des Film-Herstellers belichten. Also ohne Zuhilfenahme des Belichtungsmessers. Sofern die Wetterlage nicht extrem ist und die Aufnahmen nicht sehr früh am Morgen oder sehr spät am Abend entstehen, werden die meisten Fotos exzellent belichtet! Wer sich an die obenerwähnten Werte und an die dabei gemachten Erfahrungen hält, wer bei allen Aufnahmen erst die Belichtungszeit schätzt und dann mißt, bekommt sehr schnell ein Gespür für die „richtige Belichtung" und eine enorme Sicherheit bei allen Lichtsituationen. Darum „klickt" es förmlich bei routinierten Fotografen, wenn der Belichtungsmesser außergewöhnliche (falsche) Werte angibt. Durch die erwähnten Übungen steigert man die Schnelligkeit beim Fotografieren unter ungewöhnlichen Verhältnissen erheblich. Außerdem kann man durch die dabei gemachten Erfahrungen auch dann noch mit den mechanisch gebildeten Belichtungszeiten erfolgreich weiterarbeiten, wenn die Batterien einmal überraschend ausfallen sollten und neue nicht sofort zur Stelle sind.

Testbelichtung für optimale Ergebnisse
Die richtige Belichtung muß nicht unbedingt die optimale Belichtung sein! Das klingt zwar paradox, wird aber durch die Praxis bestätigt. Gezielte Über- oder Unterbelichtungen können z. B. die Stimmung in einem Bild verstärken und die Bildaussage damit verdeutlichen. Bei Diapositiven kommt es außerdem auch ein wenig auf den Verwendungszweck an. Dias für eine Großprojektion mit einer Schirmbildbreite von mehr als drei Metern wirken leuchtender, wenn sie reichlicher, d. h. ein wenig überbelichtet wurden. Dagegen bevorzugen Klischee-Anstalten knapper belichtete (ein wenig unterbelichtete) Diapositive, wenn satte Farben im Druck gewünscht werden. In welchem Maße eine Über- oder Unterbelichtung möglich ist, hängt vom Filmtyp und vom Kontrast des Objektes ab. Auf entsprechende Testbelichtungen kann man deshalb nicht verzichten, wenn höchste Anforderungen an die Belichtungsergebnisse gestellt werden. Jeder Fotograf muß seine Ausrüstung mit seinem Film und mit seinem Labor „eintesten". So gesehen besteht kein Grund zur Reklamation beim Leitz-Kundendienst, wenn dem Belichtungsmesser für eine optimale Belichtung ein um plus/minus 1 – 2 DIN von der Empfindlichkeitsangabe des Films abweichender Wert eingegeben werden muß.

Leica R3/R3-Mot:
zwei Meßmethoden / automatisch und manuell

Bei Leitz hat man der exakten Belichtung schon immer besondere Bedeutung beigemessen. Ob beim Abstimmen der Verschlußzeiten während der Fertigung, die sich von jeher immer in engeren Toleranzen bewegten, als es die Normen zulassen, oder bei den konstruktiven Lösungen, denen jeweils bestimmte Merkmale eigen waren, die das Fotografieren bequemer und die Belichtung noch präziser werden ließen. Die erste Leicaflex besaß z. B. einen eingebauten CdS-Belichtungsmesser, der zwar noch nicht durchs Objektiv messen konnte, aber bereits einen praxisgerechten Meßwinkel von nur 27° aufwies. Damals nicht unbedingt eine Selbstverständlichkeit! Leicaflex SL/SL-Mot und Leicaflex SL 2/SL 2 Mot waren die ersten Leitz-Kameras mit exakt begrenzter selektiver Belichtungsmessung durch das Objektiv. Besonderes Aufsehen erregte dann die Leica R3 bei ihrer Vorstellung auf der photokina '76. Sie besitzt nämlich zwei verschiedene, umschaltbare Belichtungs-Meßmethoden: die Leitz-Großfeld-Integralmessung, die sowohl dem Ungeübten als auch dem versierten Benutzer optimale Belichtungsergebnisse garantiert (sofern nicht extreme fotografische Aufgaben zu lösen sind), und die Leitz-Selektivmessung mit exakt begrenztem Meßfeld für die gezielte Ausschnittsmessung. Letztere hatte sich seit vielen Jahren in der Leicaflex SL und SL 2 auch unter schwierigen und extremen Bedingungen bewährt. Zusätzlich können bei der Leica R3/R3-Mot beide Meßmethoden durch einfaches Umschalten mit Zeit-Automatik oder mit manueller Einstellung der Belichtungszeit benutzt werden. Bei Automatik-Betrieb braucht man nur noch den Auslöser zu betätigen, wobei die jeweils automatisch gebildeten Belichtungszeiten — entsprechend der gewählten Blende — im Sucher angezeigt werden.

Für die automatische Selektivmessung hat sich Leitz außerdem etwas Besonderes ausgedacht: Da sich der für die Belichtungsmessung repräsentative Bildausschnitt nicht immer in der Mitte des Motivs befindet, kann zunächst der Meßwert gespeichert und dann der gewünschte Bildausschnitt bestimmt werden. Das Speichern des Meßwertes geschieht durch Niederdrücken des Auslösers, d. h. durch Druckpunktnahme. Dieser Vorgang wird im Sucher durch die Ausschwenkbewegung des Meßzeigers angezeigt.

Bei manuellem Betrieb wird die gemessene Belichtungszeit zur gewählten Blende im Sucher angezeigt. Diese Belichtungszeit muß dann von der Hand auf den Zeiteinstellring übertragen werden. Auch die von Hand eingestellte Belichtungszeit wird elektronisch gesteuert und kann im Sucher abgelesen werden.

Da beide Meßmethoden und beide Betriebsarten in der Regel bei voller Öffnung der R-Objektive vorgenommen werden (Offenblenden-Messung), in besonderen Fällen aber auch bei Arbeitsblende benutzt werden können, z. B. im extremen Nahbereich mit Leitz-Photar-Objektiven oder bei Verwendung von Objektiven längster Brennweite, ergeben sich insgesamt acht verschiedene Möglichkeiten. Dem ausgefuchsten Fotografen wird sofort klar, welche enorme Vielfalt in der Anwendung ihm dadurch in die Hand gegeben wird.

Leica R4-Mot: fünf Programme

Die Vielfältigkeit der Leica R3/R3-Mot noch weiter auszubauen und trotzdem unkompliziert in der Bedienung zu bleiben, schien zunächst undenkbar. Bis Leitz sich etwas Außerordentliches einfallen ließ: die fünf Programme der Leica R4-Mot. Das sind die Kombinationen der umschaltbaren Belichtungs-Meßmethoden mit den Betriebsarten Zeit-Automatik, Blenden-Automatik und manuelle Einstellung. Streng auf die fotografischen Belange ausgerichtet, lassen sich fünf optimale Möglichkeiten für die Praxis daraus ableiten:

● Zeit-Automatik
  mit Leitz-Selektivmessung
● Zeit-Automatik
  mit Leitz-Großfeld-Integralmessung
● Blenden-Automatik
  mit Leitz-Großfeld-Integralmessung
● Programm-Automatik
  mit Leitz-Großfeld-Integralmessung
● manuelle Einstellung von Zeit und Blende
  mit Leitz-Selektivmessung

Abb. 20: Programmwahl — blitzschnell mit einem Finger.

Diese Programme können durch den unter dem Zeiteinstellring angeordneten Programmwähler blitzschnell mit dem Zeigefinger der rechten Hand eingestellt werden. Auch wenn man die Kamera am Auge hat! Dabei wird automatisch eine Sperrtaste gelöst, und die Leica R4-Mot eingeschaltet. Durch aufleuchtende LED's (**L**ight **E**mitting **D**iode) erkennt man dann im Sucher, welches Programm gewählt wurde. Das einfache Umschalten auf verschiedene Programme ist u. a. deshalb wichtig, weil man damit schnell von selektiver auf integrale Belichtungsmessung umschalten kann, z. B. um zu kontrollieren, ob die gerade benutzte Meßmethode auch zu einer optimal belichteten Aufnahme führt (siehe Seite 55).

Leitz Know-how macht's möglich

Im Gegensatz zur Leica R3/R3-Mot, bei der die beiden Meßmethoden durch drei Cadmiumsulfid (CdS)-Fotowiderstände ermöglicht werden, besitzt die Leica R4-Mot „nur" noch eine Silizium (Si)-Fotodiode. Die CdS-Fotowiderstände der Leica R3/R3-Mot sind sowohl am Pentaprisma (2) als auch im Boden der Kamera (1) angeordnet. Die Si-Fotodiode der Leica R4-Mot ist im Boden unter dem Schwingspiegel plaziert.

In diesem Punkt gleicht sie damit den Leicaflex SL-Modellen, die ebenfalls mit nur einer Meßzelle (CdS-Fotowiderstand), an etwa gleicher Stelle, ausgerüstet wurden. Im Gegensatz zur Leica R3/R3-Mot und den Leicaflex Sl-Modellen, bei denen die Strahlengänge bei selektiver Belichtungsmessung nahezu identisch sind, ist die Lichtführung in der Leica R4-Mot jedoch anders gelöst worden. Durch einen neuartigen Fresnel-Reflektor mit 1345 Mikro-Reflektoren (ein Leitz-Patent) hinter dem teildurchlässigen Schwingspiegel und einer verschiebbaren Sammellinse vor der Si-Fo-

todiode, konnten beide Meßmethoden mit „nur" einer Meßzelle verwirklicht werden.

Die Leitz-Selektivmessung und die Leitz-Großfeld-Integralmessung werden jeweils in Kombination mit einer Betriebsart, d. h. als Programm, gewählt.

Wann welches Programm

Bei fast jedem Foto-Motiv wird entweder die Belichtungszeit oder die Blende als Mittel der Bildgestaltung eingesetzt. Um z. B. bei schnellen Bewegungen konturenscharfe Abbildungen zu erhalten, wird man eine kurze Belichtungszeit wählen, der die Objektiv-Blende — den Lichtverhältnissen entsprechend — angepaßt wird (Blenden-Automatik). Umgekehrt wählt man z. B. die Blende vor, wenn das Motiv eine entsprechende Schärfentiefe in der Abbildung verlangt. Dann wird die Belichtungszeit der Objektivöffnung angepaßt (Zeit-Automatik).

An beiden Beispielen wird deutlich, daß die Belichtungszeit bei bewegten Objekten von ausschlaggebender Bedeutung ist. Sie besitzt Priorität und wird deshalb fix eingestellt (vorgewählt), während die Blende von sekundärer Bedeutung ist und nur zur Regelung einer optimalen Belichtung dient. Bei statischen Motiven, wie z. B. Landschaften und Architekturen, bei denen vor allem die Schärfentiefe zur Bildgestaltung herangezogen wird, ist das umgekehrt. Priorität besitzt die Blende. Sie wird deshalb vorgewählt, während die für eine richtige Belichtung erforderliche Lichtmenge durch die Belichtungszeit reguliert wird.

Die Betriebsarten der Leica R4-Mot werden übrigens mit den Anfangsbuchstaben der englischen Bezeichnungen dieser Prioritäten gekennzeichnet: „T" für Time-Priority (Time = Zeit, also Belichtungszeit vorwählen) und „A" für Aperture-Priority (Aperture = Öffnung, also Blende vorwählen). „P" heißt Programm-Automatik = Belichtungszeit und Blende bilden sich automa-

Abb. 21: Der von Leitz entwickelte und patentierte Fresnel-Reflektor mit 1345 Mikro-Reflektoren in 1,7facher Vergrößerung (Abb. links). Daneben das Prinzip der selektiven (Mitte) und integralen Belichtungsmessung (rechts).

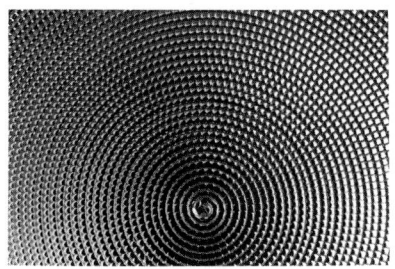 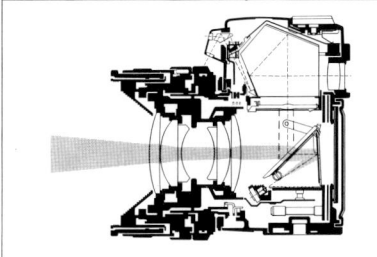 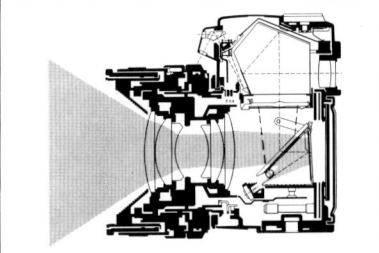

tisch, und „m" steht für manuelle Einstellung von Belichtungszeit und Blende.

Die beiden Belichtungs-Meßmethoden werden durch die gleichen Symbole wie bei der Leica R3-Mot dargestellt:

● = Leitz-Selektivmessung,
■ = Leitz-Großfeld-Integralmessung.

Die Kombination eines Buchstabens mit einem Symbol kennzeichnet das jeweilige Programm der Leica R4-Mot: Das gewählte Programm wird sowohl außen (neben dem Zeiteneinstellring) als auch im Sucher angezeigt.

A Wenn der räumliche Eindruck des Fotos über die Bildwirkung des Motivs entscheidet, wie z. B. bei Landschafts- und Architektur-Aufnahmen, und die Objekthelligkeiten gleichmäßig im Blickfeld verteilt sind, wählt man dieses Programm: Zeit-Automatik mit Leitz-Großfeld-Integralmessung.

Die Schärfentiefe läßt sich dann bewußt durch die Wahl der Blende steuern, d. h. man wählt die Blende vor und die Zeit-Automatik der Leica R4-Mot bildet dazu passend die richtige Belichtungszeit, stufenlos von ca. 8 bis 1/1000 sec.

Ⓐ Bei Gegenlicht und großen Kontrasten muß die Belichtungszeit gezielt dort gemessen werden können, wo sich das bildwichtige Objekt befindet. Mit der Meßwertspeicherung bei selektiver Belichtungsmessung ist das kein Problem. Und weil das Bildwichtige oft erst durch das Spiel mit der Schärfentiefe besonders hervorgehoben werden kann, wie z. B. bei Porträt-Aufnahmen, ist die Zeit-Automatik mit Leitz-Selektivmessung optimal dafür geeignet.

Die beiden (umschaltbaren) Meßmethoden haben sich in Kombination mit der Zeit-Automatik bereits in den Leica R3-Modellen bewährt.

T Bei „schnellen Motiven" wird die Belichtungszeit als Gestaltungselement eingesetzt. Beim Motorrad-Rennen wird die Kamera z. B. mitgezogen, wenn die Belichtungszeit vorher mit 1/60 sec. festgelegt wurde. Der dadurch verrissen wiedergegebene Hintergrund macht erst das rasante Tempo im Foto sichtbar. Mit einer Belichtungszeit von 1/1000 sec. läßt sich der Höhepunkt im Bewegungsablauf eines Stabhochspringers konturenscharf einfrieren. Dem Auge wird jetzt sichtbar, was sonst im Moment der Bewegung verborgen bliebe. In beiden Fällen ist die Blenden-Automatik das optimale Programm der Leica R4-Mot: die Belichtungszeit wird vorgewählt und die Springblende der Leica R-Objektive automatisch stufenlos dazu gebildet. Und weil bei „schnellen Moti-

ven" keine Zeit für eine selektive Belichtungsmessung mit Meßwertspeicherung bleibt, ist die Blenden-Automatik mit der Leitz-Großfeld-Integralmessung kombiniert.

P Der originelle Schnappschuß verlangt eine schnelle Schußbereitschaft der Kamera. Was ist dafür besser geeignet, als die Programm-Automatik, bei der Belichtungszeit und Blende automatisch gebildet werden und die Belichtungsmessung integral erfolgt? Dieses Programm „verführt" auch zum unbeschwerten Fotografieren. Selbst brillante Fototechniker und routinierte Fotografen können für normale Motive keine bessere Einstellung von Belichtungszeit und Blende ausknobeln und die Belichtung exakter messen, als es die Programm-Automatik der Leica R4-Mot tut, wenn man einfach nur den Auslöser betätigt.

ⓜ Wer zur Lösung spezieller Aufgaben bewußt Belichtungszeit und Blende von Hand einstellt, bzw. gezielt einstellen muß, wird auch auf die Möglichkeit der gezielten Belichtungsmessung nicht verzichten wollen. Deshalb die Kombination der manuellen Einstellung von Belichtungszeit und Blende mit der Leitz-Selektivmessung: das ideale Programm für Fotoexperimente und außergewöhnliche Situationen, wie sie z. B. auch in Wissenschaft und Technik vorkommen.

Die Blitz-Automatik, die bei Benutzung entsprechender Blitzgeräte, z. B. von Braun, Metz, Minolta und Vivitar, die Belichtungszeit bei blitzbereitem Gerät auf X-Synchronisation = 1/100 sec. umschaltet, arbeitet bei allen Programmen. Sie ergänzt diese Programme in ihren Anwendungsmöglichkeiten ebenso, wie die zusätzlich mögliche Arbeitsblendenmessung bei **A**, **Ⓐ** und **ⓜ**, wenn z. B. langbrennweitige R-Objektive ohne Springblende benutzt werden. Für den Fotografen zählt in erster Linie jedoch nicht die Vielzahl der Möglichkeiten, sondern deren Tauglichkeit beim Fotografieren! Die auf die praktischen Belange der Fotografie ausgerichteten fünf Programme der Leica R4-Mot garantieren perfekte Bilder ohne technische Probleme!

Klar und unkompliziert muß die Bedienung sein, wenn man lebendig fotografieren möchte. Aufgeräumt und übersichtlich muß das Sucherbild sein, um den Bildaufbau beurteilen zu können. Eindeutig müssen die Anzeigen im Sucher sein, damit man ständig die notwendige Kontrolle ausüben kann. Im Sucher der Leica R4-Mot werden deshalb „nur" die für das gewählte Programm benötigten Informationen sichtbar. Sie lassen sich mit einem Blick überschauen!

Abb. 22—24: Die Leica R4-Mot electronic im Detail

Durch die spezifischen Eigenschaften von Optik, Mechanik und Elektronik sowie deren sinnvolles Zusammenwirken kann die Leica R4-Mot electronic den unterschiedlichsten fotografischen Arbeitsbedingungen hervorragend angepaßt werden, ohne in der Bedienung kompliziert zu sein. Der Fotograf kann sich deshalb — weitgehend frei von technischen Zwängen — voll auf die Bildgestaltung konzentrieren.
Die „Bausteine" dieser fortschrittlichen Kamera-Technik werden in den Abbildungen unten anschaulich dargestellt.

Abb. 22, Umschaltbare Belichtungs-Meßmethode, Programmwahl und Sucher: 1 = Schalthebel für Zeit- bzw. Blendenanzeige. 2 = Schalthebel für Langzeit-Abdeckung bei Programm-Automatik. 3 = Programmanzeige. 4 = Programmwähler mit Sperrtaste. 5 = Umschalter für selektive/integrale Belichtungsmessung. 6 = Mechanische Kopplung von Schwingspiegel-Träger und schwenkbarem Fresnel-Reflektor. 7 = Spiegelträger und teildurchlässiger Schwingspiegel mit 17 Schichten. 8 = Schieber mit Sammellinse für selektive Belichtungsmessung. 9 = Umlenkprisma für Belichtungszeit-Anzeige. 10 = Umlenkprisma für Blenden-Anzeige. 11 = Umlenkprisma für Programm-Anzeige. 12 = LED-Anzeige für gemessene Belichtungszeit bzw. Blende. 13 = Auswechselbare Einstellscheibe. 14 = Haltefeder für Einstellscheibe. 15 = Fresnel-Reflektor mit 1345 Mikro-Reflektoren. 16 = Silizium-Fotodiode

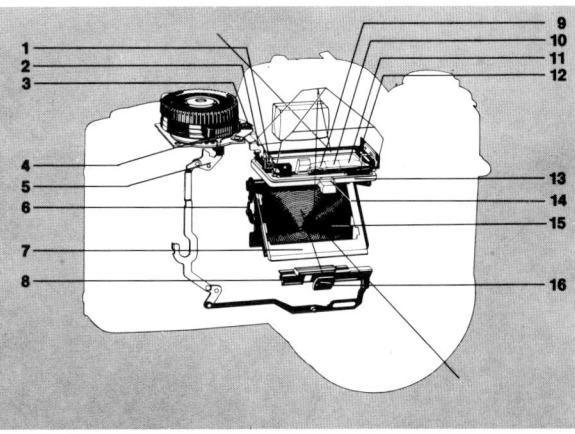

Abb. 22

Abb. 23, Elektronik: 1 = Mittenkontakt (X) mit Kontakt für systemkonforme Elektronen-Blitzgeräte. 2 = IC für Belichtungsmessung und Belichtungszeiten-Steuerung. 3 = Leiterplatte mit Feldeffekt-Transistor für Silizium-Fotodiode. 4 = Widerstände und Schleiferbahnen für gewähltes Programm. 5 = Widerstände und Schleiferbahnen für Belichtungszeiten-Steuerung. 6 = Abschalter für Motor-Winder und Motor-Drive. 7 = Meßtaste. 8 = Auslösetaste. 9 = Verschlußmagnet und Startkontakt. 10 = Schaltleiste mit vier Schalterfunktionen. 11 = Gleitrolle für Blendensteuerringe. 12 = Startschalter für Motor-Winder und Motor-Drive. 13 = Auslösesperrschalter. 14 = Silizium-Fotodiode. 15 = IC für Meßwertverarbeitung, Blendenstopp und Warnfunktionen. 16 = LED für Programmanzeige. 17 = LED für Batterietest. 18 = Potentiometer für Filmempfindlichkeits-Einstellung. 19 = Schalter für Belichtungskorrektur (override). 20 = Kleinstblenden-Schalter kombiniert mit Warnanzeige. 21 = Blendeneinstellpotentiometer und Potentiometer für Blendenstopp. 22 = IC für Silizium-Fotodiode. 23 = Blitzkontaktstecker (X). 24 = IC für LED-Anzeigen. 25 = Blendenstopp-Magnet. 26 = Leiterplatte für Auslöse- und Blendenstopp-Magneten. 27 = Batterien (2 × à 1,5 V). 28 = Auslöse-Magnet. 29 = Fremdversorgungsschalter.

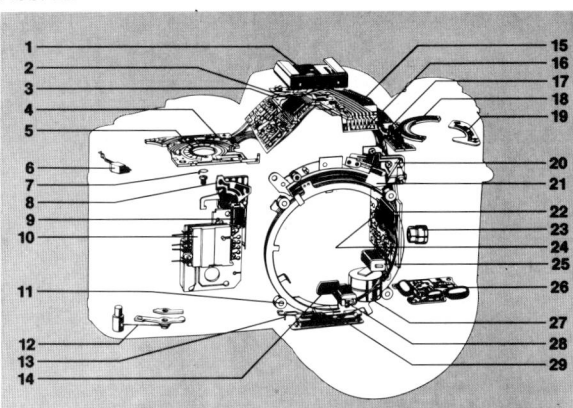

Abb. 23

Abb. 24, Filmtransport und Verschluß: 1 — Anzeigeband für eingestellte Belichtungszeit. 2 = Zeiteinstellring. 3 = Auslöser. 4 = Schnellschalthebel. 5 = Bildzählwerk. 6 = Filmaufwickelspule. 7 = Filmtransportwalze. 8 = Verschlußgetriebe. 9 = Pneumatische Bremse. 10 = Schaltgetriebe für Filmtransport. 11 = Rückspulkurbel. 12 = Anzeige für Belichtungskorrektur (override). 13 = Einstellhebel für Belichtungskorrektur. 14 = Anzeige für Filmempfindlichkeit. 15 = Filmpatronen-Sichtfenster in der auswechselbaren Rückwand. 16 = Metallamellen-Schlitzverschluß. 17 = Spannfeder für Verschluß. 18 = Getriebe für Schwingspiegel.

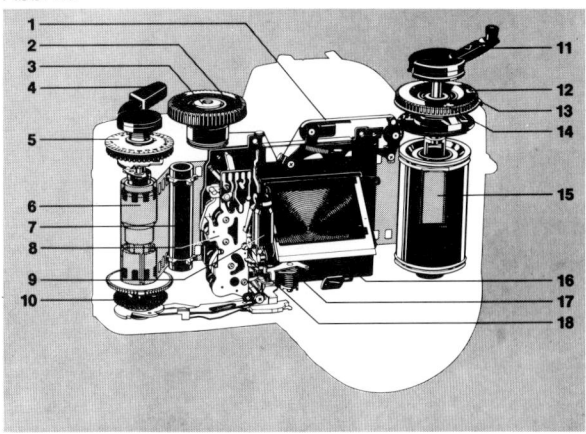

Abb. 24

Abb. 25

Abb. 26

Zeit-Automatik
mit Leitz-Großfeld-Integralmessung

Wenn bei normalen Lichtbedingungen auf die Bildgestaltung besonderer Wert gelegt wird, spielt fast immer die Schärfentiefe eine große Rolle! Soll vom nahen Vordergrund bis Unendlich alles scharf wiedergegeben werden, wie bei der obigen Architektur-Aufnahme? Oder soll der Vordergrund in Unschärfe aufgelöst werden, so daß nur noch farbige Konturen das Bild einrahmen? Oder muß das Wesentliche des Motivs durch einen unscharfen Hintergrund freigestellt werden? Oder soll das Objekt mit unscharfem Vorder- und Hintergrund dargestellt werden? In allen Fällen wählt der Fotograf die Blende vor, die Belichtungszeit bildet sich automatisch stufenlos von ca. 8 sec bis 1/1000 sec.

Im Sucher wird angezeigt: das gewählte Programm, die vorgewählte Blende bei allen R-Objektiven mit Springblenden-Automatik und die automatisch gebildete Belichtungszeit (im Langzeitbereich durch Viereck-LED's). Über- und Unterbelichtungen werden durch Dreieck-LED's oberhalb und unterhalb der Zeitenskala rechts im Sucher angezeigt. Geringfügig kürzere oder längere Belichtungszeiten als 1/1000 sec bzw. 1 sec werden übrigens auch noch durch die Verschlußsteuerung geregelt; führen also nicht zu Fehlbelichtungen.

Zeit-Automatik
mit Leitz-Selektivmessung

Wenn bei außergewöhnlichen Lichtverhältnissen auf die Bildgestaltung im allgemeinen, und auf das Spiel mit der Schärfentiefe im besonderen, großer Wert gelegt wird, ist dieses Programm das richtige. Die exakt begrenzte und im Sucher angezeigte Leitz-Selektivmessung sowie die Möglichkeit der Meßwertspeicherung sind die weltweit anerkannten Vorteile der Leica R-Kameras.
Die beiden Zeit-Automatik-Programme liegen beim Betätigen des Programmwählers direkt nebeneinander, so daß ein Wechseln der Programme praktisch nur einem Umschalten der Belichtungsmeßmethode gleichkommt. Diese Möglichkeit hat schon die Leica R3/R3-Mot weltberühmt gemacht.

Im Sucher wird angezeigt: das gewählte Programm, die vorgewählte Blende bei allen R-Objektiven mit Springblenden-Automatik und die automatisch gebildete Belichtungszeit. Bei erfolgter Meßwertspeicherung verlöscht die Programmanzeige. Über- und Unterbelichtungen werden durch Dreieck-LED's oberhalb und unterhalb der Zeitenskala rechts im Sucher angezeigt. Geringfügig kürzere und längere Belichtungszeiten als 1/1000 sec. bzw. 1 sec. werden übrigens durch die Verschlußsteuerung noch geregelt; führen also nicht zu Fehlbelichtungen.

Abb. 27

Abb. 28

Blenden-Automatik
mit Leitz-Großfeld-Integralmessung

Wenn die Bewegung das Bild bestimmt, muß die dafür optimale Belichtungszeit vorgewählt werden. Mit sehr kurzen Belichtungszeiten können z. B. Situationen festgehalten werden, die normalerweise von unserem Auge nicht wahrgenommen werden. Sehr lange Belichtungen machen dagegen Bewegungen sichtbar, die sonst nicht registriert werden. Dazwischen liegt die breite Skala der Möglichkeiten, mit der ein Fotograf durch eine ganz bestimmte Belichtungszeit die Gestaltung eines Bildes beeinflussen kann. Wenn die Bewegung das Bild bestimmt, bleibt keine Zeit mehr, die Belichtungszeit gezielt zu messen. Deshalb ergänzt die Leitz-Großfeld-Integralmessung die Blenden-Automatik ideal.

Im Sucher wird angezeigt: das gewählte Programm, die vorgewählte Belichtungszeit und die automatisch gebildete Blende. Sichtbar ist auch die eingestellte Blende bei allen R-Objektiven mit Springblenden-Automatik. Wenn bei diesen Objektiven nicht die kleinste Blende eingestellt wurde (eingeschränkter Regelbereich) bzw. eine Springblenden-Automatik nicht vorhanden ist, blinkt die Programmanzeige im Sucher. Wird der Regelbereich der Blende über- oder unterschritten, d. h. ist es zu hell oder zu dunkel, werden Fehlbelichtungen durch eine automatische Korrektur der vorgewählten Belichtungszeit vermieden (siehe „Automatische Korrekturen"). Kürzere Belichtungszeiten werden dann durch Aufleuchten der Dreieck-LED's oberhalb — längere Belichtungszeiten durch Aufleuchten der Dreieck-LED's unterhalb der Blendenskala rechts im Sucher angezeigt.

Programm-Automatik
mit Leitz-Großfeld-Integralmessung

Es gibt Situationen, bei denen keine Zeit mehr bleibt, Belichtungszeit oder Blende vorzuwählen und die Belichtung gezielt zu ermitteln. Der lebendige Schnappschuß ist ein Beispiel dafür. Bei solchen Gelegenheiten hat man nur eine Chance, wenn die entsprechenden Einstellungen an Kamera und Objektiv bereits vorher (zufällig?) vorgenommen wurden.
Wer mit der Leica R4-Mot ständig „schußbereit" sein möchte oder diskret (unbeobachtet) fotografieren muß, wählt deshalb die Programm-Automatik. Dieses Programm ist auch ideal für alle, die sich mit der Fototechnik noch ein wenig vertraut machen müssen, d. h. für Anfänger.

Im Sucher wird angezeigt: das gewählte Programm und die automatisch gebildete Belichtungszeit. Außerdem sichtbar ist die eingestellte Blende bei allen R-Objektiven mit Springblenden-Automatik. Wenn bei R-Objektiven mit Springblenden-Automatik nicht die kleinste Blende eingestellt wurde (eingeschränkter Regelbereich), bzw. eine Springblenden-Automatik nicht vorhanden ist, blinkt die Programmanzeige. Durch die übergreifende Zeitensteuerung (siehe „Automatische Korrekturen") erfolgt dann innerhalb des möglichen Regelbereiches (bis 1/1000 sec) eine Belichtungskorrektur. Im Sucher wird jedoch die gemessene Zeit weiter angezeigt. Über- oder Unterbelichtungen werden durch Dreieck-LED's oberhalb bzw. unterhalb der Zeitenskala rechts im Sucher angezeigt. Um bei langen Belichtungszeiten vor Verwackelungen zu warnen, werden die längeren Belichtungszeiten ab 1/30 sec durch Viereck-LED's angezeigt.

Abb. 29

Manuelle Einstellung von Belichtungszeit und Blende mit Leitz-Selektivmessung

Für besondere Effekte, oder außergewöhnliche Arbeitstechniken, können die Automatik-Programme der Leica R4-Mot ausgeschaltet werden. Die Leitz-Selektivmessung bleibt erhalten und Belichtungszeit und Blende können nach dem Nachführprinzip von Hand eingestellt werden. Dieses Programm meistert auch ungewöhnliche Aufnahmesituationen, wie sie z. B. in Wissenschaft und Technik vorkommen können. Besonders interessant ist diese Möglichkeit für den experimentierenden Fotografen, der z. B. mit Effektvorsätzen, Pop-Filtern und Infrarot-Filmen arbeitet oder mit Mehrfachbelichtungen ungewöhnliche Bildergebnisse anstrebt und, wenn die Dauer der Meßwertspeicherung von 30 sec. bei Zeit-Automatik mit Leitz-Selektivmessung nicht ausreicht.

Elektronen-Blitzgeräte lassen sich auch mit den eingestellten Belichtungszeiten von 1 sec bis 1/60 sec synchronisieren.

Im Sucher werden angezeigt: das gewählte Programm, die vorgewählte Blende, die dazu gemessene Belichtungszeit und die eingestellte Belichtungszeit. Die Arbeitsbereichsgrenzen des Belichtungsmessers werden durch die oberhalb (zu hell) bzw. unterhalb (zu dunkel) der Zeitenskala angeordneten Dreieck-LED's angezeigt.

Automatische Korrekturen

Die Steuerung der automatischen Springblende bei Blenden-Automatik ist mit einer übergreifenden Zeitensteuerung gekoppelt. Wenn z. B. bei großer Helligkeit durch die vorgewählte Belichtungszeit und die von der Blenden-Automatik gebildete kleinste Blende noch eine Überbelichtung erfolgen würde, wird das nicht nur im Sucher durch die obere Dreieck-LED über der Blendenskala angezeigt! In diesem Moment schaltet sich die Leica R4-Mot auch auf zusätzliche Zeit-Automatik um und belichtet kürzer als die vorgewählte Belichtungszeit. Die Aufnahme wird perfekt belichtet, wenn die Belichtungszeit innerhalb des möglichen Regelbereiches (bis 1/1000 sec) kurz genug ist. Die gleiche Korrektur erfolgt auch, wenn am Objektiv nicht die kleinste Blende eingestellt wurde, wenn Objektiv oder Zubehör keine Springblende besitzt oder, wenn das Objektiv eine defekte Springblende hat.

Eine Korrektur der Belichtungszeit erfolgt ebenfalls, wenn man eine Zeit vorgewählt hat, die bei voller Öffnung des Objektivs noch zur Unterbelichtung führen würde. In diesem Fall wird die Belichtungszeit innerhalb des möglichen Regelbereiches (bis ca. 8 sec) automatisch verlängert. Im Sucher leuchtet dann die unterhalb der Blendenskala angeordnete Dreieck-LED auf. Die wirksam werdenden Belichtungszeiten werden bei Korrekturen nicht angezeigt.

Eigene Programme

Der Effekt der übergreifenden Zeitensteuerung bei Blenden-Automatik läßt sich für bestimmte Zwecke sinnvoll nutzen. Bei kleinster Blendeneinstellung des Objektivs (16 oder 22) kann man dann z. B. die Verschlußsteuerung auf die kürzest mögliche Zeit programmieren, indem man — unabhängig vom Licht — eine Belichtungszeit von 1/1000 sec einstellt. Reicht die volle Öffnung des Objektivs nicht aus, um bei 1/1000 sec eine exakte Belichtung zu gewährleisten, wird die Zeit automatisch verlängert. In jedem Fall wird jedoch immer nur die kürzest mögliche Zeit benutzt. Wird dagegen eine lange Zeit, z. B. 1/2 sec, eingestellt, ist die Blenden-Automatik auf kleinstmögliche Blende programmiert.

Eine weitere Variante eines eigenen Programmes bei Blenden-Automatik wäre z. B. die Einstellung auf 1/250 sec und Blende 5,6. Mit einem mittelempfindlichen Film von ISO 50/18° (ASA 50/18 DIN) wird dann bei sehr schlechten Lichtverhältnissen zunächst nur mit voller Öffnung des Objektivs und übergreifender Zeit-Automatik, d. h. mit Belichtungszeiten, die länger

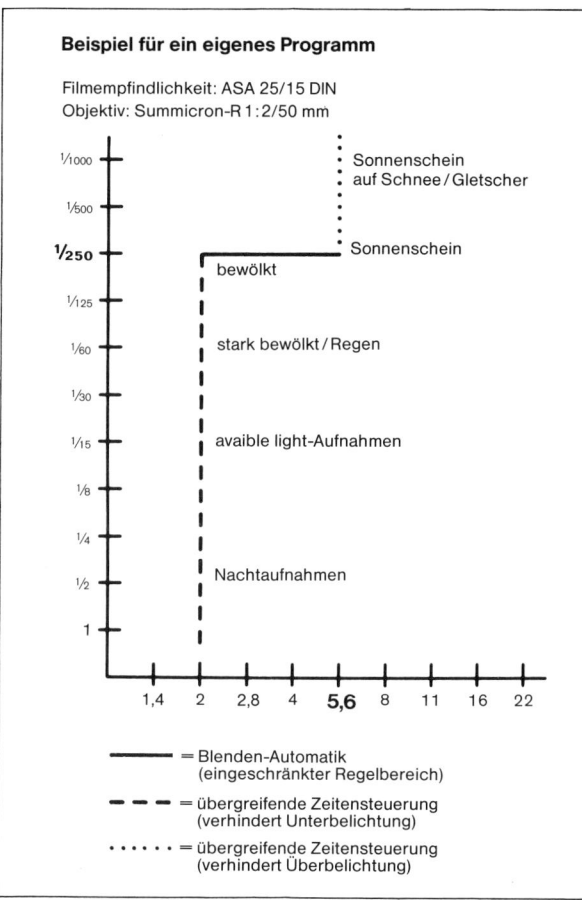

Beispiel für ein eigenes Programm

Filmempfindlichkeit: ASA 25/15 DIN
Objektiv: Summicron-R 1:2/50 mm

- Sonnenschein auf Schnee/Gletscher
- Sonnenschein
- bewölkt
- stark bewölkt / Regen
- avaible light-Aufnahmen
- Nachtaufnahmen

—— = Blenden-Automatik
(eingeschränkter Regelbereich)

— — — = übergreifende Zeitensteuerung
(verhindert Unterbelichtung)

· · · · · = übergreifende Zeitensteuerung
(verhindert Überbelichtung)

Abb. 30

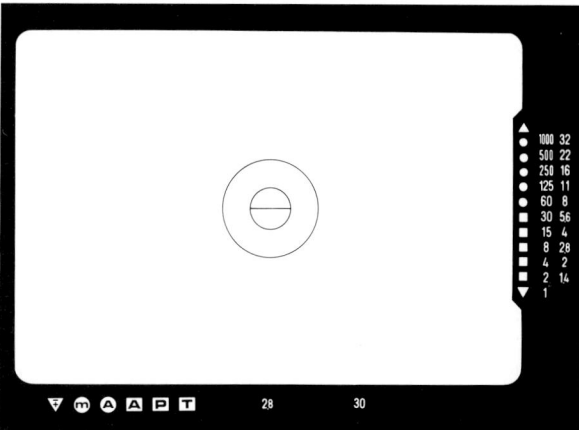

Abb. 31: Alle Anzeigen auf einen Blick. Im Sucher der Kamera sind jedoch nur jeweils die Anzeigen zu sehen, die fürs Fotografieren gebraucht werden.

als 1/250 sec sind, belichtet. Bessern sich die Lichtverhältnisse, werden zunächst nur die Belichtungszeiten verkürzt, bis 1/250 sec erreicht ist — die Blende bleibt voll geöffnet. Wird es noch heller, erfolgt eine Abblendung des Objektivs bis Blende 5,6, während die Belichtungszeit von 1/250 sec beibehalten wird. Sollten sich die Lichtverhältnisse noch weiter verbessern, wird durch die übergreifende Zeit-Automatik die Belichtungszeit verkürzt. Im abgebildeten Diagramm ist die selbst programmierte Blenden-Automatik schematisch dargestellt.

Zusätzliche LED-Anzeigen im Sucher

Die Blitzbereitschaft systemkonformer Blitzgeräte (siehe Seite 244) wird durch Blinken der oberhalb der Zeitenskala angeordneten Dreieck-LED angezeigt. Das gewählte Programm wird im gleichen Moment außer Kraft gesetzt und die Belichtungszeit auf X-Syn-

chronisation = 1/100 sec. umgeschaltet: Die Zeiten bzw. Blendenanzeige durch LED erlischt.

Leuchten bei der Meßwertanzeige (Zeiten- oder Blendenskala) zwei LED's auf, so werden Zwischenwerte gebildet, d. h. alle automatisch gebildeten Belichtungszeiten bei Zeit- und Programm-Automatik und alle automatisch gebildeten Blenden bei Blenden- und Programm-Automatik werden absolut stufenlos gesteuert: IC-controlled!

Wird das Meßergebnis des Belichtungsmessers der Leica R4-Mot durch override korrigiert, blinkt ein dreieckiges Symbol mit Plus-/Minus-Zeichen links neben der Programmanzeige im Sucher.

Wird die Meßbereichsgrenze des Belichtungsmessers der Leica R4-Mot unterschritten, ist also nur so wenig Licht vorhanden, daß der Belichtungsmesser nicht mehr korrekt arbeiten kann, erfolgt im Sucher ebenfalls eine Anzeige durch das override-Symbol — es leuchtet konstant. Im Übergangsbereich, kurz bevor der Meßbereich des Belichtungsmessers endet, blinkt das override-Symbol.

Unterschrittener Meßbereich

Bei absoluter Dunkelheit, also auch, wenn Objektiv oder Kamera mit einem Deckel verschlossen sind, reagiert die elektronische Belichtungszeit-Steuerung der Leica R4-Mot und Leica R3/R3-Mot manchmal mit einem hörbaren, kurzen Verschlußablauf. Wie ist das möglich?

Die Information für die elektronische Belichtungs-Steuerung setzt sich aus drei Parametern zusammen:

- Ausgangsspannung des Belichtungsmesserkreises
- Elektrische Eingabe der Arbeitsblende
- Elektrische Eingabe der Filmempfindlichkeit

Der für korrekte Belichtungen genutzte Meßbereich der Kameras verläuft linear. Unterhalb der unteren Grenzwerte (siehe technische Daten der Kameras unter „Meßbereich") ergeben sich kaum noch Änderungen in der Messung gegenüber der Belichtungszeit für die niedrigste zulässige Leuchtdichte (cd/m^2). Da auch bei völliger Dunkelheit ein Strom im elektrischen Belichtungsmesserkreis fließt, kann der Belichtungsmesser unterhalb seines Meßbereiches kaum zwischen „kein Licht" und „sehr wenig Licht" unterscheiden. Mit anderen Worten: Werden Kamera oder Objektiv mit einem Deckel verschlossen, so liefert der Belichtungsmesser eine Ausgangsspannung, die nur unwesentlich unter der Spannung für den niedrigsten zulässigen Leuchtdichtewert liegt. Er kann dann praktisch nicht mehr zwischen völliger Abdunkelung und Leuchtdichten im Bereich von wenigen Zehntel cd/m^2 unterscheiden. Die Kamera bildet dann falsche Belichtungszeiten. Durch Einstellen der höchsten Film-Empfindlichkeit können sogar Belichtungszeiten von 1/15 bis 1/8 sec gebildet werden, obwohl die Kamera keine Lichtinformationen erhält.

Umgekehrt kann es aber auch bei Einstellungen niedriger Film-Empfindlichkeiten und eingeriegeltem Objektiv, das mit einem Deckel versehen und auf kleinste Blende eingestellt ist, zu Belichtungszeiten von mehreren Sekunden kommen. Dadurch wird z. B. ein schnelles Filmeinlegen unmöglich! Weil der Verschluß sich erst wieder schließen muß, bevor der Film weitertransportiert werden kann, stellt man den Zeiteinstellring der Kamera auf „X": Die automatische Verschlußsteuerung wird dann sofort unterbrochen — der Verschluß schließt sich.

Unterschrittene Meßbereiche schaden zwar nicht der Kamera, sie sind allerdings auch nicht für eine korrekte Belichtung zu gebrauchen.

Die Belichtungssteuerung

Moderne Kleinbild-Spiegelreflexkameras werden elektronisch gesteuert. Dabei werden zwei unterschiedliche Steuermethoden angewandt: die Analog- oder die Digital-Technik. Manchmal werden auch beide in Kombination miteinander angewandt. Dem sichtbaren Ergebnis, nämlich dem belichteten Film, ist das nicht anzusehen. Auch, wenn einige Werbeexper-

ten behaupten, die digital gesteuerten Belichtungszeiten und Blenden, z. B. durch Quarze, seien genauer. Richtig ist vielmehr, daß die bei den Leica R-Modellen analog gesteuerten Belichtungen (IC-controlled) exakter sein müssen. Das läßt sich leicht theoretisch nachweisen, wenn man beide Steuermethoden kennt.

Analog-Steuerung

In den Leica R-Modellen wird ein Transistor von einer Spannung aus dem Belichtungsmesserkreis angesteuert. Diese Spannung wird in einen Strom umgesetzt, der einen Kondensator auflädt bis ein bestimmter Schwellenwert erreicht ist. Je höher die Spannung, um so höher der Strom, um so schneller ist der Kondensator aufgeladen — um so kürzer ist die Zeit bzw. um so kleiner ist die Blendenöffnung. Alle Steuerfunktionen greifen absolut stufenlos ineinander!

Digital-(Quarz-)Steuerung

Quarz-Zeitgeber sind in Uhren und ähnlichen Geräten seit langem bekannt. Ihr Prinzip beruht darauf, daß ein sehr hochfrequenter Signaltakt von einigen 10 000 bis 100 000 Schwingungen pro Sekunde mit sehr großer Genauigkeit konstant erzeugt und von einer elektronischen Zählschaltung heruntergezählt wird. Nach bestimmten Zählerperioden, z. B. alle 2000 Taktimpulse, wird ein Signalimpuls abgegeben, der das eigentliche Zeitsignal darstellt, z. B. den Sekundenimpuls einer Uhr.

Bei den in Kameras benutzten Quarzen werden in der Regel 32 768 Impulse pro Sekunde erzeugt. Für die weitere „Zeitverarbeitung" kann nur die volle Anzahl der Impulse benutzt werden. Bei einer Belichtungszeit von 1/1000 sec werden dann entweder 32 oder 33 Impulse für die Steuerung verarbeitet. Exakt müßten es jedoch 32,768 Impulse sein! Deshalb ist die effektive Belichtungszeit bei 1/1000 sec um ca. 1 Prozent länger oder um ca. 3 Prozent kürzer, also nicht ganz exakt. Soweit die Theorie. Praktisch hat es keine Bedeutung, ob die Kamera IC- oder Quarz-controlled gesteuert wird. Entscheidend ist vielmehr, wie genau die elektronisch angesteuerte Mechanik, z. B. der Verschluß oder die automatische Springblende, arbeitet! Welcher konstruktive Aufwand von Leitz getrieben wird, um auch hier präzise Funktionsabläufe zu garantieren, kann u. a. im Kapitel „Die besonderen Merkmale der Leica R-Objektive" nachgelesen werden.

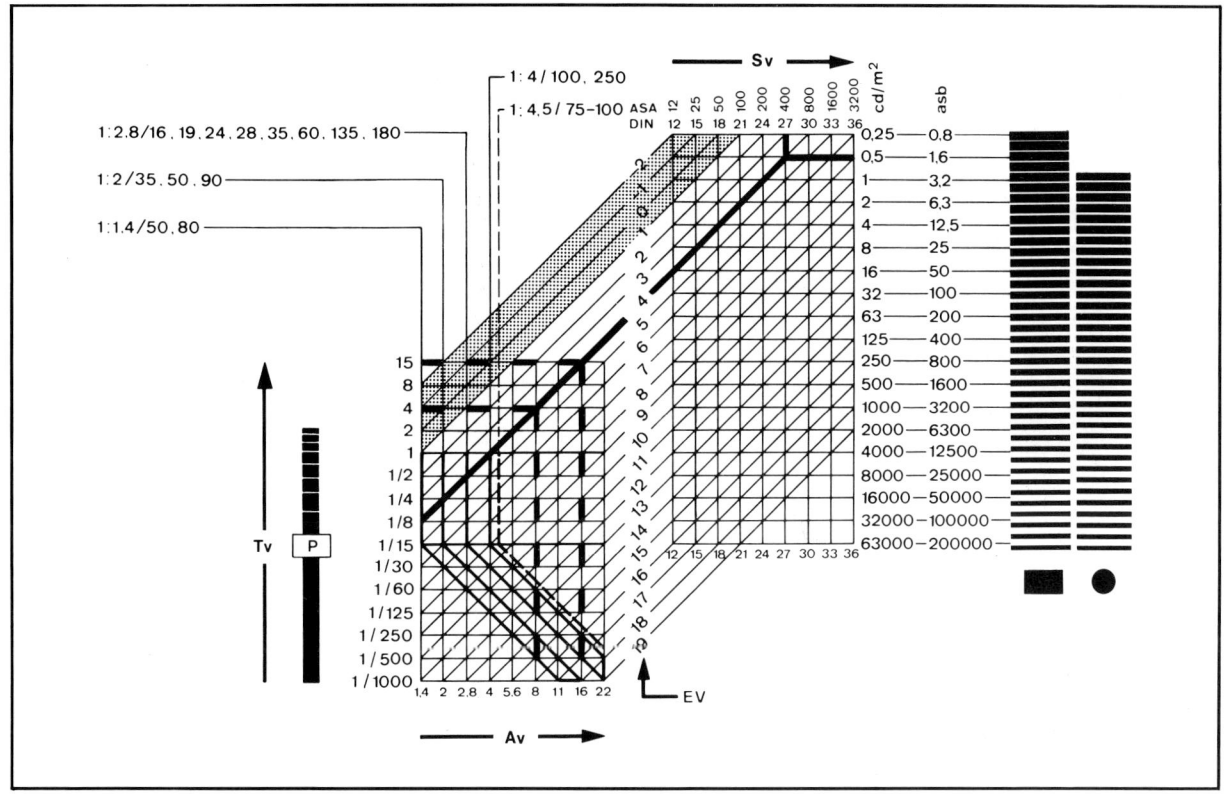

Abb. 32: Arbeitsdiagramm
des Belichtungsmessers der Leica R4-Mot.

Aus dem Arbeitsdiagramm lassen sich alle wichtigen Daten des Belichtungsmeßsystems der Leica R4-Mot ablesen, wie z.B. die Meßempfindlichkeit und der Meßumfang.

Beispiel für Langzeitbelichtung
Objektiv: Summilux-R 1:1,4/50 mm
Eingestellt Objektivblende: 1,4
Filmempfindlichkeit: ASA 400/27 DIN

Als Leuchtdichte wird bei Kerzenlicht 0,5 Candela pro Quadratmeter (cd/m²) gemessen. Das entspricht dem Belichtungswert (EV) 4 und ergibt eine Belichtungszeit (T) von 1/8 Sekunde (sec) bzw. bei Blende 8 von 4 Sekunden oder bei Blende 16 eine Belichtungszeit von 15 Sekunden.

Belichtungszeiten bis zu 1 Sekunde werden exakt gebildet und im Sucher angezeigt. Längere Belichtungszeiten von beliebiger Dauer können bei Einstellung „B" von Hand ausgelöst werden. Der durch Raster gekennzeichnete Bereich wird vom Belichtungsmesser der Leica R4-Mot zwar noch gemessen, die Belichtungszeiten werden jedoch nicht mit der gleichen Genauigkeit gebildet wie im übrigen Bereich von 1/1000 bis 1 Sekunde. Deshalb werden sie auch nicht im Sucher der Kamera angezeigt. Für die Praxis hat das kaum eine Bedeutung: Mit einem Objektiv der Lichtstärke 1:1,4 wird bei integraler Belichtungsmessung und einer Filmempfindlichkeits-Einstellung von ASA 3200/36 DIN bis ASA 100/21 DIN der Meßbereich des Belichtungsmessers bereits

unterschritten, bevor eine längere Belichtungszeit als 1 Sekunde gebildet wird. Die dafür vorgesehene Anzeige (siehe Seite 63) leuchtet dann im Sucher auf. Bei gleichem Objektiv und Empfindlichkeits-Einstellungen von ASA 50/18 DIN und geringer wird die Meßempfindlichkeit des Belichtungsmessers erst unterschritten, wenn eine längere Belichtungszeit als 1 Sekunde gebildet wird:

Bei ASA 50/18 DIN, wenn länger als 2 Sekunden.
Bei ASA 25/15 DIN, wenn länger als 4 Sekunden.

In der Regel werden jedoch in diesem Bereich, bei schlechten Lichtverhältnissen, auch keine gering empfindlichen Filme benutzt. Kommt es doch einmal dazu, wird das Ergebnis trotzdem noch akzeptabel sein, weil sich die geringen Differenzen zwischen gemessener und gebildeter Belichtungszeit bei langen Belichtungszeiten (bis etwa 8 Sekunden) kaum auswirken.

Links unten im Diagramm können die Kombinationen von Belichtungszeit und Blende abgelesen werden, die sich bei Programm-Automatik in Abhängigkeit von der Lichtstärke des Objektivs, dem vorhandenen Licht und der Filmempfindlichkeit bilden.

Beispiel für Programm-Automatik
Objektiv: Summilux-R 1:1,4/50 mm
Leuchtdichte: 4000 cd/m² (strahlende Sonne)
Filmempfindlichkeit: ASA 25/15 DIN.

Entsprechend dem Belichtungswert (EV) 13 bildet sich eine Kombination von Blende 5,6 und 1/250 Sekunde Belichtungszeit.

Abb. 33

Motorisierte Kameras

Der erste ansetzbare Motor der Welt für eine Kleinbildkamera war ein Federwerk-Motor, der nach 12 erfolgten Aufnahmen wieder aufgezogen werden mußte.
Er schaffte die 12 Belichtungen in der damals sensa-
tionellen Zeit von knapp 9 Sekunden, hieß MOOLY
und kam von Leitz. Damals, das war 1938! Seit dieser
Zeit wurden mehr als ein Dutzend verschiedener Mo-
tor-Typen zu Leitz-Kameras entwickelt und verkauft.
An alle Leica R- und Leicaflex-Modelle mit der zusätzlichen Bezeichnung „MOT" lassen sich entsprechende Motore ansetzen. Sie transportieren den Film in
der Kamera, spannen den Verschluß und lösen auch
die Kamera aus. Der wesentliche Vorteil aller motorisch betriebenen Kameras ist die sofort wieder vorhandene Schußbereitschaft nach einer erfolgten Auslösung. Es ist nun einmal so: der Nachschuß bringt
häufig die bessere Aufnahme. Dabei kann der Fotograf sich ununterbrochen voll auf das Geschehen und
somit auf die Gestaltung des Motivs konzentrieren.
Der Bildausschnitt verändert sich auch nicht bei Verschlußaufzug und Filmtransport, wie das bei Betätigung des Schnellschalthebels, also bei Handbetrieb,
zwangsläufig der Fall ist. Allen Motor-Varianten der
Leica R- und Leicaflex-Modelle gemeinsam ist, daß ihre Stromversorgung durch einschiebbare Batterie-/
Akku-Gehäuse erfolgt. Das vergrößert zwar das Volumen der Motor-Gehäuse, hat jedoch für die Praxis
überragende Vorteile: mit einem Griff können Batterien oder Akkus herausgenommen, bzw. eingesetzt
werden. Das ist wichtig, wenn bei großer Beanspru-

chung mit zwei Batterie-/Akku-Gehäusen gearbeitet
wird. Z. B. bei Reportagen, wenn die entladenen Batterien gegen frische ausgewechselt werden sollen
oder, wenn man bei großer Kälte die Akkus zwischendurch in der Hosentasche aufwärmen muß. Für alle
Kamera-Motoren empfiehlt Leitz die Verwendung von
Alkali-Mangan-Batterien zu je 1,5 Volt gemäß PEC
LR6 (Mignon-Batterien der Größe R6, bzw. Aa in USA),
oder wiederaufladbare Nickel-Cadmium-Akkumulato-
ren. Die Ni-Cd-Akkus sind besonders empfehlenswert bei Dauereinsatz und beim Fotografieren in großer Kälte (mehr als -10 °C). Allen Motoren ist ebenfalls gemeinsam, daß sie sich elektrisch auslösen lassen und damit durch interessantes Zubehör angesteuert werden können. Ihre fototechnischen Anwendungsmöglichkeiten auf vielen Gebieten der Fotografie wachsen dadurch enorm. Gemeinsam ist auch allen Motoren die Möglichkeit der Serienauslösung. Ob
man mit oder ohne Motor fotografieren möchte, kann
der Fotograf jederzeit selbst bestimmen, da sich alle
Motoren bei filmgeladener Kamera ansetzen, bzw. abnehmen lassen. Der Filmwechsel kann ebenfalls mit
oder ohne angesetztem Motor erfolgen.

Leicaflex SL-Mot/SL 2-Mot
Für beide Kameras wird das gleiche Motor-Modell be-
nutzt. Der vor mehr als einem Jahrzehnt konstruierte
Leicaflex-Motor wirkt heute etwas überdimensioniert.
Trotzdem erfreut er sich noch immer bei Fotografen,
die ihn täglich benutzen, großer Beliebtheit. Im Ge-

gensatz zu den heutigen Motor-Versionen besitzt er ein eigenes Bildzählwerk und einen Umschalter für Motor- und Handbetrieb. Bei Motorbetrieb erfolgt die Auslösung generell nur über den Auslöseknopf des Motors oder durch entsprechendes Zubehör. Kamera-Auslöser und Schnellschalthebel sind dann gesperrt. Bei Umschaltung auf Handbetrieb läßt sich nur der Kamera-Auslöser bedienen; der Film wird von Hand weitergeschaltet. Bei Einzelaufnahmen mit Motorbetrieb können alle Belichtungszeiten von 1 bis 1/2000 sec (also außer B) verwendet werden. Bei Serienaufnahmen können nur die Belichtungszeiten von 1/30 sec und kürzer eingestellt werden. Die langen Belichtungszeiten von 1 bis 1/15 sec sind für Serienaufnahmen nicht geeignet, weil der Motor mit einer Geschwindigkeit von etwa 4 Bilder pro Sekunde arbeitet und daher nicht genügend Zeit für den Rücklauf des mechanischen Hemmwerks bleiben würde. Durch die Tandemschaltung, einer mechanisch-elektrischen Kopplung von zwei Kamera-Gehäusen, läßt sich die Aufnahmefrequenz verdoppeln und damit auf 7 bis 8 B/sec steigern.

Leica R3-Mot

Der kleine und leichte Motor-Winder R3 war auf der photokina '78 eine kleine Sensation. Durch den elektronisch gesteuerten DC-Mikro-Motor mit eisenlosem Läufer und einem nachgeordneten, aufwendig konstruierten Untersetzungsgetriebe mit Schneckentrieb war das Laufgeräusch des Motor-Winders auf einen bis dahin nicht gekannten Pegel abgesenkt worden. Mit sechs Batterien oder Akkus als Stromquelle erreicht man mit dem Motor-Winder R3 bei Serienaufnahmen eine Aufnahmefolge von 2 B/sec. Nach Leitz-Prüfbedingungen reicht die Kapazität der Batterien bzw. Akkus bei +20 °C für ca. 70 Filme à 36 Aufnahmen. Über den Auslöser der Kamera werden Einzelbildaufnahmen erzielt. Dabei bleibt die Meßwertspeicherung bei Leitz-Selektivmessung wie üblich erhalten. Filmtransport und Verschlußaufzug erfolgen erst, wenn der Auslöseknopf der Kamera nach der Auslösung freigegeben wird. Serienauslösung erfolgt über den Auslöser des Motor-Winders, und damit auch über den Auslöser des angesetzten Handgriffes oder durch Zubehör über die Anschlußbuchse am Motor-Winder R3. Solange der Auslöser gedrückt bleibt, bzw. ein Impuls abgegeben wird, erfolgt Aufnahme nach Aufnahme. Mit kurzem Druck bzw. kurzem Impuls, lassen sich selbstverständlich auch Einzelbildaufnahmen erzielen.

Alle Belichtungszeiten von 4 sec. bis 1/1000 sec. und X-Einstellung können bei Winder-Betrieb benutzt wer-

den. Belichtungszeiten von beliebiger Dauer (Einstellung B) werden über den Kamera-Auslöser vorgenommen.

Leica R4-Mot

Zwei unterschiedliche Motor-Versionen werden zur Leica R4-Mot angeboten: der kleine und extrem leise arbeitende Motor-Winder R4 und der kompakte und schnelle Motor-Drive R4. Beiden gemeinsam ist, daß die Kamera-Batterien beim Ansetzen der Motore automatisch abgeschaltet werden und die Stromversorgung der Leica R4-Mot dann von den Stromquellen dieser Motore erfolgt. Die Kamera-Batterien werden dadurch geschont. Außerdem wird durch diese Maßnahme eine wesentlich größere Betriebssicherheit (gesicherte Stromversorgung) bei sehr niedrigen Temperaturen erreicht. Bei beiden Motor-Modellen warnt auch ein akustisches Signal vor unbeabsichtigten Mehrfachbelichtungen.

Motor-Winder R4

Der extrem leise Lauf dieses Motor-Winders wird durch ein von Leitz entwickeltes, patentiertes Abrollgetriebe mit lastabhängigem Kraftschluß erreicht. Das Laufgeräusch vom Motor-Winder R4 ist noch um ein vielfaches geringer, als die schon als gering zu bezeichnenden Geräusche der Leica R4-Mot — verur-

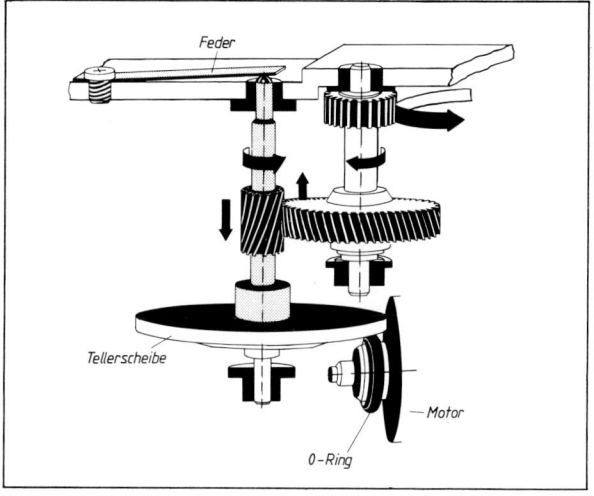

Abb. 34: Das von Leitz konstruierte Abrollgetriebe mit lastabhängigem Kraftschluß arbeitet extrem leise, weil der Motor seine Kraft über einen O-Ring aus speziellem Gummi auf die Tellerscheibe des Getriebes überträgt. Die Schrägverzahnung der Zahnräder sorgt dafür, daß bei zunehmender Belastung, z. B. durch ein schadhaftes Film-Kassettenmaul der Auflagedruck der Tellerscheibe wächst.

sacht durch Springblenden-Automatik, Spiegelbewegung und Verschlußablauf. Beim Fotografieren muß man schon ganz genau hinhören, um den Motor-Winder R4 überhaupt akustisch wahrzunehmen. Begeisterte Fotografen gaben ihm den Namen „Whisper-Winder" (zu deutsch: Flüster-Aufzug).

Das Batterie-/Akku-Gehäuse, sowie die Maße der Anschlußbuchse für Fernauslösung, sind mit denen vom Motor-Winder R3 identisch. Damit läßt sich auch das meiste Zubehör vom Vorgängermodell (Motor-Winder R3) am Motor-Winder R4 verwenden.

Weitere technische Daten: motorischer Filmtransport und Verschlußaufzug für Leica R4-Mot bei allen Programmen und allen elektronisch gesteuerten Belichtungszeiten sowie bei den Einstellungen „X", „B" und „100".

Filmtransport und Verschlußaufzug von Hand auch bei angesetztem Winder möglich. Elektronische Steuerung: speziell von Leitz entwickelte Hybride Integrated Circuit (HIC) in C-MOS-Technik. Einzelbildauslösung an der Kamera — bei „B"-Einstellung bleibt der Verschluß solange geöffnet, wie der Auslöser gedrückt bleibt. Serienauslösung am Winder bis 2 B/sec oder über Handgriff bzw. Anschlußbuchse für Fernauslösungen (außer Einstellung „B").

Automatische Abschaltung nach der 36., vom Bildzählwerk der Leica R4-Mot registrierten Aufnahme (Filmende). Darüber hinaus kann Filmtransport und Verschlußaufzug durch Betätigung des Schnellschalthebels vorgenommen werden. Bei Filmen mit weniger als 36 Aufnahmen verhindert eine Rutschkupplung das Abreißen des Films.

Knopf für Mehrfachbelichtung und Rückspulfreigabe. Vor unbeabsichtigtem Gebrauch warnt ein akustisches Signal.

Stromversorgung durch 6 Alkali-Mangan-Batterien oder 6 Akkus, à 1,5 V, in leicht zu wechselndem Batterie-/Akku-Gehäuse oder durch Netzgerät. Externe Stromversorgung über Adapter für Fremdversorgung. Ganzmetall-Gehäuse mit verdeckt, bzw. geschützt angebrachten Kupplungs- und Verbindungselementen. Zwei Stativgewinde A 1/4 (1/4") für Stativhalter. Maße: Höhe 40 mm, Länge 140 mm, Tiefe 50 mm. Gewicht ohne Batterien: 225 Gramm.

Motor-Drive R4

Dieses Motor-Modell ist praktisch der große Bruder des Motor-Winders. Er wird mit 10 Mignon-Batterien bzw. Ni-Cd-Akkus bestückt und schafft damit bis zu 4 B/sec. Er eignet sich daher auch hervorragend für Serienaufnahmen schneller Bewegungsabläufe, z. B.

bei Sportaufnahmen. Der Motor-Drive R4 ist mit einem Umschalter für Serienauslösungen mit einer Bildfrequenz von 4 B/sec oder 2 B/sec und für Einzelbildauslösungen ausgestattet. Er ist an praxisgerechter Stelle angeordnet und kann mit einem Finger „blind" bedient werden. So kann eine Umschaltung der Bildfrequenz leicht und einfach während der Aufnahme erfolgen. Bedienung und Funktion des Motor-Drives sind ansonsten identisch mit denen des Motor-Winders. Auch das Zubehör vom Motor-Winder R4 ist, mit Ausnahme der für die Fremdversorgung notwendigen Dinge, wie Stromquellen (15 V), Adapter für Fremdversorgung und Verlängerungskabel, voll im Motor-Drive R4-System integriert.

Weitere technische Daten: motorischer Filmtransport und Verschlußaufzug für Leica R4-Mot bei allen Programmen und allen elektronisch gesteuerten Belichtungszeiten sowie bei den Einstellungen „X", „B" und „100".

Filmtransport und Verschlußaufzug von Hand auch bei angesetztem Motor-Drive möglich. Leiser Lauf durch spezielle Leitz-Getriebe-Konstruktion. Elektronische Steuerung in C-MOS-Technik. Einzelbildauslösung an der Kamera — bei „B"-Einstellung bleibt der Verschluß solange geöffnet, wie der Auslöser gedrückt bleibt. Serienauslösung am Motor-Drive oder über angesetzten Handgriff, bzw. Anschlußbuchse für Fernauslösungen (außer Einstellung „B") — umschaltbar für 4 B/sec, 2 B/sec und Einzelbild.

Automatische Abschaltung nach der 36., vom Bildzählwerk der Leica R4-Mot registrierten Aufnahme (Filmende). Darüber hinaus kann Filmtransport und Verschlußaufzug durch Betätigen des Schnellschalthebels vorgenommen werden. Bei Filmen mit weniger als 36 Aufnahmen verhindert eine Rutschkupplung das Abreißen des Films. Mehrfachbelichtungen können auch mit dem Motor-Drive R4 durchgeführt werden. Vor unbeabsichtigtem Gebrauch warnt ein akustisches Signal. Externe Stromversorgung über Adapter für Fremdversorgung. Ganzmetall-Gehäuse mit verdeckt, bzw. geschützt angebrachten Kupplungs- und Verbindungselementen.

Zwei Stativgewinde A 1/4 (1/4") für Stativhalter. Maße: Höhe 45 mm, Länge 140 mm, Tiefe 61 mm.

Das Leica R-Motor-System

Für die verschiedenen Aufgabengebiete der Leica R4-Mot und Leica R3-Mot wird ein umfangreiches Zubehör-Programm von Leitz angeboten. Es wurde vor allem besonderen Wert darauf gelegt, daß dieses Zubehör möglichst an allen Motor-Varianten der Leica R benutzt werden kann.

Handgriff für Freihand-Aufnahmen
Eine ruhige Kamerahaltung gewährleistet die stabile Ausführung der Handgriffe für Motor-Winder R4/Motor-Drive R4 und Motor-Winder R3. Beide Modelle sind mit einer verstellbaren Lederschlaufe ausgestattet. Bei beiden Modellen liegt die Auslöse-Taste für Serienaufnahmen an griffgünstiger Stelle. Beim R4-Handgriff schützt eine zusätzliche Sicherung gegen unbeabsichtigtes Auslösen, z. B. beim Verstauen der Kamera in eine Tasche.
Die verstellbare, breite Lederschlaufe umschließt den Handrücken des Fotografen und stützt auch schwere Ausrüstungen ermüdungsfrei ab. Durch den ansetzbaren Handgriff werden Kamera und Motor zu einer funktionalen Einheit, die dem Fotografen Sicherheit und Schnelligkeit beim Fotografieren geben.

Remote Control Leica R
Von besonderer Bedeutung im Zubehör-Programm ist das Remote-Control (RC) Leica R, ein elektronisches Steuergerät für Fern- und programmierbare Intervall-Auslösung. Es erweitert die Möglichkeiten der motorisierten Leica R erheblich. Da es außerdem noch relativ preiswert angeboten wird, zählen viele Fotografen dieses Zubehör zur Standard-Ausrüstung ihrer Kamera. Das handliche Steuergerät ist ein Fernauslöser mit Digitalanzeige der erfolgten Belichtung durch Rückmeldung von der Kamera: nach jeder Aufnahme leuchtet für etwa zwei Sekunden eine zweistellige Siebensegmentanzeige auf und gibt Auskunft über die Zahl der erfolgten Aufnahmen. Man hat also eine echte Kontrolle darüber, ob die Kamera arbeitet. Das ist z. B. dann wichtig, wenn die Leica R4-Mot/Leica R3-Mot an einem weit entfernten oder sehr schwer zugänglichen Ort installiert ist. Mit einem Ablesetaster kann außerdem jederzeit die Anzeige der erfolgten Aufnahmen erneut sichtbar gemacht werden: nach Antippen leuchtet die Digitalanzeige wieder auf. Zusätzlich ist ein Taktgeber für automatische Auslösungen eingebaut. In zwei Intervallbereichen lassen sich Frequenzen von zwei Bildern pro Sekunde bis ein Bild etwa alle zehn Minuten wählen. Eine Besonderheit ist, daß sich mit Hilfe eines Schiebeschalters (bei Stellung TEST) die Intervallauslösung über einen Drehschalter exakt einregulieren läßt, ohne dabei die Kamera auszulösen. Eine Betriebsanzeige erfolgt durch Aufleuchten des linken Dezimalpunktes der Digital-Anzeige, während der rechte Dezimalpunkt den

Abb. 35

Auslöseimpuls (Intervall) anzeigt. Bei Stellung LEICA wird die Kamera in den vorprogrammierten Intervallen ausgelöst. Wie bei der Fernauslösung wird eine Rückmeldung nach erfolgter Aufnahme durch die Kamera durchgeführt. Zum RC Leica R gehört ein 2 m langes Kabel, das gerätefest montiert ist. Mit entsprechenden Verlängerungskabeln beträgt die Reichweite des Steuergerätes mindestens 100 m. Mit Hilfe des Schiebeschalters und des Eingabetasters kann auch die Digitalanzeige des RC Leica R korrigiert werden, falls das erforderlich sein sollte: z. B. dann, wenn das Steuergerät erst mit dem Motor verbunden wird, nachdem bereits einige Aufnahmen mit der Leica R gemacht wurden. Werden Ablese- und Eingabetaster gleichzeitig gedrückt, erfolgt eine Nullstellung der Digitalanzeige. Fern- und Intervallauslösungen sind selbstverständlich auch dann möglich, wenn mit Blitzgeräten gearbeitet wird oder Mehrfachbelichtungen vorgenommen werden.
Für die Leica R3-Mot, die kein Vorlaufwerk besitzt, kann das RC Leica R bei Winder-Betrieb auch als Selbstauslöser benutzt werden.

Stativhalter
Für Motor-Winder R4/Motor-Drive R4 und Motor-Winder R3 werden zwei unterschiedliche Stativhalter angeboten. Man benutzt sie, wenn die Kamera-Motorkombination z. B. im Labor fest installiert wird, wenn Maschinen oder Räume fotografisch überwacht werden, bei Verwendung langer Brennweiten auf Fotostativen usw. Durch die stabile Ausführung der Stativhalter wird eine sichere Befestigung bei guter Gewichtsverteilung garantiert. Am Stativhalter R4 kann auch der Universal-Handgriff mit Schulterstütze angeschraubt werden.

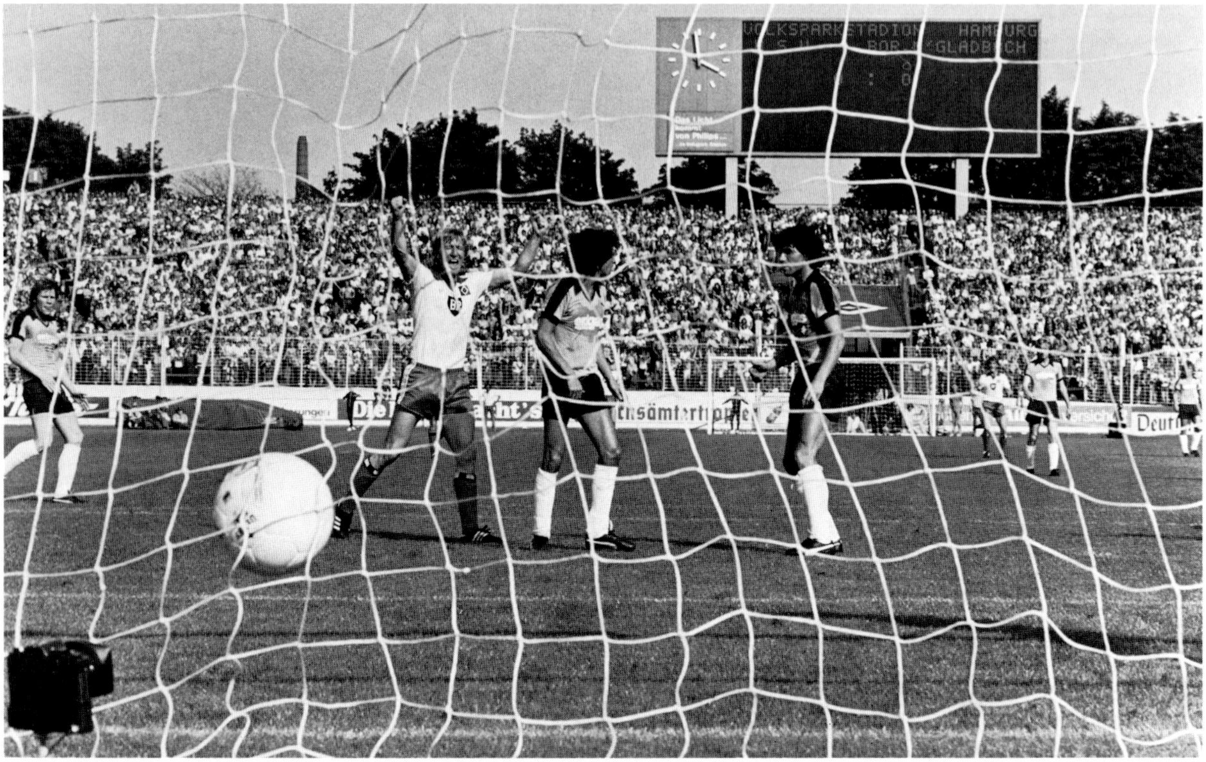

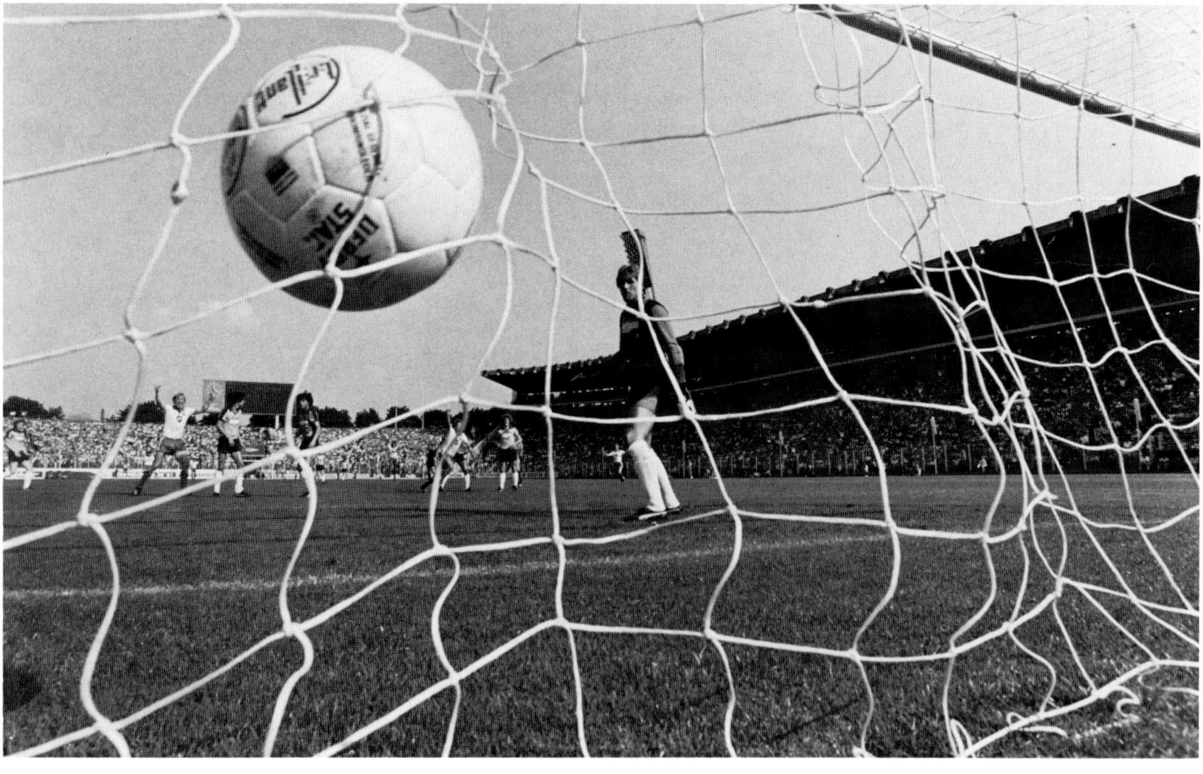

Abb. 38: Die Kerne einer Sonnenblume waren für dieses Rotkehlchen so verlockend, daß es sein Mißtrauen gegenüber Kamera und Lichtschranke überwand und sich bis auf ca. 50 cm an die Frontlinse des mit dem Macro-Adapter-R versehenen Objektivs Elmarit-R 1:2,8/135 mm heranwagte. Foto: Rolf Siebrasse.

Elektrischer Auslöseschalter R4

Im Gegensatz zu den Kabelauslösern für Fernauslösung ist diese Ausführung (Bestell-Nr. 14237) speziell für das Arbeiten mit den Motoren der Leica R4-Mot und dem Universal-Handgriff bestimmt; er gestattet Druckpunktnahme. Im Sucher leuchten dann alle LED-Anzeigen wie gewohnt auf. Damit bleiben auch beim Arbeiten mit dem Universal-Handgriff alle Kontrollfunktionen im Sucher der Leica R4-Mot erhalten.

Weiteres Motor-Zubehör

Für die externe Stromversorgung von Motor-Winder

◁ Abb. 36 u. 37: Per Fernauslöser lassen sich oft interessante Perspektiven erschließen. Aufnahme-Standpunkte, die vom Fotografen nicht eingenommen werden können oder dürfen, sind meistens für die Kamera allein noch zugänglich oder erlaubt. Auch das gleichzeitige Fotografieren von verschiedenen Standpunkten aus kann durch die Fernauslösung realisiert werden. Beide Aufnahmen entstanden in der gleichen Sekunde. Im oberen Bild ist die ferngesteuerte Leica R mit dem Objektiv Elmarit-R 1:2,8/19 mm deutlich zu erkennen. Beide Fotos: Bruno Walter.

R4 und Motor-Winder R3 werden Adapter für Fremdversorgung in gleicher Ausführung geliefert. Für den Motor-Drive R4 ist eine andere Ausführung notwendig. Ein zusätzlicher Halter ist beim Motor-Winder R4/R3 erforderlich, wenn die Fremdversorgung durch das Batterie-/Akku-Gehäuse des Motor-Winders erfolgt oder, wenn die Ni-Cd-Akkus beim Wiederaufladen im Batterie-/Akku-Gehäuse verbleiben.

Einfache Fernauslöser mit verschraubbarem Verbindungsstecker und entsprechenden Verlängerungskabeln gehören ebenfalls zum Lieferprogramm.

Arbeitsblätter für Motor-Kameras

Ausführliche Informationen über die Möglichkeiten, motorisch betriebene Leica R-Kameras elektronisch anzusteuern und auszulösen sind in den Arbeitsblättern für Leica R mit Motor-Winder R und Motor-Drive R enthalten. Ähnliche Arbeitsblätter sind ebenfalls für Leicaflex SL-Mot/SL2-Mot verfügbar. Sie sind beim Foto-Fachhändler erhältlich oder können direkt beim Leitz-Informationsdienst bzw. über die entsprechende Landesvertretung von Leitz angefordert werden.

Beispiel aus den Arbeitsblättern zur Leica R

Durch die Möglichkeit der elektronischen Auslösung können Steuergeräte der unterschiedlichsten Art benutzt werden. Entsprechende Geräte werden von Zubehör-Herstellern angeboten oder können von Elektronik-Bastlern entworfen und gefertigt werden. Um Beschädigungen zu vermeiden und einen zuverlässigen Betrieb zu erreichen, sind für die Adaption „kleine Elektronik-Bausteine" notwendig (Abb. 39 b).

Die für die elektrischen Verbindungen notwendigen Kupplungsstecker und Steckdosen erhält man vom Technischen Service der Ernst Leitz Wetzlar GmbH oder von der zuständigen Landesvertretung.

Abb. 39a: Buchsenbelegung

Durch Verbinden der Kontakte 1 und 2 kann die Kamera ausgelöst werden. Die Kontakte 1 und 4 oder 4 und 5 dürfen nicht miteinander verbunden werden, da sonst ein Kurzschluß entsteht. Der Kontakt 6 ist nur bei Motor-Winder R4 und Motor-Drive R4 vorhanden. Von den verschiedenen Möglichkeiten, die motorisch betriebenen Leica R-Modelle elektronisch auszulösen, schlägt Leitz folgende Konzeption vor:

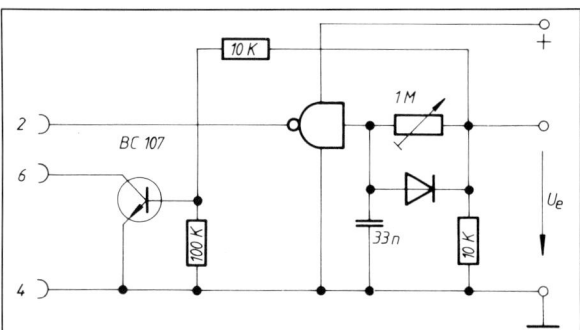

Abb. 39b: Elektronische Auslösung über den Motor-Winder R4 oder Motor-Drive R4

Der Eingang kann im Ruhezustand auf 0 V liegen oder offen sein. Ein von 0 nach + gehender Impuls von 50 bis 100 ms löst die Kamera aus. Der Trimmer ist so einzustellen, daß der Impuls am Kontakt 2 um etwa 25 ms gegenüber dem Impuls am Kontakt 6 verzögert ist. Bei entsprechend längeren Impulsen erfolgt Serienauslösung.

Auswechselbare Rückwand

Die normale Rückwand der Leica R4-Mot läßt sich nach dem Öffnen bequem abnehmen. An ihre Stelle kann die Rückwand für Daten-Einbelichtung, DB Leica R4, angesetzt werden.

Data-Back

Für verschiedene Anwendungsgebiete der Fotografie in Wissenschaft und Technik ist eine Kennzeichnung der Aufnahmen oft unerläßlich. Am sichersten erfolgt diese durch Einbelichtung von entsprechenden Zahlen-Buchstaben-Kombinationen (Codierung) oder des Aufnahme-Datums direkt auf den Film. So können die Daten nicht verwechselt werden oder verlorengehen. Auch Foto-Amateure, die sich beim Betrachten ihrer Erinnerungsbilder immer wieder fragen, zu welchem Zeitpunkt diese oder jene Aufnahmen eigentlich entstanden sind, müssen nicht mehr herumrätseln, wenn sie das Datum im Foto mit einbelichtet haben. Und wer sich eine Negativ-Kartei anlegt, wird über die Möglichkeit, jeden Film bei der ersten Aufnahme kennzeichnen zu können, dankbar sein. Für das Einbelichten dieser Daten wird die Daten-Rückwand DB Leica R4 anstelle der normalen Rückwand angesetzt. Über ein kurzes Synchronkabel, das mit dem Blitzkontakt der Leica R4-Mot verbunden wird, erreicht man, daß die Einbelichtung der eingestellten Daten im gleichen Moment geschieht, in dem die Aufnahme erfolgt. Soll gleichzeitig ein Blitzgerät benutzt werden, erfolgt die Synchronisation entweder über den Mittenkontakt im Zubehörschuh der Kamera oder über einen Mehrfachstecker. Voraussetzung ist allerdings, daß der Pluspol des Blitzgerätes in der Mitte liegt, bzw. auf dem Mittenkontakt. Das ist normalerweise bei Elektronen-Blitzgeräten die Regel. Sollte das ausnahmsweise nicht der Fall sein, funktionieren Data-Back R4 und Blitz nicht – Beschädigungen werden allerdings vermieden. Die Daten werden von der Filmrückseite, d. h. durch die Lichthof-Schutzschicht des Films und den Filmträger hindurch aufbelichtet. Die dafür notwendige Lichtintensität kann den verschiedenen Filmempfindlichkeiten angepaßt werden. Da die Filme jedoch unterschiedlich dichte Schichten besitzen, gelten die beiden auf dem DB Leica R4 vorhandenen Einstellungen nur als Empfehlung. Bei Überstrahlung der Daten wählt man die Einstellung für die höher empfindlichen Filme bzw. die für niedriger empfindliche Filme, wenn die Daten zu dunkel wiedergegeben werden. Der Drehschalter zur Regelung der Lichtintensität ist gleichzeitig Ein- und Ausschalter.

Abb. 40: Auch die Datenrückwand besitzt das praktische Filmpatronen-Sichtfenster.

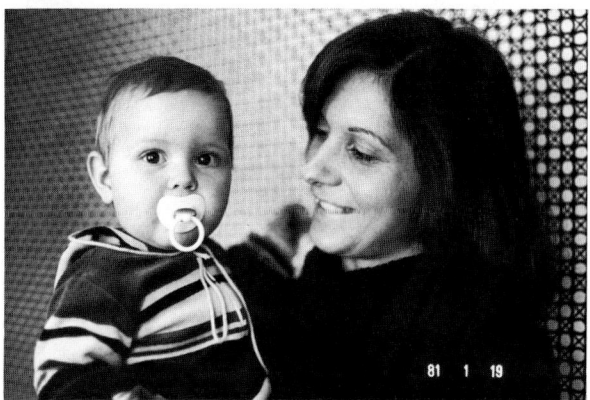

Zwei Silberoxid-Knopfzellen, à 1,5 V (gleicher Typ wie Kamera-Batterien) liefern den notwendigen Strom zur Einbelichtung. Durch Aufleuchten einer roten LED auf der Rückseite des DB Leica R4 wird die erfolgte Einbelichtung angezeigt. Diese Anzeige dient auch zur Batterie-Kontrolle.

Gut sichtbar sind die Daten nur, wenn sie auf relativ dunklem „Untergrund" einbelichtet werden. Bei Hochformat-Aufnahmen sollte man deshalb darauf achten, daß sie z. B. nicht in hellen Himmelspartien liegen. Bei R-Objektiven und Zubehör mit Schwenkvorrichtung für Hoch- und Querformat-Aufnahmen läßt sich deshalb die Kamera nach zwei Seiten schwenken. Selbstverständlich kann die Daten-Rückwand auch mit Motor-Winder R4 (2 B/sec) und Motor-Drive R4 (4 B/sec) benutzt werden.

Weitere technische Daten:

Tag-Wählscheibe:
Zahlen von 1 bis 31 und ein Leerfeld.
Monat-Wählscheibe:
Zahlen von 1 bis 12, Buchstaben von A bis G und zwei Leerfelder.
Jahr-Wählscheibe:
Zahlen von 80 bis 99, Buchstaben von A bis K, und zwei Leerfelder.

Größe des gesamten Datenfeldes auf dem Film: ca. 0,7 × 4,5 mm. Leitz-Filmpatronen-Sichtfenster wie bei normaler Rückwand. Beim Öffnen der Datenrückwand, z. B. für einen Filmwechsel, kann das Synchronkabel mit der Kamera verbunden bleiben. Gewicht: ca. 95 Gramm (mit Batterien).

Abb. 41: Sehr überzeugend läßt sich die Wichtigkeit des jeweiligen Aufnahmedatums an dieser Bildserie demonstrieren. Oft lassen sich diese Daten nämlich nicht mehr rekonstruieren, weil man sie nicht rechtzeitig auf der Rückseite des Bildes, auf der Negativtasche oder dem Rahmen des Dias vermerkt hat. Bei dieser Serie ist die genaue Bestimmung des Aufnahmetages dagegen ganz leicht, weil die Kennzeichnung der Bilder eindeutig durch die Daten, Jahr — Monat — Tag, erfolgt. Sie erscheinen im schwarzweißen Bild weiß, bei Farbaufnahmen gelblich.

Doppel- und Mehrfachbelichtungen

In der Regel gehören Doppel- und Mehrfachbelichtungen zu den übelsten Fehlerquellen beim Fotografieren, da sie das Bild meistens zerstören. Deshalb werden alle modernen Fotoapparate mit einer sogenannten Doppelbelichtungssperre ausgestattet. Für bestimmte Zwecke hat die gezielt angewendete Doppel- oder Mehrfachbelichtung jedoch ihre volle Berechtigung. Als Gestaltungsmittel benutzt, lassen sich mit ihr besondere Akzente setzen. So läßt sich unter Umständen die Bildaussage eines Fotos steigern, indem man mehrere Aufnahmen in einem Bild kompositorisch vereint. Obwohl meistens als künstlerisches Ausdrucksmittel gebraucht, können solche Fotos auch komplizierte technische Abläufe verdeutlichen. Die Techniken zur Erlangung derartiger Bilder sind recht unterschiedlich. Während früher häufig beim Kopieren und Vergrößern in der Dunkelkammer manipuliert wurde, erfreut sich heute die Sandwich-Technik mit Diapositiven besonderer Beliebtheit. Bekannt, aber weniger häufig praktiziert, ist die Doppel- oder Mehrfachbelichtung bei der Aufnahme. Ihr wird leider nicht die Aufmerksamkeit geschenkt, die sie eigentlich verdient. Insbesondere für den Dia-Fotografen bietet sich ein weites Feld der Betätigung. Dabei muß man nicht einmal an so aufwendige und komplizierte Einrichtungen denken, wie sie z. B. für Reihenblitz-Auslösungen (Stroboskop-Aufnahmen) benötigt werden. Eine Vielfalt von interessanten Möglichkeiten ergibt sich allein dadurch, daß Doppel- oder Mehrfachbelichtungen durch einfachen Knopfdruck oder Betätigung eines Wahlschalters bei allen Leica R-Modellen zu erzielen sind.

Bei der Leica R4-Mot wird nach der ersten Aufnahme der Druckknopf zur Rückspulfreigabe gedrückt. Der Filmtransport ist dadurch ausgekuppelt und beim Betätigen des Schnellschalthebels wird nur noch der Verschluß gespannt: Das bereits belichtete Bild kann ein zweites Mal belichtet werden. Da der Schnellschalthebel am Ende des Spannweges den Aufzugsmechanismus automatisch wieder auf „Einfachbelichtung" umschaltet, muß man den Druckknopf jeweils vor jedem Spannvorgang erneut betätigen, wenn weitere Belichtungen auf dem gleichen Filmbild gewünscht werden. Bei angesetztem Motor-Winder bzw. Motor-Drive kann man ebenso verfahren. Für Serien-Mehrfachbelichtungen besitzen beide motorischen Aufzüge der Leica R4-Mot am Boden einen Wahlschalter der sich nicht selbsttätig zurückstellt! Damit diese Einstellung nicht versehentlich beibehalten wird, ertönt beim Auslösen ein akustisches Signal. Im Gegensatz zur Leica R4-Mot besitzen Leica R3 und Leica R3-Mot einen Wahlschalter auf der Oberseite des Kamera-Gehäuses. Die Funktionen sind sinngemäß die gleichen wie bei der Leica R4-Mot, d. h. selbsttätiges Zurückstellen bei der Betätigung des Schnellschalthebels. Bei Motor-Winder-Betrieb der Leica R3-Mot muß der Wahlschalter, wie bei den motorischen Aufzügen der Leica R4-Mot, von Hand zurückgestellt werden.

Achtung:

Damit der Film nach Beendigung der Mehrfachbelichtung für die nachfolgende Aufnahme weitertransportiert wird, muß nach der letzten Belichtung wieder von Hand auf „Einfachbelichtung" umgeschaltet und mit angesetztem Objektiv- oder Gehäusedeckel noch zweimal bei der Leica R4-Mot, bzw. einmal bei der Leica R3-Mot ausgelöst werden. Das automatische Bildzählwerk der Leica R-Modelle registriert übrigens nur die Anzahl der belichteten Filmbilder und nicht die Mehrfachbelichtungen. Mit angeschlossenem RC Leica R werden dagegen auch die einzelnen Mehrfachbelichtungen durch die Digitalanzeige dieses Steuergerätes erfaßt.

Die Belichtung

Typisch für Doppel- und Mehrfachbelichtungen ist, daß hellere Bilddetails die dunkleren überlagern. In welchem Maße das geschieht, ist abhängig von der Intensität jeder einzelnen Belichtung. Normalerweise wird man die gemessenen Belichtungszeiten durch die Anzahl der Aufnahmen dividieren. Also bei einer

Abb. 42: Beim Motor-Winder R4 und Motor-Drive R4 ist der Hebel für Doppel- und Mehrfachbelichtungen am Boden angeordnet. Gegen eine unbeabsichtigte Benutzung warnt ein akustisches Signal, wenn der Auslöser gedrückt wird.

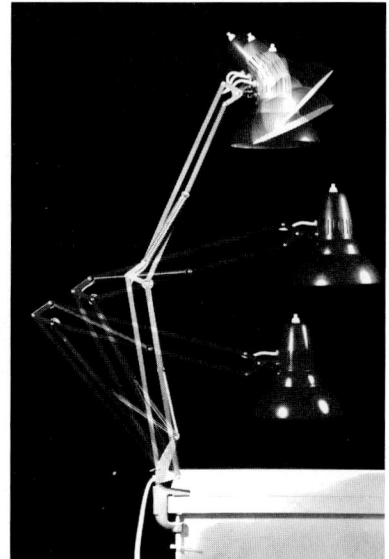

Abb. 43: Typisch für Doppelbelichtungen ist, daß hellere Details die dunkleren überlagern, wofür das rechts abgebildete Porträt ein gutes Beispiel ist.

Abb. 44: Die Bewegungsphasen eines Gerätes durch Mehrfachbelichtungen darzustellen, kann für den Industriefotografen hochinteressant sein. Bei dieser schwenkbaren Tischlampe erfolgten fünf Belichtungen in typischen Bewegungsphasen.

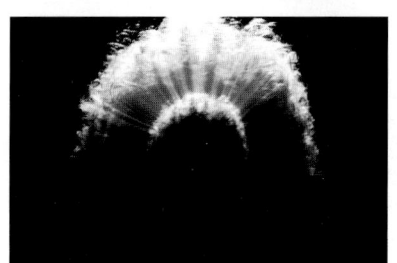

Abb. 45: Der faszinierende Strahlenkranz um das Porträt entstand mit dem Vario-Elmar-R 1:4,5/75-200 mm: Erste Aufnahme normal belichtet bei 75 mm Brennweite; Zweitbelichtung mit Veränderung der Brennweite über den gesamten Brennweitenbereich während der Offenzeit des Verschlusses (im Gegenlicht).

Doppelbelichtung die gemessenen Belichtungszeiten halbieren; bei einer dreifachen Mehrfachbelichtung nur ein Drittel, bei einer vierfachen Mehrfachbelichtung nur ein Viertel der jeweiligen Meßwerte für die Belichtung benutzen usw. Denkbar ist jedoch auch die Kombination von z. B. der Halben, ein Viertel und zweimal ein Achtel der jeweils ermittelten Belichtungszeiten bei einer vierfachen Mehrfachbelichtung. Die Bildwirkung kann zusätzlich durch eine andere Reihenfolge der verschiedenen Belichtungszeiten variiert werden. Der fotografischen Experimentierfreudigkeit sind hier kaum Grenzen gesetzt.

Doppelgänger-Aufnahmen

Wer in Großvaters Foto-Lehrbüchern blättert, wird unweigerlich auch auf die populärste Art der Mehrfachbelichtung stoßen, auf das Doppelgänger-Foto. Häu-

fig erscheint dabei die gleiche Person zwei- oder mehrmals in verschiedenen Posen bzw. Kleidern vor dunklem Hintergrund. Das entspricht der am leichtesten zu realisierenden Art einer Mehrfachbelichtung. Die wichtigste Aufgabe übernimmt dabei der dunkle Hintergrund, vor dem die Person agiert. Für jede einzelne Belichtung kann der (selektiv) ermittelte Meßwert für die Person direkt übernommen werden. Zweckmäßigerweise benutzt man ein stabiles Stativ. Außerdem muß man sich die einzelnen Positionen der Person auf der Einstellscheibe der Leica R merken, wenn es keine Überschneidungen geben soll. Um einige Proben und ein wenig Regie wird man dabei nicht herumkommen. Am besten gelingen solche Aufnahmen, wenn sich das Objekt kontrastreich vom dunklen Hintergrund abhebt (helle Kleidung).
Ist kein geeignetes Modell zur Stelle, so kann der Fotograf auch selber vor der Kamera spielen. Mit Hilfe

des Steuergerätes RC Leica R oder des Selbstauslösers der Leica R4-Mot kann er sich selbst mehrmals auf ein Filmbild aufbelichten.

Bei angesetztem Motor-Winder/Motor-Drive und Einstellung auf Doppel- bzw. Mehrfachbelichtung arbeitet der Selbstauslöser der Leica R4-Mot genauso wie ohne motorischen Aufzug, d. h., wenn der Selbstauslöser gespannt und der Auslöser der Kamera betätigt wurde (Vorsicht, nicht auslösen), vergehen ca. 8 sec, bis die Belichtung erfolgt. Danach werden der Filmtransport und der Verschlußaufzug automatisch vorgenommen. Viel einfacher und besser kontrollierbar ist allerdings die Auslösung per elektr. Kabelauslöser (Bestell-Nr. 14 272) oder Remote Control Leica R. Letzteres bietet sogar eine Anzeige, ob eine Belichtung erfolgte.

Schwieriger wird es, wenn bei Doppelgänger-Fotos der Hintergrund hell ist. Hier genügt nicht das mehrmalige Belichten allein; es muß außerdem ein Teil des Bildes vor dem Objektiv durch eine schwarze Blende abgedeckt werden. Geschieht das nicht, so sieht es aus, als würde das Modell wie ein Geist vor dem Hintergrund schweben oder in ihm verschwinden. Falls dieser Effekt erwünscht ist, müssen die einzelnen Belichtungen in der Regel knapper als gemessen ausfallen. In keinem Fall erfüllt eine solche Aufnahme jedoch die Anforderungen, die an eine „echte" Doppelgänger-Aufnahme gestellt werden. Schwarze Abdeckungen in Form von Masken findet man im Angebot verschiedener Filterhersteller; z. B. von Hoya (Dual-Image) und Cokin (Double Exposure, Double Mask). Auch in das Kompendium Proson von der Fa. Novoflex lassen sich entsprechende Abdeckungen einschieben. Dieses Kompendium besitzt außerdem den Vorteil, daß der Abstand der Masken zur Frontlinse variiert werden kann. Das ist sehr wichtig, weil keine scharfe Abbildung der Abdeckung entstehen darf. Sonst erscheint bei der geringsten Ungenauigkeit im Foto eine sichtbare Naht — dort, wo die „Stoßkanten" der einzelnen Belichtungen liegen. Nur wenn die fließende Unschärfe der Abdeckungen in bestimmten·

Abb. 46: Uralt ist der Trick mit der Doppelgänger-Aufnahme. Ein und dieselbe Person erscheint mehrmals im Bild. Es kommt darauf an, daß die Nahtstellen bei den getrennt und nacheinander belichteten Teilbildern nicht sichtbar werden.

Abb. 47: Zubehör für Doppel- und Mehrfachbelichtungen ist im Foto-Fachhandel erhältlich. Für einfache Doppelgänger-Aufnahmen reicht die halbseitig schwarz gefärbte Filterscheibe. Für raffinierte Mehrfach-Belichtungen benutzte der Autor das Proson-Kompendium mit selbstangefertigten Masken aus schwarzem Karton.

Grenzen gehalten wird, ergänzen sich die Zonen ab-nehmender Bildhelligkeit jeder einzelnen Belichtung. Damit sich die einzelnen Belichtungen nahtlos aneinander fügen, muß entweder der Abstand der Abdeckung (Maske) zum Objektiv variiert oder mit entsprechenden Objektivöffnungen fotografiert werden. Da auch die Aufnahmeentfernung und die benutzte Objektivbrennweite den Grad der Maskenunschärfe beeinflussen, läßt sich die notwendige Unschärfe der Maskenränder durch Verstellen des Kompendium-Balgens erreichen. Unabhängig von der Aufnahme-Brennweite, der eingestellten Blende und Entfernung! Läßt sich der Abstand der Masken nicht verändern, muß das Objektiv entsprechend auf- oder abgeblendet werden. Dabei gilt: Je länger die Brennweite des benutzten Objektivs und je größer der Aufnahmeabstand, um so mehr muß abgeblendet werden. Die Belichtungsmessung erfolgt vor dem Anbringen der Masken mit manueller Einstellung von Belichtungszeit und Blende. Für jede Einzelbelichtung kann der ermittelte Meßwert ohne Korrektur übernommen werden. Soll der Hintergrund des Motivs scharf abgebildet werden, darf sich dort während der Belichtung nichts bewegen. Wird z. B. im Freien fotografiert, und befinden sich Äste, Gräser und Wolken im Hintergrund, die sich bewegen, dann sollten diese in Unschärfe aufgelöst werden. Unnötig zu erwähnen, daß für Doppelgänger-Fotos die schwerste Stativausrüstung gerade gut genug ist.

Experimental-Aufnahmen

Neben den eben geschilderten klassischen Mehrfachbelichtungen gibt es unzählige Varianten, die zu überraschenden Resultaten führen können. Interessant ist zum Beispiel die Benutzung verschiedenfarbiger Pop-Filter für die einzelnen Aufnahmen oder der Einsatz von unterschiedlichen Farbfolien in Verbindung mit Blitzgeräten. Die so erzeugten Effekte lassen sich nochmals durch Aufnahmen mit Vario-Objektiven steigern, wobei für jede Einzelaufnahme eine andere Brennweite gewählt wird. Es besteht aber auch die Möglichkeit, scharfe Einzelaufnahmen mit Motiven zu kombinieren, bei denen während der Belichtung die Brennweite verändert wurde (Zoom-Effekt). Aber auch ohne Vario-Objektive lassen sich hübsche Experimente durchführen. Interessant kann zum Beispiel die einfache Kombination einer scharfen und unscharfen Abbildung sein. Dies ist vor allem bei Nachtaufnahmen effektvoll, wenn einzelne, total unscharf wiedergegebene Lichtquellen als riesige „Lichtballons" ab-

gebildet erscheinen. Eine Vielzahl von Varianten ergeben sich durch Veränderung des Bildausschnittes nach jeder Aufnahme. Man kann zum Beispiel die Kamera auf dem Panoramakopf eines Stativs konstant um den gleichen Grad schwenken oder einen zu fotografierenden Gegenstand in seiner Position schrittweise verändern. Wesentlich für ein gutes Gelingen sind in erster Linie der Kontrast (möglichst ein helles Objekt vor dunklem Hintergrund fotografieren) und die Wahl der richtigen Belichtung. Da sich alle Belichtungswerte addieren, muß die „richtige" Belichtungszeit in der Regel durch die Anzahl der Aufnahmen dividiert werden (siehe weiter vorne).

Die Phantom-Aufnahme

Die Mehrfachbelichtung kommt aber nicht nur der Experimentierfreudigkeit der Fotoamateure zugute. Der Industrie-Fotograf hat durch sie z. B. die Möglichkeit, bestimmte Vorgänge von Apparaten oder Maschinen in einzelnen Phasen sichtbar zu machen oder verschiedene Details eines Gerätes darzustellen, die normalerweise von einem Gehäuse verdeckt sind. Er kann die technische Funktion eines Apparates im wahrsten Sinne des Wortes transparent machen. Man spricht in solchen Fällen von einer Phantom-Aufnahme. Mit dieser Methode läßt sich beispielsweise die Vielfalt der verschiedenen Aggregate eines Automobils und deren Anordnung unter der stromlinienförmigen Karosserie darstellen. Dabei werden eine Aufnahme der äußeren Erscheinungsform und, nachdem die Karosserie entfernt wurde, eine der inneren paßgenau übereinander belichtet. Gleiches gilt auch für viele andere Objekte, deren „Innenleben" erst durch den Bezug zur äußeren Verpackung von besonderem Interesse wird.

Titel-Diapositive

Wer etwas auf sich hält, wird seinen Diavortrag nicht ohne Dia beginnen wollen, in das der Titel seiner „show" auf dem Wege der Doppelbelichtung einkopiert wurde. Für diesen Zweck benötigt man einen tiefschwarzen Untergrund (Schmalfilm-Titeltafel oder Samt) auf der die hellen, möglichst weißen Buchstaben, die einbelichtet werden sollen, angeordnet werden können. Als „Vorlage" für Titel-Dias eignen sich dunkelfarbene Motive besonders gut. Die Belichtung wird wie üblich durchgeführt. Eine Korrektur des normalen Lichtwertes ist also nicht erforderlich. Die Bestimmung der Belichtungszeit zum Einkopieren der Schrift wird wie folgt vorgenommen: 1. Belichtungskorrektur (override) auf „+1" einstellen. 2. Anstelle der Titeltafel weißes Papier anmessen. 3. Belichtungszeit und Blende manuell einstellen.

Farbige Diagramme

Bei der Projektion erläuternder Texte oder der Darstellung von Diagrammen innerhalb einer Diaserie werden farbige Untergründe bevorzugt. Das kann bei der Herstellung der Vorlagen zwar berücksichtigt werden, vergrößert aber in solchen Fällen den Aufwand. Bei Reproduktionen aus Büchern ist diese Möglichkeit außerdem nicht gegeben. Am besten geht man so vor, daß man — wie bisher — ein Strichnegativ auf Dokumentenfilm herstellt, dieses bei der (Dia-)Positivherstellung optisch kopiert und dabei mit Farbumkehrfilm und Doppelbelichtung arbeitet:
1. Aufnahme des Strichnegatives (weiße Schrift auf dunklem Untergrund) im Durchlicht, zum Beispiel an Illumitran. Nach dieser Aufnahme haben Sie praktisch ein Duplikat des Negativs, also immer noch weiße Schrift auf dunklem Untergrund.
2. Das reproduzierte Negativ aus der Halterung entfernen, vor dem Objektiv ein Farbfilter anbringen und eine zweite Belichtung vornehmen. Auf die bisher noch unbelichteten Partien (dunkler Untergrund) wirkt jetzt das durch das Filter gefärbte Licht ein, so daß man nach der Entwicklung des Umkehrfarbfilmes ein Diapositiv mit weißer Schrift auf farbigem Untergrund erhält. Je nachdem wie intensiv die Zweitbelichtung

ausfiel, ist die Farbe des Untergrundes heller oder dunkler. Nach Möglichkeit sollten dabei, der besseren Lesbarkeit zuliebe, kräftige Kontraste angestrebt werden.

Motorische Mehrfachbelichtung

Mit Hilfe von Motor-Winder oder Motor-Drive können Bewegungsabläufe in einem Bild vereint werden. Da die einzelnen Phasen der Bewegung mit einem Blick einander zugeordnet werden können, sind solche Fotos oft instruktiver als Bildserien aus aneinander gereihten Einzelbildern. Von der verblüffenden Bildwirkung ganz zu schweigen. In der Regel sind bei derartigen Aufnahmen dunkle Hintergründe zu bevorzugen, auf denen sich helle Objekte besonders gut abheben. Blende und Belichtungszeit werden manuell eingestellt nachdem der Meßwert selektiv ermittelt wurde. Mit entsprechenden Elektronenblitzgeräten z. B. Braun 410VC oder Metz 45CT-1, können Bildfrequenzen bis zu zwei Bilder pro Sekunde (Motor-Winder-Betrieb) sogar geblitzt werden. Schnelle Bewegungsabläufe können bei motorischer Mehrfachbelichtung zeitlupenartig „eingefroren", langsame dagegen in Zeitraffermanier wiedergegeben werden. Für die letztgenannte Methode kann das Steuergerät RC Leica R erfolgreich eingesetzt werden. Das fotografische Spiel mit Doppel- und Mehrfachbelichtungen ist sehr variantenreich. Deshalb sollten diese Anregungen auch nicht als fertige Rezepte verstanden werden. Bei den vielfältigen Möglichkeiten wird kein Fotograf umhin können, eigene Erfahrungen zu sammeln.

Die Leica R-Objektive

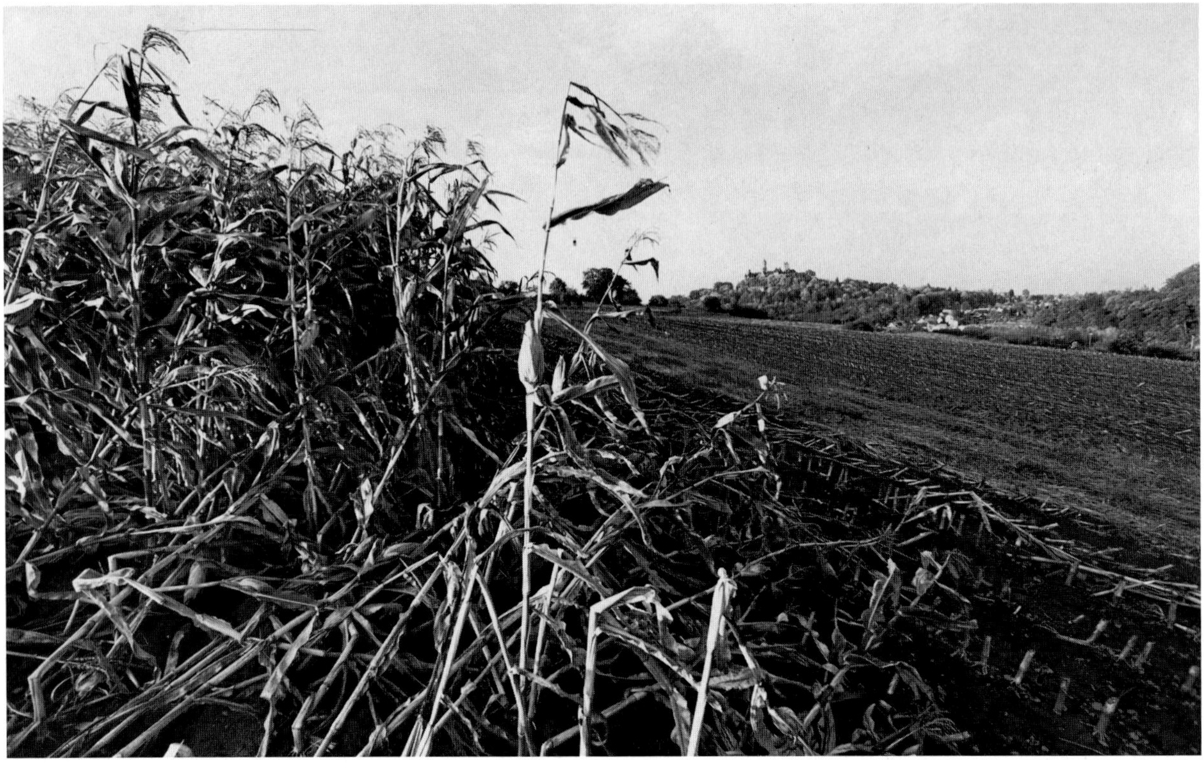

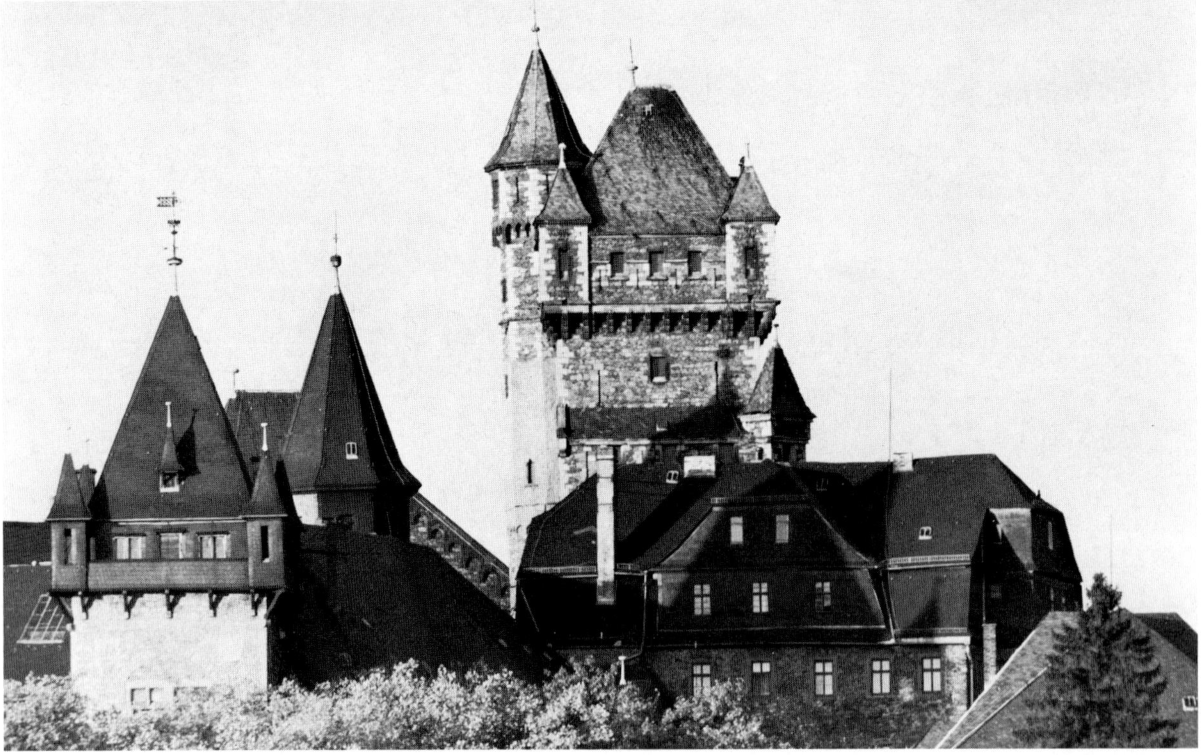

Wer mit den Leicaflex- oder Leica R-Modellen fotografiert, sollte sich die Möglichkeiten, die durch die vielen Wechselobjektive geboten werden, nicht entgehen lassen. Erst die verschiedenen Brennweiten und Lichtstärken der Leica R-Objektive geben dem Fotografen die nötige Freiheit in der Gestaltung seiner Bilder. Sie sind gleichsam der Schlüssel zum Leica R-System.

Fast alle R-Objektive lassen sich auch an den Vorgänger-Kameras der Leica R4-Mot, den Leica R3- und Leicaflex-Modellen, benutzen. Bei zwei der derzeitig gefertigten Objektive würde ein Einsetzen in Leicaflex- und Leicaflex SL-Kameras den Schwingspiegel beschädigen, wenn nicht eine Sperre im Schnellwechselbajonett die Adaption verhindern würde. Wo Einschränkungen bestehen, werden sie bei den technischen Daten der entsprechenden Objektive mit aufgeführt.

Warum verschiedene Brennweiten

Das Sprichwort „Ein Bild sagt mehr als tausend Worte" wird im Zusammenhang mit der Fotografie oft zitiert. Unausgesprochen bleibt dabei, ob das fotografische Bild auch die Wahrheit sagt; ob es echte, d. h. unverfälschte Informationen enthält oder ob die Bildaussage, die der Fotograf anstrebte, auch im Foto enthalten ist. Die Meinung, daß man alles fotografieren kann was man sieht, ist weit verbreitet. Auch, daß das Foto-Objektiv ein Bild ähnlich wie das menschliche Auge erzeugt.

Beide Meinungen treffen allerdings nicht ganz den Kern der Sache. Deshalb ist es auch nicht verwunderlich, wenn häufig zusätzlich viele erklärende Worte zu einem Foto gegeben werden müssen, obwohl im Motiv selbst alle Einzelheiten deutlich erkennbar waren. Geht man der Frage nach dem Warum nach, so zeigen sich deutliche Unterschiede zwischen „sehen" und „fotografieren". Die drei wesentlichsten sind, daß wir räumlich, also dreidimensional sehen, jedoch zweidimensional fotografieren und, daß die Wahrnehmungen unserer Augen erst in unserem Gehirn zu einem Bild zusammengefügt werden. Dabei werden die „Bildfehler" unserer Augen, z. B. verursacht durch eine falsche Betrachtungsweise, mit unseren Erfahrungen verglichen und gegebenenfalls korrigiert. Der wohl gravierendste Unterschied zwischen Auge und Kameraobjektiv ist die Möglichkeit unseres Auges, unbewußt selektieren zu können, d. h. wir sehen nur das was uns interessiert. Das Objektiv der Kamera bildet dagegen alles ab, was durch den Aufnahmewinkel erfaßt wird. Mit anderen Worten, die Bilder, die von der Linse eines menschlichen Auges oder vom Objektiv einer Kamera erzeugt werden, sind zwar weitgehend identisch, doch „sehen" wir Menschen ein anderes Bild als die Kamera registriert. Für den Fotografen ist es deshalb wichtig, sich die „Betrachtungsweise" seiner Kamera anzueignen. Er sollte dabei vor allem auf alles unwesentliche und störende im Bild achten und selektieren, d. h. nur das fotografisch registrieren, was wirklich wichtig ist. Gelingt ihm das, wird es kaum Schwierigkeiten geben, echte und unverfälschte Informationen in einem fotografischen Bild wiederzugeben oder die Bildaussage zu optimieren. Und dann stimmt auch das zitierte Sprichwort! Für eine gute fotografische Aufnahme sind zwei Voraussetzungen von besonderer Bedeutung:

- Der Standpunkt, von dem aus wir fotografieren und
- der Ausschnitt, den wir dabei mit unserer Objektivbrennweite erfassen.

Durch den Aufnahmestandpunkt wird die Perspektive bestimmt. Sie äußert sich in der unterschiedlich großen Wiedergabe der in der Raumtiefe gestaffelten Objekte. Je weiter etwas von der Kamera entfernt ist, um so kleiner wird es abgebildet. Typisch für diese Art der Wiedergabe sind die sich in der Ferne, im Fluchtpunkt, vereinenden parallelen Linien, wie zum Beispiel ein Schienenstrang.

Abb. 48 u. 49: Die Palette der Leica R-Objektive reicht vom Super-Weitwinkel-Objektiv mit 15 mm Brennweite bis zum 800 mm-Telyt-S. Die beiden nebenstehenden Aufnahmen wurden damit vom gleichen Standpunkt aus an einem klaren Herbsttag fotografiert.

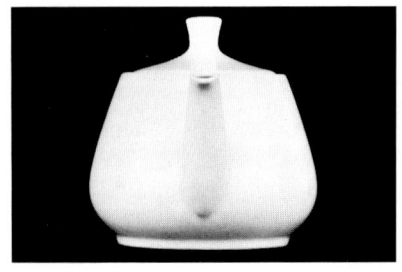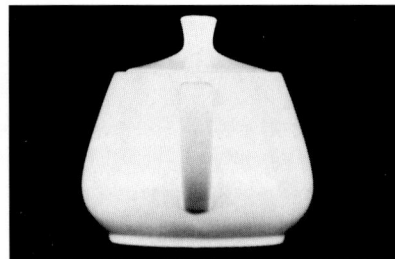

Abb. 50

Unser Eindruck von der perspektivischen Wiedergabe im Foto ist auch von der Bildgröße und dem Betrachtungsabstand abhängig. Um die gleichen Betrachtungsbedingungen für unser Auge zu bekommen, wie die, die unser Foto-Objektiv während der Aufnahme hatte, müßten wir das Originalbild von 24 × 36 mm Größe (Kleinbild-Format) aus dem Abstand betrachten, der der Aufnahme-Brennweite entspricht. Am einfachsten wäre es, die Kontaktkopie von einer 21-mm-Weitwinkel-Aufnahme aus 21 mm Abstand, die Kontaktkopie einer 90-mm-Aufnahme aus 90 mm Abstand usw. anzuschauen. Das ist jedoch unmöglich, weil diese Betrachtungsabstände zu gering sind. Die Fotos werden also zwangsläufig aus größeren Abständen betrachtet. Wenn dabei der gleiche perspektivische Eindruck beibehalten werden soll, muß das Bildformat entsprechend mitwachsen. Den entsprechenden Faktor für die Vergrößerung erhält man, wenn der Betrachtungsabstand durch die Aufnahme-Brennweite dividiert wird.

Der normale Betrachtungsabstand (deutliche Sehweite) beträgt 25 cm. Wenn die für die Aufnahme benutzte Brennweite bekannt ist, läßt sich für diesen Betrachtungsabstand der Faktor für eine perspektivisch richtige Vergrößerung wie folgt ermitteln:

Aufnahme mit Super-Angulon-R 1:4/21 mm

Betrachtungsabstand: 25 cm (250 mm)

Vergrößerungsfaktor: $\dfrac{250}{21}$ = 11,9 ×

Bildformat demnach: 28,5 × 42,8 cm

Aufnahme mit Macro-Elmarit-R 1:2,8/60 mm

Betrachtungsabstand: 25 cm (250 mm)

Vergrößerungsfaktor: $\dfrac{250}{60}$ = 4,16 ×

Bildformat demnach: 9,98 × 14,97 cm

Das letzte Beispiel macht vielleicht deutlich, warum das 60-mm-Objektiv bei vielen Fotografen so hoch im

Ansehen steht. Bei den heute üblichen Papierformaten (10 × 15 cm) der Kopieranstalten werden die mit diesem Objektiv fotografierten Aufnahmen fast ideal zurückvergrößert: Der Fotograf empfindet die Wiedergabe als „sehr natürlich".

Durch die Zentralperspektive, so der vollständige Name, wird beim zweidimensionalen Bild im wesentlichen die Tiefe des Bildes bestimmt, also ein räumlicher Eindruck vermittelt. Beim Betrachten eines zweidimensionalen Bildes werden von uns allerdings auch der Verlauf von Licht und Schatten im Foto zur Orientierung der Raumtiefe herangezogen. Genauso wie Unschärfe im Vorder- und Hintergrund.

Indem man von ganz unten, aus der Froschperspektive, oder von ganz oben, aus der Vogelperspektive, fotografiert, läßt sich der räumliche Eindruck eines Fotos manchmal auch zusätzlich steigern. Bei Fernsichten ersetzt leichter Dunst, die Luftperspektive, im Bild die fehlende dritte Dimension, d. h. die Tiefe. Seine charakteristische Form zeigt ein Objekt nicht von allen Seiten. Der Fotograf muß den „richtigen" Standpunkt aufspüren. In der Regel wird eine Teekanne zum Beispiel von der Seite dargestellt. Henkel und Tülle, die der Kanne ihr charakteristisches Aussehen verleihen, sind dabei eindeutig auszumachen. Selbstverständlich ist diese Wiedergabe für den Fotografen nicht zwingend, aber wenn er die Teekanne von einem anderen Standpunkt in einer anderen Sicht wiedergibt, dann muß er sich der Wirkung bewußt sein und sie bewußt so fotografieren.

Der richtige Standpunkt entscheidet fast immer darüber, ob es uns gelingt, ein aussagekräftiges Bild einzufangen oder nicht.

Den „richtigen" Bildausschnitt vom günstigsten Standpunkt aus festzulegen, bereitet fototechnisch keine Schwierigkeiten. Dabei kommt es darauf an, den Bildinhalt auf das Wesentliche zu konzentrieren. Mit anderen Worten: formatfüllend bis in die Ecken zu fotografieren! Das ist sehr wichtig, weil beim Kleinbildformat von 24 × 36 mm nur dann eine hervorragende Bildqualität erwartet werden kann, wenn möglichst die gesamte Negativfläche beim Vergrößern ausgenutzt wird. Eine (geringe) Ausschnittvergrößerung sollte nur für die letzte kompositorische Feinkorrektur nötig sein! Bei Diapositiv-Aufnahmen ist eine formatfüllende Aufnahme sogar unumgänglich, weil spätere Ausschnittkorrekturen so gut wie unmöglich sind.

Vom Super-Weitwinkel über Fisheye- und Makro-Objektive bis hin zum extremen Tele-Objektiv reicht die Palette der sorgfältig aufeinander abgestimmten Brennweiten der Leica R-Objektive. Vom gleichen Aufnahmestandpunkt aus kann man damit durch einfaches Wechseln der Brennweite unterschiedlich große Ausschnitte fotografieren. Wichtig zu wissen: die Perspektive verändert sich dabei nicht! Sie wird nur durch Veränderung des Aufnahmestandpunktes beeinflußt. Wird dabei auch gleichzeitig die Brennweite gewechselt, dient das lediglich der Korrektur des Bildausschnittes.

Fotografisch sehen lernen

Bewußt so zu sehen, wie das Foto-Objektiv ein Motiv abbildet, muß man üben. Derartige Übungen werden von angehenden Malern und Zeichnern ebenfalls absolviert. Sie lernen dadurch die in der Tiefe des Raumes gestaffelten Objekte so in ihren Proportionen zueinander auf zweidimensionalen Leinwänden und Zeichenblättern darzustellen, daß ein räumlicher Eindruck entsteht. Dabei messen sie die Gegenstände bei ausgestrecktem Arm mit dem Pinselstiel oder Zeichenstift an. Natürlich kommt es nicht darauf an, die Objektgrößen in Zentimetern oder Millimetern auszumessen. Wichtig ist vielmehr nur das Erkennen, in welchen Größenrelationen die einzelnen Motivdetails zueinander stehen. Die so ausgemessene Perspektive läßt sich leicht auf Leinwand oder Zeichenpapier übertragen.

Wir Fotografen können die gleichen Übungen mit einem Diarähmchen nachvollziehen. Schaut man mit einem Auge durch das Bildfenster, läßt sich der Ausschnitt leicht bestimmen. Mit Hilfe der Begrenzung, also mit den kurzen und langen Seiten des Aufnahmeformates, können die Objekte angemessen und ihre Relation zueinander gut erkannt werden. Der Abstand des Diarähmchens zum Auge simuliert die Brennweite. Bei 5 cm Abstand haben wir den Effekt einer 50-mm-Standard-Brennweite. Bei kürzerem Abstand zeigt sich die Wirkung eines Weitwinkel-Objektivs, bei größerem Abstand die einer langen Brennweite. Wie sich Bildaufbau und Wirkung verändern, wenn ein anderer Standpunkt eingenommen und/oder der Ausschnitt variiert wird, läßt sich mit Hilfe des Diarahmens

leicht beobachten. In der fotografischen Praxis übernehmen dann Kamerasucher und Wechselobjektive die Rolle des in unterschiedlichem Abstand vor das Auge gehaltenen Diarahmens.

Beherrscht der Fotograf erst einmal das Spiel mit Perspektive und Bildausschnitt, so kann er den Informationsgehalt eines Bildes steigern, bzw. den Aufmerksamkeitswert des Fotos erhöhen. Er kann dann motivliche Eigenarten betonen, eine optische Anpassung an unkonventionellen Sujets vornehmen und situationsbedingte Mängel ausgleichen. Er kann den Bildgehalt symbolisch übersteigern oder künstlerisch verfremden. Einfacher gesagt, er kann ein Bild gestalten!

Abb. 51: Durch verschiedene perspektivische Darstellungen kann die gleiche Situation unterschiedlich interpretiert werden. Aus dem oberen Bild kann man leicht die Schuld des Autofahrers ableiten, weil das Fahrzeug erst viele Meter nach der Karambolage zum Stehen kam. Fazit: Der Fahrer wird wohl zu schnell gefahren sein! Dagegen zeigt die untere Abbildung deutlich, daß der PKW sofort zum Stehen kam: Also wird er relativ langsam gefahren und der Motorradfahrer unvorsichtig gewesen sein!

Grundausstattung der Leica R-Objektive

Die Lage und Anordnung der äußeren Bedienungs- und Funktionselemente ist bei allen Leica R-Objektiven mit automatischer Springblende einheitlich. Die Drehrichtung der Objektivschnecken und der Blendeneinstellringe ist identisch, ein Umgewöhnen nach jedem Objektivwechsel also nicht nötig. Alle Einstellschnecken besitzen eine griffige Rändelung. Neueste Objektiv-Konstruktionen besitzen gummiarmierte Einstellschnecken, die unter extremen klimatischen Bedingungen noch griffgünstiger sind. Sie sind kälteisolierend bei tiefen Temperaturen und rutschsicher bei großer Hitze (Handschweiß). Alle Leica R-Objektive werden serienmäßig mit Objektiv-Vorder- und Rückdeckel sowie mit Gegenlichtblende, also komplett, geliefert.

Das Schnellwechselbajonett

Alle Leica R-Objektive können sehr schnell gewechselt werden. Unabhängig, ob der Kameraverschluß aufgezogen oder entspannt ist, ohne Rücksicht auf Entfernungs- oder Blendeneinstellung. Das Schnellwechselbajonett der Leica R-Objektive besteht aus hartverchromtem Messing. Mit einer Stahlfeder wird das eingesetzte Objektiv gegen die Auflagefläche des Kamera-Bajonetts gezogen. Eine zusätzliche Sicherheit gegen Überbeanspruchung dieser Feder gibt ein Nocken, der hohe Belastungen abfängt, wie sie bei Benützung von langen Brennweiten auftreten können. Die lichte Weite des Schnellwechselbajonetts ist so groß dimensioniert, daß auch bei sehr langen Brennweiten und bei extremen Nahaufnahmen keine Eckenabschattungen auftreten können.

Alle Leica R-Objektive besitzen einen fest mit dem Bajonett verbundenen, griffigen Rändelring. Hier läßt sich das Objektiv sicher greifen und, nachdem man mit dem linken Daumen die Sperre am Kameragehäuse durch Zurückschieben gelöst hat, nach einer kurzen Linksdrehung von 60 Grad aus dem Bajonett des Kameragehäuses herausheben.

Zum Einsetzen muß der rote Punkt am Bajonett bzw. Griffring des Objektivs der rot markierten Sperre am Kameragehäuse gegenüberstehen. Liegen beide Bajonettflächen richtig auf, dreht man das Objektiv nach rechts bis es fühl- und hörbar einrastet.

Die rote, fühlbare Markierung am Objektiv erlaubt auch einen Objektivwechsel, wenn man von einem Standpunkt aus fotografiert, der im Dunkeln liegt, wie z. B. der Zuschauerraum eines Theaters. Im Gedränge oder am Berg, wenn eine Hand für die eigene Sicherheit gebraucht wird, läßt sich das Objektiv auch mit nur einer Hand wechseln! Falsch kann man ein R-Objektiv in eine Leica R oder Leicaflex nicht einsetzen. Obwohl die Front- und Hinterlinsen der Leica R-Objektive weitgehend geschützt im Objektivtubus untergebracht sind, sollte man beim Objektivwechsel stets auf saubere Glasflächen achten. Fingerabdrücke, Wassertropfen u. ä. Verunreinigungen müssen sofort entfernt werden, weil sie die Abbildungsleistung der Objektive erheblich mindern.

Die Springblende

Von wenigen Ausnahmen abgesehen, besitzen alle Leica R-Objektive eine automatische Springblende. Sie öffnet und schließt sich mit der Bewegung des Schwingspiegels. Vor jeder Aufnahme kann die Blende, welche für die Belichtung vorgesehen ist, durch Drehen des Blendenwahlringes vorgewählt werden. Auch halbe Blendenwerte lassen sich rastend einstellen. Beim Auslösen der Kamera schließt sich dann die Blende automatisch auf den vorgewählten Wert. Nach der Belichtung öffnet sie sich wieder — ebenfalls automatisch. Das Sucherbild der Leica R und Leicaflex wird also immer bei voll geöffneter Blende betrachtet und ist daher strahlend hell. Auch die Belichtungsmessung erfolgt bei Objektiven mit Springblende bei voller Öffnung des Objektivs (Offenblenden-Messung).

Bei Objektiven ohne automatische Springblende, dazu zählen die langen Brennweiten ab 400 mm, das PA-Curtagon-R 1:4/35 mm und das Balgeneinstellgerät R mit dem jeweils eingesetzten Objektiv, schließt sich die Blende entsprechend der von Hand vorgenommenen Einstellung; das Sucherbild wird dabei dunkler. Anschließend erfolgt die Belichtungsmessung (Arbeitsblenden-Messung). Die Scharfeinstellung wird bei diesen Objektiven am besten vor dem Abblenden, d. h. ebenfalls bei voller Öffnung, vorgenommen.

Für die Übertragung der vorgewählten Blendenwerte auf den Belichtungsmesser sind Kupplungselemente notwendig. Sie sind, geschützt gegen Beschädigungen, zwischen Schnellwechselbajonett und Hinterlinse des Objektivs angeordnet. Je nach Kamera-Modell sind eine oder zwei Steuerkurven und/oder ein Steuernocken erforderlich. Diese unterschiedlichen Steuerelemente sind durch die technologische Weiterentwicklung der Leitz-Spiegelreflex-Kameras, wie z. B. die Lichtmessung durch das Objektiv und die elektronische Verschlußsteuerung, notwendig geworden. Nach altbewährter Leitz-Tradition hat man diese so integriert, daß neuere Objektive (und auch anderes Zubehör) an bereits vorhandenen Kameragehäusen,

z. B. der Leicaflex SL weiterhin benutzt werden können. Ältere R-Objektive, die diese Steuerelemente nicht besitzen, können auch heute noch durch den Kundendienst der Firma Leitz nachträglich umgerüstet werden.

Grundsätzlich muß man zwischen vier verschiedenen Ausführungen der R-Objektive mit Springblende unterscheiden:

● **Zwei Steuerkurven und ein Steuernocken**
R-Objektive der laufenden Produktion für alle Leica R- und Leicaflex-Modelle.

● **Zwei Steuerkurven**
R-Objektive für alle Leicaflex-Modelle.

● **Eine Steuerkurve**
R-Objektive nur für Leicaflex mit Außenmessung.

● Das Summicron-R 1:2/50 mm wird zusätzlich noch in einer Variante angeboten (Best.-Nr. 11 216), die nur einen Steuernocken besitzt. Die Gravur auf der Objektiv-Unterseite „FOR LEICA R ONLY" macht darauf aufmerksam, daß dieses Objektiv nur an den Leica R-Modellen benutzt werden kann.

Setzt man aus Versehen ein R-Objektiv ohne Steuernocken an eine Leica R, wird ein falscher Belichtungs-Meßwert gebildet. Unter- oder Überbelichtungen sind die Folge. Auch Beschädigungen an Objektiv oder Kamera können nicht ausgeschlossen werden.

Abb. 52: Steuerkurve und Steuernocken der R-Objektive.

Die Skalen für Entfernung und Schärfentiefe
Die Bildschärfe wird in der Regel im Sucher der Kamera kontrolliert und durch Drehen des Entfernungseinstellringes am Objektiv eingestellt. Danach läßt sich die gemessene Entfernung in Metern oder feet am Objektiv ablesen. Während die als Dreieck ausgebildete Index die eingestellte Entfernung anzeigt, können für die jeweils eingestellte Blende zusätzlich die Distanzen des Schärfentiefenbereichs abgelesen

werden. Gegenüber der entsprechenden Blendenzahl wird auf der Entfernungsskala links der nächste und rechts der entfernteste Punkt angezeigt, die den Bereich der Schärfentiefe ausmachen. Aus Platzmangel werden bei einigen Objektiven allerdings nicht alle Markierungen mit einem Blendenwert versehen, sondern nur jede zweite. Bei vielen Objektiven ist die Brennweite links neben der Schärfentiefeanzeige deutlich lesbar graviert. Dadurch lassen sich einander ähnlich aussehende Objektive verschiedener Brennweite besser unterscheiden und schnellere Objektivwechsel durchführen.

Die Gegenlichtblende
Die ausgezogene oder aufgesetzte Gegenlichtblende ist für das aufnahmebereite Objektiv überaus wichtig. Sie schützt vor Nebenlicht, das sonst die Bildqualität, z. B. durch Überstrahlungen, ungünstig beeinflussen kann. Außerdem hält sie Regentropfen, Schmutz und Schneeflocken weitgehend ab und verhindert, daß wir unbeabsichtigt die Frontlinse durch Fingerabdrücke verschmieren.

Die besonderen Merkmale der Leica R-Objektive

Leica R-Objektive sind das Ergebnis einer über 50jährigen Erfahrung im Bau von Objektiven für das Leica-System. Sie werden seit vielen Jahren mit Hilfe moderner elektronischer Computer und unter Einsatz spezieller, bei Leitz entwickelter hochleistungsfähiger Rechenprogramme konstruiert. Leitz hat als erster Objektiv-Hersteller der Welt bereits in den 50er Jahren Computer für derartige Aufgaben eingesetzt.

Die Mechanik
● Ein wichtiger Bestandteil aller Leica R-Objektive ist die Präzisions-Mechanik. Ohne sie kann auch eine Hochleistungs-Optik nicht zeigen, was in ihr steckt. Deshalb schenkt man auch bei Leitz der Mechanik sehr viel Aufmerksamkeit.

● Das Material der Einstell-Schnecken — Messing auf Messing und Messing auf Aluminium — kommt entsprechend den technischen Erfordernissen zum Einsatz. Wo nötig, werden die Schneckengangteile individuell aufeinander eingeschliffen. Das ergibt eine hohe Paßgenauigkeit. Daher genügt ein dünner Film eines von Leitz entwickelten Spezialfettes, der auch bei extremen Temperaturen einen gleichbleibenden Lauf der Einstellschnecke gewährleistet. Eine Eigenschaft, die auch bei langem Dauergebrauch erhalten bleibt. Leica-Objektive besitzen also keine dicken, mit der Zeit weglaufenden Fettschichten!

● Die Drehmomente der Objektivschnecke für die Entfernungseinstellung sowie der Blendenrastung sind aneinander angepaßt und so eingestellt, daß auch bei extrem hohen und tiefen Temperaturen eine optimale Bedienung gewährleistet wird. Die Objektive sind in einem Temperaturbereich von − 25 °C bis +60 °C uneingeschränkt verwendbar. Alle Objektivteile sind gegen Korrosion geschützt, so daß unter allen Klimabedingungen eine einwandfreie Funktion garantiert ist.

● Die Geradführung der Leica-Objektive sorgt dafür, daß bei der Entfernungseinstellung nur der Einstellring des Objektives gedreht wird. Der vordere Teil der Optik (Frontlinse und Linsenfassung) bewegt sich dagegen lediglich vor und zurück. Trickvorsätze, Polarisationsfilter sowie die viereckigen Gegenlichtblenden der Super-Weitwinkel-Objektive verbleiben dadurch in ihrer Position und ihre Wirkung deshalb voll erhalten.

● Leica-Objektive gewährleisten auch eine hohe Stabilität der Geradführungsteile. Die Länge der tragenden Teile aller Einstellschnecken ist entsprechend ausgebildet. Damit ergeben sich bessere Gleiteigenschaften und eine leichte Handhabung.

● Die Springblende der Leica R-Objektive ist kugelgelagert und besitzt einen langen Schließweg bei kurzer Schließzeit. Dadurch bleibt trotz sehr geringer Zeitparallaxe von der Kameraauslösung bis zur Filmbelichtung der sogenannte Prellschlag sehr klein. Das heißt, trotz des unvermeidbaren, nochmaligen Zurückschnellens der Blendenlamellen auf eine größere Blendenöffnung − nachdem die Lamellen durch den festen Anschlag der vorgewählten Blende abrupt abgebremst wurden − sind die gewählten Blendenwerte reproduzierbar und garantieren eine einwandfreie Belichtung!

● Aus der Rückseite der Leica-Objektive ragen keine Hebel oder ähnliche Steuerelemente heraus, die beim Objektivwechsel Schaden nehmen könnten. Die Objektive können daher auch ohne besondere Vorsicht auf ihre Rückseite gestellt werden!

Die Optik

Kenner behaupten seit langem, daß die außergewöhnlichen Leistungen der Leica R-Objektive für ein sichtbar besseres Ergebnis sorgen. Das hat die Leica R-Objektive weltberühmt gemacht. Wenn auch normale Summicron-Objektive in Sensoren zur Steuerung automatischer Surveyor-Mondsonden benutzt wurden, so weiß doch jeder erfahrene Fotograf: Leica

R-Objektive können ihre volle Leistung nur in den Bereichen erbringen, für die sie konzipiert wurden. Ein Superweitwinkel-Objektiv wird man deshalb z. B. nicht für hochwertige Reproduktionen benutzen. Diese Aufgabe übernehmen besser Makro-Objektive, deren Optiken speziell für den Nahbereich gerechnet sind. Fast alle Leica R-Objektive sind für den Fernbereich und für die bildmäßige Fotografie plastischer Objekte bestimmt. Ein fotografischer Test, dem die Aufnahme einer Zeitungsseite aus wenigen Metern Entfernung zugrunde liegt, ist praktisch wertlos für die Beurteilung der Abbildungsqualität solcher Objektive.

Auf die besondere Leistungscharakteristik eines Objektivs und auf den jeweiligen Anwendungsbereich wird in den Beschreibungen und technischen Daten der einzelnen Leica R-Objektive, weiter hinten, hingewiesen. Darüber hinaus gilt für alle:

● Leica-Objektive basieren auf hochwertigen optischen Gläsern, die z. T. vom Leitz-Glasforschungs-Laboratorium unter Verwendung seltener Erden erschmolzen werden. Leitz-Spezialgläser zeichnen sich durch hohe Brechungsindizes bei geringer Dispersion bzw. anomaler Teildispersion zur Reduktion des sekundären Spektrums aus, und wurden teilweise für den Einsatz in speziellen Mikroskop-Objektiven entwickelt. Bei Leitz wird also Mikroskop-Qualität auch für Foto-Objektive nutzbar gemacht.

● Alle Leica-Objektive weisen schon bei voller Öffnung einen sehr hohen Korrektionszustand auf. Das bedeutet: bei den Leica-Objektiven ist die größte Öffnung bereits eine voll nutzbare Arbeitsblende und keine „Renommierblende"!

● Die Abbildungsleistung der Leica-Objektive ist im gesamten Bildfeld sehr ausgeglichen, d. h. ohne störenden Eckenabfall. Außerdem besitzen sie eine weitgehende Verzeichnungsfreiheit: Es gibt keine störende Verzerrung gerader Linien!

● Leica-Objektive garantieren Aufnahmen mit hoher Farbsättigung sowie feiner Farbdifferenzierung und dadurch eine sichtbare Erhöhung der Brillanz des Bildes. Das ist zugleich eine der wichtigsten Voraussetzungen für den hohen Sucherkontrast der Leica R- oder Leicaflex-Modelle der für eine optimale Scharfeinstellung unbedingt notwendig ist. Außerdem wird durch die weitgehende Konstanz der Pupillenanlage aller Objektive eine gleichmäßige Ausleuchtung des gesamten Sucherfeldes erreicht, ohne daß die Sucherscheibe beim Objektivwechsel ausgewechselt werden muß!

● Leica-Objektive besitzen eine Lichtdurchlässigkeit von nahezu 100% im gesamten sichtbaren Spektral-

Abb. 53: Leica R-Objektive brauchen den Vergleich nicht zu scheuen. Bei Leitz wird die „Konkurrenz" nicht nur mit Hilfe elektronischer Meßeinrichtungen geprüft, sondern auch fotografisch getestet. Jedes Objektiv entsprechend seinem Anwendungsbereich! Lichtstarke Objektive z. B. in der Dämmerung. Unter derartigen, praxisbezogenen Bedingungen zeigen die Objektive, was wirklich in ihnen steckt. In diesem Beispiel werden die Koma-Erscheinungen am Bildrand sichtbar. Links: Summilux-R 1:1,4/50 mm bei voller Öffnung. Rechts: Mitbewerber-Objektiv 1:1,4/50 mm bei gleichen Bedingungen.

bereich und daher eine hohe, effektive Lichtstärke! Die Blendenzahl ist nämlich nur eine rein geometrische Größe und sagt daher nichts darüber aus, wie viel Licht von dem Glas und den Kittschichten des Objektivs absorbiert wird!

● Die hohe Streulicht-Freiheit wird durch eine wirksame Oberflächen-Entspiegelung im Zusammenwirken mit einem ausgefeilten Fassungsaufbau, der das vagabundierende Licht in sorgfältig geschwärzten „Lichtfallen" abfängt, erreicht. Bei Leica-Objektiven dient die Fassung der einzelnen Linsen also nicht nur der Linsenhalterung!

● Die Leitz Absorban-Kittschichten in vielen Leica-Objektiven bewirken eine einheitliche Farbdurchlässigkeit im gesamten Spektralbereich. Sie beseitigen insbesondere den störenden UV-Anteil und garantieren eine neutrale, originalgetreue Farbwiedergabe. Bei Leica-Objektiven werden UVa-Filter deshalb nur zum Schutz der Frontlinse benötigt!

● Alle Glas/Luft-Flächen sind mit hochwirksamen Antireflex-Schichten belegt, die unter Zuhilfenahme aufwendiger mathematischer Computer-Rechnungen auf die verwendeten Gläser optimal abgestimmt werden. Doppel- und Mehrfachschichten finden dort Verwendung, wo sie einen echten Vorteil bieten. Bei Leitz werden nicht wahllos alle Flächen mit dem gleichen Belag belegt!

Die Oberflächenvergütung

Mit Antireflex-Schichten werden bei Leitz schon seit vielen Jahren Linsen, Prismen und Filter belegt. Und man sprach einfach vom vergüteten Objektiv — ohne dabei besonders zwischen Einfach- und Mehrfach-

schichten zu differenzieren. Im Vordergrund aller Überlegungen stand (und steht) immer nur der Gedanke, möglichst ein besonders gutes Objektiv zu schaffen. Die Gesamtleistung eines Foto-Objektives wird jedoch, wie wir wissen, von einer ganzen Reihe von Einzel-Merkmalen bestimmt: z. B. Konturenschärfe, Kontrast- und Farbwiedergabe, Detailauflösung sowie Verzeichnungs- und Reflexfreiheit. Insbesondere die zur Reflexminderung angewandten technischen Verfahren werden in letzter Zeit von verschiedenen Seiten in der Werbung stark herausgestellt. Multicoating heißt das Zauberwort. Worum geht es dabei? Beim Durchgang von Lichtstrahlen durch eine Glasfläche entsteht ein Oberflächenreflex, dessen Stärke vom Brechungsindex des Glases abhängt. So reflektiert z. B. Fensterglas an Vorder- und Rückfläche je ca. 4% des auftreffenden Lichtes. Es spiegelt! Das gleiche gilt für optisches Glas mit niedrigem Brechungsindex (z. B. n = 1,5). Bei viellinsigen Objektiven entstehen auf diese Weise Mehrfachreflexionen innerhalb des optischen Systems. Seine Lichtdurchlässigkeit (effektive Lichtstärke) wird dadurch herabgesetzt. Außerdem wird der Streulichtanteil (Schleier) erhöht, der sich dem eigentlichen Bild überlagert und den Bildkontrast mindert. In ungünstigen Fällen können sogar Doppelbilder von Lichtquellen oder Blendenflecke auf dem Film entstehen.

Die moderne Technik der Oberflächenvergütung (coating) gibt die Möglichkeit, diese störenden Effekte weitgehend zu reduzieren. Dabei wird eine nur etwa zehntausendstel Millimeter dicke Schicht, z. B. Magnesium-Fluorid, auf jede freistehende Linsenfläche aufgebracht. Durch solche Einfachschichten kann der

Reflex bei niedrigbrechenden Gläsern von ursprünglich 4% an jeder Glas/Luftfläche auf etwa 1,5% gemindert werden. Bei Objektiven mit hauptsächlich niedrigbrechenden Gläsern bleibt also infolge der Vielzahl der spiegelnden Flächen noch ein merklicher Rest an innerer Reflexion bestehen. Man ist daher gezwungen, die Reflexminderung zur Erhöhung der Abbildungsqualität durch zusätzliche Maßnahmen weiter zu verbessern. Das geschieht durch das Aufbringen von Mehrfachschichten (multi-coating).

Rein theoretisch läßt sich der Oberflächenreflex eines Glases mit niedrigem Brechungsindex durch Mehrfachschichten auf etwa 0,2% reduzieren. Das entspräche bei Verwendung von absorptionsfreien Schichtmaterialien einer Durchlässigkeit von 99,8% pro Glasfläche. Objektive mit beispielsweise 12 Glas/Luftflächen müßten somit eine Durchlässigkeit von 97,6% aufweisen.

Als man bei Leitz die effektive Durchlässigkeit solcher mehrfach belegten Fremd-Objektive durchmessen ließ, betrug sie aber nur 92%. Die benutzten Mehrfachschichten sind somit offensichtlich nicht absorptionsfrei oder erreichen nicht den theoretischen Wert der Reflexminderung.

Die nicht voll befriedigende reflexmindernde Wirkung einer Einfachschicht auf niedrigbrechendem Glas wird jedoch mit zunehmender Brechzahl des Glases wesentlich größer. Solche hochbrechenden Gläser bieten zudem der modernen rechnenden Optik nicht nur erweiterte Möglichkeiten für die optimale Korrektur der Abbildungsfehler, sondern auch für die Wahl eines Objektivaufbaus, dessen Linsenform und -anordnung an sich schon ein Minimum an unerwünschten Innenreflexen erreichen läßt. Aus diesen Gründen enthalten die meisten Leica R-Objektive hochbrechende Gläser, deren Eigenschaften in der Regel nicht durch Mehrfachschichten optimiert werden müssen. Wo aus konstruktiven Gründen trotzdem multi-coating zu besseren Ergebnissen beiträgt, werden natürlich auch bei Leitz hochbrechende Gläser mit Mehrfachschichten belegt.

Auch in Zukunft hat man bei Leitz nicht die Absicht zu detaillieren, bei welchem Objektiv oder bei welcher Linse welche modernen Fertigungsverfahren benutzt werden. Wollte man das tun, müßte Leitz im Rahmen des vielseitigen Fertigungsprogrammes einen ständigen Änderungsdienst für diese Informationen durchführen. Und das nicht nur in relativ kurzen Zeitabständen und nur bei den optischen Systemen auf dem Gebiete der Fotografie, sondern auch auf dem noch viel umfangreicheren Gebiet der Hochleistungsobjektive für wissenschaftliche und technische Zwecke. Für den Benutzer wären solche Einzelheiten jedoch wertlos, weil für ihn letztlich die Gesamtleistung des Objektives entscheidend ist.

Von Vorteil für die fotografische Praxis ist, daß die äußeren Flächen von Front- und Hinter-Linse aller Leica-Objektive zum Schutz gegen Berührungen hartvergütet sind. Vorsichtiges Reinigen (siehe Seite 151) schadet nicht.

56

59

60

Die Qualitätssicherung

Leica-Kameras waren und sind berühmt für ihre Langlebigkeit. Hohe Präzision über einen langen Zeitraum, auch bei hartem Einsatz unter extremen Bedingungen, sind nicht nur Forderungen von Profi-Fotografen. Das gilt auch für Leica R-Objektive. In der Leitz-Qualitätssicherung, so lautet der Oberbegriff für die vielen Prüfabteilungen, wurden dafür ausgeklügelte Testprogramme und besondere Leitz-Prüfbedingungen entwickelt:

● Jedes zur Neuproduktion anstehende Objektiv wird erst nach einer sehr umfassenden Prüfung zur Fertigung freigegeben. Die mechanischen Einzelteile und das Glas werden harten Tests unterzogen. Das fertige Objektiv wird in nicht weniger als 75 Punkten geprüft, z. B. fotografisch in Kälte und in Hitze sowie mit einem Temperaturschock von + 20 °C auf − 20 °C und umgekehrt!

● Leica-Objektive erfüllen in vielen Fällen militärische Vorschriften für höchste Ansprüche unter härtesten Bedingungen, z. B. Reflexminderung MIL-C 675, Klimabelastung MIL-STD-170 und Fungusschutz (wichtig bei Reisen in Tropengebiete). Die schwarze Hart-Eloxierung nach einem besonderen Leitz-Verfahren läßt sie lange „wie neu" erscheinen!

● Leica-Objektive sind konstruktiv und fertigungstechnisch so ausgeführt, daß sie Schlag- und Stoßbelastungen bis zur 100fachen Erdbeschleunigung verkraften, ohne Schaden zu nehmen!

● Sehr enge Toleranzen bei der Herstellung gewährleisten eine hohe Fertigungskonstanz. Die einzelnen Linsen werden beim Fassen nach einem mathematischen Modell individuell zu einem Objektiv-System zusammengefügt. Dadurch werden die in der Fertigung anfallenden Plus/Minus-Toleranzen ausgeglichen (Toleranzausgleichskopplung)!

Die Standard-Brennweiten

Normal- oder Standard-Brennweite heißen die Objektive, deren Brennweite etwa der Bilddiagonale entspricht. Das sind beim Kleinbild-Format von 24 × 36 mm rund 43 mm. In der Praxis werden durchweg ein wenig längere Brennweiten bevorzugt, weil sie optisch und fertigungstechnisch günstiger sind. Zu den Leica R- und Leicaflex-Modellen werden zwei Standard-Objektive mit 50 mm Brennweite und unterschiedlichen Lichtstärken sowie ein 60-mm-Objektiv mit besonders großem Naheinstell-Bereich angeboten.

Die meisten Spiegelreflex-Kameras werden auch heute noch mit dem Normal- oder Standard-Objektiv von 50 mm Brennweite gekauft. Fast alle Fotografen beginnen mit diesem Standard-Objektiv zu fotografieren. Auch das berühmte Leica-Objektiv Summicron ist in dieser Gruppe zu finden. Wer ständig eine schnappschußbereite Leica mit sich führt, wird bald die Vielseitigkeit der Normal-Objektive schätzen. Es gibt sogar berühmte Fotografen, die die Standard-Objektive besonders bevorzugen, weil sie viele Vorteile in sich vereinen: Bei hoher Lichtstärke sind sie noch kompakt und von geringem Gewicht, bei schlechten Lichtverhältnissen kann man mit ihnen noch aus der Hand fotografieren, und die Abbildungsleistung ist im vorgesehenen Anwendungsbereich hervorragend. Die Bedienung der Standard-Objektive ist unkompliziert und erfordert keine besondere Übung. Für den Ungeübten ist das Fotografieren mit diesen Objektiven deshalb problemlos, weil sie mit einem Aufnahmewinkel von etwa 45 Grad dem natürlichen Eindruck des menschlichen Auges am ehesten entsprechen. Und sie sind, gemessen an ihren vielen Vorzügen, preiswert!

Abb. 56: Das Besondere an dieser Trickaufnahme ist die Tatsache, daß die Silhouette des Schlosses nicht gleichzeitig mit dem Mond gesehen werden kann. Deshalb wurde zunächst nur das Schloß und dann, von einem anderen Standpunkt aus, der Mond im Abstand von genau 4 Minuten (gesteuert durch RC Leica R) fotografiert. Elmarit-R 1:2,8/180 mm auf Tageslicht-Farbumkehrfilm 19 DIN. Schloß: 1 min, Bl. 4. Mond: je Belichtung 1/30 sec, Bl. 2,8.

Abb. 57: Die Mehrfachbelichtung der „Radschlägerin" wurde mit Motor-Winder und Elektronenblitz realisiert. In 3 Sekunden konnten vom Stativ sechs Bewegungsphasen festgehalten werden. Summicron-R 1:2/35 mm, volle Öffnung, Farbumkehrfilm 19 DIN.

Abb. 58: Die Nachtaufnahme wurde durch einen Maschendraht-Zaun hindurch fotografiert, an dessen oberem Ende eine Glühlampe befestigt war. Summilux-R 1:1,4/50 mm, 1/15 sec, volle Öffnung, Tageslicht-Farbumkehrfilm.

Abb. 59 u. 60: Bei Gegenlicht und großen Kontrasten läßt sich die richtige Belichtungszeit durch die selektive Belichtungsmessung sicher bestimmen. Für das obere Bild diente die Wasseroberfläche ohne Reflexe (links außerhalb des Bildes) als Meßfläche. Für die Gruppenaufnahme wurde das rechts im Bild stehende Mädchen selektiv angemessen. Oben: Telyt-R 1:4/250 mm, volle Öffnung, 1/500 sec. Unten: Elmar-R 1:4/180 mm, 1/250 sec, Bl. 5,6. Beide Aufnahmen auf Tageslicht-Farbumkehrfilm 19 DIN.

Abb. 61: Die Standard-Brennweiten

Summicron-R 1:2/50 mm

Dieses Objektiv gilt als Weltstandard für Abbildungsleistung. Es ist der Maßstab dafür, was heute ein Spit-
zenobjektiv zu leisten vermag. Bei Unendlich-Einstellung und voller Öffnung 1:2 zeigt es schon eine überragende Bildqualität durch sehr gute Kontrastleistung
und Bildfeldebnung. Auch im Bereich kurzer Aufnahmeabstände ist die Verzeichnung äußerst gering. Da-

bei ist es mit einer Länge von 41 mm sehr kompakt
und mit 250 g das zur Zeit leichteste Leica R-Objektiv.
Mit dem Summicron-R 1:2/50 mm steht dem Benutzer eine kompakte Einheit von Kamera und Objektiv
zur Verfügung. Die fest eingebaute und ausziehbare
Gegenlichtblende kann nicht verlorengehen und erhöht die Aufnahmebereitschaft.
Als einziges Leica R-Objektiv wird das Summicron-R
1:2/50 mm auch in einer preisgünstigen Variante geliefert, speziell nur für die Leica R-Modelle. Es besitzt
keine Steuerkurven für die Leicaflex-Kameras und
kann daher an diesen nicht benutzt werden. Alle anderen technischen Merkmale und Daten sind gleich.
Das Objektiv ist leicht daran zu erkennen, daß es die
gut sichtbare Gravur „FOR LEICA R ONLY" trägt.
Für beide Objektive sind die Elpro-Nahvorsätze 1 und
2 von besonderer Bedeutung. Sie erhalten die vor-
zügliche Objektivleistung auch im Nahbereich, sind
einfach zu handhaben, erweitern die Möglichkeiten
der Bildgestaltung und verlangen keine Verlängerungsfaktoren. Das maximal zu erreichende Abb.-
Verh. beträgt 1:2,6, die kleinste Objektfeldgröße
62 × 93 mm.

Abb. 62: Summicron-R 1:2/50 mm

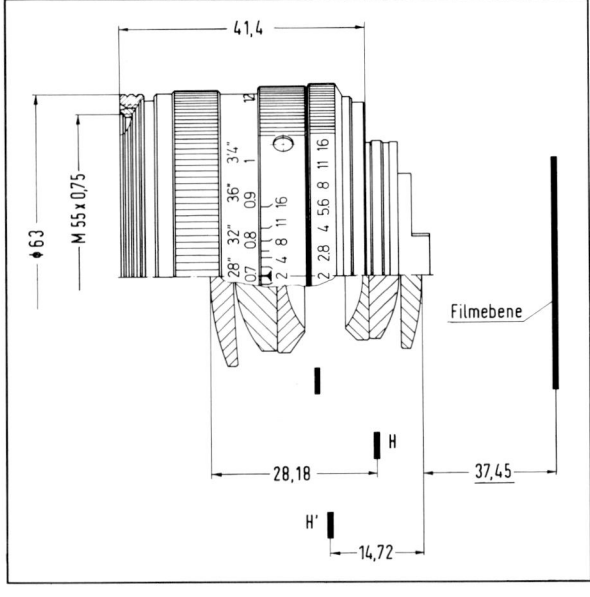

Abb. 63: Objektive mit 50 mm Brennweite sind gleicherma- ▷
ßen erfolgreich in vielen Gebieten der Fotografie einzuset-
zen. Auch in der Landschaftsfotografie, wie das nebenste-
hende Beispiel vom Dachsteinmassiv zeigt.
Summicron-R 1:2/50 mm, 1/125 sec, Bl. 5,6, Pol-Filter.

Summilux-R 1:1,4/50 mm

Dieses lichtstarke Objektiv für alle Leica R- und Leica-flex-Modelle ist doppelt so lichtstark wie das Summi-cron. Es präsentiert sich in kompakter Ausführung mit ausziehbarer Gegenlichtblende und Einheits-Filterge-winde M 55 × 0,75 (E 55). Auch seine optische Lei-stung wird weltweit anerkannt. Gerade bei diesem Objektiv erfährt die Leitz-Philosophie, wonach die vol-le Öffnung eines Objektivs eine voll nutzbare Arbeits-blende sein muß und nicht nur „Renommierblende" sein darf, ihre besondere Bestätigung. So wird bei voller Öffnung im gesamten Einstellbereich eine für hochlichtstarke Objektive außerordentlich gute, kon-trastreiche Abbildungsleistung erzielt. Beim Abblen-den auf mittlere Blendenwerte wird die Wiedergabe noch ein wenig gesteigert.

Für Nahaufnahmen wird das Summilux-R 1:1,4/50 mm von Leitz nicht empfohlen! Die Elpro-Nahvorsätze 1 und 2 lassen sich zwar in das Filtergewinde ein-schrauben, die relativ kleinen Durchmesser dieser El-pro-Nahvorsätze verursachen jedoch Vignettierungen bei diesem hochgeöffneten Objektiv.

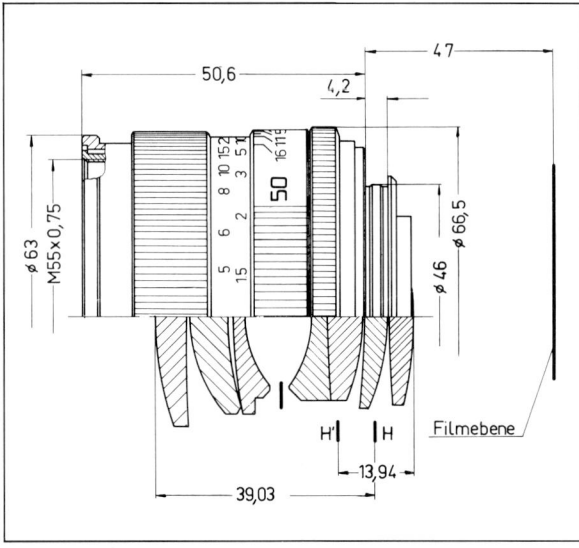

Abb. 64: Summilux-R 1:1,4/50 mm.

Macro-Elmarit-R 1:2,8/60 mm

Zu den Normal- oder Standard-Objektiven kann man guten Gewissens auch noch das Macro-Elmarit-R mit 60 mm Brennweite zählen. Wegen seines besonders großen Naheinstell-Bereiches und den hervorragen-den Eigenschaften im Nahbereich erfolgt die techni-sche Beschreibung jedoch unter der Rubrik „Die Ma-kro-Objektive".

Die Weitwinkel-Objektive

Wo ein normalbrennweitiges Objektiv nur einen Aus-schnitt wiedergeben kann, erfaßt ein Weitwinkel-Ob-jektiv den ganzen Raum. Bei gleichem Abstand wer-den selbstverständlich alle Einzelheiten entsprechend kleiner wiedergegeben. Innenräume und große Bau-werke lassen sich oft nur mit einem Weitwinkel-Ob-jektiv erfassen. Auch Landschaften mit hohem Himmel oder enge Schluchten verlangen einen großen Bild-winkel.

Auf fast allen Gebieten der Fotografie lassen sich die Eigenschaften der Weitwinkel-Objektive nutzen. Die Schärfentiefe reicht schon bei geringer Abblendung vom Vordergrund bis zur Ferne. Gleicher Aufnahme-standpunkt und gleiche Blende vorausgesetzt, ist die Schärfentiefe um so größer, je kürzer die Brennweite ist; z. B. bei Einstellung auf 2 m und Blende 8:

50 mm Brennweite: Schärfentiefe von 1,70 – 2,40 m

35 mm Brennweite: Schärfentiefe von 1,42 – 3,42 m

24 mm Brennweite: Schärfentiefe von 1,10 – 14,84 m

19 mm Brennweite: Schärfentiefe von 0,90 – ∞

Beim Einstellen auf einen nahen Vordergrund lassen sich besonders dramatische Effekte durch fliehenden Hintergrund erzielen, also eine starke perspektivische Verjüngung. In der Werbe-, Presse- und technischen Fotografie nutzt man seit langem die betonte Raum-wirkung eines Weitwinkel-Objektivs, um effektvolle, ja sogar übertriebene Perspektiven zu erhalten. Eine ty-pische Eigenschaft ist dabei, daß die Dinge im Vor-dergrund „groß" und im Hintergrund „klein" wiederge-geben werden. Neigt man die Kamera, so kommt es zu stürzenden Linien. Diese – manchmal übertriebe-ne – perspektivische Darstellung hat nichts mit einer Verzeichnung zu tun. Verzeichnung hat ein Objektiv, wenn u. a. gerade Linien am Bildrand durchgebogen erscheinen. Stürzende Linien entstehen, weil z. B. bei einem zu fotografierenden Hochhaus die Aufnah-meentfernung zur Eingangstür im Erdgeschoß we-sentlich geringer ist als zum Schriftzug am Dachfirst. Und was vom Fotografen weiter entfernt ist, wird nach den Regeln der Zentralperspektive zwangsläufig klei-ner abgebildet!

Bei allen Weitwinkel-Objektiven läßt sich eine gering-fügige Verzeichnung jedoch generell nicht vermeiden; bei Leitz-Objektiven ist sie aber so klein, daß in der Praxis keine störenden Einflüsse vorhanden sind.

Durch geschicktes Einbeziehen unregelmäßiger Strukturen und Linien am Bildrand, z. B. von Bäumen, Menschen und Mobiliar bei Architekturaufnahmen, kann man außerdem die meist tonnenförmige Verzeichnung der Weitwinkel-Objektive total vertuschen. Ähnlich verhält es sich mit der Vignettierung, d. h. ein geringer natürlicher Lichtabfall zum Bildrand hin kann nicht vermieden werden. Im Bild störend sichtbar wird diese nicht zu umgehende Erscheinung allerdings erst bei knapper Belichtung. Nicht zu umgehen ist auch die Tatsache, daß bei extremen Bildwinkeln kugelige Objekte in den Randpartien des Bildformates als Elipsoide wiedergegeben werden. Bei Gruppen-Aufnahmen werden routinierte Fotografen deshalb nicht das Bildformat bis in die äußersten Ecken nutzen, sondern die Personen mit einem genügend großen Umfeld im Bild arrangieren.

Floating element

Dieser Begriff wird bei Weitwinkel-Objektiven häufig als Synonym für eine besonders gute Abbildungsleistung im Nahbereich benutzt. Es kann, muß aber nicht so sein! Welche Bewandtnis hat es damit?
Foto-Objektive für Kleinbildkameras erreichen in der Regel ihre optimale Abbildungsleistung bei einer Entfernungseinstellung auf Unendlich, die etwa der 50 — 100fachen Brennweite des jeweiligen Objektivs entspricht. Im näheren Bereich nimmt die Bildqualität zwangsläufig ab. Meistens ist dieser Leistungsabfall in der Praxis nicht spürbar. Bei einigen Objektiven, wie z. B. bei lichtstarken Weitwinkel-Objektiven mit sehr großen Bildwinkeln, kann es dagegen bei kurzen Aufnahmeabständen zu einer deutlich sichtbaren Ver-

schlechterung der Abbildungsqualität kommen. Eine Korrektur kann u. a. durch Abstandsveränderungen einzelner Linsen oder Linsenglieder innerhalb eines Objektivs vorgenommen werden. Dieses „floating element" wird entsprechend seiner optischen Wirkung vor und zurück bewegt und ist mit der Entfernungseinstellung des Objektivs gekuppelt. Untersuchungen bei Leitz haben gezeigt, daß durch ein floating element in der Regel die Bildqualität nur in der Einstellebene selbst deutlich verbessert wird. Der Raum davor und dahinter, die Schärfentiefe, profitiert davon nicht im gleichen Maße. Bei einer Einstellung auf den Vordergrund des Motivs werden dann weiter entfernte Objekte in den Bildecken unscharf abgebildet, obwohl die Schärfentiefe laut Tabelle und Schärfentiefeanzeige groß genug ist, um auch diese scharf wiederzugeben. Dieser Effekt stört in der bildmäßigen Fotografie enorm, weil wir durchweg räumliche Motive fotografieren und nicht ebene Flächen reproduzieren. Bei jedem Weitwinkel-Objektiv zur Leica wird deshalb von Leitz geprüft, ob ein floating element für die fotografische Praxis Vorteile bringt oder nicht; ob man darauf verzichten kann oder ob es sinnvoll ist, diesen erhöhten Aufwand für ein Objektiv zu betreiben. Geleitet von diesen praxisorientierten Überlegungen, hat sich Leitz nur beim Super-Elmar-R 1:3,5/15 mm und beim Elmarit-R 1:2,8/24 mm für ein floating element entscheiden können.

Retrofokus-Objektive

Das Prinzip der Spiegelreflex-Kamera mit Schwingspiegel erfordert zudem Weitwinkel-Objektive besonderer Art. Der Abstand zwischen hinterstem Linsenscheitel und der Filmebene, die sog. Schnittweite, muß größer sein als bei herkömmlicher Bauart. Diese Objektive mit vergrößerter Schnittweite sind gekennzeichnet durch ein mehrlinsiges zerstreuendes Vorderglied und ein sammelndes Hinterglied. Es sind Retrofokus-Konstruktionen. In dieser stark unsymmetrischen Bauform liegt auch das gegenüber herkömmlichen Objektiven abweichende Verhalten im Nahbereich begründet.

Die Scharfeinstellung der Weitwinkel-Objektive erfolgt am besten mit Hilfe des Schnittbild-Indikators. Da unser Auge nur Details ab einer gewissen Größe auflöst, Weitwinkel-Objektive zwar viele Einzelheiten, diese jedoch sehr klein abbilden, können manchmal Fehleinstellungen der Entfernung die Folge sein. In der fotografischen Praxis spielen Fehleinstellungen bei mittleren Blenden keine wesentliche Rolle mehr. Trotzdem können wir unsere Aufnahmetechnik verbessern und schneller werden, wenn wir lernen, durch einen kurzen Blick auf die Einstellskala und die Schärfentiefeanzeige die Schärfe an die bildwichtige Stelle zu legen.

Die normalen Weitwinkel-Objektive

Objektive mit Brennweiten von 28 mm und besonders 35 mm wirken in vielen Fällen wie ein 50-mm-Objektiv. Die Kombination mit etwas längeren Brennweiten, z. B. 60 oder 90 mm, kann als kleinstes und weitgehend universelles Kamera-System angesehen werden: ideal für jeden, der auf kleines Volumen und geringes Gewicht Wert legt. Auf das Standard-Objektiv von 50 mm Brennweite kann man dann verzichten! Im Vergleich zu diesem Objektiv ergibt sich eine größere Schärfentiefe und daraus resultierend eine bequemere Schnappschußeinstellung. Man kann mit ihnen unbeschwert Menschen im Reportagestil fotografieren, und auch das oftmals unvermeidliche Neigen der Kamera ergibt noch keine stürzenden Linien, die im Bild auffallend stören.

Bei Schnappschuß- und Reportageaufnahmen erlebt man oft Situationen, wo es wünschenswert wäre, fast unbemerkt zu fotografieren. Das Hochnehmen der Kamera ans Auge bedeutet schon ein Risiko und kann unter Umständen die ganze Aufnahme unmöglich machen. Der große Bildwinkel eines 35-mm-Weitwinkel-Objektivs erlaubt auch Aufnahmen, ohne durch den Sucher zu sehen. Eine große Hilfe ist dabei, ungefähr zu wissen, wie die Bildbegrenzung verlaufen wird. Es gibt dafür eine klassische Faustregel: Die Entfernung zum Objekt entspricht der Bildbreite.

Beim Fotografieren „zielt" man auf die Bildmitte. Beträgt die Entfernung zum Objekt z. B. 3 m, ergeben sich folgende Abbildungsverhältnisse: Bildbreite 3 m, und zwar 1,50 m nach links und rechts vom Bildmittelpunkt. Bildhöhe 2 m entsprechend 1 m nach oben und unten. Da die Kamera normalerweise am Riemen oder in der Bereitschaftstasche vor der Brust getragen wird, kann man ohne weiteres mit dem Objektiv auf den gedachten Mittelpunkt zielen, ohne die Leica ans Auge zu nehmen. Die geschätzte Entfernung wird vorher am Schneckengang des Objektivs eingestellt, je nach vorhandenem Licht die Blende gewählt und mit Integral-Messung die Belichtungszeit (automatisch) dazu ermittelt.

Abb. 66: Absolut unbeobachtet und unauffällig läßt sich nur fotografieren, wenn man die Kamera wie im Traum beherrscht. Das Einstellen der Entfernung und das Ausrichten der Kamera müssen absolut diskret vorgenommen werden. Entsprechende Übungen sind unumgänglich. Sehr wichtig sind auch die Bewegungen und die Mimik des Fotografen. Sie müssen jeweils den Aufnahme-Situationen entsprechend angepaßt werden und dürfen kein Mißtrauen bei den zu fotografierenden Personen aufkommen lassen.

Abb. 67: Die normalen Weitwinkel-Objektive.

Elmarit-R 1:2,8/35 mm

Das preisgünstigste Leica R-Weitwinkel-Objektiv, das Elmarit-R 1:2,8/35 mm vereint in sich eine hervorragende optische Leistung mit der sehr kompakten Bauweise. Zwei Eigenschaften, die den Wünschen des Leica-Fotografen in besonderer Weise entsprechen. Im Arbeitsbereich von Unendlich bis 1,5 m wird auch bei voller Öffnung des Objektivs ein hoher Kontrast, eine gute Bildfeldebnung und eine hohe Auflösung erreicht. Durch Abblendung wird die Leistung nur noch geringfügig gesteigert. Im Nahbereich unter 1 m ändert sich die Leistungscharakteristik ein wenig, so daß ein kräftigeres Abblenden auf Blende 8 und kleiner, bei höchsten Anforderungen bis in die Bildecken, sinnvoll ist. Das Elmarit-R 1:2,8/35 mm ist für Innen- und Außenaufnahmen gleich gut geeignet.

Summicron-R 1:2/35 mm

Lichtstarke Weitwinkel-Objektive werden häufig als Schnappschuß-Objektive für Aufnahmen bei schlechten Lichtverhältnissen benutzt. Dementsprechend wurde das Summicron-R 1:2/35 mm in der Gesamt-Korrektion für den Fernbereich von Unendlich bis 1,4 m ausgelegt. Bereits bei voller Öffnung zeigt das Objektiv nicht nur in der Bildmitte eine kontrastreiche Wiedergabe. Bildelemente mit erhöhtem Kontrast, z. B. wenn Lichtquellen mit im Bild sind, zeigen nur eine geringe Tendenz zu Überstrahlungen; Koma-Figuren sind relativ schwach ausgeprägt. Im gesamten Bildfeld ist deshalb eine konturenscharfe Abbildung mit höchstem Informationsgehalt vorhanden. Trotzdem: Auch im Nahbereich besitzt das Summicron-R 1:2/35 mm eine gute Gesamtleistung!

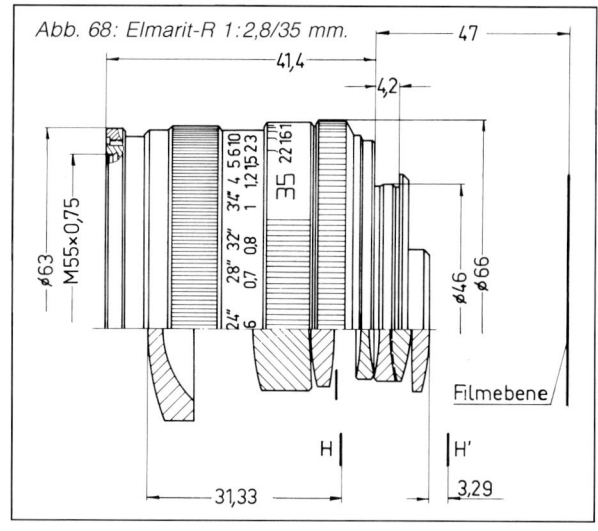
Abb. 68: Elmarit-R 1:2,8/35 mm.

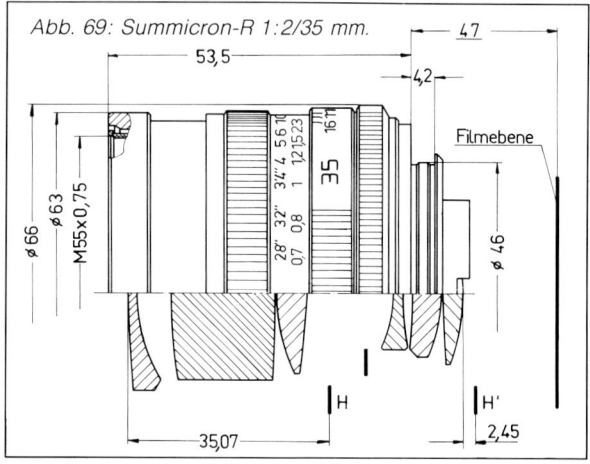
Abb. 69: Summicron-R 1:2/35 mm.

Abb. 70: Typisch für ein „normales" Weitwinkel-Objektiv sind die vielseitigen Anwendungsmöglichkeiten. Als Universal-Objektiv meistert es auch extreme Gegenlichtaufnahmen, wie dieses Beispiel zeigt.
Elmarit-R 1:2,8/35 mm, 1/250 sec, Bl. 5,6.

Was für die volle Öffnung des Objektivs gilt, behält auch bei Abblendung seine Gültigkeit. Im gesamten Bildfeld wird dann durch geringe Bildfeldwölbung und höhere Detailwiedergabe eine nochmals gesteigerte Spitzenleistung geboten.

Die überragenden Eigenschaften des Objektivs Summicron-R 1:2/35 mm kommen vor allem bei lebendigen Farbaufnahmen unter schlechten Lichtverhältnissen voll zur Geltung.

PA-Curtagon-R 1:4/35 mm

Wer kennt sie nicht, die stürzenden Linien, die entstehen, wenn z. B. beim Fotografieren von hohen Gebäuden die Kamera geneigt wird? Abhilfe schaffen nur erhöhte Standpunkte oder, wo diese fehlen, Entzerrungen am Vergrößerungsgerät. Eine Aufnahme mit größerem Weitwinkel-Objektiv und nachträglicher Aus-

schnittsvergrößerung ist eine weitere Möglichkeit, die allerdings oft mit erheblichen Qualitätseinbußen des Bildes erkauft werden muß. Entzerrungen und Ausschnittsvergrößerungen scheiden bei Farbdiapositiven zudem von vornherein aus. Eine bessere Lösung bietet in solchen Fällen die Benutzung des Spezial-Weitwinkel-Objektivs PA-Curtagon-R 1:4/35 mm für den perspektivischen Ausgleich (PA).

Der nutzbare Bildkreisdurchmesser beträgt bei diesem Objektiv 57 mm gegenüber 43 mm bei herkömmlichen 35-mm-Weitwinkel-Objektiven. Es läßt sich daher aus der normalen Symmetriestellung nach jeder Richtung um sieben Millimeter verschieben. Durch diese Dezentrierung werden Bildpartien erfaßt, die sonst außerhalb des Kamera-Formats liegen. Die Verschiebung des optischen Systems wird durch einfaches Drehen eines dafür vorgesehenen Ringes erreicht, dessen Ziffern 0 bis 7 die Größe der jeweiligen Objektiv-Dezentrierung in Millimeter anzeigt.

Zur Änderung der Verschieberichtung kann der vordere Teil des Objektivs um 360° gedreht werden. Wahlweise nach links oder rechts. Da in der Praxis vor allem Verschiebungen in vertikaler oder horizontaler Richtung interessieren, sind diese Vorzugs-Verschiebungen gerastet. Man kann jedoch auch jede gewünschte Zwischenstellung wählen. Damit bietet das PA-Curtagon-R 1:4/35 mm die gleichen Verstellmöglichkeiten am Objektiv, wie sie bei großformatigen Kameras durch die Standartenverstellung schon lange üblich sind.

Die eingestellte Objektivblende und Entfernung wird durch die Objektiv-Verschiebung nicht beeinflußt. Eine automatische Springblende ist bei diesem Objektiv nicht möglich; die Belichtung wird bei Arbeitsblende und „0"-Stellung des Objektivs ermittelt. Ein leichtes Ablesen der eingestellten Blende ist durch zwei gegenüberliegende Blendenskalen bei jeder Stellung des Objektivs gegeben.

Durch die Verstell-Möglichkeiten des Objektivs ergeben sich viele Vorteile, die z. B. dem Architektur-Fotografen die Arbeit sehr erleichtern. In der Industrie sowie in Wissenschaft und Technik kann die Verschiebe-Möglichkeit ebenfalls Vorteile bringen. Auch der Amateur kann von der Vielseitigkeit des PA-Curtagon-R profitieren, denn außer dem perspektivischen Ausgleich kann dieses Objektiv auch für perspektivische Übertreibung, d. h. zum Erzielen besonderer Effekte, benutzt werden.

Hochgelegene Aufnahme-Objekte, wie z. B. Reliefs oder Plastiken an Architekturen, auch Gemälde, die an Ort und Stelle aufgenommen werden, und vor allem hohe Gebäude, müssen meistens aus einer „Untersicht" heraus fotografiert werden. In diesem Fall wird von ebener Erde aus nach oben fotografiert. Wird dabei die Kamera nach hinten gekippt, damit der höchste Objektpunkt noch erfaßt wird, so verlaufen die in der Natur senkrechten Linien nicht mehr parallel zum Bildrand. Sie streben einem gemeinsamen Fluchtpunkt zu, und das Aufnahme-Objekt wird unten breiter abgebildet als oben. Da solche perspektivischen Darstellungen mit stürzenden Linien fast immer unerwünscht, für viele technischen und kunsthistorischen Aufnahmen sogar strikt abzulehnen sind, muß bei der Aufnahme darauf geachtet werden, daß die Filmebene senkrecht zur Objektebene ausgerichtet bleibt. Um den unerwünschten Vordergrund nicht zu erfassen und dafür mehr von den interessierenden oberen Partien des Objektes zu bekommen, wird das PA-Curtagon-R 1:4/35 mm nach oben verschoben.

Die Veränderung des Bildfeldes in Meter, die durch die Verschiebung des Objektivs erreicht wird, läßt sich leicht nach folgender Formel errechnen:

Abb. 71: Diese Situationen sind bei Weitwinkel-Aufnahmen oft gegeben: Bei parallel zum Hochhaus ausgerichteter Kamera wird zuviel vom Vordergrund abgebildet und das Haus in seiner Höhe beschnitten (Abb. links). Neigt man die Kamera nach oben, stimmt zwar der Bildausschnitt, doch die stürzenden Linien stören enorm (Abb. Mitte). Mit nach oben verschobenem PA-Curtagon-R wird das Hochhaus in seiner vollen Größe erfaßt, ohne daß die Kamera geneigt werden muß (Abb. rechts).

Abb. 72: Wenn aus optischen oder räumlichen Gründen (Fotograf und Kamera sind im Spiegel zu erkennen) ein seitlicher Standpunkt bei Frontalaufnahmen eingenommen werden muß, kann die Kamera mit seitlich verschobenem PA-Curtagon-R wieder parallel zur Objektebene ausgerichtet werden. Beide Aufnahmen: 1/15 sec, Bl. 8.

$$\frac{\text{Verschiebung \ (mm)}}{\text{Brennweite \ (mm)}} \times \text{Aufnahmeentfernung (m)}$$

Dazu gleich ein Beispiel:

$$\frac{\text{Verschiebung \ 7 \ mm}}{\text{Brennweite \ 35 \ mm}} \times 140 \text{ m Entfernung} = 28 \text{ m Veränderung}$$

Auch „Obersichten" bei Objekten mit senkrechten Linien, die man häufig in der Werbe-, wissenschaftlichen und technischen Fotografie wegen der besseren Anschaulichkeit benötigt, können nach der gleichen Methode fotografiert werden. Um zu verhindern, daß die senkrechten Linien nach oben auseinanderlaufen, wird der vordere Teil des PA-Curtagon-R um 180° gedreht und nach unten verschoben. Die kürzeste Einstell-Entfernung von 30 cm wirkt sich besonders günstig bei Nahaufnahmen aus. Selbstverständlich können beide Verschieberichtungen auch „nur" zur Betonung oder Unterdrückung des Vordergrundes, z. B. bei Landschaftsaufnahmen, benutzt werden.

Die Verschiebung des Objektivs in horizontaler Ebene kann Vorteile bei einer Reihe von Anwendungsmög-

lichkeiten bringen. Besondere Bedeutung gewinnen hier die aus den unterschiedlichen Verschiebungen des Objektivs resultierenden differenzierten Darstellungsformen der Perspektive bei Frontalaufnahmen von Gebäuden und technischen Produkten. Die Anschaulichkeit dieser Objekte kann nämlich durch eine kombinierte Frontal- und Seitenansicht gewinnen, wenn die dem Beschauer zugewandte Seite nicht perspektivisch verändert und verkürzt wird (Abb. 74). Hier führt nur der seitliche Aufnahmestandpunkt mit parallel zur Frontseite ausgerichteter Filmebene und seitlich verschobenem Objektiv zum Ziel.

Müssen aus bestimmten Gründen seitliche Standpunkte eingenommen werden, was der Fall sein kann, wenn z. B. bei einem Gemälde ein Teil durch eine Säule, einen Leuchter etc. verdeckt wird, dann können bei starren Objektiven horizontale Linien nicht mehr parallel abgebildet werden. Durch eine parallele Ausrichtung von Kamera (Filmebene) zum Gemälde und entsprechender Verschiebung des Objektivs wird die gewünschte Korrektur erzielt. Auch bei unerwünschten Spiegelungen kann eine Verlegung des Kamera-Standpunktes nach links oder rechts zusammen mit der oben beschriebenen Korrektur Abhilfe schaffen.

Auch Aufnahmen mit Breitwand-Effekt lassen sich leicht und exakt mit dem PA-Curtagon-R herstellen. In der Regel werden derartige Panorama-Aufnahmen aus zwei einzelnen Bildern montiert, die durch Schwenken der Kamera nach links und rechts gewonnen wurden. Durch verschiedene perspektivische Wiedergabe an den Bildrändern entstehen dadurch oftmals Differenzen. Bei einem langgestreckten Gebäude ergeben sich auch zwei Fluchtpunkte, die entgegengesetzt liegen und z. B. ein Gebäude in unna-

Abb. 73: PA-Curtagon-R

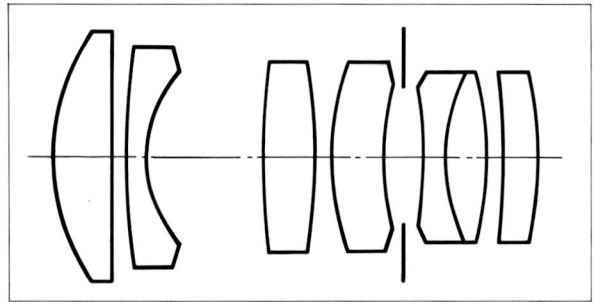

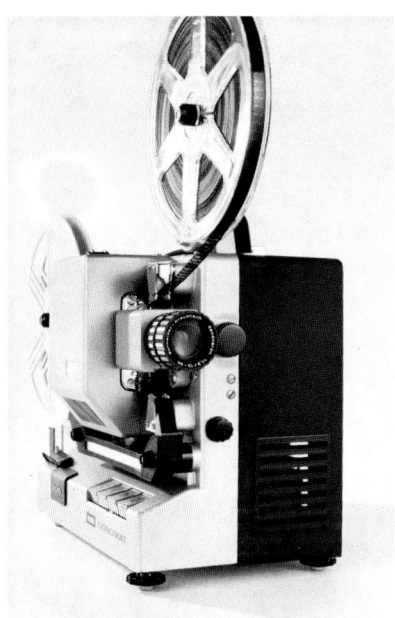
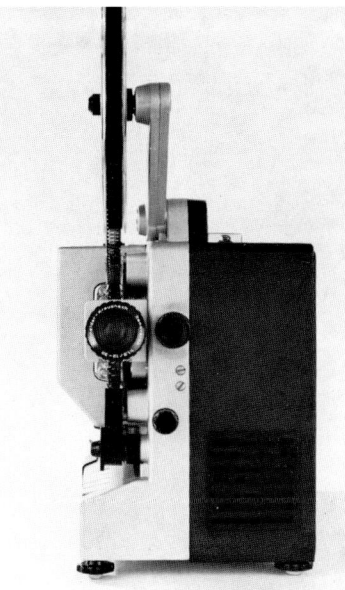

Abb. 74: Für die Darstellung technischer Produkte kann eine direkte Aufsicht ohne perspektivische Verjüngung vorteilhaft sein, wenn z. B. Maße entnommen werden müssen. Wenn dabei gleichzeitig der räumliche Eindruck gewahrt bleiben muß, darf der seitliche Einblick nicht verlorengehen. Eine Kombination von direkter Aufsicht mit Seitenansicht kann nur durch ein seitliches Verschieben des Aufnahme-Objektivs erreicht werden. Links: Normale perspektivische Aufnahme. Mitte: Frontalaufnahme. Rechts: Kombinierte Frontal- und Seitenansicht.

Abb. 75: Typisch für Weitwinkel-Aufnahmen ist die „verzerrte" Wiedergabe von Köpfen, wenn die Personen am Bildrand plaziert werden. Bei diesen Ausschnittsvergrößerungen aus einer Gruppenaufnahme ist das deutlich zu erkennen. Links die Weitwinkel-Aufnahme; rechts die gleiche Gruppe mit Tele-Objektiv aufgenommen. Auch ein PA-Curtagon-R kann diesen Effekt kaum beeinflussen.

türlicher Weise wiedergeben. Mit dem PA-Curtagon-R können zwei Aufnahmen ohne Kameraverstellung gemacht werden, die zusammen einen Bildwinkel von 78° ausmachen, wenn bei extremer Seitenverstellung nach dem ersten Teilbild das Objektiv um 180° gedreht wird.

Durch die Verschiebe-Möglichkeiten ergeben sich unzählige Einflußnahmen auf die Gestaltung der Perspektive, so wie sie häufig in der professionellen Fotografie gefordert werden. Aber auch für den experimentierfreudigen Fotografen ist dieses Objektiv eine echte Bereicherung. Besondere Effekte lassen sich z. B. dann erzielen, wenn man bei Langzeit-Aufnahmen die Objektivachse während der Belichtung verschiebt — ruckweise oder kontinuierlich; senkrecht, waagerecht oder diagonal.

Scharfeinstellungen und Belichtungsmessung erfolgen bei 0-Stellung des Verschieberinges. Die Belichtungszeit wird bei Arbeitsblende ermittelt und manuell eingestellt. Danach wird die Objektivachse in die gewünschte Stellung verschoben. Die besten Ergebnisse erreicht man, wenn man mit Stativ arbeitet und das Objektiv bei großer Verstellung mindestens auf Blende 8 abblendet. Der im Sucher zu beobachtende Lichtabfall in den Bildecken macht sich im Foto nicht störend bemerkbar.

Elmarit-R 1:2,8/28 mm

Das Weitwinkel-Objektiv Elmarit-R 1:2,8/28 mm findet aufgrund seiner ungewöhnlich kompakten Bauweise und seiner ausgeprägteren Weitwinkelwirkung immer mehr Freunde. Der große Bildwinkel von 76° (diagonal) wird von vielen Elektronen-Blitzgeräten noch voll ausgeleuchtet.

Das Elmarit-R 1:2,8/28 mm zeichnet sich bei voller Öffnung im Bereich von Unendlich bis 1,5 m durch hohen Kontrast und gute Detailwiedergabe aus. Dabei arbeitet es praktisch überstrahlungsfrei. Es ist des-

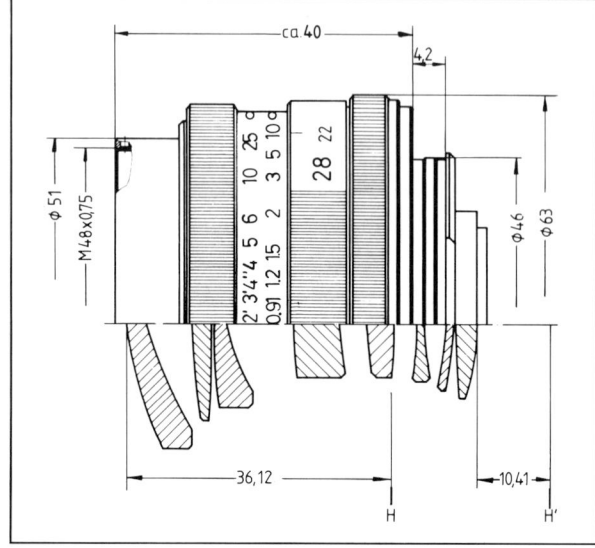

Abb. 76: Elmarit-R 1:2,8/28 mm.

Abb. 78: Die Super-Weitwinkel-Objektive.

halb für Available-light-Aufnahmen hervorragend geeignet. Ein Abblenden auf mittlere Blendenwerte bringt noch eine zusätzliche Leistungssteigerung in diesem Bereich. Bei Nahaufnahmen unter 1 m ist ein kräftigeres Abblenden erforderlich, wenn höchste Ansprüche — Schärfe bis in die äußersten Bildecken — gestellt werden.

Das Elmarit-R 1:2,8/28 mm dürfte daher überall dort das Objektiv der Wahl sein, wo man auf den extrem großen Bildwinkel verzichten kann oder will und andererseits die 35-mm-Objektive zu wenig „Weitwinkelcharakteristik" bieten, oder das Gewicht und Volumen eine wesentliche Rolle spielen. Das Elmarit-R 1:2,8/28 mm ist das leichteste Weitwinkel-Objektiv zur Leica R. Bei einer Baulänge von 40 mm wiegt es nur 275 g.

Die Super-Weitwinkel-Objektive

Der extreme Weitwinkel-Bereich steckt voller Dynamik und Faszination. Objektive dieser Kategorie sind aus der modernen Kleinbild-Fotografie nicht mehr fortzudenken. Eines der Charakteristika besteht darin, den Vordergrund besonders groß und betont, den Hintergrund hingegen sehr klein und zurückgedrängt wiederzugeben. Die Gestaltung des Vordergrundes

◁ Abb. 77: Weil das Wesentliche aus geringem Abstand groß erfaßt werden konnte und trotzdem das ganze Drumherum noch zu sehen ist, fühlt man sich förmlich in die Szenerie des Frankfurter Flohmarktes versetzt. Elmarit-R 1:2,8/28 mm, 1/250 sec, Bl. 4.

verlangt daher bei der Aufnahme besondere Sorgfalt. Alle von normalen Weitwinkel-Objektiven her bekannten Eigenschaften treten wesentlich deutlicher hervor. Stürzende Linien werden bereits als störend empfunden, wenn man die Kamera nur ein wenig kippt. Das Ausrichten der Kamera auf einem Stativ, z. B. bei Architektur-Aufnahmen, erfordert große Genauigkeit und viel Geduld. Aufsteckbare Wasserwaagen reichen manchmal nicht mehr für eine exakte Kontrolle aus. Ein zusätzliches „Anpeilen" von senkrechten und waagerechten Linien unter oder über den Kamerakörper hinweg, z. B. mit Hilfe des Kamerabodens als Visierlinie, ist bei derartigen Aufnahmen immer empfehlenswert.

Elmarit-R 1:2,8/24 mm

Eines der beliebtesten Super-Weitwinkel-Objektive von Leitz ist das Elmarit-R 1:2,8/24 mm. Es vereinigt einen großen Bildwinkel mit hoher Lichtstärke und ist deshalb insbesondere für Schnappschüsse und Reportagen auf engem Raum sehr vorteilhaft. Doch auch im Nahbereich zeigt dieses Objektiv beachtliche Qualitäten. Bildfeldebnung und Kontrast sind im gesamten Arbeitsbereich sehr gut. Bei diesem Objektiv macht sich der Einfluß der floating elements auf die Korrektion des optischen Systems positiv bemerkbar. Die Brennweite von 24 mm ergibt Aufnahmen, die in ihrer Wirkung und ungewöhnlichen Perspektive verblüffen, nicht aber zugleich auf die Verwendung eines Super-Weitwinkel-Objektivs schließen lassen. Viele Bildjournalisten haben das Elmarit-R 1:2,8/24 mm zu ihrem Lieblingsobjektiv erkoren: In bekannten in- und ausländischen Illustrierten wurden schon viele Bilder

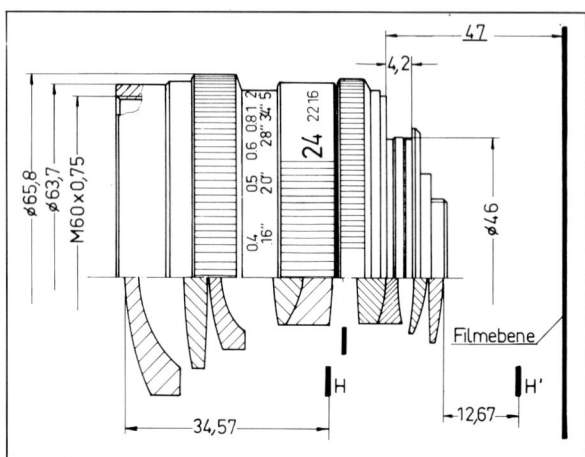

Abb. 79: Elmarit-R 1:2,8/24 mm.

doppelseitig gedruckt, die mit diesem Objektiv fotografiert worden sind.

Die den anderen Objektiven gegenüber geringe Schnittweite bestimmt das Objektiv zur Verwendung an Leicaflex SL 2/SL 2-MOT und allen Leica R-Modellen!

Super-Angulon-R 1:4/21 mm

Dieses extreme Weitwinkel-Objektiv zeichnet sich durch hervorragende Schärfe und gute Ausleuchtung des Bildfeldes aus. Es ist relativ kompakt und besitzt gute Allround-Eigenschaften. Durch die kürzeste Einstellentfernung von 20 cm ist es auch für Modell-Auf-

nahmen bestens geeignet. Die aus der kurzen Distanz resultierende Perspektive entspricht dabei unserem gewohnten Sehen beim Betrachten „lebensgroßer" Objekte. Die Wirkung von Bühnenbildern und Stadtansichten läßt sich so bereits durch Modell-Aufnahmen wirklichkeitsnah beurteilen.

Im übrigen gilt: Durch den großen Bildwinkel von 92° wird ein dramatischer Bildeffekt erzeugt: Monumentaler Vordergrund mit sich stark verjüngendem Hintergrund und weitem Horizont. Hauptanwendungsgebiete für das Super-Angulon-R 1:4/21 mm sind Innen- und Außenarchitektur, Modell-Aufnahmen, Industrie-, Werbe- und Landschaftsfotografie.

Elmarit-R 1:2,8/19 mm

Durch die große Anfangsöffnung von 1:2,8 wird der Einsatzbereich dieses Super-Weitwinkel-Objektivs — mit der extrem kurzen Brennweite von 19 mm — beachtlich erweitert. Es ist ideal für Schnappschuß- und Reportage-Fotos bei schlechten Lichtverhältnissen. Im Fernbereich von 2 m bis Unendlich wird die gute Kontrast- und Wiedergabeleistung bei voller Öffnung durch Abblenden auf mittlere Blendenwerte weiter gesteigert. Im Nahbereich ist ein starkes Abblenden

Abb. 82 u. 83: Stürzende Linien werden auch bei Super-Weitwinkel-Aufnahmen vermieden, wenn die Kamera exakt ausgerichtet wird. Super-Angulon-R 1:4/21 mm.

Die Möglichkeit, auch aus kurzer Distanz noch einen großen Überblick zu vermitteln, gibt Reportage- und Sportaufnahmen eine gewisse Dynamik. Elmarit-R 1:2,8/24 mm.

Abb. 80: Super-Angulon-R 1:4/21 mm.

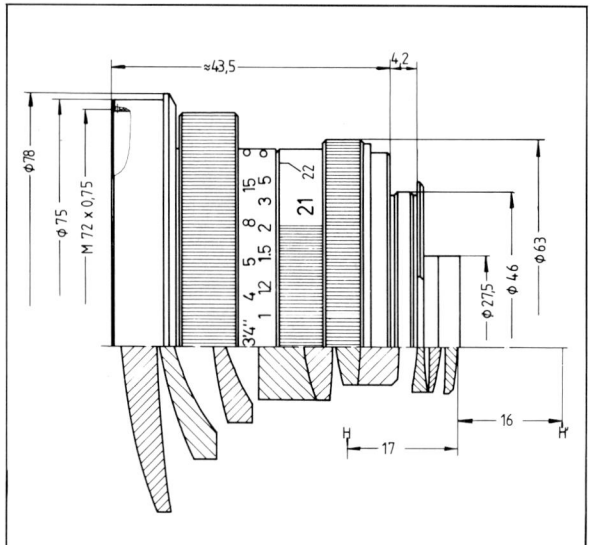

Abb. 81: Elmarit-R 1:2,8/19 mm.

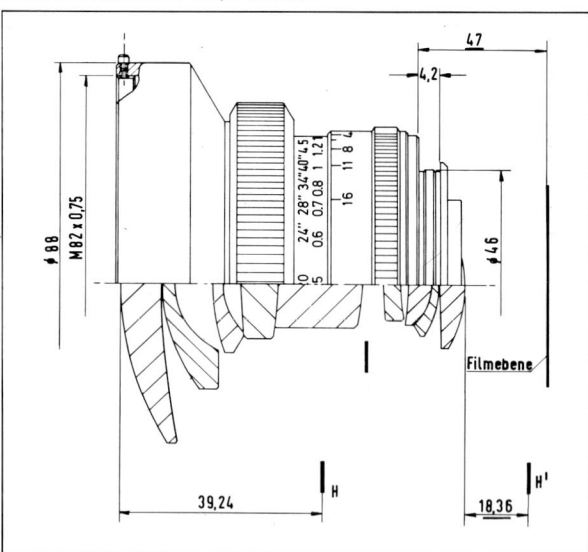

Abb. 82

Abb. 83

Abb. 84: Super-Renner oder Kompaktwagen? Der Aufnahmestandpunkt bestimmt die Perspektive, und damit die Bildaussage! Oben: Mit Elmarit-R 1:2,8/19 mm aus ca. 1 m Abstand fotografiert. Unten: Aus ca. 50 m Abstand mit dem Telyt-S 1:6,3/800 mm aufgenommen.

Abb. 85: Ein großer Einstellbereich ist in Verbindung mit der „übertriebenen" Perspektive aller Super-Weitwinkel-Objektive ideal für Modell-Aufnahmen geeignet. Oben: Das Ergebnis mit dem Super-Elmar-R 1:3,5/15 mm. Unten: Die Aufnahme-Situation.

Abb. 86: Werbeaufnahmen sollen in der Regel einen großen Aufmerksamkeitswert besitzen. Mit Super-Weitwinkel-Aufnahmen kann man ihn leicht erreichen: Ein Frühstücksei, so groß wie der menschliche Kopf — wer wird die Qualität dieses Produktes noch in Frage stellen wollen! Super-Elmar-R 1:3,5/15 mm, Aufnahme-Entfernung zum Ei = 16 cm, 1/30 sec, Bl. 22.

Abb. 87: Starke Betonung des Vordergrundes, fliehender ▷ Hintergrund und große Schärfentiefe sind die Gestaltungselemente dieser Aufnahme vom Rathaus in Toronto. Für eine effektvolle Wiedergabe der Wolken sorgte ein Orange-Filter. Super-Elmar-R 1:3,5/15 mm, 1/60 sec, Bl. 11.

empfehlenswert, wenn auch an die Randpartien des Bildes große Anforderungen gestellt werden.

In vielen Fällen läßt sich die Bildaussage durch die bewußte Anwendung der Weitwinkelwirkung vorteilhaft steigern. Der aus der kurzen Brennweite von nur neunzehn Millimetern resultierende Bildwinkel von 95,7° ist unter diesem Aspekt ein vielseitiges, ausdrucksvolles Gestaltungsmittel bei der Landschafts-Fotografie, bei Industrie- und Werbeaufnahmen und in der Innen- und Außenarchitektur sowie der Fotografie bei begrenzten Raumverhältnissen.

Durch den bis zum Aufnahmeabstand von 30 cm reichenden Einstellbereich (die Gravur des Entfernungs-Einstellringes endet bei 50 cm!) ergeben sich bei Modell- und Nahaufnahmen Resultate von frappierender perspektivischer Wirkung.

Super-Elmar-R 1:3,5/15 mm

Die kürzeste Brennweite zur Leica R und Leicaflex SL 2 besitzt mehrere außergewöhnliche Merkmale und Eigenschaften. Obwohl für den extremen Bildwinkel von 110° (diagonal) mit relativ hoher Lichtstärke ausgestattet, ist das Super-Weitwinkel-Objektiv trotzdem noch recht handlich. Und für ein Objektiv dieses Typs ist die Korrektion beachtlich gut und die Ausleuchtung bis in die Bildecken bereits bei mäßiger Abblendung hervorragend. In Verbindung mit der großen Öffnung 1:3,5 läßt sich die kürzeste Einstellentfernung von 0,16 m (Objektfeldgröße 70 × 106 mm = Abb.-Verh. 1:3) nicht nur für statische Modell-Aufnahmen, z. B. von Bauvorhaben und Theaterdekorationen, nutzen, sondern besonders gut für dynamische Werbeaufnahmen mit bewegter Szenerie einsetzen.

Abb. 88: Super-Elmar-R 1:3,5/15 mm.

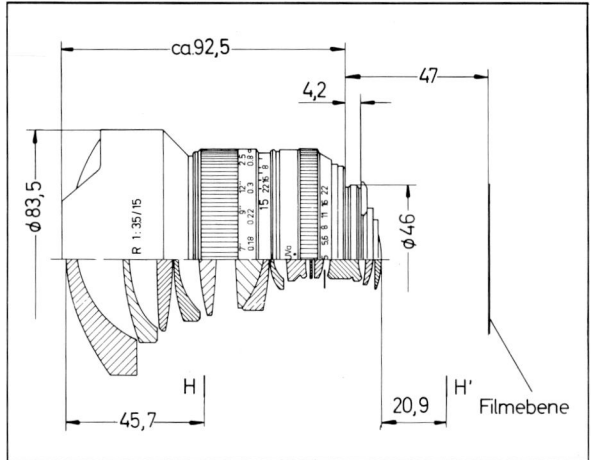

Landschafts- und Architekturfotografen bekommen mit dem Super-Elmar-R 1:3,5/15 mm ein Werkzeug in die Hand, das ihnen mit einem Bildwinkel von 110° neue perspektivische Möglichkeiten erschließt. Und der Bildreporter, der bisher vor großen Problemen stand, wenn er die Total-Situation bei Innenaufnahmen mit Objektiven großen Bildwinkels fotografieren mußte und gleichzeitig die Szenerie mit Blitzlicht auszuleuchten hatte, wird die hohe Lichtstärke begrüßen, die ihm ganz einfach Momentaufnahmen bei available light gestattet.

Beim Super-Elmar-R 1:3,5/15 mm wird eine Bildfehlerkompensation im Nahbereich durch floating elements erreicht. Wie beim Fisheye-Elmarit-R 1:2,8/16 mm, ist ein Filterrevolver mit vier Filtern eingebaut: UV-Licht absorbierend (UVa), Gelb (Y), Orange (Or) und Blau (B) — ein Konversionsfilter für Kunstlichtaufnahmen auf Tageslicht-Umkehrfilm. Die starr eingebaute Gegenlichtblende schützt vor allem die Frontlinse des Objektivs gegen mechanische Beschädigungen. Ein optimaler „Lichtschutz" für alle Licht-Situationen ließe sich nur durch eine unverhältnismäßig größere Gegenlichtblende erreichen. Die würde jedoch aus diesem handlichen Objektiv ein Monstrum machen. Bei extremen Seiten- oder Gegenlichtaufnahmen ist deshalb ein zusätzliches Abschatten der Objektiv-Frontlinse (schattiger Standpunkt, erhobene Hand etc.) empfehlenswert.

Das Fisheye-Objektiv

Das erste „Fischauge", so die deutsche Übersetzung für „fisheye", wurde vor mehr als 50 Jahren konstruiert und zur Überwachung und fotografischen Registratur des Himmels, z. B. für meteorologische Zwecke, eingesetzt. Aufsehenerregende Fotos wurden mit einem solchen Objektiv allerdings erst 1956 in Afrika und 1957/58 in der Antarktis von dem bekannten Leica-Fotografen Emil Schulthess gemacht. Obwohl diese Aufnahmen in erster Linie als wissenschaftliches Material anzusehen waren, gelangen diesem Fotografen erstmals auch Bilder von ästhetischem Reiz. Werbefotografen entdeckten den optischen Effekt dieses Superweitwinkels als „Gag", und so dauerte es nicht lange, und das Fisheye war „in".

Zunächst erkannte man alle Fisheye-Bilder unter anderem daran, daß sie kreisrund waren. Der diametrale Bildwinkel betrug 180 Grad. Kreisrunde Bilder werden allerdings auch von jedem normalen Foto-Objektiv entworfen und nur durch die Bildfeldmaske der Kamera auf ein rechteckiges Bildformat beschnitten. Und

Abb. 89: Im Vergleich zu Aufnahmen, die mit „normalen" Objektiven gemacht wurden, zeigt das Fisheye-Objektiv ganz deutlich seine besondere Abbildungscharakteristik: Je weiter gerade Linien vom Zentrum des Bildes entfernt sind, um so stärker werden sie durchgebogen. Diese Besonderheit läßt sich oft vorteilhaft in die Gestaltung des Bildes miteinbeziehen. Links: Super-Elmar-R 1:3,5/15 mm. Rechts: Fisheye-Elmarit-R 1:2,8/16 mm.

so sind neuere Fisheye-Objektive dieser „normalen" Art der Bildfeldausnutzung angeglichen, das heißt sie leuchten das Aufnahmeformat der Kamera voll aus. Der Bildwinkel beträgt dann allerdings „nur" 180° in der Diagonalen, wie beim Fisheye-Elmarit-R 1:2,8/16 mm.

Der erfolgreiche Einsatz des Fisheye-Objektivs hängt, wie auch bei Super-Weitwinkel-Objektiven im wesentlichen vom jeweiligen Aufnahmestandpunkt ab. Es reagiert wie sie auch empfindlich auf leichtes Kippen und Verkanten der Kamera. Abgesehen von der kurzen Brennweite sind das aber auch die einzigen Ähn-

lichkeiten, weil Fisheye-Objektive nämlich ein völlig anderes Bild auf den Film projizieren als herkömmliche Objektive.

Fisheye-Elmarit-R 1:2,8/16 mm

Der deutlichste Unterschied eines Fisheye-Bildes zu einem normalen Foto sind wohl die stark durchgebogenen Geraden am Bildrand. Die für normale Foto-Objektive geltenden Regeln der zentral-perspektivischen Wiedergabe werden bei diesem Objektiv nämlich nicht eingehalten. Gerade Linien werden durch das Fisheye-Elmarit-R nur gerade abgebildet, wenn

Abb. 90: Fisheye-Elmarit-R 1:2,8/16 mm.

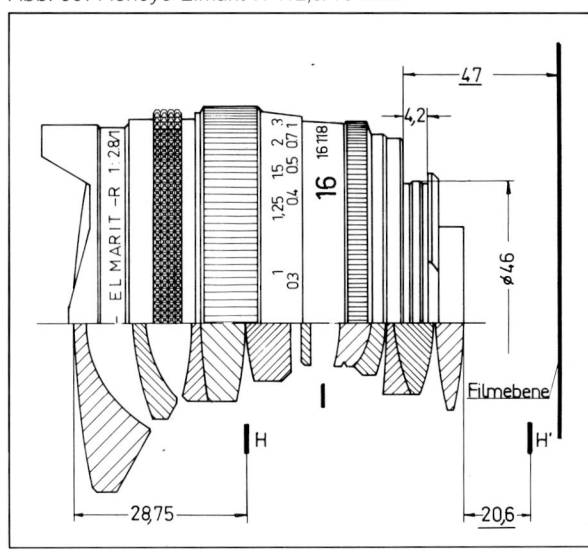

sie durch den Bildmittelpunkt verlaufen. Das gilt für alle waagerecht, senkrecht und diagonal durch den Mittelpunkt laufenden Geraden. Je weiter gerade Linien am Bildrand liegen, um so mehr werden sie gewölbt. Dieser Effekt kommt einer tonnenförmigen Verzeichnung nahe. Weil die verschiedenen Bildwinkel stark voneinander abweichen (diagonal = 180°, horizontal = 137°, vertikal = 86°), das Leica-Format aber rechteckig ist, scheinen die äußeren Bildpartien um so mehr gestaucht zu werden, je weiter sie vom Bildmittelpunkt entfernt sind. Verwirrung kann die Behauptung stiften, das Fisheye-Elmarit-R erfasse Objektfelder, die kissenförmig seien. Aber die Aussage ist richtig! Die Betonung liegt hier auf Objektfeld, also das, was wir fotografieren, wobei die Ecken des Objektfeldes die Zipfel eines „Kissens" darstellen. Die besondere Abbildungs-Charakteristik ist dadurch gekennzeichnet, daß der Abbildungsmaßstab dabei zu den „Zipfeln" hin stark ab- und die Schärfentiefe zunimmt. Man kann auch sagen, die Brennweite des

Objektivs Fisheye-Elmarit-R wird zum Bildrand hin kürzer. Nur so ist es möglich, in der Diagonalen (von Zipfel zu Zipfel) einen Bildwinkel von 180° zu bekommen. Fachleute sprechen bei dieser Abbildungsart von der Equisolid-angle-Projektion, im Gegensatz zur gnomonischen Projektion, die eine verzeichnungsfreie Abbildung liefert, wie wir sie von normalen Objektiven her gewohnt sind.

Probleme mit dunklen Bildecken (Vignettierung) gibt es nicht, und die Lichtstärke von 1:2,8 läßt auch den Einsatz bei relativ schlechten Lichtverhältnissen zu. Dabei zeichnet sich das Fisheye-Elmarit-R 1:2,8/ 16 mm durch gute Kontrastleistung und Detailwiedergabe aus. Ein geringes Abblenden steigert die Schärfentiefe beträchtlich.

Besonders vorteilhaft sind die im Objektiv eingebauten vier Filter. Weil die Filterfassung eines aufgesetzten Filters immer den Strahlengang eines 180°-Objektivs beschneiden würde, sind integrierte Filter unabdingbar. Darüber hinaus ist die ständige Verfügbar-

Abb. 91: Nicht jede Fisheye-Aufnahme muß gleich als solche erkannt werden. Bei diesem Beispiel wurde der große Bildwinkel des Objektivs sinnvoll eingesetzt. Fisheye-Elmarit-R 1:2,8/16 mm, 1/125 sec, Bl. 8.

Abb. 92: Ein Schritt vor oder zurück, aus der Hocke oder von ▷ oben — geringe Standpunktänderungen zeigen beim Fisheye-Objektiv oft eine große Wirkung. Fisheye-Elmarit-R 1:2,8/16 mm, 1/125 sec, Bl. 5,6, Orange-Filter.

keit verschiedener Filter fotografisch recht reizvoll. Normalerweise ist das UVa-Filter (Bezeichnung: A 1) eingeschwenkt und, wie alle übrigen Filter auch, als optisches Element in die Berechnung des Objektivs mit einbezogen. Ist ein Filter nicht exakt in den Strahlengang eingebracht worden, wird das durch einen leuchtend roten Ring am Objektiv angezeigt.

Für Kunstlicht-Aufnahmen auf Tageslicht-Farbumkehrfilm ist ein blaues Konversionsfilter (Bezeichnung 80 B) stets verfügbar. Es entspricht dem Kodak-Wratten-Filter Nr. 80 B. Ein Filmwechsel ist also nicht nötig, wenn man bei verschiedenen Lichtsituationen arbeiten muß. Für Schwarzweiß-Aufnahmen werden Gelb- und Orangefilter (Bezeichnung Y bzw. Or) zur Tonwert-Korrektur oder Steigerung der Kontraste eingeschwenkt. Natürlich lassen sich alle Filter bei Farbaufnahmen auch für Verfremdungen benutzen.

Die beträchtlich voneinander abweichenden Bildwinkel geben der Gegenlichtblende ein völlig ungewohntes Aussehen, weil ihre Form den Gegebenheiten der Aufnahmewinkel angepaßt wurde. Sie schützt, außer gegen Streulicht, die Frontlinse gegen mechanische Beschädigungen.

Übrigens muß man nicht, wie manche meinen, allen Fisheye-Bildern gleich ansehen, mit welchem Objektiv sie aufgenommen wurden. Eine Welle der „Versachlichung" hat inzwischen die Fisheye-Fotografie erfaßt. Beim Fotografieren muß man allerdings ständig aufpassen, daß beispielsweise die Hutkrempe, der Kameratragriemen oder Teile der eigenen Schuhspitzen nicht mit ins Bild kommen.

Das Fisheye-Elmar-R 1:2,8/16 mm paßt an Leicaflex SL 2/SL 2-MOT und alle Leica R-Modelle!

Die langen Brennweiten

Im Vergleich zur Normalbrennweite von 50 Millimeter „holen" lange Brennweiten ferne Dinge greifbar nahe heran und bilden kleinere Objekte auch aus größerer Entfernung noch formatfüllend ab. Da bei gleichem Motivausschnitt der Aufnahmestandpunkt weiter entfernt ist als bei kürzeren Brennweiten, wird die Perspektive entscheidend verändert, d. h. lange Brennweiten raffen den Raum. Bei voller Öffnung des Objektivs wird außerdem der Vorder- und Hintergrund „aufgelöst", dadurch das Hauptmotiv fotografisch freigestellt und besonders betont.

Manchmal wird die Frage gestellt, wie groß denn die Vergrößerung eines bestimmten langbrennweitigen Objektivs sei, z. B. die vom Telyt-R 1:6,8/400 mm. Diese Frage läßt sich jedoch nur beantworten, wenn man die Vergrößerung im Vergleich zu einer anderen Brennweite, z. B. 50 mm angibt. Bei unserem Beispiel ist die Wiedergabe eines Objektes durch das 400-mm-Objektiv linear 8 × größer als durch das Standard-Objektiv mit 50 mm Brennweite. Man errechnet den Vergrößerungsfaktor ganz einfach, indem man die längere Brennweite durch die kürzere dividiert.

Oft werden die Erwartungen, die man an den „Vergrößerungseffekt" einer langen Brennweite stellen darf, zu hoch angesetzt. Wer z. B. in freier Wildbahn eine Elefantenkuh aus der Herde heraus formatfüllend fotografieren möchte, wird enttäuscht sein, weil er selbst mit einem 250 mm-Objektiv noch so nah herangehen muß, daß entweder die Elefantenherde die Flucht ergreift oder ihn gefährdet. Als Merksatz sollte

man sich einprägen: 100fache Brennweite = 100faches Format. Das bedeutet für unser Beispiel, aus einem Abstand von 25 m (100fache Brennweite) wird ein Objektfeld von 2,4 × 3,6 m (100faches Format) erfaßt; aus 50 m Abstand ein Objektfeld von 4,8 × 7,2 m, also 200fache Brennweite = 200faches Format, usw.

Um einen Elefanten, Größe etwa 2,8 m, formatfüllend im Querformat zu erwischen, darf der Abstand nicht viel größer als 30 m sein. Mit 560 mm Brennweite kann die Aufnahmeentfernung schon etwas mehr als 65 m betragen, um das gleiche Objektfeld abzubilden. Pars pro toto — einen Teil für das Ganze setzen — oder, fotografisch gesagt, das Wesentliche formatfüllend erfassen, ist eines der wesentlichsten Gestaltungsmittel großer Lichtbildner und eine der wichtigsten Regeln in der Kleinbildfotografie. Will man den großen Kleinbildfotografen nacheifern, so läßt sich allein daraus schon ableiten, wie wichtig auswechselbare Brennweiten für die eigene Leica-Ausrüstung sind. Lange Brennweiten kommen nämlich den beiden oben erwähnten Forderungen sehr entgegen. Dabei kann man die Leitz-typischen Merkmale dieser Brennweitengruppe, die beim Leica R-System von 90 mm bis 800 mm reicht, auch noch anders beschreiben:

Bei der Konstruktion aller Leica-Objektive werden die Erfordernisse der dynamischen Kleinbildfotografie besonders berücksichtigt. Das gilt auch für die langen Brennweiten, mit denen man deshalb — einschließlich des 560-mm-Objektivs — sehr gut aus der freien Hand fotografieren kann. Eine Ausnahme macht da wirklich nur das Telyt-S 1:6,3/800 mm. In der Praxis sollten Kamera und Objektiv, wann immer möglich, abgestützt, bzw. aufgelegt werden. Feste Regeln für bestimmte Belichtungszeiten gibt es nicht. Normalerweise gilt:

$$\frac{1}{f} = \text{Belichtungszeit in Sekunden}$$

wobei f die benutzte Brennweite in Millimetern ist. Natürlich können durch entsprechendes Training auch noch wesentlich längere Belichtungszeiten verwacklungsfrei freihändig gehalten werden! Kürzere Verschlußzeiten sind andererseits nicht unbedingt eine Garantie für einwandfreie Aufnahme-Ergebnisse. Eine gewisse Sorgfalt in der Handhabung von langen Brennweiten ist unbedingt erforderlich.

Tele-Objektive

Lange Brennweiten werden häufig auch als Tele-Objektive bezeichnet. Diese Bezeichnung sagt jedoch nur etwas über die Konstruktion aus. Es sind Objektive, deren Baulänge kürzer ist als sie, entsprechend der Brennweite, eigentlich sein müßte. Das bedingt einen unsymmetrischen Aufbau der Optik, deren besonderes Merkmal das brechkraftschwache oder zerstreuende Hinterglied ist. Solche Objektive benötigen mehr Linsen als normale Konstruktionen und werden dadurch schwerer! Teleobjektive sind deshalb durch die kürzere Bauweise nur dann handlicher, solange das Gewicht nicht stört. Beim Konstruieren längerer Brennweiten muß man sich daher entscheiden, ob die

Baulänge oder das Gewicht des Objekts reduziert werden soll. Leitz hat immer gute Kompromisse gefunden, bei denen auch das Öffnungsverhältnis, also die Lichtstärke des Objektivs, mit berücksichtigt wurde. Da die längsten Brennweiten meistens auch zur Überbrückung großer Distanzen eingesetzt werden, wo die kontrastmindernde Wirkung der Atmosphäre zu berücksichtigen ist, hat man sich z. B. ab 400 mm Brennweite für einen optischen Aufbau entschieden, der aus zwei bzw. drei verkitteten Linsen besteht und dadurch besonders reflexarm und relativ leicht ist.

Die Universellen

Zur Gruppe der langen Brennweiten gehören natürlich auch schon die Objektive mit 80, 90 und 135 mm Brennweite. Erfahrene Kleinbild-Fotografen wissen jedoch, daß diese Objektive die Universalität von Standard-Objektiven mit den charakteristischen Merkmalen langer Brennweiten vereinen. Umschreibungen, wie „mittellange Brennweite" und „kleines Tele", zeigen deutlich das Verlangen der Praktiker, dieser Brennweite einen besonderen Stellenwert innerhalb des Kleinbild-Systems einzuräumen. Sie wissen nämlich, wie wichtig es ist, schon beim Kauf der Leica R4-Mot, d. h. beim Einstieg in das Leica R-System, den weiteren Ausbau genau zu planen. Vordringlich stellt sich deshalb die Frage, ob anstelle des Standard-Objektivs nicht eher ein Objektiv mit 80, 90 oder gar 135 mm Brennweite gewählt werden sollte.

Natürlich richtet sich die Wahl des ersten Objektivs nach den bevorzugten Fotomotiven, die damit foto-

Abb. 93: Die Universellen

grafiert werden sollen. Die Kleinbild-Praxis hat gezeigt, daß eine „Miniausrüstung", bestehend aus einem 90-mm-Objektiv, ergänzt durch ein Weitwinkel-Objektiv von 35 oder 28 mm Brennweite, als recht universelles Kamera-System angesehen werden kann und vielen Aufnahmesituationen gerecht wird. Das „90er" hat dabei die wesentlich wichtigere Funktion zu erfüllen: Durch den Bildwinkel von 27° zwingt es den Fotografen, sich auf das Wesentliche zu konzentrieren; es erlaubt ihm aber, auch aus einer größeren Distanz noch formatfüllend zu fotografieren. Nicht ohne Grund spricht man von „den 90-mm-Objektiven, die den Grundstein eines Kamera-Systems bilden!" Für Landschafts- und Porträtaufnahmen ist es genauso ideal wie für die Fotoreportage und Schnappschuß-Fotografie. Und in Verbindung mit dem Vorsatz-Achromaten Elpro 3 wird der Nahbereich bis zum Abb.-Maßstab 1:3 (kleinste Objektfeldgröße 72 × 108 mm) erschlossen.

Elmarit-R 1:2,8/90 mm

Ein besonders kompaktes Objektiv mit sehr guter Kontrastleistung und Detailwiedergabe. Das Bildfeld ist praktisch frei von Koma. Ein Abblenden auf Blende 4 bringt nur noch eine geringe Qualitätssteigerung. Für viele Fotografen war und ist das Elmarit-R 1:2,8/90 mm der Anfang der Fotografie mit Leica R und Leicaflex. Nicht zuletzt deshalb, weil durch die etwas längere Brennweite (im Vergleich zum Normal-Objektiv) die Meßbasis für die Entfernungsmessung größer wird und die Scharfeinstellung dadurch schneller und doch exakt erfolgen kann. Auch bei kürzeren Aufnahmeabständen besitzt das Objektiv eine hohe Kontrastleistung und ein gut geebnetes Bildfeld. Im Nahbereich erreicht es ab Blende 5,6 seine optimale Abbildungsqualität. Diese Leistungscharakteristik bleibt auch in den Bereichen erhalten, die mit dem Elpro-Nahvorsatz 3 und dem Macro-Adapter-R erreicht werden. Die jedem optischen System eigene Vignettierung ist beim Elmarit-R 1:2,8/90 mm so gering, daß sie für die Praxis keine Rolle spielt. Auch ist dieses Objektiv selbst bei extremen Lichtsituationen unempfindlich gegenüber störenden Reflexen.

Summicron-R 1:2/90 mm

Das besondere dieses Hochleistungs-Objektivs ist nicht nur die kompakte Baulänge von 62,5 mm. Für Aufnahmen bei ungünstigen Lichtverhältnissen besitzt es außerdem noch weitere gute Eigenschaften: Die Kontrastwiedergabe ist auch bei größter Blende gut, die Überstrahlung bei Objekten höchster Leuchtdichte (Lichtquellen) sehr gering und die Auflösung über

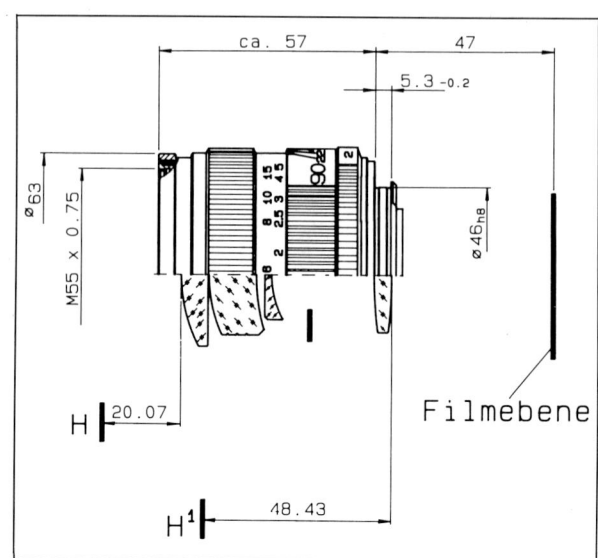

Abb. 94: Elmarit-R 1:2,8/90 mm.

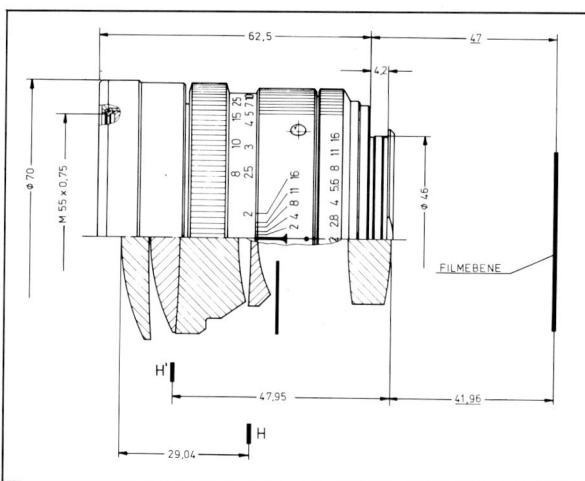

Abb. 95: Summicron-R 1:2/90 mm.

Abb. 96: Motive, die bei ungünstigen Lichtverhältnissen nur ▷ mit mittellangen Brennweiten zu erfassen sind, zählen zu den fotografischen Leckerbissen. Bei hoher Lichtstärke des Objektivs lassen sich so kurze Belichtungszeiten realisieren, daß Bewegungsunschärfen ausgeschlossen werden können. Summicron-R 1:2/90 mm, 1/125 sec, volle Öffnung.

Abb. 97: Weil es handlich und unkompliziert zu bedienen ist, läßt sich mit einem 90 mm-Objektiv besonders schnell und diskret fotografieren. Deshalb und durch die relativ große Distanz ließ sich dieser Cuxhavener Fischer auch durch den Fotografen nicht stören.
Elmarit-R 1:2,8/90 mm, 1/125 sec, Bl. 4.

Abb. 96

Abb. 97

Abb. 98: Die lichtstärksten Leica R-Objektive heißen Summilux-R und werden mit 50 und 80 mm Brennweite angeboten. Gegenüber dem normalbrennweitigen Objektiv „zwingt" das Summilux-R 1:1,4/80 mm den Fotografen, sich auf das Wesentliche zu beschränken. Beide Aufnahmen wurden vom gleichen Standpunkt aus mit voller Öffnung und 1/125 sec fotografiert.

das ganze Bildfeld hervorragend. Im Nahbereich unter 1,5 m ist ein Abblenden auf mittlere Blendenwerte (5,6 – 8) empfehlenswert, wenn auch in diesem Bereich höchste Anforderungen gestellt werden. Die Verzeichnung des Objektivs Summicron-R 1:2/90 mm ist im gesamten Arbeitsbereich äußerst gering. Nicht unerwähnt sollten zwei weitere Vorteile der hohen Lichtstärke bleiben, die für die fotografische Praxis von Bedeutung sind: Mit Blende 2 kommt man auch bei wenig Licht auf kurze Belichtungszeiten, und die geringe Schärfentiefe stellt das Objekt, z. B. ein Porträt, plastisch vor den unscharfen Hintergrund. Das Summicron-R 1:2/90 mm läßt sich für Nahaufnahmen ebenfalls bis auf 0,7 m einstellen. Der daran anschließende Bereich bis zum Abb.-Verhältnis 1:3 wird durch den Elpro-Nahvorsatz 3 erschlossen.

Summilux-R 1:1,4/80 mm

Die Frage, warum man sich bei Leitz entschlossen hat, den traditionellen Brennweiten der Kleinbildfotografie von 90 mm auch eine von 80 mm hinzuzufügen, läßt sich leicht mit Argumenten beantworten, die aus der fotografischen Praxis abgeleitet werden können. Beim Blick durch den Sucher fällt im Vergleich zu den 90-mm-Objektiven vor allen Dingen die durch die höhere Lichtstärke bedingte, größere Helligkeit des Sucherbildes auf. Daß durch die 10 Millimeter kürzere Brennweite der diagonale Bildwinkel nur um 3° erweitert und damit ein etwas größeres Objektfeld erfaßt wird, fällt erst bei genauerer Betrachtung des Sucherbildes auf: Bei einer Porträt-Aufnahme aus 1,50 m Abstand wird z. B. auf der langen Formatseite nur 7 cm

„mehr" vom Motiv erfaßt. Diese geringe Differenz, im Vergleich zu einem vom 90 mm-Objektiv erfaßten Objektfeld, läßt sich, wenn erforderlich, beim Fotografieren durch Vorbeugen aus der Hüfte heraus ausgleichen. Damit bleibt die von den 90-mm-Objektiven gewohnte Bildcharakteristik auch bei Aufnahmen mit dem Summilux-R 1:1,4/80 mm erhalten.

Vergleicht man das äußere Erscheinungsbild des Objektivs Summilux-R 1:1,4/80 mm mit dem des lichtstarken 90 mm-Objektivs Summicron-R, dann fällt auf, daß das doppelt so lichtstarke Summilux-R nur unwesentlich größer ist. Mit anderen Worten: Die enorm hohe Lichtstärke für ein Objektiv aus der Gruppe der

Abb. 99: Summilux-R 1:1,4/80 mm.

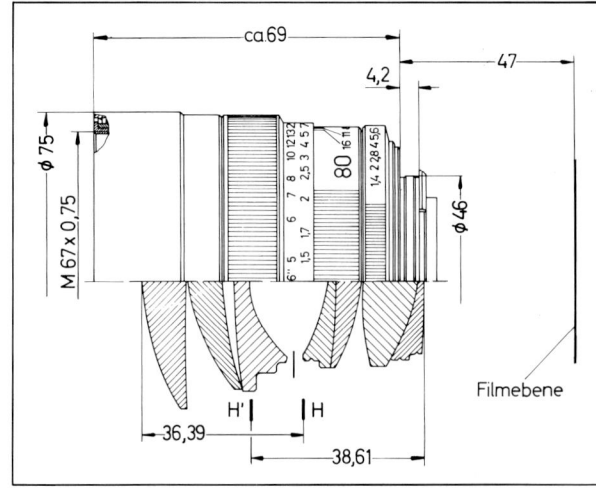

Abb. 100: Wenn die Entfernung vorher am Objektiv eingestellt wurde, läßt sich die Schärfenebene durch Vor- und Zurückbewegen schnell finden — und wieder angleichen, wenn sich das „Objekt" bewegt. Die hellen Sucherbilder von Leica R und Leicaflex unterstützen dabei die Arbeit des Fotografen.
Summilux-R 1:1,4/80 mm, 1/125 sec, volle Öffnung.

„mittellangen Brennweite" konnte realisiert werden, ohne dem Objektiv ein unhandliches Volumen geben zu müssen. Die praxisbezogene Konzeption wurde vor allem dadurch erreicht, daß die Brennweite auf 80 mm festgelegt wurde.

Darüber hinaus konnten Gewicht und Volumen des Objektivs Summilux-R 1:1,4/80 mm auch durch den Einsatz neuer, im Glasforschungslabor von Leitz entwickelter Gläser, günstig beeinflußt werden, ohne Abstriche an die Abbildungsleistung machen zu müssen. Die Kontrastleistung des Objektivs ist bei allen Blenden sehr gut. Selbst bei voller Öffnung ist das Summilux-R 1:1,4/80 mm nahezu frei von Koma. Der leichte, korrekturbedingte Helligkeitsabfall in den Bildecken kann bewußt zugunsten der hervorragenden Abbildungsleistung bei voller Öffnung akzeptiert werden; zumal er bereits durch geringe Abblendung ausgeglichen wird.

Das Summilux-R 1:1,4/80 mm weist besonders im Unendlichbereich eine hohe Leistung auf. Im Nahbereich unter 1,50 m ist ein Abblenden auf mittlere Blendenwerte empfehlenswert, wenn auch hier hohe Anforderungen gestellt werden.

Elmarit-R 1:2,8/135 mm

Die längste der „mittellangen" Brennweiten mißt 135 mm und besticht durch die kompakte Bauart. Mit ihr lernt auch der unerfahrene Fotograf sehr schnell die vorteilhaften Eigenschaften langbrennweitiger Objektive kennen. In Verbindung mit einem Normalobjektiv von 50 mm Brennweite oder dem Macro-Elmarit-R 1:2,8/60 mm erreicht man bereits eine große Flexibilität beim Fotografieren. So ausgerüstet kann der Leica-Fotograf schon von einer kleinen „Universal-Ausrüstung" sprechen.

Bereits bei voller Öffnung zeichnet sich das Elmarit-R 1:2,8/135 mm im Unendlich-Bereich durch überdurchschnittlich gutes Auflösungsvermögen und ho-

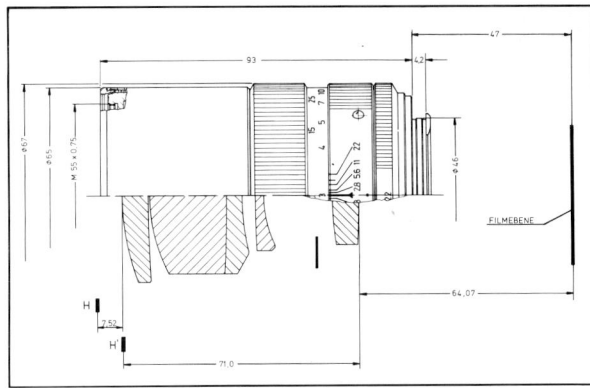

Abb. 102: Elmarit-R 1:2,8/135 mm.

hen Kontrast aus. Durch Abblenden auf Blende 4 wird ein Optimum an Abbildungsleistung erreicht. Auch im Nahbereich wird bei mittleren Blendenwerten (5,6 – 8) eine bemerkenswert gute Detailwiedergabe erzielt. Objekte mit hohen Leuchtdichten vor dunklem Hintergrund, wie z. B. bei Available-light-Aufnahmen, werden auch bei voller Öffnung ohne nennenswerte Überstrahlung abgebildet.

Mit Elpro-Nahvorsätzen kann der Nahbereich bis zum Abbildungsverhältnis von 1:2,8 (Objektfeldgröße 66 × 99 mm) erschlossen werden. Der dabei relativ große Arbeitsabstand ist für Aufnahmen von Kleinlebewesen und beim Hantieren mit Fotolampen oder Blitzgeräten sehr vorteilhaft.

Die Gruppe der 180er

Für die verschiedenen Bedürfnisse der fotografischen Praxis werden drei Objektive mit 180 mm Brennweite zum Leica R-System angeboten. Sie unterscheiden sich durch Lichtstärke, Volumen, Gewicht und weitere spezielle Eigenschaften voneinander. Sehr oft wird die Frage gestellt, welches der drei Objektive wohl „das beste" sei. Leider läßt sich diese Frage nicht so einfach beantworten. Auch die Höhe des Preises sagt noch nichts über das Leistungsvermögen aus. Entscheidend für die Wahl eines bestimmten 180-mm-Objektivs ist sein Verwendungszweck.

Für alle drei Objektive gilt gleichermaßen: Fotos, die mit einer Brennweite von 180 mm aufgenommen sind,

zeigen die charakteristischen Merkmale einer langen Brennweite schon recht deutlich und eindrucksvoll. Allerdings wird auch die Anwendungsbreite der 180-mm-Objektive durch den kleineren Bildwinkel schon ein wenig eingeengt. Objektive mit 180 mm Brennweite ergänzen Fotoausrüstungen, deren Umfang mindestens schon ein normales Weitwinkel-Objektiv und ein 60er, 80er oder 90er enthält, in idealer Weise.

Elmar-R 1:4/180 mm

Die besonderen Vorzüge dieses Objektivs sind das äußerst geringe Gewicht von 540 g und die kompakte Bauart. Im Vergleich zum Elmarit-R 1:2,8/135 mm ist

Abb. 103:
Die Gruppe der 180er.

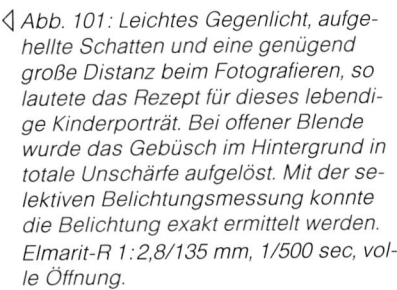

◁ *Abb. 101: Leichtes Gegenlicht, aufgehellte Schatten und eine genügend große Distanz beim Fotografieren, so lautete das Rezept für dieses lebendige Kinderporträt. Bei offener Blende wurde das Gebüsch im Hintergrund in totale Unschärfe aufgelöst. Mit der selektiven Belichtungsmessung konnte die Belichtung exakt ermittelt werden. Elmarit-R 1:2,8/135 mm, 1/500 sec, volle Öffnung.*

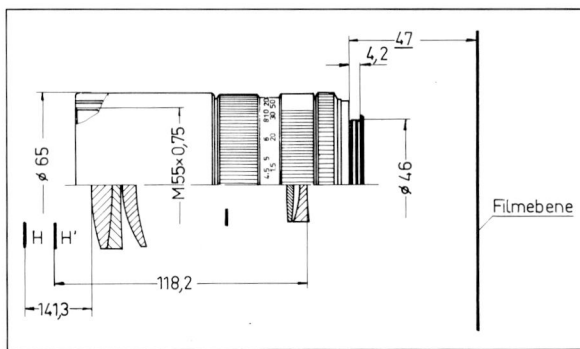

Abb. 104: Elmar-R 1:4/180 mm.

es nur 7 mm länger und um spürbare 190 g leichter! Wer mobil oder oft unterwegs ist, dabei auf wenig Volumen und geringes Gewicht Wert legen muß und trotzdem nicht auf eine längere Brennweite verzichten kann, für den ist das Elmar-R 1:4/180 mm als Reiseobjektiv geradezu ideal. Interessant ist, daß bei diesem Objektiv das Objektfeld bei kürzester Einstellentfernung von 1,80 m mit 17,5 × 26,2 cm geringfügig kleiner ist als beim Elmarit-R 1:2,8/180 mm (Objektfeldgröße 19,3 × 29 cm). Dieses „Phänomen" wird durch die Unterschiede im optischen Aufbau beider Objektive hervorgerufen und hängt damit zusammen, daß bei dem Teletyp Elmar-R 1:4/180 mm die vordere Hauptebene um rund 100 mm **vor** der hinteren Hauptebene liegt, während bei der Tripletvariante Elmarit-R 1:2,8/180 mm die vordere Hauptebene um rund 30 mm **hinter** der hinteren Hauptebene liegt. Bei gleichen Aufnahmeabständen (Objekt – Film) ist also die vordere Hauptebene des Objektivs Elmar-R 1:4/180 mm weniger weit vom Objekt entfernt als beim Elmar-R 1:2,8/180 mm. Damit wird zwangsläufig ein kleineres Objektfeld erfaßt.

Für Nahaufnahmen können Elpro-Nahvorsätze, Macro-Adapter-R, Zwischenringe und Balgeneinstellgerät-R benutzt werden. Allerdings nicht für Reproduktionen oder ähnliche Aufnahmen, bei denen höchste Anforderungen an die Schärfeleistung bis in die Bildecken gestellt werden. Mit den Elpro-Nahvorsätzen können z. B. alle Abbildungsverhältnisse bis 1:2 lückenlos erreicht werden.

Im Vergleich zum lichtstarken Elmarit-R 1:2,8/180 mm fällt auf, daß Leitz keine Abstriche bei der Abbildungsleistung, d. h. bei der Kontrast- und Detailwiedergabe sowie der Bildfeldebnung, zugelassen hat. Im Fernbereich (∞ – 3 m) wird diese ausgezeichnete Leistung bereits bei voller Öffnung erreicht. Abblenden auf etwa 5,6 – 8 ergibt unter 3 m Aufnahme-Entfernung eine geringfügige Leistungsverbesserung.

Elmarit-R 1:2,8/180 mm

Das Objektiv hat sich in den vergangenen Jahren einen legendär guten Ruf erworben. Viele Fotografen, Profis und Amateure, möchten auf die Lichtstärke dieses 180 mm-Objektivs nicht mehr verzichten. Die neueste Rechnung des Objektivs bringt dem Fotografen weitere Vorteile: Durch den Einsatz spezieller, im Glaslabor von Leitz erschmolzener Gläser konnten Abmessungen und Gewicht drastisch verringert werden. Mit einem größten Durchmesser von 75 mm und einer Länge von 121 mm zählt es in der Welt zu den kleinsten Objektiven dieses Typs. Ähnliches gilt für das Gewicht von nur 755 g. Das Elmarit-R 1:2,8/180 mm ist damit so kompakt und ausgewogen gelungen, daß auf ein Stativgewinde am Objektiv verzichtet werden konnte. Dieses ließe sich auch mit dem Design und der Handlichkeit des Objektivs kaum vereinbaren. Dank der Stabilität der Leica R- und Leicaflex SL-Kameras erfüllt deren Stativgewinde alle Voraussetzungen für eine solide Befestigung, wenn mit dem Elmarit-R 1:2,8/180 mm vom Stativ gearbeitet wird.

Mit dem kontrastreich arbeitenden Objektiv kann man auch bei wenig Licht gut und schnell scharfstellen. Die Bildfeldebnung, selbst bei voller Öffnung, sowie die Streu- und Reflexlichtfreiheit sind beim Elmarit-R 1:2,8/180 mm überdurchschnittlich gut. Und auch im Nahbereich (kürzeste Einstellentfernung 1,8 m) ist nur ein geringfügiger Eckenabfall, verursacht durch Bildfeldwölbung, festzustellen.

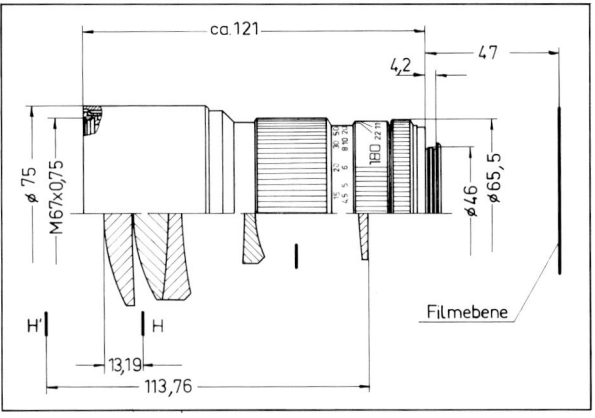

Abb. 105: Elmarit-R 1:2,8/180 mm.

Abb. 106: Wer auf Reisen nur eine kleine Fotoausrüstung ▷ mitnehmen kann, sollte trotzdem nicht auf ein 180 mm-Objektiv verzichten, weil man damit auch bei Großaufnahmen noch einen „sympathischen Abstand" halten kann. Elmarit-R 1:2,8/180 mm, 1/250 sec, volle Öffnung.

Abb. 107: Lange Brennweiten sind auch großartige Landschafts-Objektive. Egal, ob in den Bergen vom Gegenhang ein Bauernhof fotografiert wird oder am See der Schilfgürtel überwunden werden muß, sie raffen die Distanz und schaffen interessante Ausschnitte. Elmar-R 1:4/180 mm, 1/250 sec, Bl. 5,6.

Apo-Telyt-R 1:3,4/180 mm

Das Apo-Telyt-R 1:3,4/180 mm ist ein echtes Telesystem mit sieben Linsen, die in vier Gruppen angeordnet sind. Es weist eine apochromatische Farbkorrektur mit einer Fokusdifferenz von nur 0,04 mm im Bereich des sichtbaren Lichtes zwischen 400 und 700 nm, d. h. zwischen Violett und Rot auf. Selbst im nahen Infrarotbereich ist die Korrektur hervorragend. Bei ca. 900 nm beträgt die Fokusdifferenz zu Violett nur 0,09 mm oder ± 0,045 mm. Diese außerordentliche Farbkorrektur wurde erst durch ein im Forschungslabor bei Leitz entwickeltes Glas mit ungewöhnlichen Dispersionseigenschaften möglich, das als erste und zweite Komponente für die großen Sammellinsengruppen verwendet wird. Was man darunter zu verstehen hat und welche Überlegungen bei der Konzeption derartiger Objektive im Vordergrund stehen, sei im nachfolgenden erläutert:

Unter Dispersion versteht man die unterschiedliche Brechung der Farbanteile des Lichtes. Sie tritt bei allen Substanzen, wie zum Beispiel Glas, Kristallen oder Wasser auf, wenn auch verschieden stark. In den meisten Fällen ist Glas mit einem hohen Brechungsindex auch mit einer hohen Dispersion behaftet; Gläser mit niedrigerer Brechzahl weisen eine geringere Dispersion der Spektralfarben auf. Durch geeignete Kombinationen von Gläsern mit hohen und niedrigen Dispersionen gelingt eine Beseitigung der Farbfehler zumindest für zwei Farben (achromatische Korrektur). Es verbleibt für die übrigen Farben des Spektrums ein geringer Rest der Farbfehler, das sogenannte sekundäre Spektrum.

Durch den Einsatz von Substanzen mit einem von der oben angegebenen Regel abweichenden Brechzahl-Dispersions-Verhalten gelingt es, dieses sekundäre

Spektrum zu verringern. Derartige Substanzen — in der Regel Kristalle — sind schon seit den Anfängen der Glasforschung durch Otto Schott im Jahr 1880 bekannt.

Die Glasforschung hat sich seit damals u. a. auch auf die Entwicklung von Gläsern anstelle von Kristallen konzentriert, die heute als „Gläser mit anomaler Teildispersion" bezeichnet werden. Dies sind Gläser mit außergewöhnlichen Brechzahldifferenzen für bestimmte Farben des Spektrums. Mit anderen Worten, es sind Gläser mit speziellen Farbcharakteristiken, die es dem Optik-Konstrukteur ermöglichen, sie für eine verbesserte Farbkorrektur einzusetzen. Das ist insbesondere für langbrennweitige Systeme interessant, wie z. B. beim Telyt-S 1:6,3/800 mm. Dieser dreilinsige Achromat mit vermindertem sekundärem Spektrum beruht auf einer rechnerischen Grundlage für spezielles Leitz-Glas mit anomaler Teildispersion, genauso wie der Apochromat von 180 mm Brennweite.

Im allgemeinen kann die chromatische Differenz als Bruchteil der Brennweite (f) dargestellt werden. Wenn beispielsweise normale Gläser in einem Achromat mit verkitteten Linsen und langer Brennweite verwendet werden, kann eine Fokusdifferenz von ungefähr f/1000 angenommen werden. Beim 800-mm-Telyt-S wurde von Leitz erstmalig Glas mit anomaler Teildispersion benutzt, um dieses kritische Problem anzugehen. Zwischen Violett und Rot gemessen beträgt die Fokusdifferenz nur noch f/3000. Diese chromatische Fokusdifferenz wird von Optik-Fachleuten als Sekundärspektrum bezeichnet. Auf übliche Weise gemessen zeigt dieses Sekundärspektrum beim Apo-Telyt-R sogar eine noch weitere Reduzierung auf etwa f/4500. Durch die Tatsache, daß dieses Objektiv die apochromatische Grundforderung erfüllt, indem es nämlich drei Farben des Spektrums zum gleichen Fokus bringt, ist die allgemeine Korrektion weitaus besser als diese Zahlen erkennen lassen.

Eine ausgezeichnete Farbkorrektur kann auch durch die Verwendung von Kristallen wie Calciumfluorit (CaF_2) oder Lithiumfluorit (LiF), die beide niedrigere Brechungsindizes als Glas und sehr niedrige Dispersionswerte haben, erreicht werden. Fluoritsysteme werden bei Leitz seit Jahrzehnten als hochwertige Mikro- und Meß-Objektive gefertigt. Man wußte deshalb auch, daß nur bei bestimmten Voraussetzungen optimale Ergebnisse erwartet werden können. Diese Voraussetzungen sind aber in der Regel für die Fotografie nicht gegeben. Die Konstrukteure wollten deshalb den Weg über Calciumfluorit oder Lithiumfluorit vermeiden. Solche Kristalle sind z. B. nicht sehr haltbar,

wenn sie ungeschützt normalen atmosphärischen Bedingungen ausgesetzt werden und außerdem sehr kostspielig. Unglücklicherweise ist auch der Ausdehnungskoeffizient für Fluoritmaterial drei- bis viermal höher als derjenige üblicher Gläser. Das bewirkt eine Fokusdifferenz durch Wärme- bzw. Kälteeinfluß und läßt einen festen Anschlag für die Unendlich-Stellung nicht zu.

Weil das neue Leitz-Glas eben ein Glas ist und kein Kristall, d. h. in allen Richtungen homogen ist, besitzt es diese Nachteile nicht. Es kann daher exakter verarbeitet werden, und in der Fertigung lassen sich engere Toleranzen setzen. Außerdem bewährt sich Glas besser im harten Einsatz, wie er bei Berufsfotografen manchmal nicht zu vermeiden ist. Außer der apochromatischen Farbkorrektion besitzt das Objektiv einen sehr hohen Korrektionsgrad der sogenannten monochromatischen Aberration — sogenannt deshalb, weil es tatsächlich keine reinen monochromatischen Aberrationen gibt. Alle „Krankheiten", an denen Objektive leiden, zeigen nämlich individuelle chromatische Charakteristiken.

Um dem Wunsch der Anwender nachzukommen, einen hohen Grad von Informationsgehalt im Foto zu bekommen, wurde besonderer Wert darauf gelegt, ein ausgewogenes System mit hoher Auflösung und hohem Kontrast zu verwirklichen. Überspitzt könnte man sagen, daß das Auflösungsvermögen dem Kontrast des Kleinbildes und der Kontrast der Auflösung des Großbildes entsprechen sollte. Diese Merkmale sind entscheidend für die Bildschärfe. Sie beeinflussen die sogenannte Modulationsübertragungsfunktion, kurz MTF genannt, und können sowohl mathematisch als auch instrumentell nachgewiesen werden, indem die Schärfe des vom Objektiv erzeugten Bildes mit dem

Abb. 108: Apo-Telyt-R 1:3,4/180 mm.

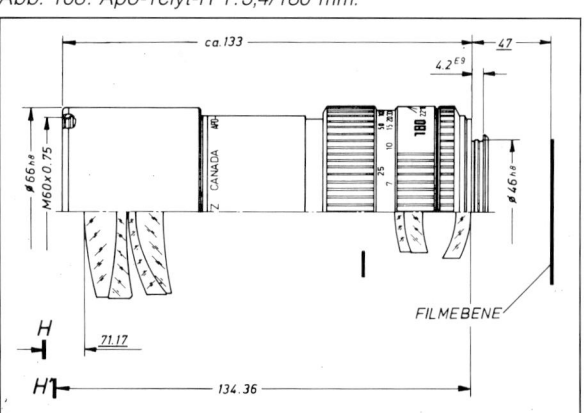

◁ *Abb. 109: Bei voller Blendenöffnung zeigt das Apo-Telyt-R sein überragendes Leistungsvermögen. Die nebenstehende 30fache Ausschnittsvergrößerung macht das deutlich. Das zum Vergleich als Kontaktkopie wiedergegebene Negativ wurde auf Kodak Recordak AHU Microfilm 5460 mit Blende 3,4 (volle Öffnung) und 1/30 sec aufgenommen und bei 20°C in Agfa Rodinal 1:100, 5½ Minuten entwickelt. Die gesamte Vergrößerung des Negativs ergibt bei 30facher Vergrößerung ein Bildformat von 72 × 108 cm. Die Durchmesser der Schindeln auf den Dächern der Burgtürme sind im Negativ kleiner als 1/300 mm.*
Apo-Telyt-R 1:3,4/180 mm, 1/30 sec, volle Öffnung.

Objekt verglichen wird. Ausgedehnte MTF-Untersuchungen am Apo-Telyt-R zeigten ein ausgezeichnet korrigiertes, apochromatisches System. Im einzelnen ist es in der Praxis auch wichtig, Fokus- und Vergrößerungsdifferenzen für die verschiedenen Farben über das volle Spektrum, für das dieses Objektiv gerechnet ist, so klein zu halten, daß sie keinen Einfluß auf das Abbildungsresultat haben. Die instrumentelle Auswertung wurde durch intensive praktische Gebrauchstests ergänzt. Experten berichten von einer kontrastreichen Wiedergabe von 250 – 300 Linien pro Millimeter in der Achse und mindestens 100 Linien pro Millimeter am Rande des Bildfeldes. Außerdem loben sie das Apo-Telyt-R als ein leicht zu bedienendes und bequemes Objektiv. Und damit sind wir bei der praktischen Anwendung.

Mit 750 g gehört das Apo-Telyt-R 1:3,4/180 mm ebenfalls zu den „Leichtgewichten" unter den 180-mm-Objektiven des Weltmarktes. Dabei muß das Gewicht im Verhältnis zur Lichtstärke, besser gesagt zur **effektiven** Lichtstärke, verglichen werden und die kann, anders als die aufgravierte **geometrische** Lichtstärke von 1:3,4, beim Apo-Telyt-R um einiges höher angesetzt werden. Bekanntlich verlangt eine höhere Lichtstärke auch immer einen größeren Durchmesser der Linsen und damit des Objektivs. Durch das größere Volumen wird das Gewicht ebenfalls maßgeblich beeinflußt. Wenn dann zusätzlich eine überragende Abbildungsleistung nur durch spezielle, meistens schwere optische Gläser erreicht werden kann, dann können solche Objektive einfach nicht mit geringerem Gewicht gebaut werden.

Trotz der beim Apo-Telyt-R angegebenen Lichtstärke

von 1:3,4 erscheint das Sucherbild meistens gleich hell wie bei Objektiven der Lichtstärke 1:2,8. Der Grund dafür liegt bei der geringen Absorption und vor allem beim wesentlich größeren Bildkontrast. Diese Brillanz erleichtert die Scharfeinstellung bei weniger guten Lichtverhältnissen und läßt vergessen, daß man es „nur" mit der Lichtstärke 1:3,4 zu tun hat. Was man beim Blick durch den Sucher feststellt, wird noch deutlicher beim fertigen Bild. Ohne Übertreibung kann man sagen, daß die Abbildungsleistung durch die Eigenschaften des herkömmlichen Filmmaterials begrenzt wird.

Im Vergleich zu anderen Leitz-Objektiven und zu deren Ehrenrettung muß aber auch gesagt werden, daß die deutlich sichtbare Steigerung der Abbildungsqualität vor allem im Bereich der großen Blendenöffnungen zu sehen ist. Schon bei voller Öffnung wird ein Optimum an Abbildungsleistung erreicht! Beim Abblenden auf mittlere Blendenwerte ist praktisch kein Unterschied mehr zu den anderen 180-mm-Objektiven zu sehen.

Eine exakte Belichtungsmessung ist, wenn das Objektiv bei voller Öffnung benutzt wird, besonders wichtig, um einen systembedingten Helligkeitsabfall in den Bildecken zu vermeiden. Dieses charakteristische Merkmal kann besonders beim Fotografieren von Flächen mit gleichmäßiger Helligkeitsverteilung (Hauswände, bedeckter Himmel etc.) als störend empfunden werden. Eine etwas reichlichere Belichtung von etwa 1/2 Lichtwert bringt in solchen Situationen eine Verbesserung.

Erfahrene Fotografen wissen, daß dunkle Rotfilter bei langen Brennweiten Probleme aufwerfen können. Bei ungenügender Abblendung kann es zu Unschärfen kommen, die durch die weiter vorne beschriebene, unzulängliche Farbkorrektur (chromatische Aberration) des Objektivs verursacht wird. Wichtig ist daher bei diesen Objektiven, daß auch mit aufgesetztem Filter die Schärfe eingestellt wird. Das ist allerdings nur durchführbar, wenn genügend Licht zur Verfügung steht. Bei sog. Schwarzfiltern für Infrarot-Aufnahmen ist das unmöglich. In all diesen Fällen gibt es beim Apo-Telyt-R keine Probleme. Man stellt ohne Filter ein und fotografiert mit aufgesetztem Filter. Die praktisch fehlende Fokusdifferenz bei IR-Aufnahmen, die bei normalen Objektiven etwa 1/200 bis 1/400 der Brennweite beträgt, macht dieses Objektiv besonders interessant für den Einsatz in diesem Sondergebiet der Fotografie.

Das Apo-Telyt-R zeigt seine Spitzenleistung im Fernbereich, also bei Objekten im Unendlichen. Die kürzeste Einstellentfernung beträgt 2,5 Meter.

Die klassischen Tele-Objektive

Je länger die Brennweite, um so schwieriger wird es, hohe Lichtstärke und Springblende bei einem Objektiv zu verwirklichen, das auch noch aus der Hand leicht zu bedienen sein soll. Dabei stört nicht so sehr das Gewicht, als vielmehr der Durchmesser, der, wenn das Objektiv richtig in der Hand liegen soll, nicht zu groß sein darf. Auch die Springblende, deren Steuerungsmechanismen in einem solchen Objektiv „weite Wege" zu überbrücken haben, ist nicht frei von Problemen, wenn sie trotzdem auch höchsten fotografischen Anforderungen gewachsen sein soll und in kürzester Zeit, während des Auslösevorganges, reproduzierbare Blendenwerte bilden muß. Andererseits vermißt man bei längsten Brennweiten meistens auch die Springblenden nicht, weil man aus der Hand mit möglichst kurzer Belichtungszeit arbeitet (bei voller Öffnung) oder, vom Stativ aus, genügend Zeit für eine manuelle Blendeneinstellung erübrigen kann. Besondere Beachtung muß man der Unendlich-Einstellung bei Brennweiten ab 250 mm schenken, weil die Einstellschnecken dieser Objektive dafür keinen festen Anschlag besitzen und die Entfernungseinstellung somit „über" Unendlich (∞) hinaus geht. Diese konstruktive Lösung wurde gewählt, um auch Entfernungseinstellungen, die kurz vor dem Unendlich-Anschlag des Objektivs liegen, noch sicher vornehmen zu können. Durch einen Anschlag würde nämlich die Möglichkeit des Durchfokussierens fortfallen. Das hätte zur Folge, daß bei langbrennweitigen Objektiven

im Sucher der Kamera kein deutlich erkennbarer Unterschied in der Scharfeinstellung zwischen endlicher Einstellebene und Unendlich-Anschlag des Objektivs erkennbar wäre. Eine exakte Scharfeinstellung für weit entfernte, aber noch nicht im Unendlich-Bereich des Objektivs befindliche Objekte, wäre dann nur sehr schwer möglich.

Telyt-R 1:4/250 mm

Die besondere Konzeption dieses Tele-Objektivs hat für den Fotografen gleich mehrere Vorteile. Dadurch, daß die 4-linsige Frontgruppe gegenüber dem 3-linsigen Hinterglied verschoben wird, verringert sich der Fokussierhub und die Schnelligkeit beim Fotografieren wird gesteigert. Gleichzeitig konnte die Springblenden-Funktion optimal gestaltet werden. Ein schnelleres Scharfeinstellen wird zusätzlich durch die besonders gute Detailwiedergabe und den hohen Kontrast des optischen Systems begünstigt. Durch die Verwendung spezieller Gläser, die im Leitz-Glasforschungslabor entwickelt wurden, und durch eine aufwendige, neuartige Linsenanordnung wurde die optische Leistung gegenüber herkömmlichen Objektiven deutlich gesteigert. Auch die sonst für normale, langbrennweitige Objektive charakteristischen Farbrestfehler in den äußeren Bildecken konnten dadurch so gering gehalten werden, daß sie praktisch nicht auffallen. Ein weiterer Vorteil des Telyt-R 1:4/250 mm ist die kürzeste Einstellentfernung von 1,70 m. Dabei wird ein Objektfeld von nur 12,4 × 18,6 cm (Abb.-Verh. 1:5,2) erfaßt. In diesem Arbeitsbereich behebt bei kritischen Objekten ein geringfügiges Abblenden auf 5,6−8 die sich dabei zwangsläufig ergebende Bildfeldwölbung. Das Telyt-R 1:4/250 mm besitzt einen Träger für die Stativbefestigung, der für Hoch- und Queraufnahmen rastend, drehbar gelagert ist. Der Universal-Handgriff mit Schulterstütze läßt sich ansetzen und ermöglicht auch bei längeren Belichtungszeiten verwacklungsfreie Aufnahmen aus der Hand. Außerdem kann damit in längeren Arbeitseinsätzen das 1230 g wiegende Objektiv ermüdungsfrei gehandhabt werden.

Telyt-R 1:4,8/350 mm

Bei den Olympischen Winterspielen 1980 in Lake Placid wurde von Leitz eine kleine Serie von Tele-Objektiven mit der Lichtstärke 1:4,8 und 350 mm Brennweite an die akkreditierten Fotografen für Testzwecke ausgeliehen. Die damit gesammelten Erfahrungen sind beim Telyt-R 1:4,8/350 mm berücksichtigt worden. Die Konzeption des Objektivs lehnt sich nicht nur äußerlich an die des Objektives Telyt-R 1:4/250 mm an,

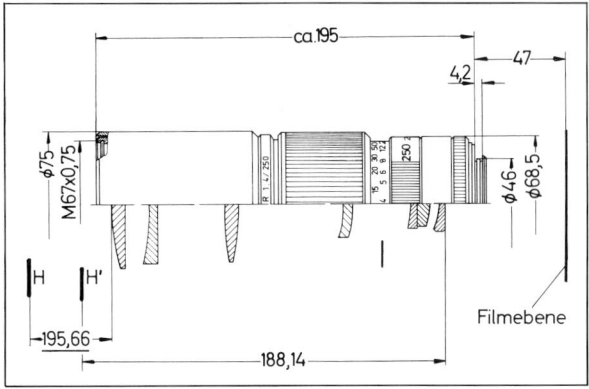

Abb. 111: Telyt-R 1:4/250 mm.

Abb. 112: Aus großem Abstand zu fotografieren und trotzdem ganz nah dabei zu sein, das erlauben nur die langen Brennweiten zur Leica R und Leicaflex. Dieses Eichkätzchen wurde mit Erdnußkernen angelockt, damit es aus etwa 3 m Entfernung voll erfaßt werden konnte. Mit der selektiven Belichtungsmessung konnte die Belichtungszeit exakt ermittelt werden.
Telyt-R 1:4/250 mm, 1/500 sec, Bl. 5,6.

Abb. 113: Erst im Vergleich zur Aufnahme mit einem Standard-Objektiv (oben) erkennt man, welche Möglichkeiten der Bildgestaltung kleine Ausschnitte bieten, die durch Tele-Objektive leicht realisiert werden können. Relativ hohe Lichtstärken gestatten auch bei schlechten Lichtbedingungen noch kurze Belichtungszeiten.
Telyt-R 1:4,8/350 mm, 1/500 sec., volle Öffnung.

Abb. 114: Telyt-R 1:4,8/350 mm.

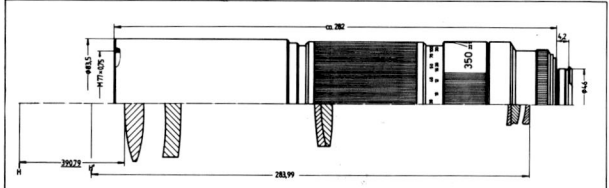

sondern auch im optischen Aufbau, d. h. auch beim Telyt-R 1:4,8/350 mm wird die 4-linsige Frontgruppe gegenüber dem 3-linsigen Hinterglied verschoben. Damit besitzt auch dieses Objektiv die gleichen Vorzüge des 250 mm-Objektivs: Der verringerte Fokussierhub steigert die Schnelligkeit beim Fotografieren und die Springblende ist auch bei dieser langen Brennweite in ihren optimalen Funktionen erhalten geblieben. Durch spezielle Gläser aus dem Leitz-Glasforschungslabor und die aufwendige Linsenanordnung werden die sonst bei normalen, langbrennweitigen Objektiven üblichen Farbrestfehler in den äußeren Bildecken so gering gehalten, daß sie in der fotografischen Praxis nicht stören. Die besonders gute Detail-Wiedergabe und der hohe Kontrast des Telyt-R 1:4,8/350 mm unterstützen auch die Scharfeinstellung bei schlechten Lichtverhältnissen und bei schnellen Aktionen, wie z. B. bei Sportaufnahmen. Die kürzeste Einstellung beträgt 3 Meter. Die damit erfaßte Objektfeldgröße von 171 × 257 mm (Abb.-Verh. 1:7,1) reicht aus, um ein menschliches Antlitz formatfüllend

abzubilden. Bei Abblendung auf Blende 8 wird in diesem Arbeitsbereich eine Abbildungsleistung erreicht, die auch hohe Anforderungen an die Bildqualität erfüllt. Wie das Telyt-R 1:4/250 mm besitzt auch das Telyt-R 1:4,8/350 mm einen Träger für die Stativbefestigung, der für Hoch- und Queraufnahmen rastend, drehbar gelagert ist. Vom Querformat ausgehend, läßt sich die Kamera sowohl nach links, als auch nach rechts drehen. Dadurch können bei angesetzem Data-Back die gewünschten Daten rechts oben oder links unten in das Bild einbelichtet werden. Also dort wo sie am wenigsten stören, bzw. dort, wo sie gut abzulesen sind: möglichst auf dunklem Untergrund. Besonders gut gelingen Freihandaufnahmen, vor allem bei langen Belichtungszeiten, mit dem ansetzbaren Universal-Handgriff mit Schulterstütze. Das Gewicht des Telyt-R 1:4,8/350 mm von 1820 g unterstützt dabei die ruhige Kamera-Haltung. Die Baulänge von 286 mm und der relativ geringe Durchmesser von 83,5 mm garantieren zusätzlich eine gute Handhabung der Kamera-Ausrüstung mit diesem Objektiv.

Die Schnellschuß-Objektive

Die Objektive Telyt-R 1:6,8/400 mm und 1:6,8/ 560 mm sind Achromate, d. h. sie bestehen jeweils aus zwei verkitteten Linsen. Sie nehmen eine besondere Stellung unter den Objektiven ein, weil diese hoch korrigierten Achromate extrem brillante Bilder liefern. Durch Verwendung spezieller, von Leitz entwickelter Gläser sind Auflösungsvermögen und Farbkorrektur außergewöhnlich gut. Bekanntlich besitzen Achromate bei offener Blende eine geringe Bildfeldwölbung. Dadurch verlagert sich die Schärfe in den Randzonen auf etwas näher liegende Objekte. In der Praxis wird diese Tatsache meistens positiv gewertet, denn gewöhnlich ist die Abbildung des Vordergrundes davon betroffen. Und ein kleiner Schärfegewinn im (näheren) Vordergrund wird fast immer als angenehm empfunden. Bei planen Objekten, wie z. B. Häuserwänden, sollte man vermittelnd scharf einstellen, also etwas außerhalb der Bildmitte und entsprechend weit abblenden, wenn auch in den Randpartien optimale Schärfe verlangt wird. Die große Reflexfreiheit und der geringe Lichtverlust, bedingt durch nur zwei Glas-Luftflächen, sind deutlich spürbar. Die Belichtungsmessung fällt deshalb grundsätzlich um etwa einen halben Lichtwert knapper aus als bei herkömmlichen Objektiven gleicher Lichtstärke. Das führt zu kürzeren Belichtungszeiten und damit zu einer geringeren Verwacklungsgefahr. Beide Objektive werden mit Universal-Handgriff und Schulterstütze wie Gewehre bedient. Die Schulterstütze kann, den anatomischen Gegebenheiten entsprechend, angepaßt werden und findet an der rechten Schulter Halt. Die rechte Hand liegt am Auslöser und am Schnellschalthebel der Kamera, bzw. am Handgriff, wenn mit motorisierter Leica R oder Leicaflex SL/SL 2 gearbeitet und mit entsprechendem Kabelauslöser ausgelöst wird. Die linke Hand stützt das Objektiv im vorderen Bereich ab.

Gleichzeitig kann mit der linken Hand das Vorderteil der Objektivfassung in einer präzisen Parallelführung verschoben werden. Dadurch ist ein schnelles und zugleich exaktes Scharfeinstellen möglich. Ein wesentlicher Vorteil der Schnellschuß-Objektive ist der große Einstellbereich bis zu Objektfeldgrößen von 16 × 24 cm bzw. 22 × 33 cm. Damit können z. B. Kleintier-Aufnahmen unter Wahrung der kritischen Fluchtdistanz oder Porträts aus mehreren Metern Abstand formatfüllend aufgenommen werden. Ein 6 cm langer Zwischenstutzen (Best.-Nr. 14 182) erweitert den Einstellbereich bis zu einem Objektfeld von 8 × 12 cm bzw. 11 × 16 cm. Da die Schnellschuß-Objektive keine Entfernungsskalen besitzen, enthält die Anleitung für jedes Objektiv eine Einstellhilfe-Skala, die man mit durchsichtigem Klebeband auf dem Einstell-Tubus des entsprechenden Objektivs anbringen kann. Für den Transport lassen sich die Objektive in zwei Teile zerlegen, auch Schulterstütze samt Handgriff können demontiert werden. Der Objektivstutzen ist für beide Objektive gleich. Wer mit beiden Brennweiten arbeiten möchte, benötigt also unter Umständen den Objektivstutzen und die Schulterstütze nur einmal. Für Hoch- oder Querformat-Aufnahmen wird die Kamera am Objektivstutzen geschwenkt. Außerdem besitzt der Objektivstutzen eine Filtertasche für Serienfilter 7. Pol-Filter können in dieser Filtertasche gedreht werden.

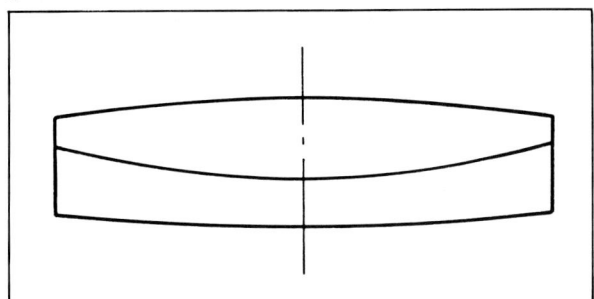

Abb. 116: Telyt-R 1:6,8/400 mm und 1:6,8/560 mm.

Abb. 115: Fotografieren mit langen Brennweiten.

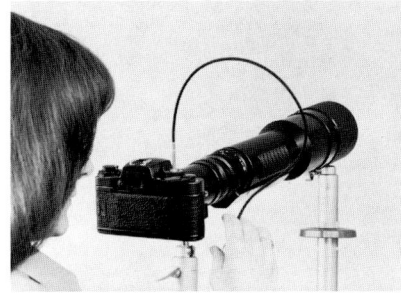

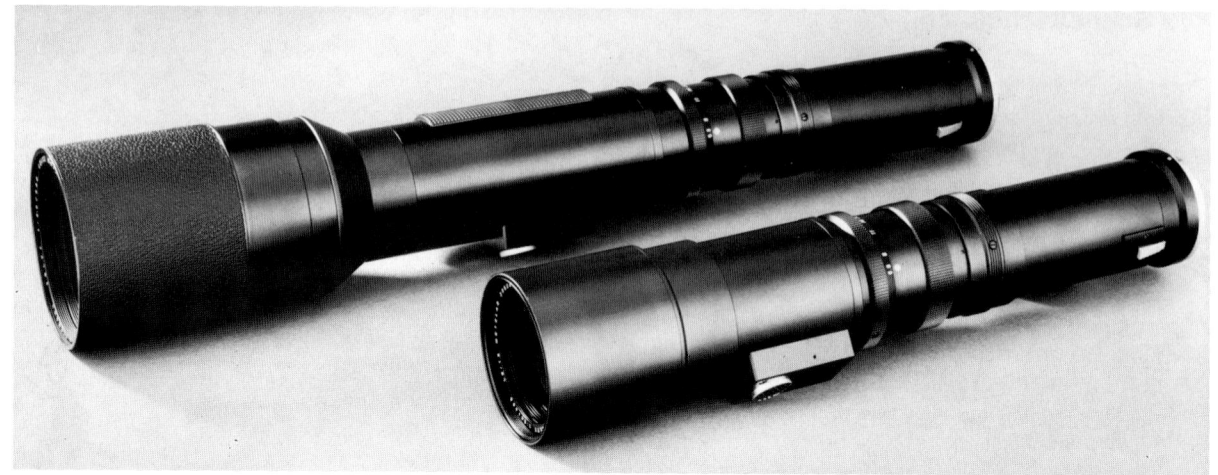

Abb. 117: Die Schnellschuß-Objektive.

Telyt-R 1:6,8/400 mm

Von beiden Schnellschuß-Objektiven ist das 400er das wesentlich kleinere und handlichere Objektiv. Für viele Tier- und Sportfotografen ist es die Standard-Brennweite geworden. Mit Schulterstütze wiegt es ca. 1800 g! Es gilt deshalb als eines der leichtesten Objektive in dieser Klasse. Auch bei längerem „Anschlag" läßt es sich ermüdungsfrei halten.

Telyt-R 1:6,8/560 mm

Die längste Brennweite von Leitz, mit der noch aus der Hand fotografiert werden kann, heißt Telyt-R 1:6,8/560 mm. Die größere Baulänge und das höhere Gewicht verlangen vom Fotografen allerdings schon ein wenig Übung. Wenn möglich sollte man das Objektiv im vorderen Bereich zusätzlich abstützen! Die Gegenlichtblende ist aus diesem Grunde beledert.

Abb. 118 u. 119: Die schnelle Scharfeinstellung ist oft entscheidend für ein gelungenes Foto. Die brillante Abbildungsleistung und die spezielle Konstruktion der Schnellschuß-Objektive unterstützen diese Forderung. Unten: Telyt-R 1:6,8/400 mm, 1/1000 sec., Bl. 11. Rechts: Telyt-R 1:6,8/560 mm, 1/500 sec., volle Öffnung.

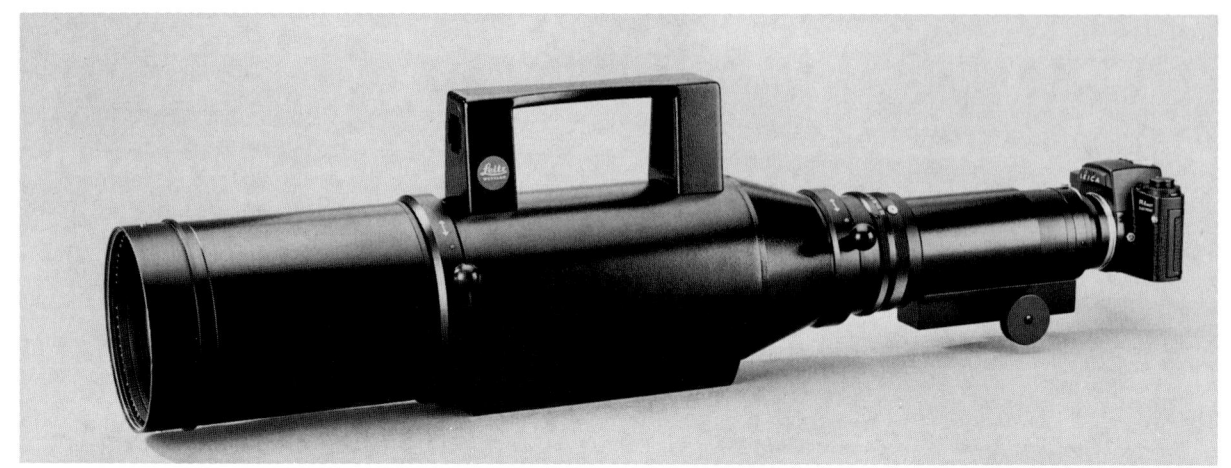

Abb. 120: Das Fern-Objektiv Telyt-S 1:6,3/800 mm.

Das Fern-Objektiv Telyt-S 1:6,3/800 mm

Zu einer Reihe von Objektiven, bei denen von Leitz entwickeltes optisches Glas zu einer bis dahin unerreichten Abbildungsleistung führte, zählt auch das Telyt-S 1:6,3/800 mm. Im werkseigenen Glaslabor wurde in langwierigen Versuchen, die zur Erschmelzung verschiedener Gläser mit extremen optischen Eigenschaften geführt haben, ein spezielles Glas entwickelt, das gewissen Kristallen nahekommt, ohne jedoch deren störende Eigenschaften zu besitzen. Mit Hilfe dieses Spezialglases — mechanisch unempfindlich, gut zu bearbeiten und thermisch stabil — gelang es, ein dreilinsiges Objektiv der Brennweite 800 mm mit außergewöhnlichen Eigenschaften zu schaffen. Es wurde unter Berücksichtigung der Erkenntnis praxisnaher Bedürfnisse konstruiert. Wegen seines stark verringerten sekundären Spektrums verfügt es nicht nur über eine Korrektion von nahezu apochromatischer Güte, sondern bietet darüber hinaus eine optische Gesamtleistung, die einem normalen Apochromaten sogar noch überlegen ist. Die verbliebene Fokusdifferenz und damit die Restunschärfe konnte dabei auf weniger als ein Drittel der Werte reduziert werden, die bei Verwendung normaler Gläser gegeben ist. Dadurch wurden Kontrast, Detailwiedergabe und Farbdifferenzierung entsprechend gesteigert. Wie bei den beiden Schnellschuß-Objektiven besitzen auch die drei miteinander verkitteten Linsen des Telyt-S 1:6,3/800 mm nur zwei Glas-Luftflächen. Da die Linsen relativ dünn sind, ist die Lichtdurchlässigkeit des Systems sehr hoch. Dies und der vernachlässigbar geringe Streulichteinfluß ist bei Aufnahmen weit entfernter Objekte im Hinblick auf die kon-

trastmindernde Wirkung der Atmosphäre besonders wichtig. Der gewählte Aufbau reduziert zudem gegenüber mehrlinsigen Konstruktionen das Glasgewicht. Die ungewöhnlich gute Lichtkonzentration im Bild ermöglicht darüber hinaus kürzere Belichtungszeiten als dies bei komplizierter aufgebauten Systemen mit gleicher Nominalöffnung der Fall ist. Im Gegensatz zu Spiegelobjektiven kann das Leitz-800er wie ein normales Objektiv über eine Irisblende abgeblendet werden. Mit 16facher Vergrößerung gegenüber dem Normalobjektiv von 50 mm Brennweite überbrückt das Telyt-S 1:6,3/800 mm auch übergroße Entfernungen und holt die Objekte nah heran. Ungewohnte Perspektiven können so von erfahrenen Fotografen als Mittel einer wirkungsvollen Bildgestaltung eingesetzt werden. Das 800-mm-Objektiv ist für Sonderaufgaben, wie z. B. bei der Dokumentation von Verfallerscheinungen an schwer zugänglichen Objekten (Kirchturmspitzen, Deckengemälden, Hochspan-

Abb. 121: Telyt-S 1:6,3/800 mm.

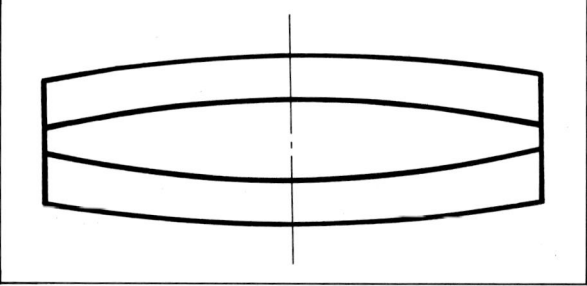

nungsisolatoren usw.), für die Observation in der Kriminalistik oder in der Nahbereichsfotografie mit großem Arbeitsabstand bei gefährlichen Objekten (z. B. heiße Zellen) das Objektiv der Wahl. Bei Exklusiv-Reportagen oder in der Sport- und Wildfotografie, wenn eine Distanzüberbrückung nicht anders als auf fotografisch-optischem Wege möglich ist, kann auf dieses ungewöhnliche Objektiv nicht verzichtet werden. Die kürzeste Einstellentfernung beträgt 12,5 m. Das Telyt-S 1:6,3/800 mm kann leicht und schnell in fünf „handlichere" Teile zerlegt und dann im dazugehörigen Aluminium-Koffer transportiert werden. Durch spezielle Schnellverriegelungen lassen sich alle Teile in kurzer Zeit wieder zusammenfügen. Ein drehbarer Stützring, mit Stativgewinde für ein zusätzliches Einbeinstativ, kann zwischen Objektiv-Tubus und verriegelbarer Gegenlichtblende angebracht werden. In Verbindung mit einem schweren Dreibeinstativ wird so ein „bombensicherer Stand" erreicht. Für Hoch- oder Querformat-Aufnahmen wird die Kamera am Objektivstutzen geschwenkt. Außerdem besitzt der Objektivstutzen eine einschwenkbare Filtertasche für Serienfilter 7. Als Orientierungshilfe für Hoch- und Querformat-Aufnahmen dient eine geschützt im Handgriff integrierte Visiereinrichtung in Form eines Sportsuchers mit Kimme und Korn. Diese Hilfe erweist sich beim Einrichten der Aufnahmeeinheit als außerordentlich praktisch. Ohne sie ist der winzige Ausschnitt, der vom Telyt-S 1:6,3/800 mm erfaßt wird, kaum zu finden.

Die Spiegel-Linsen-Objektive

Objektive dieser Bauart, der Fachmann spricht von einem katadioptrischen System, sind besonders kompakt. Bei ihnen fallen die Lichtstrahlen durch die große Ringlinse auf den ebenfalls ringförmigen Hauptspiegel, der sie auf den kleineren Fangspiegel vorne konzentriert, von dem aus die Lichtstrahlen dann zurück durch weitere Linsen und Filter auf den Film in der Kamera reflektiert werden. Haupt- und Fangspiegel sind rückseitenverspiegelt. Sie werden dadurch weitgehend unempfindlich gegen ein Blindwerden und wirken zusätzlich als Linsen. Die Lichtstrahlen durchlaufen nämlich zunächst das optische Glas der Spiegel, werden dann erst reflektiert und durchlaufen nochmals das Glas. Dadurch sind weitere Korrektionsmöglichkeiten gegeben und die Baulänge des Objektives wird zusätzlich noch verringert. Die Spiegel-Linsen-Objektive zählen daher zu den kürzesten in ihrer Brennweitenklasse. Die angegebene Lichtstärke von Spiegel-Linsen-Objektiven bezieht sich

wie bei allen anderen Objektiven auch, auf den äußeren Durchmesser der Eintrittspupille. Durch die Mittenabdeckung, die sich durch das Spiegel-Linsen-System ergibt, und durch die Absorption des Lichtes, die bei verspiegelten Flächen normalerweise relativ groß ist, wird jedoch ein Teil des Lichtes „zurückgehalten". Je nach Objektiv-Typ bis zu 2/3 Lichtwert. Selbstverständlich geht dieser Wert automatisch in die Belichtungsmessung mit ein. Was bleibt ist die daraus resultierende längere Belichtungszeit. Sie entspricht z. B. beim MR-Telyt-R 1:8/500 mm der, die mit einem Öffnungsverhältnis von 1:10 erreicht wird. Aufnahmen mit Spiegel-Linsen-Objektiven erkennt man häufig an ihrer „Unschärfen-Charakteristik". Wegen der ringförmigen Linsen und Spiegel lösen sich alle außerhalb der Schärfentiefe befindlichen Details in Ringe oder Doppelkonturen auf. Diese Erscheinungen können durchaus in die Gestaltung des Bildes miteinbezogen werden. Manchmal stören sie jedoch sowohl den Betrachter des Fotos als auch den Fotografen beim Scharfeinstellen, weil der durch Ringe und Doppelkonturen sehr unruhig und zerrissen wirkende Vorder- bzw. Hintergrund die Zone der optimalen Schärfe häufig nur sehr schwer erkennen läßt, insbesondere bei Objekten, die fast im Unendlichen liegen.

Der für unser Auge so wichtige „Blickpunkt", nach dem wir uns orientieren können, fehlt dann bei solchen Aufnahmen gänzlich und es fällt schwer, sich im Bild zurechtzufinden. Eine Beeinflussung der unscharfen Zonen durch Abblenden, wie bei anderen Objektiven, ist nicht möglich, weil sich in allen echten Spiegel-Linsen-Objektiven keine Irisblende einbauen läßt. Fotografiert wird deshalb immer mit der vollen Öffnung des Objektives. Wenn bei großen Helligkeiten und/oder höchstempfindlichen Filmen der Bereich der kurzen Verschlußzeiten nicht mehr ausreicht, wird ein Neutraldichte-Filter (Graufilter) benutzt. Der Lichtdurchlaß des Objektivs wird damit auf 25% herabgesetzt (Verlängerungsfaktor 4 ×) und entspricht damit dem einer Blende 16. Die Schärfentiefe wird dadurch selbstverständlich nicht beeinflußt.

Zu den Spiegel-Linsen-Objektiven gehört jeweils ein Satz spezieller Filter, die von hinten auf das optische System aufgeschraubt werden. Jeweils eines dieser Filter muß benutzt werden, da es als optisches Element mit in die Rechnung des Objektives einbezogen wurde. Spiegel-Linsen-Objektive sind weitgehend frei von chromatischen Aberrationen (Farbfehlern). Selbst bei Infrarot-Aufnahmen entfällt die bei herkömmlichen Objektiven notwendige Korrektur der Scharfeinstellung.

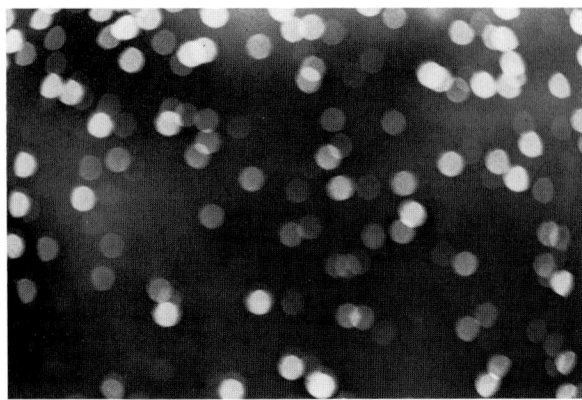

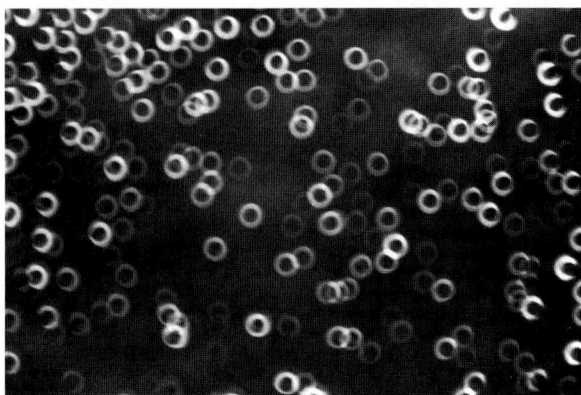

Abb. 122: Regentropfen auf einer Fensterscheibe werden bei unscharfer Abbildung als Zerstreuungskreise wiedergegeben. Deutlich erkennt man Unterschiede bei der Wiedergabe durch herkömmliche Objektive (oben) und Spiegel-Linsen-Konstruktionen (unten).

Abb. 123: MR-Telyt-R 1:8/500 mm.

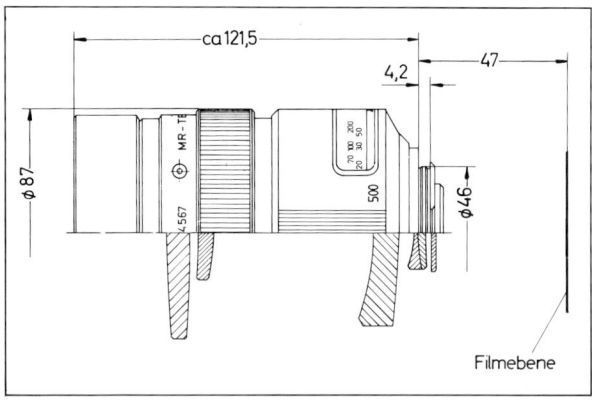

MR-Telyt-R 1:8/500 mm

Mit 121 mm ist es genauso lang wie das Elmarit-R 1:2,8/180 mm und der Durchmesser von 87 mm ist nur geringfügig größer als der vom Telyt-R 1:4/250 mm. Mit zusammen 1380 Gramm sind Leica R4-Mot und Objektiv noch gut aus der Hand zu bedienen. Für das MR-Telyt-R 1:8/500 mm wird man sich dann entscheiden, wenn man geringem Volumen und wenig Gewicht den Vorrang geben muß, wie zum Beispiel bei Flugreisen, Bergwandern und unbeobachteter Schnappschuß-Fotografie. Durch die weit nach vorn gezogene starre Ummantelung der Einstellschnecke kann die Hand des Fotografen das Objektiv sehr gut unterstützen und wie üblich durch Drehen des Einstellringes die Entfernung einstellen. Die kürzeste Aufnahmeentfernung beträgt 4 m, das Abb.-Verhältnis dann 1:7,5. Die Länge des Objektivs verändert sich dabei nur um 4 mm! Die Sucherhelligkeit ist im Vergleich zu den Objektiven Telyt-R 1:6,8/400 mm

bzw. 560 mm deutlich geringer. Das verlangt eine gewisse Sorgfalt beim Fokussieren. Zumal auch keine „Fokussier-Reserve" durch Abblenden gegeben ist. Aufmerksamkeit verlangt auch die Handhabung, denn trotz der kleinen Maße und des geringen Gewichtes kann bei einer Brennweite von 500 mm eine Aufnahme schnell verwackelt werden — auch bei Belichtungszeiten von 1/500 Sekunde und kürzer!

Zum Lieferumfang des Objektivs MR-Telyt-R 1:8/500 mm gehören außer dem UVa-Filter vier weitere Filter (M32 × 0,5): ein Neutraldichte-Filter (N4x) als Graufilter zur Lichtdämpfung, sowie die drei Farbfilter Gelb (Y), Orange (Or) und Rot (R) zur Kontrastbeeinflussung bei S/W-Aufnahmen. Das Orange-Filter eignet sich auch gut für Aufnahmen auf Infrarot-Falschfarbenfilme; das Rotfilter für S/W-Infrarot-Aufnahmen. Bei Bedarf lassen sich zusätzlich Filter mit Gewinde M77 × 0,75 anstelle der Gegenlichtblende einschrauben.

RF-Rokkor 1:8/800 mm

Dieses Objektiv wird von der Firma Minolta mit R-Schnellwechselbajonett angeboten und von Leitz zur Benutzung an den Leicaflex-Modellen SL und SL 2 empfohlen. Es läßt sich auch an die Leica R-Modelle ansetzen. Jedoch fehlt am RF-Rokkor 1:8/800 mm aus konstruktiven Gründen der für die Leica R notwendige Steuernocken. Eine exakte Kupplung an das Belichtungsmeß-System der Leica R ist deshalb nicht möglich! Bei Benutzung an einer Leica R muß eine Korrektur durch Verstellen des ISO- bzw. DIN/ASA-Einstellringes um minus zwei Werte erfolgen.

Die Makro-Objektive

Universal-Objektive, die für alle Aufgaben der Kleinbild-Fotografie gleich gut geeignet sind, gibt es nicht. Aber es gibt im Leica R-System Objektive, die eine besonders weit gespannte Einsatzbreite besitzen: Das Macro-Elmarit-R 1:2,8/60 mm und das Macro-Elmar-R 1:4/100 mm. Bei beiden Konzeptionen wurde bewußt auf eine hohe Lichtstärke verzichtet. Dafür wurde das Leistungsoptimum weitgehend über den gesamten Arbeitsbereich von Unendlich bis in den Nahbereich gespreizt. Besondere Aufmerksamkeit wurde dabei vor allem dem Nahbereich geschenkt. Aber auch bei Unendlich-Einstellung ist die Abbildungsleistung der Macro-Objektive mit anderen Leica-R-Objektiven vergleichbar, wenn auf mittlere Blendenwerte (5,6 bzw. 8) abgeblendet wird. Die Lichtstärke von 1:2,8 bzw. 1:4 kommt außerdem der Handlichkeit dieser Objektive zugute. Die bei diesen Öffnungen bereits vorhandene Schärfentiefe erlaubt oft reizvolle Nahaufnahmen aus der Hand.

Zur Erweiterung der fotografischen Arbeitsbereiche beider Objektive wird der Macro-Adapter-R (siehe auch Seite 175) für die Leica R-Modelle, bzw. der 1:1-Adapter für das Macro-Elmarit-R 1:2,8 60 mm oder der Nahring für das Macro-Elmar-R 1:4/100 mm angeboten. In der Praxis hat sich folgende Arbeitsmethode im Nahbereich bewährt: Der geeignete Abbildungs-Maßstab bzw. die gewünschte Entfernung werden vorher am Objektivschneckengang eingestellt. Durch Abstandsveränderungen — der gesamte Oberkörper des Fotografen bewegt sich aus der Hüfte heraus vor — bzw. zurück — wird die gewünschte Schärfenebene im Sucher der Leica R oder Leicaflex ermittelt. In dem Moment, wo die beste Schärfe in der „richtigen" Ebene liegt, wird unverzüglich ausgelöst. Mit dieser Methode lassen sich auch Eigenbewegungen der Objekte, z. B. eine im Wind schwankende Blume, kompensieren. Außer den üblichen kombinierten Meter/feet-Einteilungen sind bei den Macro-Objektiven zusätzlich eine Reihe von Abb.-Verhältnissen graviert: Die weiße bzw. gelbe (feet) Gravur gilt für die Objektive ohne Macro-Adapter-R, die grüne Gravur für die Bereiche mit Macro-Adapter-R. Beim Macro-Adapter-R bleiben Offenblenden-Messung und Springblende voll erhalten, wenn er an die Leica R angesetzt wird.

In Verbindung mit Leicaflex SL/SL 2 werden der 1:1 Adapter (Bestell-Nr. 14198) für das „60er" und der Nahring (Bestell-Nr. 14262) für das „100er" benutzt. Offenblenden-Messung und Springblende bleiben dann ebenfalls voll erhalten (auch bei allen Leica R-Modellen). Die auf den Objektiven angegebenen Abb.-Verhältnisse werden mit allen Adaptern erreicht.

Macro-Elmarit-R 1:2,8/60 mm

Immer mehr Fotografen entscheiden sich beim Einstieg in das Leica R-System für dieses Objektiv, weil es nicht nur die Funktion eines Standard-Objektives übernimmt, sondern zusätzlich noch den Nahbereich bis zum Abb.-Maßstab 1:1 erschließt. Bei einer Brennweite von 60 mm ist der Bildwinkel mit 39° nur um 6° kleiner als beim 50 mm-Objektiv. Das Macro-Elmarit-R 1:2,8/60 mm hat vielen Fotofreunden eine neue Welt des fotografischen Sehens erschlossen. Die Available-light-Nahaufnahme ist mit diesem Objektiv

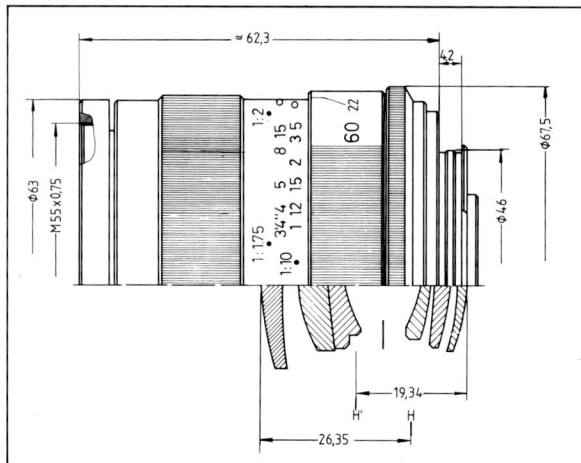

Abb. 125: Macro-Elmarit-R 1:2,8/60 mm.

Abb. 126: Macro-Elmar-R 1:4/100 mm.

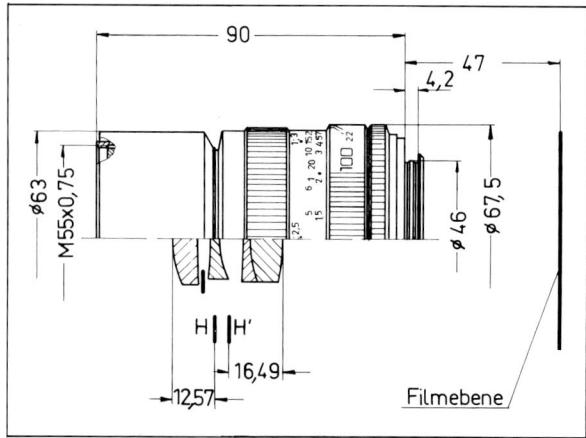

Wirklichkeit geworden. Die weiche Verschlußauslösung der Leica R und Leicaflex sowie die Tatsache, daß die Kamera mit diesem Objektiv fest und ruhig in der Hand liegt, ermöglichen verwacklungsfreie Aufnahmen auch bei längeren Belichtungszeiten ohne Stativ, frei Hand. Nahaufnahmen sind bis zum Abb.-Verhältnis 1:2 (Objektfeldgröße 48 × 72 mm) mit entsprechender Entfernungseinstellung des Objektivs ohne zusätzlichen Adapter möglich. Für extreme Nahaufnahmen (von 1:2 bis 1:1) verlängert der Macro-Adapter-R den Auszug. Er läßt sich so schnell und einfach wie ein Objektiv wechseln. Mit aufgeschraubtem Nahvorsatz Elpro 3 wird der Abbildungsbereich auf 1,1:1 erweitert. Damit lassen sich gerahmte Diapositive formatfüllend reproduzieren, ohne daß der Rand des Diarahmens mit aufgenommen wird. Beim Macro-Elmarit-R 1:2,8/60 mm liegt die Frontlinse, gut geschützt gegen Streulicht, Schmutz und Beschädigungen, tief innerhalb des mechanischen Aufbaues. Der Objektivtubus ist trichterförmig ausgebaut und wirkt als Gegenlichtblende. Werden Filter oder Elpro-Nahvorsatz eingeschraubt (E55), ist der Adapter für Serienfilter (Bestell-Nr. 14225) als Schutz für diese Glasflächen empfehlenswert.

Macro-Elmar-R 1:4/100 mm

Für Landschafts-, Porträt- und Nahaufnahmen ist die mittellange Brennweite besonders gut geeignet. Eine „Verdichtung" der räumlichen Tiefe und ein knapper Ausschnitt sind bevorzugte Gestaltungsmittel des Landschaftsfotografen. Für den Porträtfotografen ist die „richtige" perspektivische Wiedergabe, die Proportionen von Nase, Augen, Stirn und Ohren zueinan-

Tabelle 1: MACRO-ELMARIT-R 1:2,8/60 mm Arbeitsabstände, Objektfeldgrößen und Schärfentiefebereiche*

	Abbildungs-verhältnis	Entfernung Objekt — Frontlinse in cm	Objekt-feldgröße in mm	Schärfentiefe in mm bei Blende			
				5,6	8	11	16
ohne MACRO-ADAPTER-R	1:10	65	240 × 360	41	58	82	116
	1: 5	34	120 × 180	11	16	22	32
	1: 4	28	96 × 144	8	11	16	22
	1: 3	22	72 × 108	4,5	6,3	9	12,5
	1: 2,5	19	60 × 90	3,4	4,8	6,8	9,6
mit MACRO-ADAPTER-R	1: 2	16	48 × 72	2,2	3,2	4,4	6,4
	1: 1,75	14	42 × 63	1,7	2,5	3,5	5
	1: 1,5	13	36 × 54	1,4	2	2,8	4
	1: 1,25	11	30 × 45	1,1	1,6	2,2	3,2
	1: 1	10	24 × 36	0,75	1,1	1,5	2,2

Tabelle 2: MACRO-ELMAR-R 1:4/100 mm Arbeitsabstände, Objektfeldgrößen und Schärfentiefebereiche*

	Abbildungs-verhältnis	Entfernung Objekt — Frontlinse in cm	Objekt-feldgröße in mm	Schärfentiefe in mm bei Blende			
				5,6	8	11	16
ohne MACRO-ADAPTER-R	1:10	109	240 × 360	41	58	82	116
	1: 5	59	120 × 180	11	16	22	32
	1: 4	49	96 × 144	8	11	16	22
	1: 3	39	72 × 108	4,5	6,3	9	12,5
mit MACRO-ADAPTER-R	1: 2,5	34	60 × 90	3,4	4,8	6,8	9,6
	1: 2	29	48 × 72	2,2	3,2	4,4	6,4
	1: 1,75	26	42 × 63	1,7	2,5	3,5	5
	1: 1,6	25	38 × 57	1,5	2,2	3,0	4,4

(* alle Werte abgerundet)

der, von Bedeutung. Und wer Kleinlebewesen format-füllend fotografieren möchte, braucht einen relativ gro-ßen Arbeitsabstand, damit diese nicht die Flucht er-greifen, bevor sie fotografiert werden. Diese Voraus-setzungen werden durch das Macro-Elmar-R 1:4/100 mm erfüllt. Ein großer Arbeitsabstand erleich-tert auch das Arbeiten, wenn die Nahaufnahme mit Blitz oder Fotolampen ausgeleuchtet werden soll. Der Einstellbereich ohne Macro-Adapter reicht etwa bis zum Abb.-Verh. 1:3 (Objektfeldgröße 78 × 117 mm), mit Macro-Adapter bis etwa 1:1,6 (Objektfeldgröße 39 × 59 mm). Da das Macro-Elmar-R 1:4/100 mm Einheits-Filtergewinde M 55 × 0,75 besitzt, können auch die Elpro-Nahvorsätze 3 und 4 sinnvoll genutzt werden. Damit erweitert sich der Einstellbereich (lük-kenlos) bis zum Abb.-Verhältnis 1:1,2 (Objektfeldgrö-ße 29 × 44 mm); werden beide Elpro-Nahvorsätze übereinandergeschraubt, sogar bis 1:1. Die optische Rechnung und die Abbildungsleistung dieses Objek-tivs sind identisch mit denen des Objektivkopfes Ma-cro-Elmar 1:4/100, der nur am Balgeneinstellgerät-R benutzt werden kann.

Abb. 127: Bei einer Naheinstellgrenze von 50 cm kann mit einem 50-mm-Objektiv häufig nicht das wichtige Detail groß herausgestellt werden (oben links). Mit dem Macro-Elmarit-R 1:2,8/60 mm kann man sich dagegen fotografisch auf das Wesentliche konzentrieren (oben rechts). Mit dem Macro-Adapter-R läßt sich der Naheinstellbereich sogar bis zum Abbildungsverhältnis 1:1 erweitern (unten). Alle Aufn.: volle Öffnung, aus freier Hand.

Abb. 128: Porträts gelingen auch mit 35-mm-Objektiven, ▷ wenn man das vorhandene Umfeld mit in die Bildgestaltung einbezieht. Summicron-R 1:2/35 mm, 1/250 sec., Bl. 8, Farb-Negativfilm.

Abb. 129-131: Die große Universalität der Makro-Objektive ▷ bewährt sich immer wieder — vor allem auf Reisen. Alle Fotos: Macro-Elmarit-R 1:2,8/60 mm, Farb-Umkehrfilm 15 DIN.

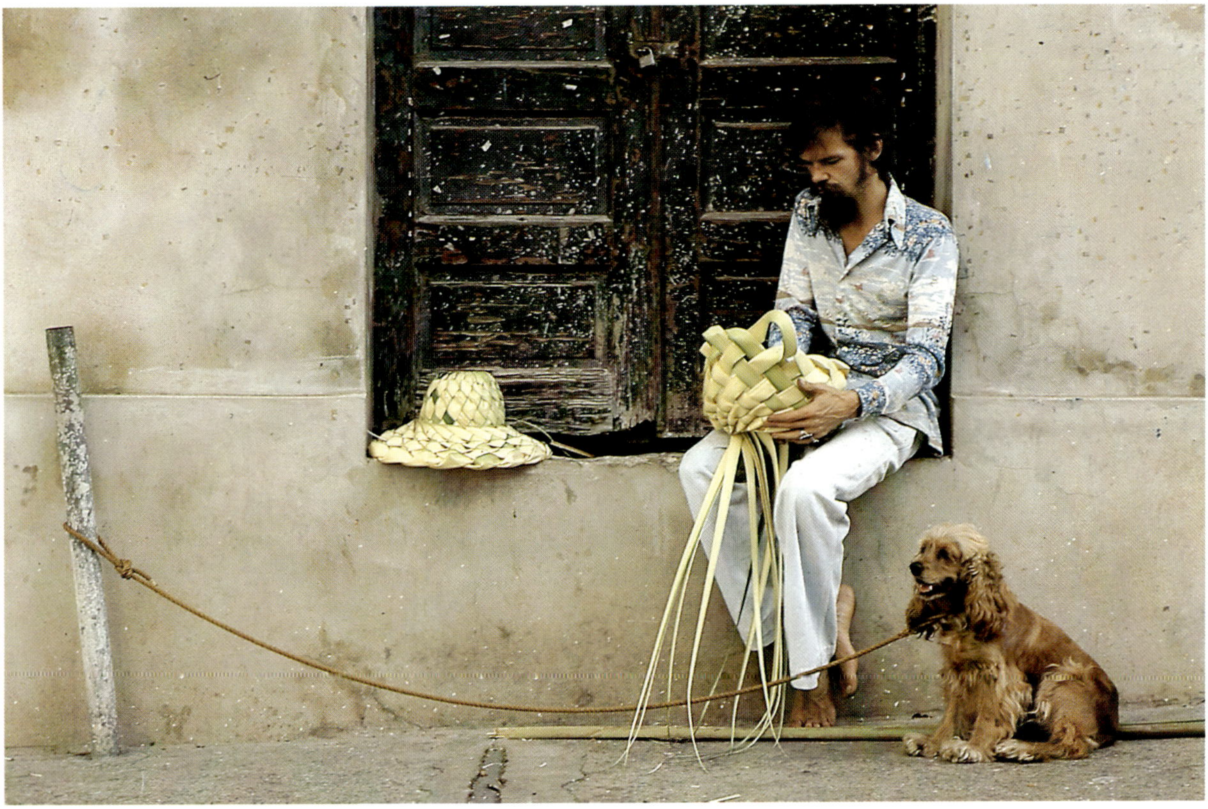

130

131

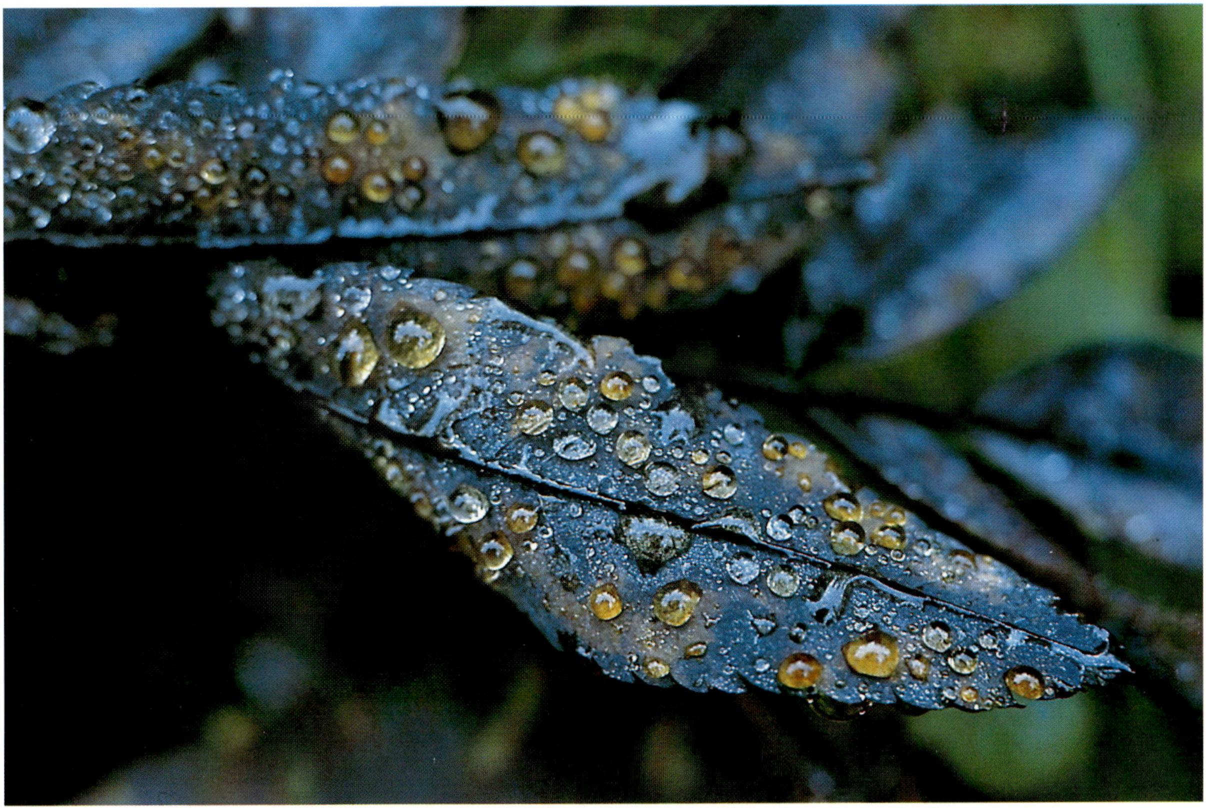

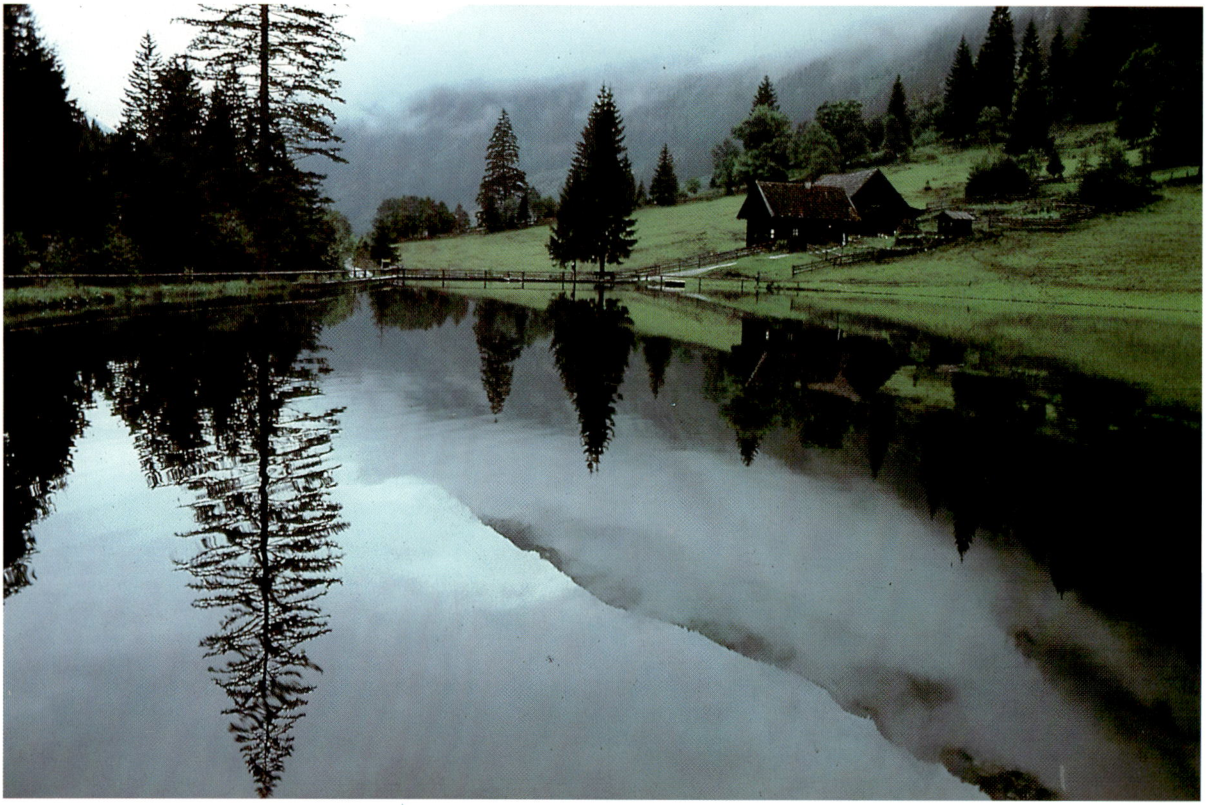

132

133

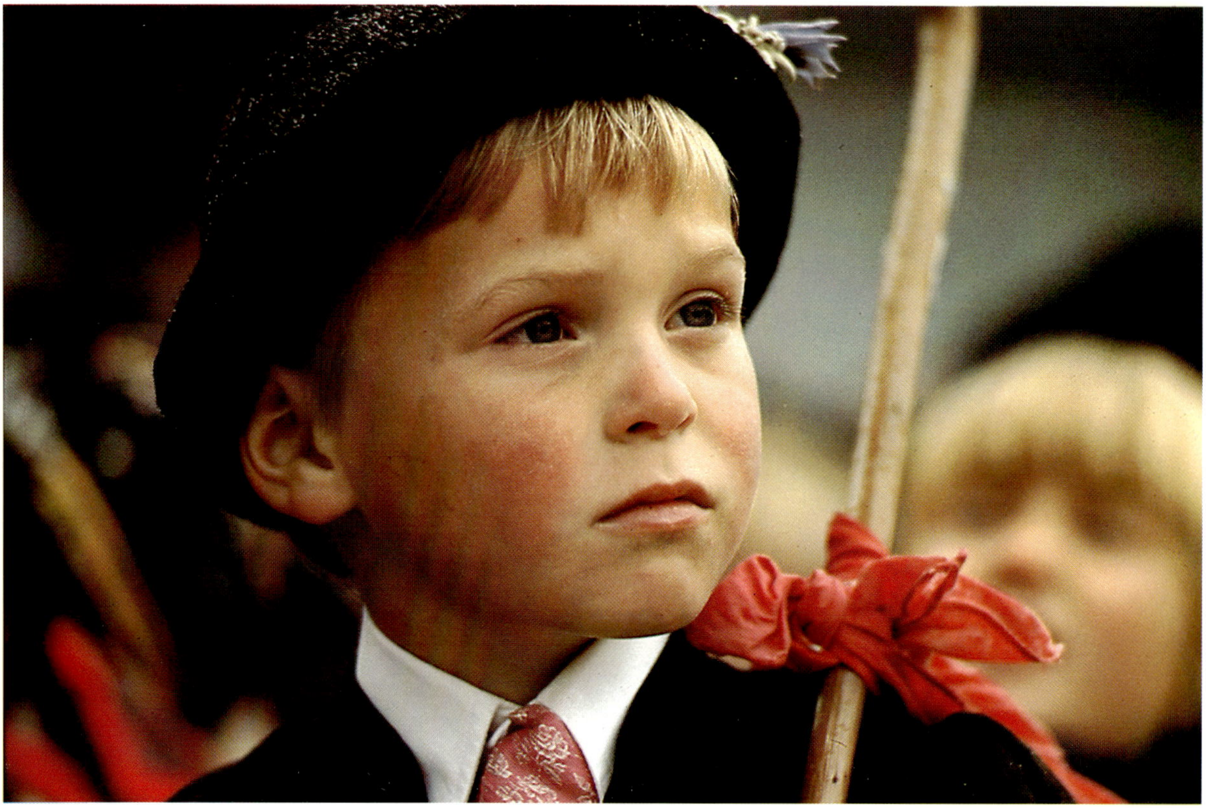

Abb. 132 u. 133: Verhaltene Farben und weiches Licht domi-
nieren bei schlechtem Wetter. Wer unter solchen Bedingungen noch fotografiert, wird von den Ergebnissen angenehm
überrascht sein. Landschafts-Aufnahme: Summicron-R
1:2/35 mm, 1/15 sec., volle Öffnung. Porträt: Elmarit-R
1:2,8/180 mm, 1/125 sec., volle Öffnung. Beide Aufnahmen:
Farb-Umkehrfilm 19 DIN.

Abb. 134: Die volle Anwendungsbreite, von Unendlich bis in
den Nahbereich, wird ohne besondere Probleme von den
Makro-Objektiven ausgeschöpft. Wie beim Filmen lassen
sich Totale, Halbtotale und Naheinstellung für den effektvoll-
sten Bildausschnitt sinnvoll nutzen.
Macro-Elmar-R 1:4/100 mm. Alle Aufnahmen mit Bl. 8.

Die Vario-Objektive

Optische Systeme, deren Brennweiten sich durch Verschieben einzelner Linsen oder Linsenglieder in gewissen Grenzen kontinuierlich verändern lassen, sind schon seit einigen Jahrzehnten bekannt und werden für Fernrohre und Filmkameras genauso lange benutzt. Diese Objektive sind unter verschiedenen Bezeichnungen bekannt. Man nennt sie Vario- oder Zoom-Objektive, aber auch Transfaktoren oder pankratische Systeme, und einige sprechen sogar von Gummilinsen. In Deutschland hat sich die Bezeichnung Vario-Objektiv durchgesetzt (DIN 19040), während international das Wort Zoom-Objektiv gebräuchlicher ist. Lange Zeit war die Abbildungsleistung von Objektiven mit veränderlichen Brennweiten auch nicht annähernd mit der von festbrennweitigen Objektiven vergleichbar. In den letzten Jahren wurden jedoch beachtliche Fortschritte in der Entwicklung neuer Vario-Objektive gemacht. Diese neuen Konstruktionen sind leistungsfähiger und handlicher geworden. Trotzdem werden sie auch in Zukunft die „starren" Brennweiten keineswegs ersetzen können. Es darf nämlich eines nicht übersehen werden: Vario-Objektive haben für heutige Begriffe noch immer eine geringe Anfangsöffnung. Außerdem sind sie recht voluminös. Dies besonders dann, wenn man die kurzen Brennweiten dieser Objektive mit den herkömmlichen Objektiven gleicher Brennweite vergleicht. Auch das Licht wird bei Vario-Objektiven wegen der wesentlich höheren Anzahl von Linsen stärker absorbiert, so daß bei gleichen geometrischen Öffnungen die Belichtungszeiten mit normalen Objektiven kürzer ausfallen. Anmerkung: Die Absorption wird natürlich bei der Belichtungsmessung durch das Objektiv automatisch berücksichtigt.

Das Argument, daß beim Übergang von einer Brennweite zur anderen ein Filterwechsel nicht mehr nötig ist, verliert für die Praxis oft an Bedeutung, wenn man folgendes berücksichtigt: Bei Vario-Objektiven wird der gesamte vordere Teil beim Scharfeinstellen gedreht. Diese Objektive besitzen nämlich keine Geradführung wie die anderen Leica R-Objektive. Werden an Vario-Objektiven z. B. Polarisationsfilter oder Tricklinsen benutzt, muß man deshalb viel Geduld für das Einrichten dieser fotografischen Hilfsmittel mitbringen. Beim Scharfeinstellen verändert sich die gewünschte Wirkung der Vorsätze zwangsläufig; wird anschließend eine Korrektur an den Vorsätzen vorgenommen, verändert sich meistens wieder die Scharfeinstellung. Beim Vario-Elmar-R 1:3,5/35−70 mm wurde sogar auf die vignettierungsfreie Verwendung eines Pol-Fil-

ters im Weitwinkelbereich verzichtet, weil ein solches Filter in diesem Bereich sowieso wenig sinnvoll ist (siehe Seite 194). Der vordere Objektiv-Durchmesser konnte deshalb kleiner gehalten werden.

Zweifellos liegt der größte Vorteil der Vario-Objektive in der Möglichkeit, innerhalb des Vario-Bereiches jeden gewünschten Bildausschnitt wählen zu können. Das ist besonders wichtig, wenn man den notwendigen Aufnahmestandpunkt nicht ohne weiteres verändern kann, wie z. B. beim Bergsteigen oder bei einer Bildreportage. Bei dieser Arbeitserleichterung, die zugleich die Schnellschuß-Bereitschaft erhöht, können die oben angeführten „Negativfakten" akzeptiert werden. Wird die Brennweite der Vario-Objektive während der Belichtung verstellt, können Effekte erzielt werden, die mit Objektiven fester Brennweiten nicht erreichbar sind. Diese sogenannten Zoomeffekte lassen sich vielfach variieren und erweitern das aufnahmetechnische Repertoire des kreativen Fotografen ganz enorm. Die Aufnahmen lassen den Eindruck entstehen, als ob sie aus einem auf das Objekt zurasenden Auto fotografiert wurden, d. h. in der Bildmitte erscheinen die abgebildeten Details relativ scharf, während zum Bildrand hin eine immer stärker werdende Verwischung auftritt. Das Motiv scheint förmlich zu explodieren und in Fetzen nach allen Seiten hin auseinanderzureißen. Das Verhältnis zwischen dem „scharfen" Bildmittelpunkt und der verwischten Randzone ist abhängig vom Verhältnis zwischen kürzester und längster Brennweite während der Belichtung. Je größer das Brennweitenverhältnis, um so größer der Verwischungsgrad am Bildrand. Warum das so ist, läßt sich leicht erklären: Wird z. B. mit einem Vario-Elmar-R 1:4,5/75−200 mm fotografiert und der ganze Brennweitenbereich während der Öffnungszeit des Verschlusses durchfahren, so erreicht man ein Brennweitenverhältnis von 1:2,66. Das bedeutet, daß die mit der 75 mm-Brennweite erfaßten Details mit einer Brennweite von 200 mm genau 2,66 linear bzw. 7 × flächenmäßig vergrößert wiedergegeben werden. Wenn nun eine Abbildung derart vergrößert wird, dann muß sich zwangsläufig jedes Bilddetail vom „ruhenden" Mittelpunkt des Bildes aus um den Betrag der linearen Vergrößerung entfernen, bei dem erwähnten Beispiel um das 2,66fache. Vergleicht man dabei zwei Details miteinander, die verschieden weit von der Bildmitte entfernt sind, zum Beispiel 1 Millimeter und 8 Millimeter, dann kann man feststellen, daß zwar beide Details um den gleichen Faktor (2,66) zum Bildrand wanderten, die effektiven Weglängen aber unterschiedlich sind. So ist das erste Detail jetzt 2,66 Millimeter vom Bildmittelpunkt entfernt, während

Abb. 135: Die Vario-Objektive.

das zweite schon 21 Millimeter Abstand gewonnen hat. Es leuchtet ein, daß eine Verwischung von 2,66 Millimetern „schärfere" Ergebnisse liefert als eine solche von 21 Millimetern. Der soeben beschriebene Zoomeffekt kann durch unterschiedliche Belichtungszeiten und unterschiedlich schnelle Brennweitenverstellung vielfältig variiert werden. Entscheidend für die optische Wirkung des gewünschten Zoomeffektes ist die jeweilige Beschaffenheit des gewählten Hintergrundes. Ist dieser sehr unruhig, so ergibt sich eine unübersehbare Flut von Linien und Wischzonen zum Bildrand hin, in der die feinen, zarteren vom Vordergrund kommenden Wischeffekte untergehen. Ist der Hintergrund gleichmäßig hell, so vertiefen sich die Wischer in ein Nichts zum Bildrand hin. Bei dunklem Hintergrund treten dagegen die Wischerstrahlen eines hellen Objektes besonders deutlich hervor. Darum sind gewischte Nachtaufnahmen auch meistens ein voller Erfolg. Die Angaben des Belichtungsmessers können direkt übernommen werden, wenn die Helligkeiten von Hauptmotiv und Hintergrund fast gleich sind. Ist der Hintergrund heller, muß in der Regel etwas knapper belichtet werden; ist der Hintergrund dunkler, sollte dagegen eine um einen halben bis zwei Belichtungswerte längere Belichtung erfolgen. Eigene Versuche mit unterschiedlichen Belichtungszeiten sind unumgänglich. Nicht ohne Einfluß auf das Ergebnis ist die Frage, ob die Wischbewegung von kurzer nach langer Brennweite erfolgt oder umgekehrt. In den meisten Fällen wird die Brennweitenverstellung von kurz nach lang das ansprechendere Resultat zeigen. Auch die Art der Zoombewegung

spielt eine Rolle. So kann die Brennweitenverstellung während der Belichtung entweder kontinuierlich erfolgen, oder aber man steigert oder verlangsamt das Tempo während des Verstellens. Eine andere Variante: Während der Belichtung wird die kürzeste Brennweiteneinstellung zunächst beibehalten und erst für den Rest der Belichtung verändert oder umgekehrt. Auch eine ruckartige Verstellung der Brennweite über den gesamten Brennweitenbereich ist möglich. Hier wird die Art des Zoomens, die eine gewisse „Terrassendynamik" erzeugt, deutlich sichtbar. Außerdem lassen sich die verschiedenen Zoomtechniken miteinander kombinieren. Für Farbaufnahmen besonders wirksam ist eine Variante, bei der mehrere Belichtungen (bei Leicaflex-Kameras durch Ab- und Aufdecken des Objektives, z. B. mit einem Hut) mit verschiedenfarbigem Licht und unterschiedlichen Brennweiteneinstellungen erfolgen. Die meisten dieser Techniken lassen sich nicht nur bei statischen Aufnahmen anwenden, sondern sind für die dynamische Fotografie von Live-Szenen geradezu wie geschaffen. Viele Fotokalender-Motive und Poster mit Sportaufnahmen beweisen das. Doch sind damit noch lange nicht alle Vario-Variationen aufgezählt. Erinnert sei hier nur noch an zusätzliche Scharf- und Unscharfeinstellungen und an die Benutzung von Nahvorsätzen, mit denen sich das bisher Gesagte auch in den Bereich der Nahaufnahme übertragen läßt. Die Vielfalt der Möglichkeiten ist verblüffend, die Zahl der Gelegenheiten, eigene Ideen zu verwirklichen, praktisch unbegrenzt. Man sollte allerdings „Zoomen um jeden Preis" vermeiden, denn allzu leicht wird hier Kunst zu Kitsch.

Abb. 136: Der Vergleich auf diesen beiden Seiten zeigt den variablen Brennweiten-Bereich der beiden Leica R-Vario-Objektive. Er reicht insgesamt von 35 mm bis zu 200 mm. Abbildungen oben: Vario-Elmar-R 1:3,5/35 − 70 mm, 1/250 sec., Bl. 5,6.

Vario-Elmar-R 1:3,5/35 − 70 mm

Die Bedienungselemente dieses Objektivs sind so angeordnet, daß Brennweitenverstellung und Scharfeinstellung an zwei verschiedenen Ringen vorgenommen werden. Bereits bei voller Öffnung weist das Vario-Elmar-R 1:3,5/35 ÷ 70 mm eine gute Kontrastleistung und Detailwiedergabe auf. Geringe Abblendung steigert diese gute optische Gesamtleistung noch etwas. Die besonders bei kurzbrennweitigen Vario-Objektiven auftretende tonnenförmige Verzeichnung bei kürzeren Brennweiten, bzw. kissenförmige Verzeichnung bei längeren Brennweiten, ist bei diesem Objektiv besonders gering und in der Praxis kaum spürbar. Die Stärke des neuen Vario-Objektivs liegt im Einstellbereich der mittleren und großen Entfernungen. Bei kürzeren Aufnahme-Abständen tritt eine geringe Zunahme der systembedingten Bildfeldwölbung auf. Diese Charakteristik stört in der bildmäßigen Fotografie nicht und wird durch stärkere Abblendung nahezu

völlig behoben. Bei voller Öffnung besitzt auch das Vario-Elmar-R 1:3,5/35 − 70 mm, wie jedes optische System, eine gewisse systembedingte Vignettierung. Sie wird besonders bei knapper Belichtung und bei

Abb. 137: Vario-Elmar-R 1:3,5 − 70 mm

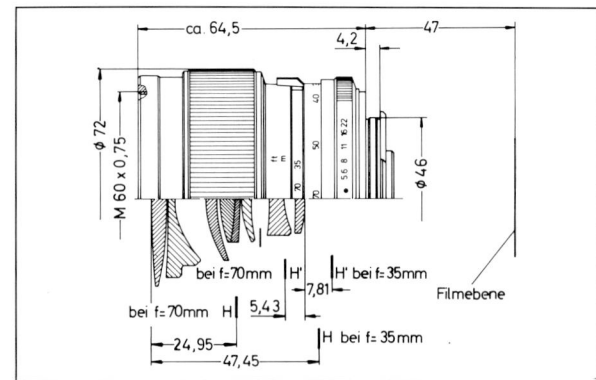

Die „Brennweiten-Lücke" im mittleren Bereich zwischen 70 und 75 mm ist nur im Vergleich erkennbar. Im fotografischen Alltag macht sie sich nicht störend bemerkbar. Abbildung oben: Vario-Elmar-R 1:4,5/75 – 200 mm, 1/250 sec., Bl. 5,6.

gleichmäßig hellem Bildfeld, z. B. einer Hauswand, sichtbar. Durch Abblendung auf mittlere Blendenwerte erhält man jedoch eine gute Ausleuchtung des gesamten Bildfeldes.

Abb. 138: Vario-Elmar-R 1:4,5/75 - 200 mm.

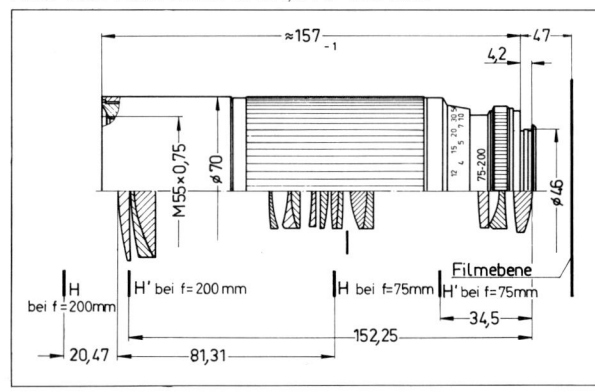

Vario-Elmar-R 1:4,5/75 – 200 mm

Für ein optisches System mit variabler Brennweite ist die Abbildungsleistung dieses Objektivs beachtlich gut. Bei Abblendung auf Blende 8 lassen sich die fotografischen Ergebnisse nur an kritischen Objekten, und nur im direkten Vergleich von denen mit starren Brennweiten gemachten Fotos unterscheiden. Das Vario-Elmar-R 1:4,5/75 – 200 mm kann mit den El-pro-Nahvorsätzen 3 und 4 kombiniert werden. Als kürzeste Einstellentfernung gilt dann 61 cm (vom Objekt bis zur Filmebene), wobei die Vorteile der Brennweitenverstellung voll erhalten bleiben. Bei 75 mm Brennweite beträgt dann das Abb.-Verhältnis 1:7,8 (Objektfeldgröße 187 × 281 mm), bei 200 mm Brennweite 1:1,7 (Objektfeldgröße 41 × 62 mm). Für verschiedene Aufgaben in der technisch-wissenschaftlichen Fotografie ist dieser Bereich besonders interessant. Das Objektiv gehört deshalb oft zur Ausrüstung des medizinischen Fotografen, der damit aus relativ großer Ent-

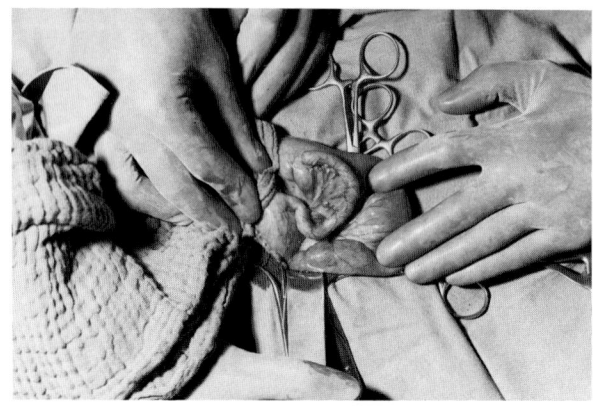

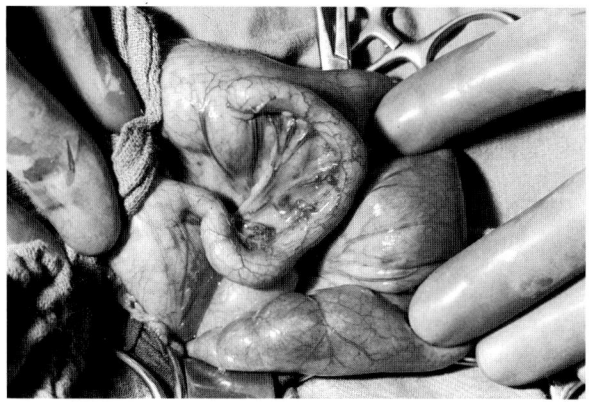

Abb. 139: Bei medizinischen Aufnahmen verbietet die sterile Zone oft eine Annäherung. Immer formatfüllend fotografieren kann man dann am einfachsten mit einem Vario-Objektiv: Vario-Elmar-R 1:4,5/75-200 mm mit Elpro 4. Aufnahmeabstand ca. 1 m, Bl. 16, Elektronenblitz.

fernung und festgelegter Distanz (z. B. von der Operationsleiter aus) die verschiedenen OP-Felder immer formatfüllend erfassen kann. Scharfeinstellung und Brennweitenverstellung werden mit einem Bedienungselement durch Drehen (Entfernung) und Schieben (Brennweite) vorgenommen. Interessante Effekte, wie sie durch eine Brennweitenveränderung während der Belichtung entstehen, sind dadurch besonders leicht zu erzielen.

Leica M-Objektive an der Leica R

Dem vielfachen Wunsch, die Objektive der Leica M-Modelle auch an der Leica R verwenden zu können, kann nur in begrenztem Maße Rechnung getragen

werden. Das Auflagemaß, das ist der Abstand zwischen Schnellwechselbajonett und Film, der Leica R-Objektive beträgt 47 mm, das der Leica M-Objektive 27,8 mm (Leica-Schraubgewinde = 28,8 mm). Außerdem ist der Durchmesser des Schnellwechselbajonetts der Leica R wesentlich größer. Daraus ergibt sich, daß alle mit dem Meßsucher der Leica M-Modelle gekuppelten M-Objektive nicht direkt an einem Leicaflex- oder Leica R-Modell zu verwenden sind. Da jedoch beim Leica M-System für viele M-Objektive Anschlußmöglichkeiten am Spiegelreflex-Ansatz Visoflex 3 bestehen, so können diese Zubehörteile über den Adapterring 14167 an den Leicaflex- und Leica R-Modellen angesetzt werden. Mit der Adapterhöhe von 21,8 mm wird das Auflagemaß der für die Verwendung am Visoflex 3 bestimmten M-Objektive (68,8 mm) erreicht. Die Arbeitsbedingungen, z. B. Aufnahme-Abstand und erreichbare Objektfeldgrößen, sind dann bei der Leica R die gleichen, wie

Tabelle 3: M-Objektive an der Leica R mit Hilfe des Adapters 14167

M-Objektiv * nur Objektivkopf (Bestell-Nr.)	Einstellschnecke (Best.-Nr.)	Einstellbereich in cm	Objektfeldgröße bei kürzestem Abstand (mm)
ELMAR-M 1:3,5/65 mm (11162)	16464	∞ — 33	58 × 87
ELMARIT-M* 1:2,8/90 mm (11026)	16464	∞ — 50	80 × 120
SUMMICRON-M* 1:2/90 mm (11133)	16462	∞ — 72	144 × 216
TELE-ELMAR-M* 1:4/135 mm (11852)	16464	∞ — 98	120 × 180
ELMARIT-M* 1:2,8/135 mm (11828)	16462	∞ — 151	216 × 324
TELYT-M 1:4/200 mm (11063)	Adapter 16466	∞ — 300	307 × 461
TELYT-M 1:4,8/280 mm (11914)	—	∞ — 350	242 × 363

alle Werte abgerundet

bei Benutzung dieser M-Objektive am Visoflex 3. Weil Leica M-Objektive keine Springblende besitzen, wird der Aufnahme-Komfort und die Anwendungsbreite — gemessen an den R-Objektiven — spürbar eingeschränkt. Die Belichtungsmessung erfolgt mit Arbeitsblende. Die umschaltbaren Belichtungsmeßmethoden und die Zeit-Automatik der Leica R-Modelle bleiben voll erhalten.

Warum keine Fremd-Objektive an der Leica R

Manchmal wird die Frage nach den Möglichkeiten, Objektive fremder Hersteller an der Leica R zu adaptieren, gestellt. Genauso, wie die Frage nach einer Benutzung von Leica R-Objektiven am Gehäuse einer anderen Kamera-Marke. Die knappe Antwort von Leitz lautet: „Nein, das ist von uns nicht vorgesehen." Die Gründe für ein so kurzes Nein sind mannigfaltig. Da sind zunächst die rein mechanischen Funktionen von Kamera und Objektiven, die aufeinander abgestimmt sein müssen. Ist die Bewegung der Springblende z. B. nicht so auf den Verschlußablauf der Leica R- und Leicaflex-Modelle abgestimmt, wie das bei Leica R-Objektiven der Fall ist, dann kann es zu Fehlbelichtungen kommen. Meistens sind diese auch noch bei den verschiedenen Blenden unterschiedlich, so daß eine generelle Korrektur nicht vorgenommen werden kann. Auch der Prellschlag der Blendenlamellen ist in diesem Zusammenhang von größter Bedeutung. Jedes Objektiv besitzt noch Restfehler; jedes menschliche Auge ist in gewisser Weise unvollkommen. Die negativen Eigenschaften dieser beiden „optischen Instrumente" können sich sowohl gegenseitig aufheben als auch verstärken. Die Scharfeinstellung, die wir mit unserem Auge auf der Einstellscheibe der Kamera vornehmen, wird dadurch entsprechend beeinflußt. Verallgemeinernd kann man sagen, daß ein Foto-Objektiv an einer Spiegelreflex-Kamera unter Umständen nicht die gleiche Schärfeleistung auf den Film bringt, die man im Sucher sieht. Aus diesem Grund werden alle Leica R-Objektive individuell auf die Leica R- und Leicaflex-Kameras abgestimmt. Auch die Abstimmung der Einstellscheiben berücksichtigt diese Gegebenheiten entsprechend.

Objektive anderer Hersteller sind entweder an eine bestimmte Kamera gebunden, wie die R-Objektive an Leicaflex und Leica R, oder für eine Vielzahl von verschiedenen Kameras gedacht. Die obenbeschriebene individuelle Abstimmung entfällt also. Das bedeutet, daß selbst die Benutzung eines Hochleistungsobjektivs von einem fremden Hersteller nicht die Garantie

für eine gute Abbildungsleistung in Verbindung mit der Leica R geben kann!

Außerdem ist die Präzision des Objektivsitzes an der Kamera von der Anzahl der Kopplungspunkte abhängig. Bei der Leica R ist, wie bei jeder System-Kamera, mindestens ein Anschlußpunkt unumgänglich. Durch Adapter, wie sie bei Fremd-Objektiven üblich sind, kommt mindestens noch ein weiterer hinzu. Damit addieren sich auch die Toleranzen! Zusätzlich dürfen auch die nachfolgenden Punkte nicht außer acht gelassen werden, wenn über die Verwendung von Fremd-Objektiven an der Leica R gesprochen wird:

● Korrekturen für den Belichtungsmesser, die bei verschiedenen Objektiven notwendig sind und bei den Leica R-Objektiven automatisch durch die Steuerkurven erfolgen, werden bei Fremd-Objektiven nicht vorgenommen.

● Die gewählte Blende kann im Sucher nicht abgelesen werden.

● Die Farb-Charakteristik ist nicht auf Leica R-Objektive abgestimmt. Das stört vor allem bei der Dia-Projektion.

● Die Bajonettanschlüsse können bei unsachgemäßer Fertigung zum Abrieb neigen und auch das Bajonett der Leica R beschädigen.

● Und es stellt sich auch die Frage, von wem man Hilfe erwarten darf, wenn man mit der Aufnahmeeinrichtung „Kamera plus Fremd-Objektiv" einmal Probleme hat.

Tips zur Pflege der Leica R-Objektive

Die Objektive zur Leica R sind praktisch wartungsfrei. Trotzdem sollten sie von Zeit zu Zeit oder nach einem „harten" Einsatz gesäubert werden. Das gilt selbstverständlich auch für Filter, Nahvorsätze und Extender. Staub entfernt man auf den Außenlinsen mit einem weichen Haarpinsel oder benutzt vorsichtig einen sauberen, trockenen, weichen Leinenlappen. Mit Hilfe des Leinenlappens lassen sich auch Fingerabdrücke von den Glasflächen abwischen, wenn die Linsenoberfläche vorher angehaucht wurde. Regentropfen und Wasserspritzer sind möglichst bald, ebenfalls mittels Leinenlappens, vom Objektiv zu entfernen. Nicht zu empfehlen sind Spezialreinigungstücher, wie sie zum Reinigen von Brillengläsern benutzt werden. Diese sind mit chemischen Stoffen imprägniert und können die Objektivgläser angreifen. Das für Brillen verarbeitete Glas hat eine andere Zusammensetzung als das optische Glas für Hochleistungsobjektive.

Tabelle 4: Alle Leica R-Objektive auf einen Blick

R-Objektiv	Bestell-Nr.	Lichtstärke Brennweite (mm)	Bild-winkel	Zahl der Linsen	Zahl der Glieder	Kleinste Blende	Entfernungs-Einstellbereich (m)	Kleinstes Objektfeld (mm)	Sucherver-größerung	PV	empfohlene Filtergröße	Bau-länge (mm)	Größter Ø (mm)	Gewicht (g)
SUPER-ELMAR-R	11213	1:3,5/15	110°	13	12	22	∞ −0,16	70 × 106	0,24	3,60	eingebaut	92,5	83,5	815
FISHEYE-ELMARIT-R	11222	1:2,8/16	180°	11	8	16	∞ −0,30	401 × 601	0,26	4,12	eingebaut	60	71	470
ELMARIT-R	11225	1:2,8/19	95,7°	9	7	16	∞ −0,30	261 × 392	0,32	3,35	− [1]	60	88	500
SUPER-ANGULON-R	11813	1:4/21	92°	10	8	22	∞ −0,20	148 × 221	0,35	2,10	Serie 8,5	43,5	78	410
ELMARIT-R	11221	1:2,8/24	84°	9	7	22	∞ −0,30	250 × 374	0,39	2,36	Serie 8	48,5	67	420
ELMARIT-R	11204	1:2,8/28	76°	8	8	22	∞ −0,30	188 × 282	0,45	2,06	Serie 7	40	63	275
PA-CURTAGON-R	11202	1:4/35	64°/78°	7	6	22	∞ −0,30	140 × 210	0,57	1,52	Serie 8	51	70	290
ELMARIT-R	11231	1:2,8/35	64°	7	6	22	∞ −0,30	140 × 210	0,57	1,54	E 55	41,5	66	305
SUMMICRON-R	11115	1:2/35	64°	6	6	16	∞ −0,30	140 × 210	0,57	1,65	E 55	54	66	422
SUMMICRON-R	11215 11216	1:2/50	45°	6	4	16	∞ −0,50	180 × 270	0,85	1,17	E 55	41	66	300
SUMMILUX-R	11776	1:1,4/50	45°	7	6	16	∞ −0,50	180 × 270	0,85	1,33	E 55	50,6	66,5	395
MACRO-ELMARIT-R	11212	1:2,8/60	39°	6	5	22	∞ −0,27 m. Adapter bis 1:1	48 × 72 24 × 36	1,00	1,04	E 55	62,3 92,3	67,5	390 520
VARIO-ELMAR-R	11244	1:3,5/35-70	64°-35°	8	7	22	∞ −1,00	632 × 947 338 × 507	0,57-1,14	1,52-1,08	E 60	64,5	72	420
VARIO-ELMAR-R	11226	1:4,5/75-200	32°-12,5°	15	11	22	∞ −1,20	270 × 405 107 × 160	1,26-3,17	1,33 −0,53	E 55	157	70	725
SUMMILUX-R	11880	1:1,4/80	30°	7	5	16	∞ −0,80	192 × 288	1,30	0,90	E 67	69	75	625
ELMARIT-R	11806	1:2,8/90	27°	4	4	22	∞ −0,70	140 × 210	1,46	0,80	E 55	57	67	475
SUMMICRON-R	11219	1:2/90	27°	5	4	16	∞ −0,70	140 × 210	1,46	0,82	E 55	62,5	70	560
MACRO-ELMAR	11230	1:4/100	25°	4	3	22	nur im Balgengerät-R ∞ −1:1	24 × 36	1,62	1,06	E 55	62,5	68	365
MACRO-ELMAR-R	11232	1:4/100	25°	4	3	22	∞ −0,60 m. Adapter bis 1:1,6	72 × 108 38 × 57	1,62	1,06	E 55	90 120	67,5	540 670
ELMARIT-R	11211	1:2,8/135	18°	5	4	22	∞ −1,50	220 × 330	2,19	0,55	E 55	93	67	730
ELMAR-R	11922	1:4/180	14°	5	4	22	∞ −1,80	175 × 262	2,92	0,46	E 55	100	65,5	540
APO-TELYT-R	11242	1:3,4/180	14°	7	4	22	∞ −2,50	276 × 414	2,92	0,42	E 60	135	68	750
ELMARIT-R	11923	1:2,8/180	14°	5	4	22	∞ −1,80	193 × 290	2,92	0,56	E 67	121	75	825
TELYT-R	11925	1:4/250	10°	7	6	22	∞ −1,70	124 × 186	4,06	0,33	E 67	195	75	1230
TELYT-R	11915	1:4,8/350	7°	7	5	22	∞ −3,00	171 × 257	5,68	0,27	E 77	286	83,5	1820
TELYT-R	11960	1:6,8/400	6°	2	1	32	∞ −3,60	158 × 236	6,50	0,67	Serie 7	384	78	1830
MR-TELYT-R	11243	1:8/500	5°	5 [4]	5	8 [2]	∞ −4,00	180 × 270	8,05	0,14	5 Filter im Lieferumfang [3]	121	87	750
TELYT-R	11865	1:6,8/560	4,3°	2	1	32	∞ −6,40	224 × 336	9,10	0,48	Serie 7	530	98	2330
TELYT-S	11921	1:6,3/800	3°	3	1	32	∞ −12,50	320 × 480	13,07	0,33	Serie 7	790	152	6860

[1] Filter werden von Leitz nicht empfohlen; Filtergewinde: M 82 × 0,75
[2] Das Objektiv kann nicht abgeblendet werden
[3] Vorderes Filtergewinde: M 77 × 0,75
[4] Zwei Linsen rückseitig verspiegelt. Zusätzlich ein Spezialfilter.

142

143

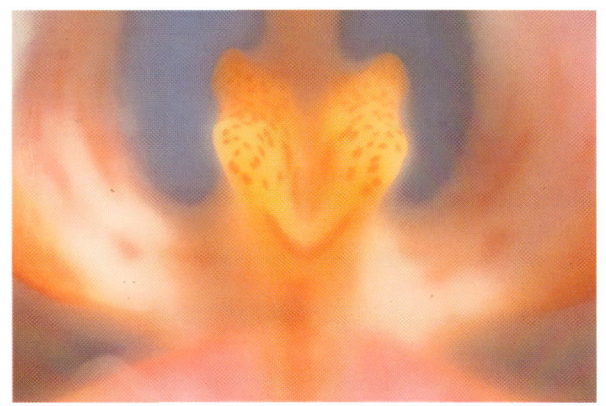

144

145

Brennweiten-Verlängerung durch Extender

Der Wunsch, eine möglichst große Wirkung mit einer möglichst kleinen (sprich „handlichen") Einrichtung zu erzielen, ist auf vielen technischen Gebieten so alt, wie die Technik selbst. Neue Erkenntnisse und verbesserte Technologien sorgen auch meist dafür, daß es nicht nur bei diesem Wunsch bleibt. Auf dem Gebiet der Fotografie ist das seit Jahren deutlich zu erkennen. Die Idee, mit einer kleinen Linse die Brennweite des Foto-Objektives zu verlängern, ist ebenfalls nicht neu und beschäftigt seit Generationen Fotografen und Optische Rechner. Konkrete Vorstellungen darüber, wie die Wirkungsweise eines derartigen optischen Zubehörs sein müßte, gab es genug, denn auf dem Gebiet der astronomischen Optik wurde bereits im 19. Jahrhundert die sogenannte Barlow-Linse eingeführt. Damit ließ sich in kleinen bis mittelgroßen Fernrohren die Vergrößerung erhöhen, ohne die Länge des Instrumentes wesentlich zu ändern. Die Barlow-Linse ist eine starke Negativ-Linse, die kurz vor dem Brennpunkt des Objektivs in den Strahlengang eingeführt wird. Je nach Brennweite und Stellung dieser Linse ist damit eine bis zu 4fache Erhöhung der Fernrohrvergrößerung möglich.

Der Grundgedanke der Barlow-Linse wurde auch relativ rasch für Zwecke der Fotografie übernommen. So sind streuende Zusatzglieder unter dem Namen „Tele-Negativ" bereits vor dem ersten Weltkrieg angebo-

ten worden. Sie ergaben eine verlängerte Brennweite, vorausgesetzt, daß der Balgen der Großformat-Kamera einen genügenden Auszug erlaubte. Für die mit dem „Tele-Negativ" gemachten Aufnahmen nahm man damals die effektive Öffnung 1:16 oder kleiner gerne in Kauf, zumal man sowieso an Objektive mit geringer Lichtstärke gewöhnt war und generell vom Stativ fotografierte.

Durch die Kleinbildfotografie änderten sich die Verhältnisse: Kleinbild-Kameras wurden mit lichtstärkeren Objektiven ausgestattet, weil man mit ihnen aus der Hand fotografieren wollte. Außerdem mußte das Negativ-Format von 24 × 36 mm vergrößert werden, und damit auch der kleinste „Fehler". Daraus ergaben sich Qualitätsprobleme, die eine Benutzung des Konzeptes zunächst unmöglich machten. Erst seit etwa 1965, d. h. nach einer Pause von mehr als 30 Jahren, wurde das Konzept unter dem Namen Converter, Tele-Converter bzw. Extender oder Tele-Extender wieder aufgegriffen.

Für den Kleinbild-Fotografen stellen sich damit heute die Fragen: Unter welchen Bedingungen ist ein Extender nützlich und welche Leistung kann von ihm erwartet werden? Die einfache Antwort darauf lautet: Bei Aufnahmen auf Negativfilm kann ein Extender Vorteile bieten, wenn das mit ihm fotografierte Bild nicht deutlich schlechter ist, als eine entsprechende Ausschnittsvergrößerung aus einer Aufnahme, die mit dem Grund-Objektiv allein gemacht wurde. Bei der Benutzung von hochempfindlichen Filmen werden der

---

Abb. 140: Vom gleichen Standpunkt aus den jeweils günstigsten Ausschnitt zu erfassen, ist der besondere Vorzug aller Vario-Objektive. Wird die Brennweiten-Einstellung während der Belichtung verändert, können interessante Effekte erreicht werden. Im oberen Bild wurde die Brennweite während der Belichtungszeit von 1/15 sec. sehr schnell (jedoch kontinuierlich) von 200 mm auf 75 mm verändert. Der Aufnahmestandpunkt ist bei allen drei Bildern gleich. Vario-Elmar-R 1:4,5/75-200 mm.

Abb. 141: Die Wirkung des Pol-Filters läßt sich im Sucher gut beurteilen. Summicron-R 1:2/35 mm, 1/125 sec., Bl. 5,6-8, Pol-Filter, Farb-Umkehrfilm 19 DIN.

Abb. 142 u. 143: Im Vergleich wird deutlich, welche Beeinflussung durch Pol-Filter möglich ist. Links ohne, rechts mit Pol-Filter. Alle Aufn.: Elmar-R 1:4/180 mm, Farb-Umkehrfilm 15 DIN.

Abb. 144: Elpro-Extrem. Die Elpro-Nahvorsätze 1 bis 4, der Reihenfolge nach übereinander auf das Elmar-R 1:4/180 mm geschraubt, erzeugen bei voller Öffnung des Objektivs eine Abbildung, wie sie ähnlich auch mit starken Weichzeichner-Vorsätzen erreicht werden. Bei Abblendung auf 16 wird noch eine akzeptable Wiedergabe erreicht (rechts). Extreme Kombinationen wie diese, können natürlich nicht von Leitz empfohlen werden und sind deshalb auch nicht in Anleitungen, Tabellen etc. zu finden. Das Abbildungsverhältnis dieser Aufnahme beträgt 2,4 : 1, Farb-Umkehrfilm 15 DIN.

Abb. 145: Kenner wissen seit langem, daß Nahaufnahmen nicht immer mit abgeblendetem Objektiv fotografiert werden müssen. Im Gegenteil, das Spiel mit der Unschärfe fördert die Bildwirksamkeit. Außerdem kann mit offener Blende des Objektivs auch noch bei schlechten Lichtverhältnissen aus der Hand fotografiert werden. Macro-Elmarit-R 1:2,8/60 mm, 1/30 sec., volle Öffnung, Freihand-Aufnahme, Farb-Umkehrfilm 19 DIN

nachträglichen Ausschnittsvergrößerung allerdings durch die Körnigkeit des Aufnahmematerials natürliche Grenzen gesetzt.

Bei Aufnahmen auf Farb-Umkehrfilm spielt der optimale Bildausschnitt bei der Aufnahme eine wesentliche Rolle. Da eine nachträgliche Ausschnittsvergrößerung praktisch nicht möglich ist, wird man gegebenenfalls auch eine gewisse Qualitätsminderung in der Abbildung durch die Verwendung eines Extenders in Kauf nehmen.

Angenommen, es gäbe einen optisch fehlerfreien Extender, also ein optisches System ohne Abbildungsfehler, dann sind folgende Effekte mit seiner Benutzung verbunden:

● Die Öffnungszahl des Objektivs wird mit dem Vergrößerungsfaktor des Extenders multipliziert. Durch einen 2fach Extender wird z. B. aus der Anfangsöffnung 1:2,8 die effektive Lichtstärke 1:5,6 bei Abblendung des Objektivs auf Blende 4 resultiert daraus die effektive Lichtstärke 1:8 usw.

● Die erforderliche Belichtungszeit für gegebene Beleuchtungsverhältnisse wird um das Quadrat des Extender-Vergrößerungsfaktors erhöht, d. h. beim Fotografieren mit einem 2fach Extender wird die Belichtungszeit 4 × so lang.

● Alle Bildfehler des Grundobjektivs werden um den Vergrößerungsfaktor des Extenders vergrößert.

In der Praxis können diese Fakten nicht unberücksichtigt bleiben. Wird ein 2fach Extender z. B. mit einem Objektiv 1:2,8/180 mm benutzt, so erhält man eine Kombination von 360 mm mit der Anfangsöffnung 1:5,6. Dafür wird rechnerisch eine 4 × längere Belichtungszeit benötigt als für das Grundobjektiv alleine. In der Praxis wird man jedoch um ca. 1/3 Belichtungswert länger belichten müssen, da zusätzlich noch weiteres Licht durch die Absorption des Extender-Glases verlorengeht. Bei der Belichtungsmessung durch das Objektiv wird das selbstverständlich automatisch berücksichtigt. Bei Blitzlicht-Aufnahmen darf man das nicht außer acht lassen.

Mit Benutzung des Extenders erhöht sich auch gleichzeitig die Empfindlichkeit gegen Bewegungsunschärfe um den Faktor 2. Bei strahlendem Sonnenschein könnte ein Film mit einer Empfindlichkeit von ASA 50/18 DIN bei Blende 5,6 mit etwa 1/400 sec belichtet werden. Das entspricht einer Belichtungszeit, die ein Durchschnitts-Fotograf mit einem Objektiv von 360 mm Brennweite aus freier Hand ohne störende Verwackelungsunschärfe benutzen kann. Damit wird deutlich, daß für die beschriebene Kombination eine Filmempfindlichkeit von ASA 50/18 DIN nur bei besten Lichtverhältnissen gerade noch ausreicht.

In Wirklichkeit geht jedoch auch diese Rechnung nicht ganz auf, weil ein Extender eben nicht frei von Fehlern sein kann. Die Möglichkeiten für eine bessere Korrektur sind bei einer Optik mit negativer Brennweite (Extender) sehr begrenzt. Zum Beispiel läßt sich die geringe negative Bildfeldwölbung selbst mit extremen Spezialgläsern nicht ganz beseitigen. Bei den im Prinzip ähnlich aufgebauten „echten" Tele-Objektiven erfolgt die Kompensation der „Restfehler" des negativen Hintergliedes durch entgegengesetzte Fehler, die der

Abb. 146: Die Extender-R 2x.

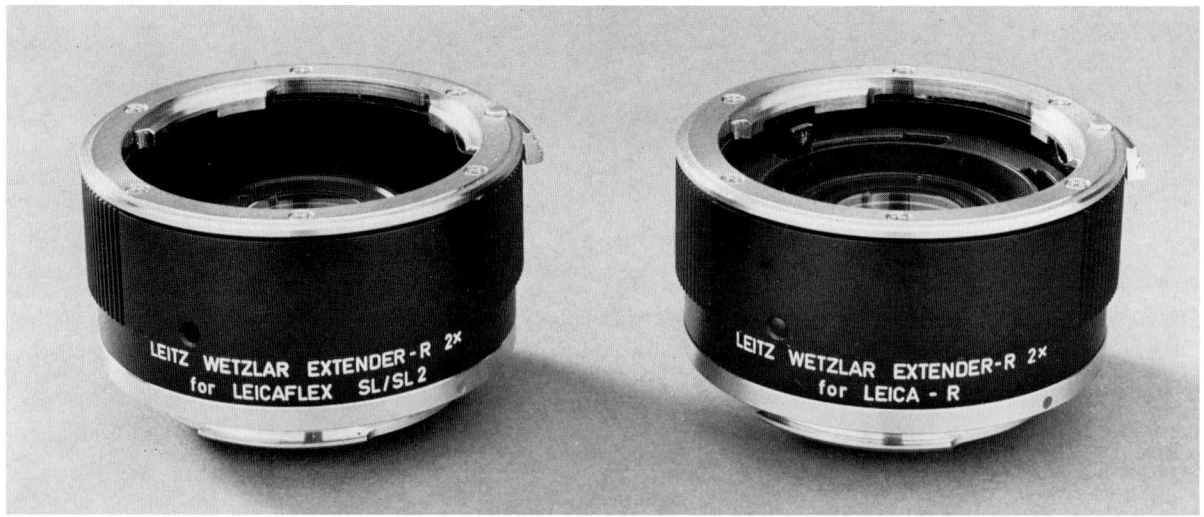

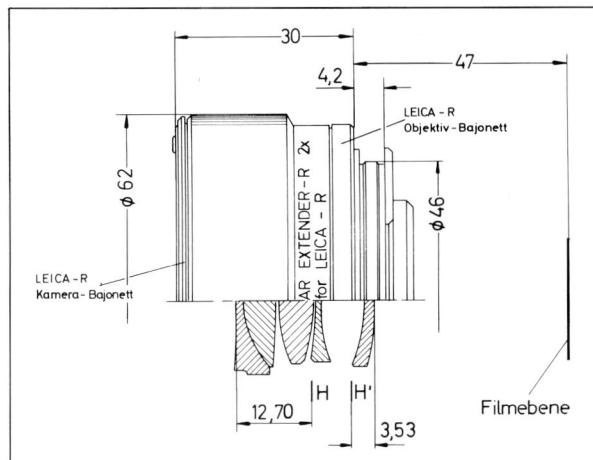

Abb. 147: Extender-R 2x für Leica R. Der Extender-R 2x für die Leicaflex SL/SL 2-Modelle besitzt die gleichen optischen Daten.

Optik-Rechner bewußt im positiven Vorderglied des Objektivs beläßt. Das ist bei der Kombination Objektiv + Extender naturgemäß nicht gegeben und die Bildqualität wird dadurch mehr oder weniger negativ beeinflußt. Ein Effekt, den man nur durch Abblenden mildern kann. Damit ist jedoch auch die Notwendigkeit der Verwendung hochempfindlicher Filme vorgegeben, wenn aus der Hand fotografiert werden soll. Bei schlechten Lichtverhältnissen ist die Grenze für Freihand-Aufnahmen dann bald erreicht.

Der Leitz Extender-R 2×

Wenn sich Leitz zur Fertigung eines 2fach Extenders entschlossen hat, dann nicht nur um ein weiteres Zubehör zum umfangreichen Leica R-System anbieten zu können. Es bot sich vielmehr die Möglichkeit, durch Anwendung besonderer Technologien und unter Verwendung spezieller Leitz-Gläser dem Leica R-Besitzer einen Extender anzubieten, der in seiner Qualität der Kamera adäquat ist. Bei diesem Extender sind durch eine besonders sorgfältige Abstimmung auf die spezifischen Korrektionszustände der vorzuschaltenden Leica R-Objektive die oben erwähnten negativen Effekte auf ein Minimum reduziert worden. Der Extender-R 2× ist für alle Objektiv-Brennweiten ab 50 mm und länger sowie für Lichtstärken ab 1:2 und geringer konzipiert. Er wird mit Hilfe des Leica R-Bajonetts zwischen Objektiv und Kamera eingeriegelt und verdoppelt die Brennweite des benutzten Objektivs. Für Leica R- und Leicaflex SL/SL 2-Modelle werden aus konstruktiven Gründen mechanisch unterschiedliche Ausführungen geliefert:

Extender-R 2× for Leica R

Best.-Nr. 11236
Für Leica R3/R3-Mot und Leica R4-Mot

● Mit Offenblendenmessung und vollautomatischer Springblenden-Übertragung bei Leica R-Objektiven mit Springblenden-Automatik, wenn R-Steuernocken vorhanden ist.
● Mit Arbeitsblendenmessung bei Leica R-Objektiven ohne Springblenden-Automatik, wenn R-Steuernocken vorhanden ist.
● Mit Zeit-Automatik oder mit manueller Einstellung von Belichtungszeit und Blende.
Eine Sperre verhindert das Ansetzen an Leicaflex-Kameras.

Extender-R for Leicaflex SL/SL 2

Best.-Nr. 11237
Für Leicaflex SL/SL 2

● Mit Arbeitsblendenmessung für alle Leica R-Objektive.
● Der Extender-R 2× for Leicaflex SL/SL 2 kann auch an die Leica R-Kameras angesetzt werden: Arbeitsblendenmessung (selektiv/integral) mit Zeit-Automatik oder mit manueller Einstellung von Belichtungszeit und Blende.
Das optische System beider Extender ist gleich. Es besteht aus fünf Linsen in vier Gliedern. Durch diesen großen optischen Aufwand und durch den Einsatz spezieller Gläser (drei von fünf Linsen bestehen aus dem weltberühmten Leitz-Noctilux-Glas, mit einem Brechungsindex von 1,9005) wurde eine optimale Abstimmung für die Leica R-Objektive erreicht. Die Abbildungsleistung aller Leica R-Objektive, die bereits bei voller Öffnung hervorragend ist, zahlt sich in Verbindung mit dem Extender-R 2× aus. Die Qualität der Wiedergabe kann noch gesteigert werden, wenn Objektive mit der Lichtstärke 1:2 um zwei Blendenstufen, Objektive mit der Lichtstärke 1:2,8 und geringer um eine Blendenstufe abgeblendet werden.
Werden die von Leitz nicht für Extender-Benutzung empfohlenen Objektive Summilux-R 1:1,4/50 mm und Summilux-R 1:1,4/80 mm zusammen mit dem Extender-R 2× benutzt, muß eine Korrektur der Belichtungsmessung von „−1" durch override erfolgen und beide Objektive sollten mindestens auf Blende 2 (optimal auf Blende 4) abgeblendet werden.
Eine exakte Scharfeinstellung für weit entfernte, aber noch nicht im Unendlich-Bereich des Objektivs befindliche Objekte ist bei langen Brennweiten manchmal kritisch. Leica R-Objektive ab 250 mm Brennweite

Abb. 148: Die hervorragende Korrektion aller Leica R-Objektive und der mit großem optischen Aufwand darauf abgestimmte Extender-R 2x sind die Garanten für gute Aufnahme-Ergebnisse.
Links: Elmarit-R 1:2,8/90 mm, 1/500 sec, Bl. 5,6 – 8. Rechts: Gleiches Objektiv mit Extender-R 2x, 1/250 sec, Bl. 4 – 5,6.

lassen sich deshalb über Unendlich hinaus fokussieren. Bei Extender-Benutzung werden normale Brennweiten zu langen, und lange zu längsten Brennweiten. Um auch dann noch eine exakte Einstellung vornehmen zu können, wenn die erforderliche Entfernungseinstellung kurz vor dem Unendlich-Anschlag des Grundobjektivs liegt, werden die Extender-R 2 × so abgestimmt, daß sich einige Objektive über Unendlich hinaus fokussieren lassen.

Ungeachtet der aufgeführten Nachteile gibt es zweifellos eine Reihe von Möglichkeiten, bei denen der Extender-R 2 × Vorteile bietet. Besonders interessant ist z. B. die Verwendung des Extenders in Verbindung mit den Makro-Objektiven. Dabei wird nicht nur die Brennweite verdoppelt, sondern auch bei gleichem Einstellbereich das Abbildungsverhältnis. Beim Macro-Elmarit-R 1:2,8/60 mm erreicht man deshalb das Abb.-Verh. 1:1 ohne Macro-Adapter aus etwa 30 cm

Entfernung. Und mit dem Macro-Elmar-R 1:4/100 mm läßt sich ein Schmetterling formatfüllend fotografieren, ohne daß die Fluchtdistanz unterschritten wird!

Auch Vario-Objektive erhalten durch den Extender-R 2 × zusätzliche Anwendungsbereiche. Allerdings schränkt die Anfangsöffnung des Objektivs Vario-Elmar-R 1:4,5/75 – 200 mm die Möglichkeiten ein wenig ein.

Grundsätzlich gilt: wer auf die relativ großen Öffnungen der normalen Objektive verzichten kann, und die Verwendung von hochempfindlichen Filmen nicht scheut, für den kann der Extender-R 2 × eine zusätzliche Bereicherung seiner Fotoausrüstung sein, wenn die daran geknüpften Erwartungen nicht den Rahmen der angeführten Fakten sprengen. Das geringe Gewicht von 180 g und das kleine Volumen von 30 mm Höhe und 62 mm Durchmesser lassen sich bequem unterbringen und transportieren.

Aufnahme-Praxis

Abb. 149

Der Nahbereich

Die Welt der kleinen Dinge ist vielfältig. Nah herangehen und sie möglichst groß erfassen, das ist die Devise für besonders reizvolle Fotos. Egal, ob wir als Fotografen das Spiel mit Formen und Farben lieben, oder Dinge entdecken wollen, die unserem Auge normalerweise verborgen sind. Im Gegensatz zur oft vertretenen Meinung ist dieses Gebiet der Fotografie schon lange nicht mehr nur etwas für Spezialisten. Im Gegenteil! Das auf die verschiedenen Bedürfnisse der Fotografen zugeschnittene Zubehör im Leica R-System und dessen einfache Bedienung machen es ihm leicht und garantieren auch dem weniger Geübten auf Anhieb respektable Ergebnisse. Trotzdem kann es nicht schaden, wenn wir uns vorher ein wenig mit der Theorie der Nahaufnahmen beschäftigen. Durch einfaches Rechnen läßt sich z. B. die jeweils optimale Ausrüstung zusammenstellen, ohne vorher lange experimentieren zu müssen. Der Aufnahmeabstand, wichtig, wenn z. B. eine bestimmte Fluchtdistanz bei Insekten eingehalten werden muß oder, wenn entsprechend Raum für die Beleuchtungstechnik erforderlich ist, kann so schnell und leicht ermittelt werden. Auch welche Brennweite z. B. für eine ganz bestimmte fotografische Aufnahme benutzt werden muß, welcher Zwischenring erforderlich ist usw. Bald werden wir merken, daß die im zweiten Satz dieses Kapitels verkündete Devise „Nah heran und groß erfassen" für Nahaufnahmen nicht unbedingt zwingend ist. Unter bestimmten Bedingungen sind nämlich auch Nahaufnahmen aus größerer Distanz möglich.

Das Abbildungsverhältnis

Das Maß für die Nahaufnahme heißt Abbildungsverhältnis oder Abbildungsmaßstab. Welche Bewandtnis hat es damit? Die kürzeste Einstellentfernung mit 50 mm-Objektiven liegt bei 50 cm. Dabei wird ein Abbildungsverhältnis von etwa 1:8 erreicht. Aufnahmen darunter z. B. 1:5, nennt man Nahaufnahmen. Nach DIN 19040 (Blatt 2) wird bei den Aufnahmetechniken nur zwischen Fern-Aufnahmen (Abbildungsverhältnis 1:∞ bis ca. 1:10), Nah-Aufnahmen (Abbildungsverhältnis 1:10 bis 10:1) und Mikroskop-Aufnahmen (Abbildungsverhältnis ca. 10:1 bis ∞:1) unterschieden. Es wird aber auch ausdrücklich darauf hingewiesen,

daß Makro-, Lupen- und Mikro-Aufnahmen zwar benutzte, aber unterschiedlich ausgelegte Begriffe sind. Bei Leitz bezeichnet man Aufnahmen mit den Abbildungsverhältnissen von ca. 1:10 bis 1:1 und darüber hinaus bis zum Abbildungsverhältnis von 30:1 als Nah- und Makro-Aufnahmen, ohne eine strenge Teilung zwischen beiden Begriffen vorzunehmen. In Anlehnung daran sind auch die Namen Macro-Elmarit-R, Macro-Adapter etc. entstanden. Die Nahaufnahmen werden also durch das Abbildungsverhältnis gekennzeichnet. Das Abbildungsverhältnis (Abb.-Verh.) oder der Abbildungsmaßstab (Abb.-M.) zeigt an, in welcher Größenrelation das Bild zum Original steht.

Abb.-Verh. 1:10 = Abb.-M. $\frac{1}{10}$ (dezimal: 0,1) bedeutet, daß das Objekt zehn mal kleiner wiedergegeben wird. Mit anderen Worten: auf das Kleinbildformat (Negativgröße) von 24 × 36 mm wird ein Objektfeld (Gegenstand) von 240 × 360 mm abgebildet.

Als Formel: Abb.-M. $= \dfrac{\text{Negativgröße (N)}}{\text{Objektfeldgröße (G)}}$

Praxisnah ist die Errechnung des Abbildungsmaßstabes nach folgender Methode: auf das Objekt oder anstelle des Objektes wird Millimeterpapier gelegt. Die jetzt auf der Einstellscheibe der Leica R oder Leicaflex SL/SL2 abgebildeten Millimeter werden mit dem 7 mm großen Durchmesser des großen, zentralen Kreises (Meßfeld bei selektiver Belichtungsmessung) verglichen. Zählt man eine Strecke von 21 Millimetern innerhalb des größten Kreisdurchmessers, dann gilt:

Abb.-M. $= \dfrac{7}{21} = \dfrac{1}{3}$ oder Abb.-Verh. 1:3 (0,33)

Zählt man sieben Millimeter:

Abb.-M. $= \dfrac{7}{7} = \dfrac{1}{1}$ oder Abb.-Verh. 1:1 (1)

Bei 2,3 gezählten Millimetern:

Abb.-M. $= \dfrac{7}{2,3} = \dfrac{3}{1}$ oder Abb.-Verh. 3:1 (3)

Die Vollmattscheibe mit Gitterteilung zur Leica R4-Mot besitzt auch zwei Strichmarken im Abstand von 10 mm zur Ermittlung des Abbildungsmaßstabes. Mit dieser „runden Zahl" können die notwendigen Rechenoperationen noch etwas leichter durchgeführt werden. Das von Leitz herausgegebene „Merkblatt für Nahaufnahmen" besitzt übrigens für diese Meßzwecke am unteren Rand eine Millimeterskala.
Es gibt mehrere Möglichkeiten, um die Bedingungen für Nahaufnahmen zu erfüllen:

◁ *Abb. 149: Die Welt der Nahaufnahmen ist formen- und farbenreich, voller Kontraste und fein abgestufter Zwischentöne. Apo-Telyt-R 1:3,4/180 mm mit Macro-Adapter-R.*

163

- Durch optische Hilfsmittel, die vor das Objektiv geschraubt werden.
- Durch optische Hilfsmittel, die zwischen Objektiv und Kameragehäuse angebracht werden.
- Durch Auszugsverlängerung der Objektive.

Zu den beiden optischen Hilfsmitteln zählen im Leica R-System die Elpro-Nahvorsätze und der Extender. Für entsprechende Auszugsverlängerungen sorgen der Macro-Adapter-R, die Ringkombination, ein Zwischenstutzen und das Balgeneinstellgerät-R. Die zu erreichenden Abbildungsverhältnisse, Objektfeldgrößen, Arbeitsabstände etc. können aus Tabellen entnommen oder errechnet werden.

Optische Nahvorsätze

Sammelnde oder streuende Linsen, die, vor einem Foto-Objektiv angebracht, dessen Brennweite verkürzen oder verlängern, sind schon sehr lange bekannt. Ohne das Objektiv zu wechseln, lassen sich dadurch — in gewissen Grenzen — die Abbildungsverhältnisse verändern. Heute benutzen wir zur Leica R anstelle der einfachen Vorsatzlinsen hochwertige Achromate: die Elpro-Nahvorsätze. Das sind zwei verkittete Linsen, die, wie schon das Wort Achromat sagt, vom Aufbau her als Objektiv zu betrachten sind. Die 400- und 560-mm-Telyt-Objektive sind z. B. auch Achromate. Durch diese für einen Objektivvorsatz relativ aufwendige Konstruktion ist die Möglichkeit gegeben, die Abbildungsqualität entscheidend zu verbessern. Während in der Regel im Bereich von kurzen Aufnahmeabständen die Abbildungsleistung eines herkömmlichen Foto-Objektives durch die für Nahaufnahmen notwendige Auszugsverlängerung negativ beeinflußt wird, kann durch speziell für diesen Zweck gerechnete Achromate die optische Abbildungsqualität in diesem Bereich gesteigert werden. Wohlgemerkt — nur durch Achromate, also nicht durch einfache Vorsatzlinsen, und nur, wenn diese für die jeweils benutzten Objektive gerechnet werden! Die Elpro-Nahvorsätze verwandeln die Leica R-Objektive quasi in Spezialobjektive für den Nahbereich. Dabei bleibt die Aufnahmetechnik unverändert, d. h. die automatische Springblende des jeweiligen Objektivs und die Belichtungsmessung bei offener Blende werden voll genutzt. Die Brennweite (f) eines durch Nahvorsatz und Objektiv geschaffenen „Spezialobjektivs" läßt sich übrigens leicht errechnen, wenn man die Brechkraft beider optischer Systeme addiert. Die Einheit der

Tabelle 5: ELPRO-Nahvorsätze und deren optische Daten

ELPRO	Brennweite in mm	Dioptrie
1/VIa	399,04	2,51
2/VIb	203,45	4,92
3/VIIa	602,56	1,66
4/VIIb	1333,57	0,75

Brechkraft heißt Dioptrie (dpt) und ist der reziproke Wert von f (1/f), wobei f in Metern gemessen wird. Das hört sich komplizierter an als es ist. Darum gleich ein Beispiel:

1. Brechkraft Objektiv Elmarit-R 1 : 2,8/90 mm:
$$\frac{1}{f} = \frac{1}{0,09} = 11,11 \text{ dpt}$$

2. Brechkraft Nahvorsatz Elpro 4: $\frac{1}{f} = \frac{1}{1,33} = 0,75$ dpt

3. Brechkraft „Spezialobjektiv":
1. + 2. = 11,11 + 0,75 = 11,86 dpt

Brennweite „Spezialobjektiv":
$$\frac{1}{11,86} = 0,084 \text{ m} = 84 \text{ mm}$$

Streng genommen muß bei der Errechnung der Brechkraft des „Spezialobjektivs" auch der spezielle Aufbau des jeweiligen R-Objektivs sowie der Abstand zwischen Objektiv-Vorderlinse und Elpro-Nahvorsatz berücksichtigt werden. Für die Praxis ist diese unkomplizierte Rechnung jedoch ausreichend.
An dem obigen Beispiel erkennt man übrigens deutlich, weshalb man diese Kombination (90 mm-Objektiv + Elpro 4) nicht empfehlen kann: Die Brennweitenveränderung ist noch zu gering, und die so zu erreichenden Abbildungsmaßstäbe unterscheiden sich kaum von denen, die man mit den 90 mm-Objektiven ohne Elpro 4 erreicht.

Die Elpro-Nahvorsätze
Alle Elpro-Nahvorsätze sind entsprechend ihrer Objektivzugehörigkeit gekennzeichnet. Die erste von Leitz gefertigte Serie trug die römischen Ziffern „VI" bzw. „VII" sowie zusätzlich die Buchstaben „a" oder „b". Diese Bezeichnungen sind nach den Filtergrößen der Objektive (Serie VI bzw. VII) und zur Unterscheidung der Abbildungsbereiche (a bzw. b) vorgenommen worden. Die neuere Elpro-Serie zur Leica R wird nur noch durch die Zahlen 1, 2, 3 und 4 gekennzeich-

Abb. 150: Die Elpro-Nahvorsätze 1 und 2, bzw. VIa und VIb, unterscheiden sich äußerlich in ihren Linsendurchmessern von den Elpro-Nahvorsätzen 3 und 4, bzw. VIIa und VIIb. Damit Elpro 1 und 2 auch am „älteren" Summicron 1:2/50 mm benutzt werden können, besitzen sie zusätzlich ein zweites Gewinde (rechts im Bild).

Abb. 151: Beispiel für die mit den Elpro-Vorsätzen 1 und 2 erreichbaren Abbildungsverhältnisse mit dem 50 mm-Summicron-R bei 50 cm Entfernungseinstellung: Links ohne Elpro, in der Mitte mit Elpro 1 und rechts mit Elpro 2.

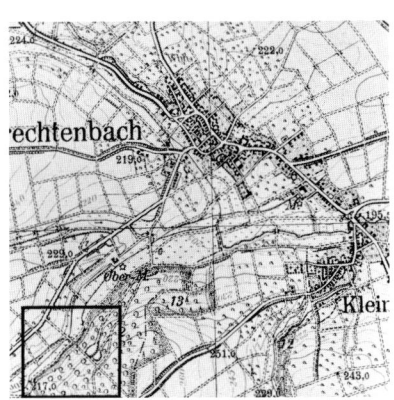 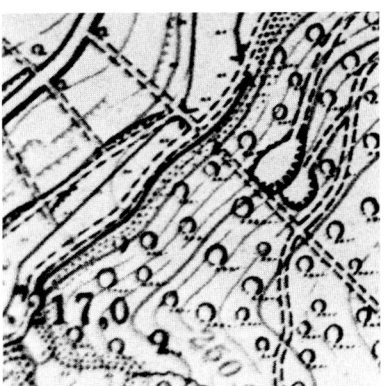 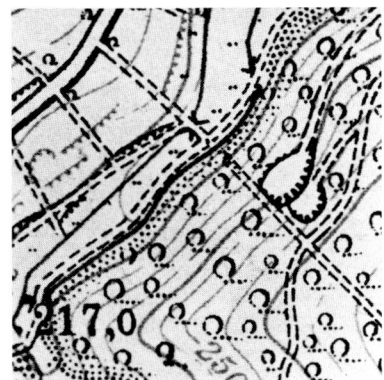

Abb. 152: Zeitungsseiten oder, wie in diesem Beispiel, der Ausschnitt einer Landkarte, sind keine Testobjekte, an denen das Leistungsvermögen eines normalen Foto-Objektivs gemessen werden kann! In diesem Fall läßt sich allerdings der Unterschied zwischen den Aufnahmen mit und ohne Elpro-Nahvorsatz so am besten demonstrieren. Beide Aufnahmen wurden im Abbildungsverhältnis von ca. 1:3 mit dem Elmarit-R 1:2,8/90 mm fotografiert. Die mittlere Abbildung mit Macro-Adapter-R, die rechte Abbildung mit Elpro 3. Aus diesen Negativen (Abbildung links) wurden von den äußersten Randpartien mit etwa 10facher Vergrößerung Ausschnittsvergrößerungen angefertigt.
Die bessere „Randschärfe" der Elpro-Aufnahmen ist bis Blende 5,6 deutlich zu erkennen. Danach gibt es keine nennenswerten Unterschiede mehr.

net. Diese Vorsätze besitzen ein einheitliches Filtergewinde M55 × 0,75. Die optischen Daten beider Serien sind gleich und in Tabelle 5 zusammengefaßt. Die Elpro-Nahvorsätze 1/VIa und 2/VIb wurden speziell für das Summicron-R 1:2/50 mm, der Nahvorsatz Elpro 3/VIIa dagegen für die 90 mm Objektive bzw. Elmarit-R 1:2,8/135 mm entwickelt; für letzteres Objektiv ist auch Elpro 4 oder VIIb gedacht. Da die Nahvorsätze größtenteils mit einem einheitlichen Filtergewinde ausgestattet sind (siehe Tabelle 6), können sie auch auf andere Objektive mit entsprechendem Gewinde aufgeschraubt werden. Natürlich kann dann nicht in allen Fällen ein optimales Ergebnis erwartet werden. Das gilt vor allem dann, wenn mehrere Vorsätze gleichen oder unterschiedlichen Typs aufeinander geschraubt werden. Manchmal bringt auch die

Tabelle 6:
Welcher ELPRO-Nahvorsatz für welches R-Objektiv

ELPRO Best.-Nr.	Einschr.-Gew.	Zur Benutzung an Objektiv
VIa/VIb 16531/16532	M44 × 0,75	SUMMICRON-R 1:2/50 mm Best.-Nr. 11228
VIIa 16533	M54 × 0,75	SUMMICRON-R 1:2/90 mm bis Nr. 2770950 ELMARIT-R 1:2,8/90 mm bis Nr. 2809000 MACRO ELMAR 1:4/100 mm (Balgen) bis Nr. 2933350 ELMARIT-R 1:2,8/135 mm bis Nr. 2772618
VIIb 16534	M 54 × 0,75	MACRO ELMAR 1:4/100 mm (Balgen) bis Nr. 2933350 ELMARIT-R 1:2,8/135 mm bis Nr. 2772618
1 16541 2 16542	M 55 × 0,75 und M 44 × 0,75	SUMMICRON-R 1:2/50 mm Best.-Nr. 11215 und 11216 SUMMICRON-R 1:2/50 mm* Best.-Nr. 11228
3 16543	M 55 × 0,75	SUMMICRON-R 1:2/90 mm ab Nr. 2770951 ELMARIT-R 1:2,8/90 mm ab Nr. 2809001 MACRO-Elmar 1:4/100 mm (Balgen) ab Nr. 2933351 MACRO-ELMAR-R 1:4/100 mm ELMARIT-R 1:2,8/135 mm ab Nr. 2772619 ELMAR-R 1:4/180 mm VARIO-ELMAR-R 1:4,5/75 – 200 mm
4 16544	M 55 × 0,75	MACRO-ELMAR 1:4/100 mm (Balgen) ab Nr. 2933351 MACRO-ELMAR-R 1:4/100 mm ELMARIT-R 1:2,8/135 mm ab Nr. 2772619 ELMARIT-R 1:4/180 mm VARIO-ELMAR-R 1:4,5/75 – 200 mm

* Die Gegenlichtblende kann nicht benutzt werden

Tabelle 7:
Techn. Daten zu den ELPRO-Nahvorsätzen

R-Objektiv	ELPRO	Entfernungsskala auf	Entfernung in cm Objekt bis Frontlinse	Abbildungsverhältnis	Objektfeldgröße in mm
SUMMICRON-R 1:2/50 mm	1/VIa	∞	41	1:7,7	184 × 276
	1/VIa	0,5	21	1:3,8	91 × 137
	2/VIb	∞	21	1:3,9	94 × 141
	2/VIb	0,5	14	1:2,6	62 × 93
ELMARIT-R 1:2,8/90 mm SUMMICRON-R 1:2/90 mm	3/VIIa	∞	61	1:6,7	161 × 241
	3/VIIa	0,7	30	1:3,0	72 × 108
MACRO-ELMAR-R 1:4/100 mm	4	∞	136	1:13	323 × 484
	4	0,6	31	1:2,5	61 × 92
	3	∞	61	1:6	145 × 218
	3	0,6	24	1:2	48 × 72
mit MACRO-ADAPTER-R	4	∞	31	1:2,6	63 × 94
	4	0,6	20	1:1,4	34 × 51
	3	∞	24	1:2	49 × 73
	3	0,6	17	1:1,2	29 × 44
ELMARIT-R 1:2,8/135 mm	4/VIIb	∞	135	1:9,9	237 × 355
	4/VIIb	1,5	68	1:4,4	106 × 159
	3/VIIa	∞	61	1:4,5	107 × 160
	3/VIIa	1,5	42	1:2,8	66 × 99
ELMAR-R 1:4/180 mm	4	∞	135	1:7,4	178 × 267
	4	1,8	75	1:3,3	80 × 120
	3	∞	61	1:3,3	80 × 120
	3	1,8	45	1:2,0	48 × 72
VARIO-ELMAR-R 1:4,5/75 – 200 mm	4	75 mm/∞	135	1:17,3	414 × 621
	4	200 mm/1,2	58	1:2,6	62 × 93
	3	75 mm/∞	61	1:7,8	187 × 281
	3	200 mm/1,2	38	1:1,7	41 × 62

alle Werte abgerundet

Benutzung eines Elpro-Nahvorsatzes keinen Gewinn an Abbildungsgröße. Die sinnvollste Kombination hinsichtlich der zu erreichenden Abbildungsqualität (bereits bei mittleren Blendenöffnungen) sind in Tabelle 6 zusammengefaßt worden. Trotzdem sollte man sich nicht abhalten lassen, ein wenig mit den Elpro-Nahvorsätzen zu experimentieren. Bei kleineren Blendenöffnungen kann auch bei Benutzung mehrerer miteinander kombinierter Elpro-Vorsätze in der Regel mit einem akzeptablen Ergebnis gerechnet werden. In der Praxis hat sich z. B. die Kombination zweier Elpro 3 bzw. VIIa vor dem Elmarit-R 1:2,8/135 mm für Abbildungsmaßstäbe von 1:2 bis 1:1,5 bewährt. Selbstverständlich können Elpro-Nahvorsätze auch in Verbindung mit dem Macro-Adapter, dem Balgeneinstellgerät-R oder der dreiteiligen Ringkombination 14 159 erfolgreich benutzt werden. Ein stärkeres Abblenden der Objektive ist dann ebenfalls empfehlenswert. Es stört auch kaum, weil in diesen Bereichen der Nahaufnahme meistens eine größere Schärfentiefe gefordert wird. Einige Beispiele für die erreichbaren Abbildungsmaßstäbe bei Kombination von Zwischenring bzw. Balgeneinstellgerät-R und Elpro-Nahvorsatz zeigen die Tabellen 11, 12, 15 und 17. Die fotografische Praxis beweist, daß man unter bestimmten Bedingungen eine exaktere Scharfeinstellung über Mikroprismen oder Mattscheibe erreicht als bei einer Einstellung über Schnittbild-Indikator. Da die Schärfe/Unschärfe-Beurteilung des abgebildeten Motivs sowieso auf der ganzen Fläche der Einstellscheibe vorgenommen wird, sollte man sich angewöhnen, bei Nahaufnahmen auf das Arbeiten mit dem Schnittbild-Entfernungsmesser zu verzichten. Ein wesentlicher Vorteil der Elpro-Nahvorsätze sollte nicht unerwähnt bleiben: der sonst bei Nahaufnahmen übliche Verlängerungsfaktor entfällt. Er würde zwar bei Lichtmessung durch das Objektiv automatisch berücksichtigt werden, doch das Sucherbild wäre dann dunkler und die Belichtungszeit länger. Das hellere Sucherbild und die kürzere Belichtungszeit sind jedoch eminent wichtig, wenn Nahaufnahmen bei vorhandenem Licht aus der Hand gelingen sollen.

Nahaufnahmen durch Auszugsverlängerung

Die im Nahbereich notwendige Auszugsverlängerung ist abhängig vom Abbildungsverhältnis. Die verschiedenen Leica R-Objektive haben aus mechanischen oder optischen Gründen unterschiedliche Begrenzungen im Nahbereich. In den technischen Daten zu den einzelnen Objektiven werden die Einstellbereiche und

das kleinste zu erreichende Objektfeld angegeben. Eine besonders große Auszugsverlängerung besitzen das Macro-Elmarit-R 1:2,8/60 mm und das Macro-Elmar-R 1:4/100 mm. Durch weiteres mechanisches Zubehör kann die Auszugsverlängerung aller R-Objektive vergrößert und damit der Nahbereich erweitert werden. Allerdings bleibt bei Vario-Objektiven die Scharfeinstellung unter diesen Bedingungen nicht mehr erhalten, wenn die Brennweite verändert wird. Außerdem wird nicht mit allen Objektiven eine akzeptable Abbildungsleistung durch die große Auszugsverlängerung erreicht. Oder die Aufnahmeabstände werden zu klein. In den Tabellen dieses Buches werden deshalb nur die empfehlenswerten Ausrüstungen aufgeführt.

Abbildungsgesetze

Um die Gesetzmäßigkeiten der bei allen Aufnahme-Situationen herrschenden Bedingungen zu erkennen, und sie für die fotografische Praxis umzusetzen, ist keine besondere physikalische Vorbildung des Fotografen erforderlich. Nur einige wenige, immer wiederkehrende Begriffe sind erklärungsbedürftig. Sie kennzeichnen bestimmte „Größen", d. h. Distanzen, vorgegebene Punkte etc. und werden mit Buchstaben gekennzeichnet. Die gleichen Kennzeichen werden sowohl „vor" dem Objektiv, d. h. auf der Objektseite benutzt, als auch „hinter" dem Objektiv, nachdem die Lichtstrahlen durch das Objektiv hindurch getreten sind, d. h. auf der Bildseite. Zur Unterscheidung wird den bildseitigen Bezeichnungen ein kleiner Strich angehängt, z. B. objektseitige Brennweite = f, bildseitige Brennweite = f'. Alle zeichnerischen Darstellungen werden so angelegt, daß sich die Objektseite links, die Bildseite rechts in der Abbildung befindet. Die Beziehungen der einzelnen „Größen" zueinander unterliegen relativ einfachen Gesetzmäßigkeiten, so daß daraus leicht entsprechende Maßnahmen für bestimmte Aufnahme-Situationen abgeleitet werden können. Ohne Rechenschieber, ohne Computer, ganz einfach im Kopf. Dabei ist eine einfache Überschlagsrechnung für die praktische Anwendung der Fotografie völlig ausreichend! Zwei extreme Möglichkeiten, unter denen reelle Bilder, also vom Film auffangbare Abbildungen zustande kommen, sind für alle weiteren Überlegungen wichtig:

● Ist ein Gegenstand unendlich (∞) weit entfernt, treten die von ihm ausgehenden Lichtstrahlen parallel in das Objektiv ein, werden gebrochen und vereinen sich in der bildseitigen Brennebene im Brennpunkt F'. In schematischen Zeichnungen wird das anhand von

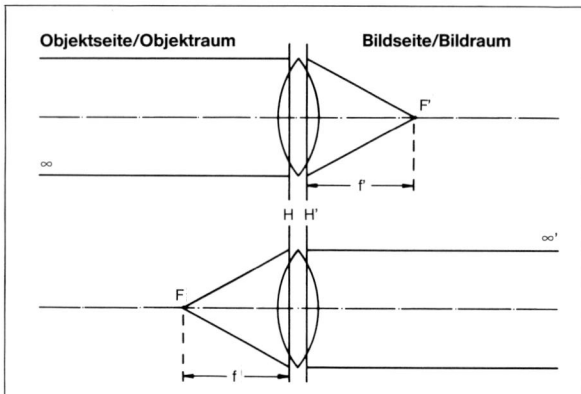

Objektseite/Objektraum | Bildseite/Bildraum

∞

F'

f'

H H'

∞'

F

f'

Abb. 153

nur zwei Lichtstrahlen dargestellt. In Wirklichkeit entsteht z. B. ein Bild in der Größe des Kleinbild-Formates 24 × 36 mm aus mehreren Millionen solcher Bildpunkte. Für ein scharfes fotografisches Bild muß der Film exakt in der Brennebene angeordnet sein!

● Die Lichtstrahlen treten parallel aus dem Objektiv aus, d. h. sie vereinen sich in unendlich (∞), wenn sie vom vorderen Brennpunkt F kommend in das Objektiv eintreten. In diesem Fall muß der Film also unendlich weit entfernt angeordnet sein, um ein scharfes Bild auffangen zu können!

Die beiden Brennpunkte F und F' sind jeweils eine Brennweite f und f' von der vorderen Hauptebene H bzw. hinteren Hauptebene H' entfernt. Wie die Zeichnungen der einzelnen Leica R-Objektive auf Seite 94 bis 149 zeigen, variiert die Lage der Hauptebenen je nach Bauart des Objektivs. So kann z. B. die hintere Hauptebene H' vor der vorderen Hauptebene H angeordnet sein: das typische Merkmal einer Tele-Konstruktion. Oder H' liegt bildseitig außerhalb des optischen Systems, wie z. B. bei Retrofokus-Objektiven. Für die fotografische Praxis ist das normalerweise jedoch unerheblich. Und für praxisorientierte Überlegungen geht man davon aus, daß sich die Hauptebenen etwa in der Mitte der Objektive befinden. Andere Fakten sind dagegen von besonderer Bedeutung.

● Für die Bildseite gilt: der Film darf niemals in einer näheren Entfernung zum Objektiv angeordnet sein, als die Objektiv-Brennweite groß ist, wenn ein scharfes Bild aufgefangen werden soll.

● Für die Objektseite gilt: das Objekt darf sich niemals in einer näheren Entfernung zum Foto-Objektiv befinden, als die Objektiv-Brennweite groß ist, wenn ein reelles, auffangbares Bild vom Objektiv entworfen werden soll.

● In der Regel werden die beiden extremen Situationen „Objekt in ∞" und „Bild in ∞" fotografisch nie genutzt. Selbst wenn die untergehende Sonne bei ∞-Einstellung des Objektivs fotografiert wird, ist das streng genommen keine Situation „Objekt in ∞", da die Erde im Mittel „nur" 150 Millionen Kilometer von der Sonne entfernt ist, die Sonne sich also nicht in ∞ befindet.

Anmerkung: In der fotografischen Praxis gilt bei normalen Objektiven allerdings eine Entfernung von einigen 1000 f als ∞.

Fazit: Wenn sich einerseits das zu fotografierende Objekt nicht in ∞ befindet und andererseits das reelle Bild nicht in ∞ entsteht, dann muß sich das Objekt zwangsläufig irgendwo zwischen vorderem Brennpunkt F und ∞ befinden. Das reelle Bild wird immer irgendwo zwischen hinterem Brennpunkt F' und ∞' gebildet. Die Distanz vom Objekt-Ort O bis zum vorderen Brennpunkt F wird mit x gekennzeichnet, die Distanz vom hinteren Brennpunkt F' bis zum Ort des reellen, auffangbaren Bildes O' wird mit x' gekennzeichnet. Die Größe des Objektes wird mit y, die Größe des Bildes mit y' gekennzeichnet. x und x' sowie y und y' stehen in Reziprozität zueinander. Die Distanz

Abb. 154

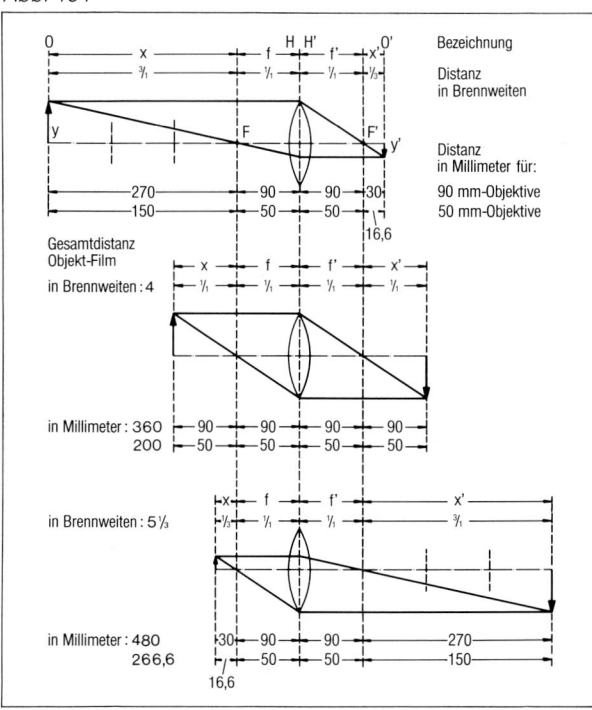

168

x' wird von Fotografen auch als Auszugsverlängerung bezeichnet. Die für bestimmte Abbildungsverhältnisse erforderliche Auszugsverlängerung ist, in Millimetern gemessen, abhängig von der benutzten Brennweite. In der fotografischen Rechenpraxis ist es zunächst einfacher, alle Distanzen in Brennweiten anzugeben. Dann gilt: um das Abb.-Verh. 1:3 bzw. den Abb.-M. ⅓ (0,33) zu erreichen, wird eine Auszugsverlängerung (x') von ⅓ der benutzten Brennweite benötigt. Beim Abb.-Verh. 1:1 bzw. Abb.-M. ¹⁄₁ (1) ist die Auszugsverlängerung (x') eine Brennweite groß, und eine Auszugsverlängerung (x') von 3 Brennweiten ist nötig, um das Abb.-Verh. 3:1 bzw. den Abb.-M. ³⁄₁ (3) zu erreichen. Die Abbildung 154 verdeutlicht das. Werden den verschiedenen Distanzen (f und f' sowie x und x') anschließend die entsprechenden Maße in Millimeter zugeordnet, hat man die zum Fotografieren erforderlichen Angaben. Nimmt man beim Fotografieren zunächst Tabellen zur Hand oder werden mit Hilfe von Formeln erst Rechen-Operationen durchgeführt, bleibt der fotografische Erfolg meistens aus. Übung macht auch hier den Meister! Für die Vorbereitungen beim Zusammenstellen der Ausrüstung und als Grundlage zum besseren Verstehen der optisch/physikalischen Gesetzmäßigkeiten ist ein wenig Theorie jedoch sehr förderlich. Mit ihrer Hilfe kann man z. B. die erforderliche Brennweite und das eventuell notwendige Zubehör ermitteln, wenn Objektfeldgröße und Aufnahmeabstand bekannt sind. Beispiel: Angenommen, es soll die Fütterung von Jungvögeln per Fernauslösung fotografiert werden. Die Leica R4-Mot wird deshalb mit motorischem Aufzug versehen und in der Baumkrone montiert. Zum Schutz der Vögel, und auch weil geklettert werden muß, kann zum Ausprobieren kein umfangreiches Objektiv-Sortiment verschiedener Brennweiten mit in den Baum genommen werden. Da das Objektfeld von ca. 120 × 180 mm (Nest mit Jungvögeln) und der Abstand des für die Kamera-Montage notwendigen Astes von ca. 1,3 m vorgegeben sind, läßt sich die zum Einsatz kommende Objektiv-Brennweite wie folgt errechnen:

Zunächst wird der Abbildungsmaßstab bzw. das Abbildungsverhältnis ermittelt.

$$\frac{N}{G} = \frac{36}{180} \text{ oder } \frac{24}{120} = \frac{1}{5} = 1:5.$$

Für den Abb.-M. ⅕ wird eine Auszugsverlängerung (x') von ⅕ der zu ermittelnden Brennweite benötigt. Daraus ergibt sich vom vorderen Brennpunkt (F) bis zum Nest eine Distanz (x) von ⁵⁄₁ = 5 Brennweiten. Zusammen mit der vorderen und der hinteren Brenn-

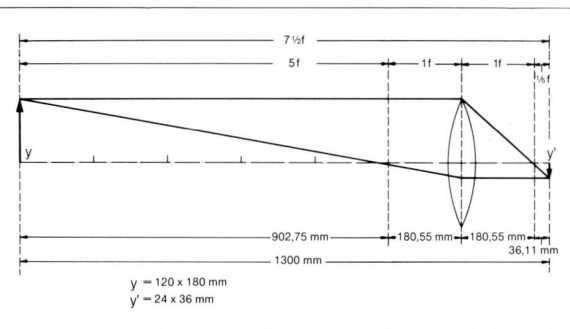

Abb. 155

y = 120 × 180 mm
y' = 24 × 36 mm

weite (f und f') beträgt der gesamte Abstand vom Nest bis zum Film also 7 ⅕ Brennweiten. Und der ist vorgegeben mit 1,3 m. Die erforderliche Brennweite ist demnach:

$$1300 \text{ mm} = 7\frac{1}{5} f \quad 1 f = 180,55 \text{ mm}$$

Wir wählen für diese Aufnahme also ein 180er, z. B. das Elmar-R 1 : 4/180 mm. Da die kürzeste Einstellentfernung dieses Objektivs 1,80 m beträgt, muß außerdem eine zusätzliche Auszugsverlängerung geschaffen werden. Das dafür erforderliche Zubehör läßt sich aus der bisherigen Rechnung ebenfalls ableiten:

$$\text{Auszugsverlängerung (x') } = \frac{1}{5} f = 36 \text{ mm}$$

Zwei Möglichkeiten aus dem Leica R-System bieten sich an. Entweder die zweiteilige Ringkombination mit 25 mm Höhe oder der 30 mm hohe Macro-Adapter. Die fehlenden Millimeter bis zur notwendigen Auszugsverlängerung von 36 mm werden aus dem Schneckengang des Objektivs „herausgeholt"; beim Scharfeinstellen, nachdem die Kamera am Ast montiert wurde!
Mit solchen Rechen-Operationen kann ebenso einfach das Abb.-Verh. errechnet werden, wenn Aufnahmebrennweite und Aufnahmeabstand bekannt sind, bzw. der Aufnahmeabstand, wenn die benutzte Brennweite und der gewünschte Abb.-M. festliegen.

Der Verlängerungsfaktor
Durch die Auszugsverlängerung muß das durch das Objektiv fallende Licht einen längeren Weg bis zum Film zurücklegen. Da die Beleuchtungsstärke, die auf den Film einwirkt, im Quadrat der Entfernung abnimmt, muß die Belichtungszeit entsprechend korrigiert werden. Sie wird mit dem sogenannten Verlängerungsfaktor multipliziert. Bei der Belichtungsmessung durch das Objektiv, wie bei den Leica R- und Leicaflex SL/SL2-Modellen entfällt diese zusätzliche

Manipulation in der Regel. Nur in extremen Bereichen, wenn die Lichtverhältnisse nicht mehr für eine Belichtungsmessung durch das Objektiv ausreichen und wenn mit Elektronenblitzgeräten gearbeitet wird, die nicht über entsprechende Korrekturmöglichkeiten verfügen, muß der Verlängerungsfaktor (VF) errechnet werden. Er ist abhängig vom Abb.-M. und der Pupillenvergrößerung (PV). Die Pupillenvergrößerung kann aus den technischen Daten zu den Objektiven entnommen werden, oder gegebenenfalls errechnet werden. Das zur Anwendung kommende Objektiv wird um ein oder zwei Stufen abgeblendet. Dann wird mit Hilfe eines Maßstabes zunächst der Durchmesser der Austrittspupille (AP) hinten und dann der Durchmesser der Eintrittspupille (EP) vorn gemessen. Dividiert man Austrittspupille durch Eintrittspupille, erhält man die Pupillenvergrößerung. Der Verlängersfaktor läßt sich dann nach folgender Formel errechnen:

$$VF = \left(1 + \frac{\text{Abb.-M.}}{\text{PV}}\right)^2$$

Beispiele:

1. Abbildungsmaßstab 1:1, Pupillenvergrößerung 1,0:

$$\left(1 + \frac{1}{1}\right)^2 = 4$$

2. Abbildungsmaßstab 1:1, Pupillenvergrößerung 0,5:

$$\left(1 + \frac{1}{0,5}\right)^2 = 9$$

Es fällt auf, daß symmetrisch aufgebaute Objektiv-Systeme Pupillenvergrößerungen um 1 aufweisen, während bei Tele-Objektiven die PV kleiner, bei Retrofokus-Objektiven die PV größer ist. Daraus resultieren erhebliche Unterschiede in den Belichtungszeiten, wenn die gleichen Abbildungsmaßstäbe unter gleichen Voraussetzungen (Beleuchtung, Filmempfindlichkeit etc.) mit verschiedenen Objektiv-Typen erreicht werden.

Die Schärfentiefe

Normale Foto-Objektive sind für Unendlich gerechnet, d. h. sie bilden sehr weit entfernte Objekte optimal ab. Im Nahbereich läßt ihre Abbildungsleistung dann zwangsläufig nach. Das ist besonders deutlich spürbar, wenn mit voller Öffnung des Objektivs fotografiert wird. Ein Abblenden auf mittlere Blendenwerte von 5,6 – 8, bei Reproduktionen sogar auf 11, ist daher immer empfehlenswert, insbesondere, wenn eine gute Abbildungsleistung über das ganze Bildfeld gefordert wird. Außerdem gilt, daß ein Objektiv im extremen

Tabelle 8: Schärfentiefe bei Blende 8 und verschiedenen Pupillenvergrößerungen

Abbildungs-verhältnis	Pupillenvergrößerung		
	0,5	1	1,5
1:4	12,8 mm	10,7 mm	10 mm
1:1	1,6 mm	1,1 mm	0,9 mm
4:1	0,3 mm	0,2 mm	0,1 mm

Nahbereich (größer als das Abb.-Verh. 1:1) immer nur so weit abgeblendet wird, wie es zum Erreichen der erforderlichen Schärfentiefe notwendig ist. Weiteres Abblenden führt zu längeren Belichtungszeiten und erhöht die Gefahr von Verwacklungs-Unschärfe. Bei sehr starkem Abblenden wird die Bildqualität durch Beugungserscheinungen (allgemeiner Verlust an Kontrast und Auflösung) herabgesetzt. Die Schärfentiefe ist von der Blende, vom Abbildungsverhältnis und von der Pupillenvergrößerung abhängig (Tabelle 8). Für die Praxis kann die PV jedoch unberücksichtigt bleiben. Die in Tabelle 9 aufgeführten Schärfentiefe-Angaben sind abgerundete Werte, ohne Berücksichtigung der PV. Geringfügig abweichende Angaben in anderen Veröffentlichungen und Prospekten von Leitz sind deshalb möglich.

Abweichend vom normalen fotografischen Bereich, ist die Schärfentiefe in Nahbereich vor und hinter der Einstellebene etwa gleich groß. Sie verändert sich genau proportional zum Blendenwert. Mit Blende 11 erhält man eine doppelt so große Schärfentiefe wie mit Blende 5,6 bzw. mit Blende 16 ist sie doppelt so groß wie mit Blende 8 usw.

Die Ringkombination

Mit Zwischenringen kann die für Nahaufnahmen erforderliche Auszugsverlängerung am einfachsten erreicht werden. Dabei wird das hohe Maß an Parallelität von Kamera- und Objektiv-Bajonett zum Film beibehalten, weil die beiden Auflageflächen eines jeden Zwischenringes gleichzeitig und somit exakt parallel gefertigt werden. Die Ringkombination im Leica R-System besteht aus drei verschiedenen Ringen, die zusammengeschraubt werden können. Die beiden Endringe (Bestell-Nr. 14 158) besitzen ein Kamera- bzw. Objektiv-Bajonett. Zusammen ergeben sie eine Auszugsverlängerung von 25 mm. Der Mittelring (Bestell-Nr. 14 135) mißt ebenfalls 25 mm. Als dreiteilige Ringkombination (Bestell-Nr. 14 159) werden also 50 mm Auszugsverlängerung erreicht. Mit dem Summicron-R 1 : 2/50 mm erhält man damit z. B. ein Abbildungsverhältnis von 1,1:1, wenn der volle Hub des Objektiv-

Tabelle 9: Schärfentiefe-Bereich bei Abbildungsverhältnis von 1:20 bis 10:1

Abb.-Verh.	Abb.-Maßstab	Verlängerungsfaktor für Belichtungszeit bei Pupillen-vergrößerung 1:1	Schärfentiefe in mm				
			Blende 4	Blende 5,6	Blende 8	Blende 11	Blende 16
1:20	0,05	1,1 ×	110	154	220	308	440
1:15	0,067	1,1 ×	65	90	130	180	260
1:10	0,1	1,2 ×	30	40	60	80	120
1:5	0,2	1,4 ×	8	10	15	20	30
1:4	0,25	1,6 ×	5,5	7,5	11	15	22
1:3	0,33	1,8 ×	3	4,5	6	9	12
1:2	0,5	2,3 ×	1,5	2	3	4	6
1:1,5	0,67	2,8 ×	1	1,4	2	2,7	4
1:1	1	4 ×	0,5	0,7	1	1,4	2
1,5:1	1,5	6,3 ×	0,3	0,4	0,6	0,8	1
2:1	2	9 ×	0,2	0,3	0,4	0,6	0,8
3:1	3	16 ×	0,1	0,2	0,25	0,35	0,5
4:1	4	25 ×	0,08	0,12	0,16	0,23	0,32
5:1	5	36 ×	0,06	0,09	0,13	0,18	0,26
6:1	6	49 ×	0,05	0,07	0,10	0,14	0,20
7:1	7	64 ×	0,04	0,06	0,09	0,12	0,17
8:1	8	81 ×	0,04	0,05	0,08	0,10	0,15
9:1	9	100 ×	0,03	0,05	0,07	0,09	0,13
10:1	10	121 ×	0,03	0,04	0,06	0,08	0,12

Den abgerundeten Werten wurde ein Zerstreuungskreis von 1/30 mm zugrunde gelegt.

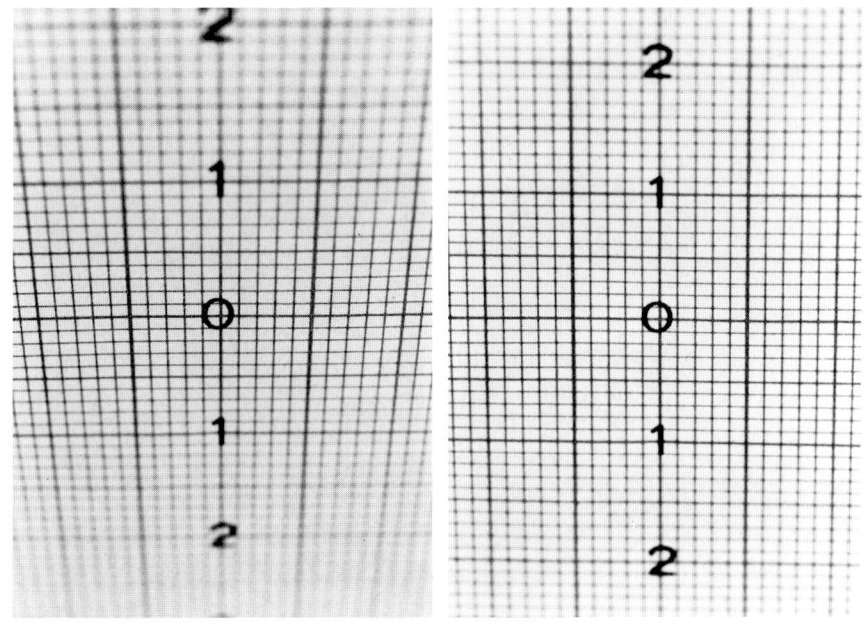

Abb. 156: Die Abbildung eines mit zwei verschiedenen Brennweiten fotografierten Millimeter-Papiers, das im Winkel von 45° zur optischen Achse angeordnet war, zeigt einen interessanten Effekt. Obwohl die Schärfentiefe rein rechnerisch nur vom Abbildungsverhältnis abhängig ist, und nicht von der benutzten Brennweite, erkennt man doch, daß in der Praxis bei langer Brennweite der Übergang zur totalen Unschärfe langsamer verläuft (Abbildung rechts) als bei kurzer Brennweite (Abbildung links).

171

Schneckenganges mit einbezogen wird. Das erlaubt die formatfüllende Reproduktion eines gerahmten Diapositivs (Objektfeldgröße 23 × 35 mm). In der Tabelle 10 sind die wichtigsten Daten der dreiteiligen Ringkombination für verschiedene Objektive zusammengefaßt. Darüber hinaus können mehrere Mittelringe benutzt werden. Allerdings wird mit zunehmender Anzahl von Mittelringen die Gefahr von Innenreflexionen größer. Durch „vagabundierendes Licht" wird dann der Kontrast der Abbildung herabgesetzt und die Abbildungsqualität stark gemindert. Durch eine spezielle Vorrichtung kann mit halbautomatischer Springblendenfunktion der Leica R-Objektive gearbeitet werden: wird das eingesetzte Objektiv zunächst aufgeblendet, bleibt beim Betätigen des Vorwahlringes die Objektivblende zur Scharfeinstellung geöffnet. Durch Druck auf den Blendenauslöser am vorderen Teil der Ringkombination oder mit Hilfe eines Doppeldrahtauslösers ist es möglich, die Objektivblende kurz vor der Belichtung auf den vorgewählten Wert zu schließen. Bei den Leicaflex SL/SL2- und Leica R-Modellen erfolgt die Belichtungsmessung mit der jeweili-

Abb. 157: Die Ringkombination.

Tabelle 10: Ringkombination, Bestell-Nr. 14159 (alle Werte abgerundet)

R-Objektiv	Entfernungs-skala auf	Ringkombination					
		2teilig (25 mm hoch)			3teilig (50 mm hoch)		
		Entfernung Objekt – Frontlinse in cm	Abbildungs-verhältnis	Objektfeld-größe in mm	Entfernung Objekt – Frontlinse in cm	Abbildungs-verhältnis	Objektfeld-größe in mm
SUMMICRON-R 1:2/50 mm	∞	13,5	1: 2,1	50 × 75	8,1	1:1,04	25 × 37
	0,5	11,2	1: 1,6	38 × 57	7,5	1,09:1	22 × 33
ELMARIT-R 1:2,8/90 mm Summicron-R 1:2/90 mm	∞	37,6	1: 3,6	86 × 130	21,4	1:1,8	43 × 65
	0,7	25,2	1: 2,2	53 × 79	17,6	1:1,4	34 × 50
ELMARIT-R 1:2,8/135 mm	∞	87,2	1: 5,4	130 × 195	50,7	1:2,7	65 × 97
	1,5	59,7	1: 3,4	81 × 121	42,3	1:2,1	50 × 75
ELMAR-R 1:4/180 mm	∞	161	1: 7,2	172 × 258	96,6	1:3,6	86 × 129
	1,8	97,2	1: 3,6	87 × 130	75,4	1:2,4	58 × 87
APO-TELYT-R 1:3,4/180 mm	∞	154	1: 7,2	172 × 258	89,4	1:3,6	86 × 129
	2,5	104	1: 4,4	106 × 159	74,0	1:2,7	66 × 99
ELMARIT-R 1:2,8/180 mm	∞	146	1: 7,2	172 × 258	81,2	1:3,6	86 × 129
	1,8	84,9	1: 3,8	91 × 137	61,3	1:2,5	60 × 90
TELYT-R 1:4/250 mm	∞	299	1:10,1	242 × 363	172	1:5,0	121 × 181
	1,7	104	1: 3,2	76 × 114	85,8	1:2,3	55 × 82
TELYT-R 1:4,8/350 mm	∞	558	1:13,9	334 × 501	316	1:7,0	167 × 250
	3,0	187	1: 4,4	105 × 157	153	1:3,2	76 × 114

172

Tabelle 11: Ringkombination, Bestell-Nr. 14158, + Elpro-Nahvorsatz
2teilige Kombination, 25 mm hoch   (alle Werte abgerundet)

R-Objektiv	ELPRO-Nahvorsatz	Entfernungs-skala auf (m)	Entfernung Objekt — Frontlinse in cm	Abbildungs-verhältnis	Objektfeld-größe in mm
SUMMICRON-R 1:2/50 mm	1	∞ 0,5	9,4 7,9	1:1,64 1:1,35	39 × 59 32 × 48
	2	∞ 0,5	7,7 6,6	1:1,35 1:1,14	32 × 48 27 × 41
ELMARIT-R 1:2,8/90 mm SUMMICRON-R 1:2/90 mm	3	∞ 0,7	23 18	1:2,27 1:1,61	54 × 82 39 × 58
ELMARIT-R 1:2,8/135 mm	4	∞ 1,5	54 42	1:3,3 1:2,3	79 × 119 56 × 84
	3	∞ 1,5	37 31	1:2,2 1:1,7	53 × 80 41 × 61
ELMAR-R 1:4/180 mm	4	∞ 1,8	74 57	1:3,3 1:2,1	79 × 118 51 × 76
	3	∞ 1,8	45 38	1:2,0 1:1,4	47 × 71 34 × 51

Tabelle 12: Ringkombination, Bestell-Nr. 14159, + Elpro-Nahvorsatz
3teilige Kombination, 50 mm hoch   (alle Werte abgerundet)

R-Objektiv	ELPRO-Nahvorsatz	Entfernungs-skala auf (m)	Entfernung Objekt — Frontlinse in cm	Abbildungs-verhältnis	Objektfeld-größe in mm
SUMMICRON-R 1:2/50 mm	1	∞ 0,5	5,7 5,2	1,09:1 1,22:1	22 × 33 19,7 × 29,5
	2	∞ 0,5	5,0 4,6	1,23:1 1,36:1	19,5 × 29,3 17,6 × 26,5
ELMARIT-R 1:2,8/90 mm SUMMICRON-R 1:2/90 mm	3	∞ 0,7	16 13	1:1,36 1:1,09	33 × 49 26 × 39
ELMARIT-R 1:2,8/135 mm	4	∞ 1,5	38 33	1:2,0 1:1,6	48 × 72 38 × 57
	3	∞ 1,5	28 26	1:1,5 1:1,2	35 × 53 29 × 44
ELMAR-R 1:4/180 mm	4	∞ 1,8	57 49	1:2,1 1:1,6	51 × 76 38 × 57
	3	∞ 1,8	38 34	1:1,4 1:1,1	34 × 51 26 × 39

gen Arbeitsblende. Die entsprechenden Verlängerungsfaktoren gehen in die Belichtungsmessung mit ein.

In der Praxis haben sich folgende Arbeitsmethoden bewährt:

Leica R4-Mot mit Doppel-Drahtauslöser

Bei der Leica R4-Mot wählt man die Zeit-Automatik — je nach Objekt mit integraler oder selektiver Belichtungsmeßmethode. Bei voller Öffnung des Objektivs nimmt man dann, z. B. durch Vor- und Zurückbewegen, die Scharfeinstellung vor. Im Moment der besten Schärfe wird sofort der Doppel-Drahtauslöser betätigt. Dabei schließt sich zunächst die Blende des Objektivs auf den vorgewählten Wert. Bevor nun unmittelbar darauf der Verschluß der Leica R4-Mot ausgelöst wird, erfolgt noch die Belichtungsmessung (einschließlich der Meßwertspeicherung bei selektiver Belichtungsmessung), die den Verschluß automatisch steuert.

Wird ohne Doppel-Drahtauslöser gearbeitet oder soll die Belichtungszeit manuell eingestellt werden, haben sich die beiden Methoden bewährt, die auch für die Leicaflex SL/SL2- und Leica R3-Modelle gelten.

Fotografieren mit Doppel-Drahtauslöser

- Objektiv auf Arbeitsblende abblenden.
- Belichtungszeit messen — evtl. Ersatzmessung durchführen — und manuell einstellen.
- Objektiv aufblenden, Schärfe einstellen durch Vor- und Zurückbewegen.
- Mit Doppel-Drahtauslöser auslösen.

Fotografieren ohne Doppel-Drahtauslöser

- Scharfeinstellung bei voller Öffnung des Objektivs vornehmen.
- Auf Arbeitsblende abblenden.
- Belichtungszeit selektiv oder integral messen.

- Mit normalem Drahtauslöser oder von Hand bzw. bei motorischem Aufzug mit Kabelauslöser oder über Steuergerät auslösen.

Beim „Fotografieren ohne Doppel-Drahtauslöser" können die Belichtungsautomatik der Leica R3/R3-Mot und die Zeit-Automatik der Leica R4-Mot, sowohl bei selektiver als auch bei integraler Belichtungsmeßmethode, benutzt werden.

Die zusätzliche Anwendung von Elpro-Nahvorsätzen ist empfehlenswert, weil dadurch die Abbildungsleistung günstig beeinflußt wird. Beispiele für die damit erreichbaren Abbildungs-Verhältnisse zeigen die Tabellen.

Werden hohe Ansprüche an die Abbildungsqualität gestellt, muß in allen Fällen mindestens auf Blende 8 abgeblendet werden. Die Verwendung von Weitwinkel-Objektiven kann in Verbindung mit der Ringkombination nicht empfohlen werden.

Das Gewinde der Ringkombination ist nicht aufgerichtet. Dadurch werden die Objektive beim Einsetzen unter Umständen azimutal versetzt, d. h. deren Indizes für Entfernung und Blende können dann nicht direkt „von oben" abgelesen und das Stativgewinde der Objektive, wie z. B. am Telyt-R 1:4/250 mm, nicht benutzt werden.

Zwischenstutzen für die Schnellschuß-Objektive

Nahaufnahmen mit 400 oder 560 mm Brennweite aus der Hand zu fotografieren, gelingt relativ mühelos mit dem Zwischenstutzen (Bestell-Nr. 14 182). Er wird zwischen Objektivkopf und Stutzen angebracht, und vergrößert die Auszugsverlängerung um 60 mm. Damit erweitert er die Einstellbereiche der Schnellschuß-Objektive erheblich (siehe Tabelle 13). Die Möglichkeit, bei großen Arbeitsabständen relativ kleine Objektfelder zu erfassen, ist besonders für Kleintier-Aufnahmen interessant. Die Verwendung eines zweiten

Tabelle 13: Zwischenstutzen, Bestell-Nr. 14182　　　　　(alle Werte abgerundet)

R-Objektiv	Entfernungs-einstellung auf	1 × 14182 (60 mm)			2 × 14182 (120 mm)		
		Entfernung Objekt — Frontlinse in cm	Abbildungs-verhältnis	Objektfeld-größe in mm	Entfernung Objekt — Frontlinse in cm	Abbildungs-verhältnis	Objektfeld-größe in mm
TELYT-R 6,8/400 mm	∞ 3,6 m	307 175	1:6,7 1:3,3	160 × 240 80 × 120	173 130	1:3,3 1:2,2	80 × 120 54 × 81
TELYT-R 6,8/560 mm	∞ 6,4 m	578 317	1:9,3 1:4,7	223 × 335 113 × 169	317 230	1:4,7 1:3,1	112 × 168 75 × 112

Tabelle 14: R-Objektive mit MACRO-ADAPTER-R (alle Werte abgerundet)

R-Objektiv	Entfernungs-skala auf (m bzw. Abb.-Verh.)	Entfernung Objekt — Frontlinse in cm	Abbildungs-verhältnis	Objektfeldgröße in mm
SUMMICRON-R 1:2/50 mm	∞ 0,5	11,6 9,9	1:1,75 1:1,42	42 × 63 34 × 51
MACRO-ELMARIT-R 1:2,8/60 mm	∞ 1:2	16 9,7	1:2 1:1	48 × 72 24 × 36
ELMARIT-R 1:2,8/90 mm SUMMICRON-R 1:2/90 mm	∞ 0,7	32 23	1:3 1:2	72 × 108 48 × 72
MACRO-ELMAR-R 1:4/100 mm	∞ 0,6	42 25	1:3,3 1:1,6	80 × 120 39 × 59
ELMARIT-R 1:2,8/135 mm	∞ 1,5	75 55	1:4,5 1:3	108 × 162 72 × 108
ELMAR-R 1:4/180 mm	∞ 1,8	140 91	1:6 1:3,3	144 × 216 79 × 118
APO-TELYT-R 1:3,4/180 mm	∞ 2,5	133 95,6	1:6 1:3,9	144 × 216 95 × 142
ELMARIT-R 1:2,8/180 mm	∞ 1,8	124 78,4	1:6 1:3,4	144 × 216 82 × 123
TELYT-R 1:4/250 mm	∞ 1,7	256 99,1	1:8,4 1:2,9	202 × 303 70 × 105
TELYT-R 1:4,8/350 mm	∞ 3,0	477 178	1:11,6 1:4,1	278 × 417 97 × 146

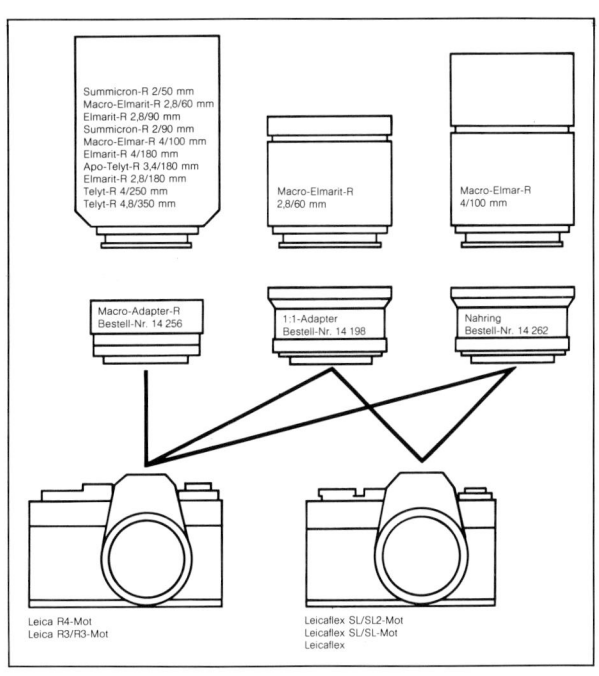

Abb. 158:
Möglichkeiten mit Macro-Adapter-R,
1:1-Adapter und Nahring.

Zwischenstutzens ist möglich. Da bei diesen Kombinationen wegen der sehr großen Verwackelungsgefahr durchweg mit der kürzestmöglichen Belichtungszeit gearbeitet werden muß — die Objektivblende bleibt voll geöffnet —, vermißt man auch die Springblende nicht. Für die Arbeitsweise mit den Schnellschuß-Objektiven gilt sinngemäß das unter „Fotografieren ohne Doppel-Drahtauslöser" Gesagte.

Macro-Adapter-R

Als Zwischenring mit allem Komfort, d. h. mit Springblenden-Automatik, erweitert der Macro-Adapter-R (Bestell-Nr. 14 256) die Auszugsverlängerung der Objektive um 30 mm. In Verbindung mit den Leica R-Modellen bleiben die Offenblenden-Messung und die Funktion der Springblenden aller R-Objektive voll erhalten. Außer der manuellen Einstellung von Belichtungszeit und Blende kann auch die Zeit-Automatik

Tabelle 15: R-Objektive mit Macro-Adapter-R und ELPRO-Nahvorsatz (alle Werte abgerundet)

R-Objektiv	ELPRO-Nahvorsatz	Entfernungs-skala auf	Entfernung Objekt — Frontlinse in cm	Abbildungs-verhältnis	Objektfeldgröße in mm
SUMMICRON-R 1:2/50 mm	1	∞ 0,5	8,2 7,0	1:1,43 1:1,2	34 × 51 29 × 43
	2	∞ 0,5	6,9 6,0	1:1,2 1:1,04	29 × 43 25 × 37
ELMARIT-R 1:2,8/90 mm SUMMICRON-R 1:2/90 mm	3	∞ 0,7	21 16	1:2 1:1,5	48 × 72 35 × 53
MACRO-ELMAR-R 1:4/100 mm	4	∞ 0,6	31 20	1:2,6 1:1,4	63 × 94 34 × 51
	3	∞ 0,6	24 17	1:2 1:1,2	49 × 73 29 × 44
ELMARIT-R 1:2,8/135 mm	4	∞ 1,5	49 39	1:2,9 1:2,2	70 × 105 52 × 78
	3	∞ 1,5	34 29	1:2 1:1,6	49 × 73 38 × 57
ELMAR-R 1:4/180 mm	4	∞ 1,8	69 55	1:3 1:2	71 × 106 48 × 72
	3	∞ 1,8	43 37	1:1,8 1:1,3	44 × 66 32 × 48

der Leica R-Modelle ohne Einschränkung benutzt werden. Mit dem Macro-Adapter-R läßt sich daher auch im Nahbereich genauso unproblematisch fotografieren wie im normalen Bereich. Welche Abbildungsverhältnisse mit den Objektiv-Brennweiten von 50 mm bis 350 mm erreicht werden, zeigt die Tabelle 14.

Die Objektive Macro-Elmarit-R 1:2,8/60 mm und Macro-Elmar-R 1:4/100 mm sind speziell auf eine Benutzung mit dem Macro-Adapter-R abgestimmt. Auf beiden Objektiv-Einstellschnecken können außer den üblichen kombinierten Meter/feet-Entfernungseinstellungen auch die mit dem Macro-Adapter-R erreichbaren Abbildungsverhältnisse abgelesen bzw. eingestellt werden.

Bei kritischen Motiven ist ein Abblenden der normalen R-Objektive auf Blende 8 oder 11 erforderlich, wenn eine ausgewogene Abbildungsleistung bis in die Bildecken gefordert wird. Blüten, Kleinlebewesen und ähnliche Objekte können meistens schon bei voller Öffnung der Objektive optimal wiedergegeben werden. Dabei läßt sich die zwangsläufig geringe Schärfentiefe als besonderes Gestaltungsmittel ein-

setzen. So sind effektvolle Nahaufnahmen auch aus der Hand leicht möglich. Mit 130 g belastet der Macro-Adapter-R auch nicht die Foto-Ausrüstung und kann daher ständig mitgeführt werden.

Aus konstruktiven Gründen kann der Macro-Adapter-R jedoch nicht an den Leicaflex-Modellen benutzt werden. Eine Sperre verhindert eine irrtümliche Adaption und schließt damit eine unsachgemäße Bedienung aus.

Für die beiden Makro-Objektive des Leica R-Systems (siehe Seite 137) werden zur Benutzung an den Leicaflex-Modellen spezielle Adapter mit Springblenden-Automatik angeboten:

Der 1:1-Adapter (Bestell-Nr. 14 198) für das Macro-Elmarit-R 1:2,8/60 mm

Der Nahring (Bestell-Nr. 14 262) für das Macro-Elmar-R 1:4/100 mm

Die beiden Adapter erweitern ebenfalls die Auszugsverlängerung um 30 mm. Damit gelten auch die gleichen Angaben über Abbildungsverhältnisse, Objekt-

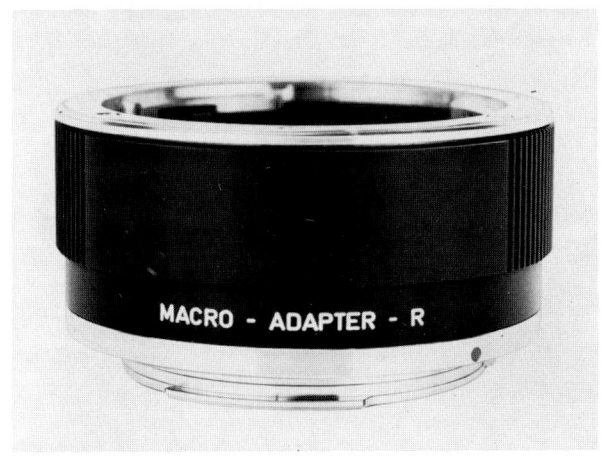

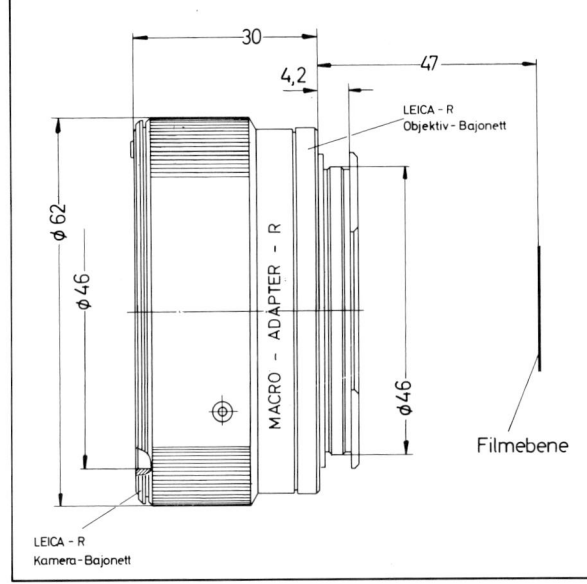

Abb. 159: Der Macro-Adapter-R.

feldgrößen und Arbeitsabstände wie beim Macro-Adapter-R. 1:1-Adapter und Nahring lassen sich nur ansetzen und verriegeln, wenn der Blendenvorwahlring des Objektivs auf Blende 22 gestellt wird. Diese Einstellung ist durch eine zusätzliche Markierung an den Makro-Objektiven gekennzeichnet (grüner Punkt). Ein falsches Ansetzen wird durch eine Sperre verhindert.

Sind 1:1-Adapter und Nahring mit den Objektiven gekuppelt, so wird die Blendeneinstellung des Objektivs am Adapter selbst vorgenommen; der gewählte Wert wird auch im Sucher der Leicaflex SL2/SL2-Mot angezeigt. Alle Funktionen, einschließlich der eingespiegelten Blendenwerte, bleiben auch bei Verwendung dieser Adapter an den Leica R-Modellen erhalten.

Der 1:1-Adapter und der Nahring sind nicht für die Verwendung an anderen Objektiven gedacht.

Sofern Elpro-Nahvorsätze zur Verfügung stehen, können diese zur Optimierung der Wiedergabe und zur Erweiterung der Arbeitsbereiche auch in Verbindung mit allen Adaptern genutzt werden (siehe Tabelle 15). Für alle drei gilt jedoch: Die Kombination mehrerer 1:1-Adapter, Nahringe und Macro-Adapter-R wird von Leitz nicht empfohlen.

Balgeneinstellgerät-R

Die universellste Art, den Nahbereich durch Auszugsverlängerungen zu erschließen, bietet das Balgeneinstellgerät-R. Präzise und sehr stabil gebaut besitzt es alle Voraussetzungen, die man für ein schnelles und

zuverlässiges Arbeiten braucht. Durch den großen Balgenauszug von 100 mm, den man kontinuierlich verstellen kann, erweitert das Balgeneinstellgerät-R den fotografischen Anwendungsbereich der Leicaflex- und Leica R-Modelle in vielfältiger Weise. Vor allem in Wissenschaft und Technik — bei extremen Nahaufnahmen — ist es unentbehrlich.

Das vordere bewegliche Teil — die Objektiv-Standarte — besitzt das Schnellwechselbajonett für R-Objektive. Mittels eines griffigen Triebknopfes wird die Scharfeinstellung und damit die gewünschte Auszugsverlängerung und der entsprechende Abbildungsmaßstab eingestellt. Dabei kann gleichzeitig durch Einschieben eines koaxial angeordneten Schiebe-Ringes die Objektivblende voll geöffnet werden. Läßt man den Ring los, schließt sich die Blende wieder auf den vorgewählten Wert. Durch einen Arretierhebel kann die geöffnete Objektivblende fixiert werden. Durch erneutes Drücken des Schiebe-Ringes oder durch den Doppel-Drahtauslöser läßt sich die arretierte Blende lösen (gilt nicht für Elmarit-R 1:2,8/180 mm bis Nr. 29 39 700 und Telyt-R 1:4/250 mm bis Nr. 30 50 601).

Ist beim Fotografieren vom Stativ ein bestimmter Abbildungsmaßstab vorgegeben, kann man die Schärfe durch den eingebauten Einstellschlitten in die gewünschte Ebene legen. Diese Einstellung ist mit einem Knebel fixierbar.

Alle Leica R-Objektive von 50 mm bis 350 mm Brennweite können für Nahaufnahmen mit dem Balgeneinstellgerät-R benutzt werden. Welche Abbildungsverhältnisse, Objektfeldgrößen und Arbeitsabstände dabei erreicht werden, zeigt die Tabelle 16. Auf einer seitlich am Balgeneinstellgerät-R angeordneten drehbaren Skala sind die Abbildungsmaßstäbe (dezimal) für 90 mm, 100 mm und 135 mm Brennweite ebenfalls abzulesen. Diese drehbare Skala trägt außerdem eine Millimeter-Einteilung, so daß eingestellte Auszugsverlängerungen jederzeit wiederholt werden können.

Die Kamera-Standarte, das ist das hintere starre Teil des Balgeneinstellgerätes, trägt ein drehbar gelagertes Schnellwechselbajonett für Leicaflex- und Leica R-Gehäuse. Damit läßt sich die Kamera nach Drücken eines Rasthebels von Quer- auf Hochformat (oder umgekehrt) schwenken.

Als spezielles Objektiv für das Balgeneinstellgerät-R ist das Macro-Elmar 1:4/100 mm vorgesehen. Der optische Aufbau dieses Objektivkopfes ohne Einstellschnecke, und damit auch die Leistungscharakteristik, ist mit dem Macro-Elmar-R 1:4/100 mm identisch (siehe Seite 138). Der Einstellbereich reicht mit diesem Spezial-Objektiv von Unendlich bis zum Abbildungsverhältnis 1:1. Bei allen anderen Leica R-Objektiven wird eine Einstellung auf Unendlich nicht erreicht, weil durch den zusammengeschobenen Balgen und die beiden Standarten des Balgeneinstellgerätes bereits eine Auszugsverlängerung von 42 mm gegeben ist.

Durch Einriegeln des Zwischenringes 16 863 können auch die Leica M-Objektivköpfe Elmar-M 1:3,5/ 65 mm, Elmarit-M 1:2,8/90 mm und Tele-Elmar-M 1:4/135 mm benutzt werden. Weitere Leica M-Objektive sind über den Adapter 14 167 in begrenzten Abbildungsbereichen verwendbar.

Für eine vergrößernde Wiedergabe werden von Leitz die speziellen Lupen-Objektive Photar 1:4/50 mm, Photar 1:2/25 mm und Photar 1:2,4/12,5 mm angeboten. Sie lassen sich über den Photar-Adapter-R (Bestell-Nr. 14 259) in das Leica R-Schnellwechselbajonett des Balgeneinstellgerätes einsetzen.

Mit Hilfe der M-Bajonett-Zwischenringe 14 097/98/99 und des Adapters 14 167 können auch die für Makro-Aufnahmen gerechneten Objektive Focotar-2 1:4,5/50 mm und Repro-Photar 1:2/25 mm benutzt werden. In Tabelle 18 sind die Daten für die Lupen- und Makro-Objektive angegeben. Diese Spezial-Objektive besitzen keine Springblende.

Achtung: Der Träger für die Objektiv-Standarte und den Einstellschlitten des Balgeneinstellgerätes ragt bei nur geringem Balgenauszug über die Vorderkante der Lupen- und Makro-Objektive hinaus. Größere Ob-

Tabelle 16:
Balgeneinstellgerät-R mit verschiedenen R-Objektiven

(alle Werte abgerundet)

R-Objektiv	Entfernung Objekt – Frontlinse in cm von – bis	Abbildungsverhältnis von – bis	Objektfeldgröße in mm von – bis
SUMMICRON-R 1:2/50 mm	9,1 – 4,5	1:1,2 – 2,9:1	29,6 × 44,4 – 8,4 × 12,5
MACRO-ELMARIT-R 1:2,8/60 mm	12,5 – 5,7	1:1,5 – 2,8:1	35 × 53 – 8,5 × 12,8
MACRO-ELMARIT-R 1:2,8/60 mm mit MACRO-ADAPTER-R	8,7 – 5,4	1,2:1 – 3,3:1	20 × 30 – 7,2 × 10,8
ELMARIT-R 1:2,8/90 mm SUMMICRON-R 1:2/90 mm	24,5 – 10,4	1:2,1 – 1,8:1	51,1 × 76,6 – 13,7 × 20,6
MACRO-ELMAR 1:4/100 mm	∞ – 18,7	∞ – 1:1	∞ – 24 × 36
MACRO-ELMAR-R 1:4/100 mm mit Einstellschnecke	32,6 – 14,7	1:2,4 – 1,7:1	57,1 × 85,7 – 14,2 × 21,3
MACRO-ELMAR-R 1:4/100 mm mit Einstellschnecke und MACRO-ADAPTER-R	22,6 – 13,8	1:1,4 – 2,0:1	33,3 × 50,0 – 12,1 × 18,1
ELMARIT-R 1:2,8/135 mm	57,5 – 25,9	1:3,2 – 1,2:1	77,2 × 115,8 – 20,6 × 30,9
ELMAR-R 1:4/180 mm	108,9 – 51,5	1:4,3 – 1:1,08	102,7 × 154,0 – 25,9 × 38,8
ELMARIT-R 1:2,8/180 mm	93,5 – 36,3	1:4,3 – 1:1,09	102,7 × 154,0 – 26,2 × 39,4
APO-TELYT-R 1:3,4/180 mm	101,8 – 45,3	1:4,3 – 1:1,14	102,7 × 154 – 27,4 × 41,1
TELYT-R 1:4/250 mm	195,9 – 62,2	1:6 – 1:1,1	144 × 216 – 27,4 × 41,1
TELYT-R 1:4,8/350 mm	362 – 107	1:8,3 – 1:1,6	199 × 298 – 38 × 57

Abb. 160: Wenn im extremen Nahbereich der Träger der Objektivstandarte die notwendig kurze Aufnahme-Entfernung behindert (Abb. unten), kann die Benutzung einer längeren Brennweite notwendig werden. Oben: keine Behinderung!

jekte lassen sich deshalb nicht immer nah genug an diese Objektive heranführen, d. h. bestimmte Abbildungsbereiche können dann nicht erreicht werden (siehe Abb. 160).

Allgemein gültige Empfehlungen, in welchem Maße das jeweils benutzte Objektiv abgeblendet werden sollte, können nicht gegeben werden. Während die speziell für den Nahbereich gerechneten Makro- und Lupen-Objektive bereits bei geringer Abblendung von zwei bis drei Blendenstufen eine gute Abbildungsleistung erreichen, müssen normale Foto-Objektive mindestens auf Blende 8 oder 11 abgeblendet werden, wenn hohe Ansprüche an die Wiedergabe gestellt werden. Auch hier gilt, daß die Elpro-Nahvorsätze nicht nur den Abbildungsbereich erweitern, sondern auch die Abbildungsleistung steigern. In Tabelle 17 können die wichtigsten Daten abgelesen werden.

Fotografieren aus der Hand

Verhältnismäßig einfach gelingen Aufnahmen mit dem Balgeneinstellgerät-R aus der Hand, wenn der Universal-Handgriff mit Schulterstütze (Bestell-Nr. 14 188) in Verbindung mit dem Doppel-Drahtauslöser (Bestell-Nr. 16 494) benutzt wird. Wichtig ist, daß das nicht unerhebliche Gewicht dieser Gerätekombination gut ausbalanciert in der Hand liegt. Durch den Einstellschlitten läßt sich der Schwerpunkt des Balgeneinstellgerätes, der sich je nach verwendetem Objektiv verschiebt, optimal festlegen. Mit vorher eingestelltem

Tabelle 17: Balgeneinstellgerät-R mit verschiedenen R-Objektiven und ELPRO-Nahvorsätzen (alle Werte abgerundet)

BALGEN-EINSTELLGERÄT-R mit R-Objektiv	ELPRO	Entfernung Objekt — Frontlinse in cm von — bis	Abbildungs-verhältnis von — bis	Objektfeldgröße in mm von — bis
SUMMICRON-R 1:2/50 mm	1/VIa 2/VIb	6,5 — 2,7 5,6 — 2,4	1:1,07 — 2,99:1 1,07:1 — 3,16:1	25,6 × 38,4 — 8,0 × 12,0 22,4 × 33,6 — 7,6 × 11,4
ELMARIT-R 1:2,8/90 mm SUMMICRON-R 1:2/90 mm	3/VIIa	17,2 — 8,1	1:1,56 — 1,99:1	37,5 × 56,3 — 12,0 × 18,0
MACRO-ELMAR 1:4/100 mm	4/VIIb 3/VIIa	135,3 — 13,8 61,1 — 12,3	1:13,4 — 1,10:1 1:6,04 — 1,24:1	322 × 482 — 21,8 × 32,7 145 × 217 — 19,4 × 29,1
ELMARIT-R 1:2,8/135 mm	4/VIIb 3/VIIa	40,7 — 21,5 29,8 — 18,0	1:2,28 — 1,36:1 1:1,67 — 1,63:1	54,7 × 82,1 — 17,6 × 26,5 40,1 × 60,1 — 14,7 × 22,1
ELMAR-R 1:4/180 mm	4 3	61,0 — 37,5 39,4 — 28,1	1:2,38 — 1,26:1 1:1,54 — 1,69:1	57 × 86 — 19 × 28 37 × 55 — 14 × 21

Abbildungsverhältnis und bei geöffneter Objektivblende wird das Objekt dann im Sucher der Leicaflex bzw. Leica R anvisiert. Gleichzeitig wird durch Vor- und Rückwärtsbewegen der gesamten Ausrüstung die optimale Scharfeinstellung „eingependelt". Im Moment der höchsten Schärfe erfolgt die Auslösung über den Doppel-Drahtauslöser.

Muß die Ausrüstung über einen längeren Zeitraum in Anschlag gehalten werden, z. B. bis sich ein Schmetterling auf eine bestimmte Blüte niederläßt, wird das Gewicht am besten durch ein Einbein-Stativ aufgefangen. Es wird über den kleinen oder großen Leitz-Kugelgelenkkopf anstelle des Universal-Handgriffs angesetzt. Wird das Kugelgelenk nicht fixiert, bleibt die volle Bewegungsfreiheit für die Scharfeinstellung (siehe oben) erhalten.

Die Belichtungsmessung wird, wie bei der dreiteiligen Ringkombination, bei Arbeitsblende vorgenommen. Mit dem Balgeneinstellgerät-R haben sich in Verbindung mit dem Doppel-Drahtauslöser und den Leica R-Objektiven mit Springblende folgende Arbeitsmethoden bewährt:

Leica R4-Mot

Je nach Objekt wählt man die Zeit-Automatik mit integraler oder selektiver Belichtungsmeßmethode. Bei voller Öffnung des Objektivs nimmt man dann die Scharfeinstellung vor. Beim Betätigen des Doppel-Drahtauslösers wird zunächst die Blende auf den vorgewählten Wert geschlossen, danach die Belichtungszeit gebildet und sofort belichtet.

Leicaflex SL-/SL2- und Leica R3-Modelle

Bei abgeblendetem Objektiv (Arbeitsblende) wird zunächst die Belichtungszeit gemessen und manuell eingestellt. Anschließend wird das Objektiv wieder geöffnet, durch Vor- und Zurückbewegen die optimale Scharfeinstellung vorgenommen und der Doppel-Drahtauslöser betätigt.

Werden anstelle der Leica R-Objektive die Lupen-Objektive Photar, das Focotar-2 oder die Leica M-Objektive (alle ohne Springblende) benutzt, geht man wie folgt vor:

● Scharfeinstellung bei voller Öffnung des Objektivs vornehmen.
● Auf Arbeitsblende abblenden.
● Belichtungszeit selektiv oder integral messen.
● Mit Drahtauslöser oder von Hand bzw. bei motorischem Aufzug mit Kabelauslöser oder über Steuergerät auslösen.

Selbstverständlich lassen sich nach dieser Methode auch bei Objektiven ohne Springblende die Belichtungsautomatik der Leica R3/R3-Mot und die Zeit-Automatik der Leica R4-Mot, sowohl bei selektiver als auch bei integraler Belichtungsmeßmethode, sinnvoll nutzen.

Leicaflex mit Außenmessung

Der Belichtungsmesser der Leicaflex kann in Verbindung mit dem Balgeneinstellgerät-R nicht verwendet werden, da das Fenster der Meßzelle von der Kamera-Standarte des Balgeneinstellgerätes verdeckt wird. Zu dem ohne Balgeneinstellgerät ermittelten Belichtungswert muß je nach der Auszugslänge des Balgens ein entsprechender Verlängerungsfaktor hinzugerechnet werden (siehe Seite 169). Die Anleitung zum Balgeneinstellgerät-R besitzt gedruckte Streifen mit Angaben über Verlängerungsfaktoren für 90, 100 und 135 mm Brennweiten. Die Streifen haben die gleiche Größe wie die Skalen am Balgeneinstellgerät-R; sie können aus der Anleitung ausgeschnitten und auf die Skalen aufgeklebt werden.

Doppel-Drahtauslöser

Die Funktionen des Doppel-Drahtauslösers, bei Betätigung zunächst die Objektivblende auf den vorgewählten Wert zu schließen und erst mit kurzem Zeitabstand danach die Verschlußauslösung vorzunehmen, können nur gewährleistet werden, wenn er richtig angeschraubt und justiert wurde. Beim Ansetzen des Doppel-Drahtauslösers muß deshalb der Teil, dessen Stift beim Drücken des Auslösers zuerst erscheint, in das Kegelgewinde am vorderen Teil der Ringkombination bzw. in das der Objektiv-Standarte des Balgeneinstellgerätes eingeschraubt werden. Der andere in das Gewinde des Kamera-Auslösers. Die beiden Drahtauslöser sind auch dadurch leicht zu unterscheiden, daß der Auslöser für die Springblende nicht justiert werden kann, der andere, für den Kameraverschluß bestimmte, eine Justiermöglichkeit für die Drahtlänge hat.

Die Justierung erfolgt am besten bei ungeladener Kamera. Wird der Doppel-Drahtauslöser ganz langsam gedrückt, so muß man eine deutliche Differenzierung zwischen Blendenschließen und Verschlußauslösen wahrnehmen können.

Bei Langzeitaufnahmen kann der Doppel-Drahtauslöser durch eine Feststellschraube fixiert werden.

Abb. 161: Wer die Welt der Nahaufnahme entdeckt hat, geht immer wieder auf die Jagd nach Details. Im System der Leica R gibt es dafür viele Varianten zur optimalen Anpassung. Elmarit-R 1:2,8/135 mm, 2teilige Ringkombination, 1/125 sec., Bl. 4.

Warum keine Umkehrringe

Im Angebot anderer Kamera-Systeme, in Katalogen der Zubehör-Lieferanten und in der Foto-Literatur liest man immer wieder von sogenannten Umkehrringen, die in Verbindung mit normalen Foto-Objektiven eine Verbesserung der Abbildungsleistung im Nahbereich bringen sollen. Tun sie das wirklich?

In der Regel werden normale Foto-Objektive für den „Unendlich-Bereich" gerechnet, weil man in der Praxis die meisten Objekte aus relativ großem Abstand fotografiert; dabei ist das Objektiv sehr nah vor dem Film angeordnet. Im Nahbereich ändern sich diese Bedingungen. Je mehr wir uns dem Objekt nähern, um so weiter muß das Objektiv beim Scharfeinstellen vom Film entfernt werden. Trotzdem bleibt die Distanz vom Objektiv zum Film immer kleiner als vom Objektiv zum Objekt. Doch die Abbildungsleistung der normalen Foto-Objektive verringert sich dennoch. Beim Abbil-

dungsverhältnis 1:1 sind dann beide Distanzen gleich groß. Darüber hinaus, also bei vergrößerter Wiedergabe, kehren sich die Bedingungen um, d. h. man fotografiert das Objekt aus sehr geringer Entfernung, während der Film relativ weit vom Objektiv entfernt ist. Je größer etwas abgebildet wird, um so mehr wächst die Auszugsverlängerung, um so mehr verringert sich die Distanz zwischen Objektiv und Objekt und um so schlechter wird die Abbildungsleistung des Objektivs. Bei unendlich großer Wiedergabe hat man die gleichen Bedingungen in Umkehrung wie beim Fotografieren von unendlich weit entfernten Gegenständen: Die Bildwiedergabe ist entsprechend miserabel! Kehrt man jetzt jedoch das Objektiv um (Retrostellung), so werden die Bedingungen wieder hergestellt, für die das Objektiv gerechnet wurde. Entsprechend gut fällt die Abbildungsleistung aus. In der Praxis haben Umkehrringe deshalb nur ihre Berechtigung, wenn sehr große Abbildungsmaßstäbe auf dem Film mit normalen Foto-Objektiven erreicht werden sollen. Dann sind allerdings bei allen Leica R-Objektiven die Arbeitsabstände so gering, daß eine vernünftige Auflicht-Beleuchtung nicht mehr möglich ist. Außerdem würde beim Umkehren der Objektive auch ein wirksamer Blendschutz fehlen. Dadurch bilden sich leicht Streulicht und Reflexe, die gerade im Nahbereich besonders stören.

So gesehen bringen Umkehrringe keine anwendungstechnischen Vorteile in der Praxis. Leitz verzichtet deshalb auf ein derartiges Zubehör und bietet dafür Elpro-Nahvorsätze, Makro- und Lupen-Objektive an, die für die verschiedenen Nahbereiche speziell konzipiert wurden.

Abb. 162: Photar-Adapter-R mit Photar 1:2,4/12,5 mm.

Photar-Objektive

Bei diesen Lupen-Objektiven ist das Linsen-System, vereinfacht ausgedrückt, bereits in Retrostellung, also umgekehrt, gefaßt worden. Die Photar-Objektive sind nämlich speziell für vergrößernde Abbildungen gerechnet, d. h. für Aufnahmesituationen, bei denen die Abstände zwischen Objektiv und Objekt klein und zwischen Objektiv und Film groß sind.

Photar 1:2,4/12,5 mm, Photar 1:2/25 mm und Photar 1:4/50 mm besitzen Mikrogewinde W 0,8″ × 1/36″ und werden mit Hilfe des Zwischenringes Photar-Adapter R (Best.-Nr. 14259) in das Balgeneinstellgerät-R eingesetzt. In Tabelle 18 sind die mit dem Balgeneinstellgerät-R und den verschiedenen Photar-Objektiven zu erreichenden Abbildungs-Verhältnisse

abzulesen. Diese Bereiche können durch die Ringkombination (Best.-Nr. 14158) und weitere Mittelringe (Best.-Nr. 14135) noch erheblich erweitert werden, ohne daß die Abbildungsleistung der Photar-Objektive dadurch vermindert wird. Natürliche Grenzen werden praktisch nur durch vagabundierendes Licht, d. h. durch Innenreflexionen bei Verwendung von mehr als fünf Mittelringen, und (vor allem) durch Verwackelungen bei Benutzung instabiler Repro-Stative gesetzt. Das Repro-Stativ von Leitz und der Universal-Kamerahalter zum Reprovit IIa bieten alle Voraussetzungen für erschütterungsfreie Aufnahmen.

Insbesondere in den Arbeitsbereichen, in denen Photar-Objektive Hervorragendes leisten, gilt: abgeblen-

Abb. 163: Die Photar-Objektive. Von links: 1:2,4/12,5 mm, 1:2/25 mm und 1:4/50 mm.

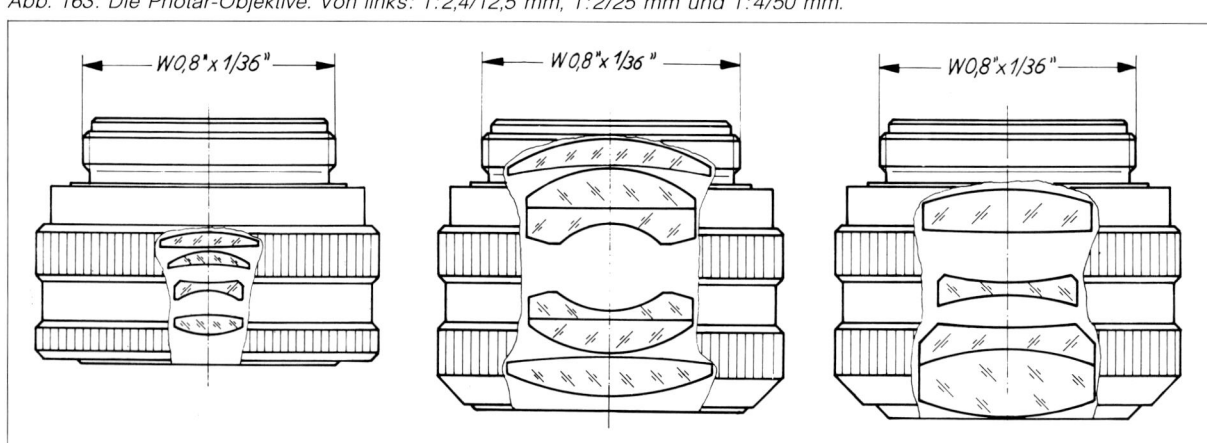

Tabelle 18:
Balgeneinstellgerät-R mit LEITZ Spezial-Objektiven*)

Objektiv	Entfernung Objekt − Frontlinse in cm von − bis	Abbildungs-verhältnis von − bis	Objektfeldgröße in mm von − bis
FOCOTAR-2 1:4,5/50 mm	6,8 − 4,3	1,26:1 − 3,17:1	19,1 × 28,7 − 7,6 × 11,4
REPRO-PHOTAR 1:2/25 mm	1,8 − 1,6	4,66:1 − 8,67:1	5,1 × 7,7 − 2,8 × 4,2
PHOTAR 1:4/50 mm	8,8 − 5,9	1,1 :1 − 3,1 :1	24 × 37 − 8 × 12
PHOTAR 1:2/25 mm	2,2 − 1,7	3,1 :1 − 6,9 :1	8 × 12 − 3,5 × 5
PHOTAR 1:2,4/12,5 mm	0,8 − 0,7	7,5 :1 − 15,5 :1	3,2 × 4,8 − 1,5 × 2,3

alle Werte abgerundet
*) Adaption: siehe Text

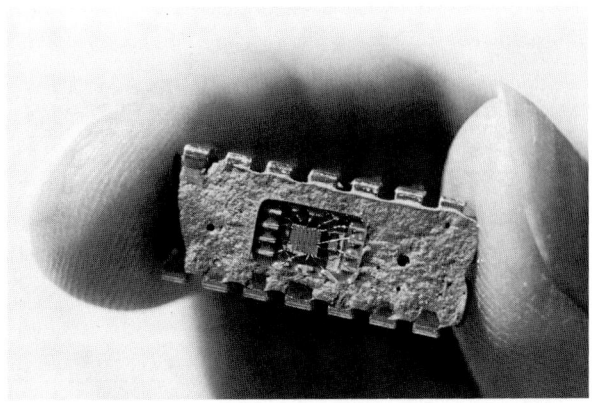

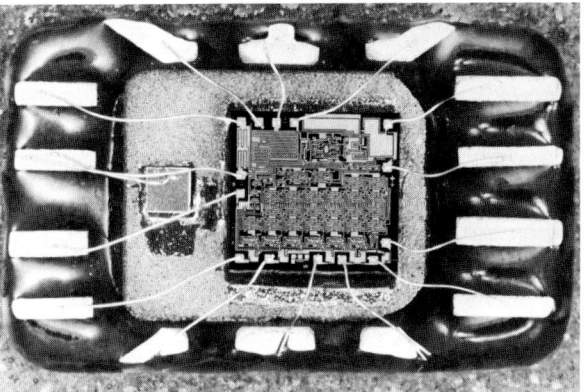

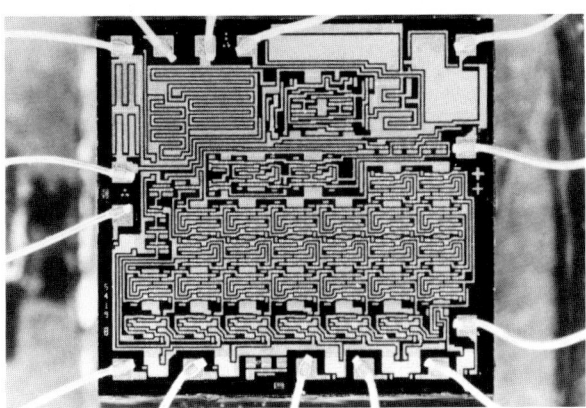

det wird nur soweit, wie es die Schärfentiefe erfordert! Und die ist auch in diesen Arbeitsbereichen bei abgeblendetem Photar nicht sehr groß. Optimal ist eine Abblendung um etwa zwei Blendenstufen. Daß Photar-Objektive keine Rastblenden besitzen, stört nicht. Im Gegenteil, die Blendeneinstellringe lassen sich so leichter bedienen. Ein Vorteil, der bei diffizilen Einstellvorgängen von besonderem Wert ist.

Bei 10facher Vergrößerung sind auch die Präzisionsfeintriebe vom Balgeneinstellgerät-R, Leitz Repro-Stativ und Reprovit IIa für eine Feinfokussierung fast überfordert. Im Bereich der vergrößernden Abbildung hat sich dafür der Objekttisch (Best.-Nr. 16786) bewährt, der eine parallele Höhenverstellung durch Mikrometerschraube besitzt.

Eine exakte Scharfeinstellung kann bei starken Vergrößerungen nur über Vollmattscheibe erfolgen. Auch die Verwendung eines hellen Einstellichtes ist unbedingt erforderlich. Für Farbaufnahmen sind die Leitz-Mikroskopierleuchten besonders empfehlenswert, weil sich deren Licht durch entsprechende Kondensorsysteme optimal bündeln und die Farbtemperatur über einen Regeltransformator mit Volt- oder Ampere-Meter genau steuern läßt. Sollen bei Aufnahmen mit Photar-Objektiven Filter benutzt werden, so müssen diese vor den Lichtquellen angebracht werden. Leitz-Mikroskopierleuchten besitzen dafür eine entsprechende Halterung.

Abb. 164: Durch die extreme Nahaufnahme wird uns vor Augen geführt, was nur schwer zu schildern ist. Im Vergleich wird sichtbar, wie winzig integrierte Schaltungen sind, die unser tägliches Leben schon zu einem großen Teil beeinflussen und u. a. auch die Leica R4 „steuern".
Obere Abbildung: Photar 1:4/50 mm, Abb.-Verh. 1,1:1.
Mittlere Abbildung: Photar 1:2/25 mm, Abb.-Verh. 6:1.
Untere Abbildung: Photar 1:2,4/12,5 mm, Abb.-Verh. 15,5:1.

Tabelle 19: R-Objektive im Nahbereich
erforderliches Zubehör und erreichbare Abbildungsverhältnisse

(alle Werte abgerundet)

R-Objektiv	ohne Nahgeräte bis	EXTEN-DER-R bis	ELPRO-Nahvorsatz von – bis	MACRO-ADAP-TER-R von – bis	Ringkombination 2teilig (25 mm hoch) Best.Nr. 14158 von – bis	Ringkombination 3teilig (50 mm hoch) Best.Nr. 14159 von – bis	Zw.-Stutzen Best.Nr. 14182 von – bis	Balgenein-stellgerät-R von – bis
SUMMICRON-R 1:2/50	1:7,6	1 :3,8	1 1:7,7 – 1:3,8 2 1:3,9 – 1:2,6	1:1,8 – 1:1,4	1:2,1 – 1:1,6	1:1 – 1,1:1	–	1:1,2 – 2,9:1
MACRO-ELMARIT-R 1:2,8/60	1:2	1 :1	–	1:2 – 1:1	–	–	–	1:1,5 – 2,8:1
MACRO-ELMARIT-R 1:2,8/60 mit MACRO-ADAPTER-R	–	2 :1	–	–	–	–	–	1,2:1 – 3,3:1
ELMARIT-R 1:2,8/90 SUMMICRON-R 1:2/90	1:5,8	1 :2,9	3 1:6,7 – 1:3	1:3 – 1:2	1:3,6 – 1:2,2	1:1,8 – 1:1,4	–	1:2,1 – 1,8:1
MACRO-ELMAR-R 1:4/100	1:3,3	1 :1,6	4 1:13 – 1:2,5 3 1:6 – 1:2	1:3,3 – 1:1,6	–	–	–	1:2,3 – 1,7:1
MACRO-ELMAR-R 1:4/100 mit MACRO-ADAPTER-R	–	1,2:1	4 1:2,6 – 1:1,4 3 1:2 – 1:1,2	1:1,6	–	–	–	1:1,3 – 2:1
MACRO-ELMAR 1:4/100	–	2 :1	4 1:13,4 – 1,1:1 3 1:6 – 1,2:1	–	–	–	–	∞ – 1:1
ELMARIT-R 1:2,8/135	1:8,8	1 :4,4	4 1:9,9 – 1:4,4 3 1:4,5 – 1:2,8	1:4,5 – 1:3	1:5,4 – 1:3,4	1:2,7 – 1:2,1	–	1:3,2 – 1,2:1
ELMAR-R 1:4/180	1:7,3	1 :3,6	4 1:7,4 – 1:3,3 3 1:3,3 – 1:2	1:6 – 1:3,3	1:7,2 – 1:3,6	1:3,6 – 1:2,4	–	1:4,3 – 1:1,08
APO-TELYT-R 1:3,4/180	1:11,5	1 :5,7	–	1:6 – 1:3,9	1:7,2 – 1:4,4	1:3,6 – 1:2,7	–	1:4,3 – 1:1,14
ELMARIT-R 1:2,8/180	1:8,1	1 :4	–	1:6 – 1:3,4	1:7,2 – 1:4	1:3,6 – 1:2,6	–	1:4,3 – 1:1,09
TELYT-R 1:4/250	1:5,2	1 :2,6	–	1:8,4 – 1:2,9	1:10 – 1:5,7	1:5 – 1:3,6	–	1:6 – 1:1,1
TELYT-R 1:4,8/350	1:7,1	1 :3,5	–	1:11,6 – 1:4,1	1:14 – 1:4,4	1:7 – 1:3,2	–	1:8,3 – 1:1,6
TELYT-R 1:6,8/400	1:6,8	–	–	–	–	–	1:6,7 – 1:3,4	–
TELYT-R 1:6,8/560	1:9,3	–	–	–	–	–	1:9,3 – 1:4,7	–
VARIO-ELMAR-R 1:3,5/35 – 70	1:26 bis 1:14	1:13 bis 1:7	–	–	–	–	–	–
VARIO-ELMAR-R 1:4,5/75 – 200	1:11 bis 1:4,5	1:5,5 bis 1:2,2	4 1:17,3 – 1:2,6 3 1: 7,8 – 1:1,7	–	–	–	–	–
FOCOTAR-2 1:4,5/50	–	–	–	–	–	–	–	1,3:1 – 3:1
Repro-PHOTAR 1:2/25	–	–	–	–	–	–	–	4,6:1 – 8,7:1
PHOTAR 1:2,4/12,5	–	–	–	–	–	–	–	7,5:1 – 15,5:1
PHOTAR 1:2/25	–	–	–	–	–	–	–	3:1 – 7:1
PHOTAR 1:4/50	–	–	–	–	–	–	–	1:1 – 3:1

Reproduktionen

Ein spezielles Gebiet der Nahaufnahme ist die Reproduktion. Dabei unterscheidet man bei Schwarzweiß-Aufnahmen grundsätzlich zwischen Halbtonreproduktionen, d. h. Nahaufnahmen von Vorlagen mit vielen unterschiedlichen Detailhelligkeiten, wie z. B. Fotos und Gemälde, und Strichreproduktionen, d. h. Nahaufnahmen von Vorlagen mit nur wenigen unterschiedlichen Detailhelligkeiten, wie z. B. eine Buchseite mit schwarzer Schrift auf weißem Grund.

● **Halbtonreproduktionen** geben die Objekte originalgetreu in vielen Grauabstufungen — vom reinen Weiß bis zum tiefen Schwarz — wieder.

● **Strichreproduktionen** geben die Objekte nur in Schwarzweißmanier, also ohne Zwischentöne, wieder. Sind Bild und Schrift in einer Vorlage vereint und sollen in der Reproduktion die Helligkeitsabstufungen der Abbildung weitgehend erhalten bleiben, ohne daß die Lesbarkeit der Buchstaben zu sehr beeinträchtigt wird, wählt man ebenfalls die Halbtonreproduktion. Dafür eignen sich alle normalen, niedrig-empfindlichen Schwarzweiß-Filme.

Für Strichreproduktionen werden ortho- und panchromatische Dokumentenfilme angeboten (siehe Seite 214 und 215). Sie sind speziell für die Wiedergabe feinster Linien gedacht, besitzen also ein hohes Auflösungsvermögen. Ihre von Haus aus steile Gradation kann durch die Entwicklung in starkem Maße beein-

flußt werden (siehe Seite 218). Entsprechend diesen Entwicklungsmethoden können Dokumentenfilme nicht nur für Strichreproduktionen, sondern auch für viele Halbtonaufnahmen verwendet werden. Bei farbigen Vorlagen und bei der Benutzung von Filtern spielt die Farbempfindlichkeit des Dokumentenfilms eine wesentliche Rolle (siehe Seite 214).

Für farbige Reproduktionen von Aufsichtsvorlagen eignen sich alle normalen, niedrig-empfindlichen Farb-Umkehrfilme und Farb-Negativfilme. Wird bei graphischen Darstellungen, wie z. B. Tabellen und Diagrammen, ein reinweißer Untergrund in der Reproduktion angestrebt, benutzt man „kontrastreich" arbeitende Farb-Negativfilme, wie z. B. den Kodak Ektacolor ID Copy Film 5022.

Andere Arbeitstechniken, wie z. B. die direkte oder indirekte chromogene Entwicklung von Schwarzweiß-Filmen führt zu weißer Schrift auf farbigem Untergrund, wenn normale Buchseiten mit schwarzer Schrift auf weißem Untergrund reproduziert werden.

Gleichmäßige Ausleuchtung

Voraussetzung für eine gute Reproduktion ist immer eine gleichmäßige Ausleuchtung der Vorlage. Werden Fotolampen oder Blitzgeräte benutzt, installiert man jeweils eine Leuchte gleichen Typs links und rechts von der Vorlage. Bei kleinen Vorlagen (DIN A 4 und kleiner) reicht auch eine Lichtquelle, wenn der Beleuchtungsabstand groß genug gewählt wird, d. h. mindestens das 6fache der längsten Vorlagen-Seite

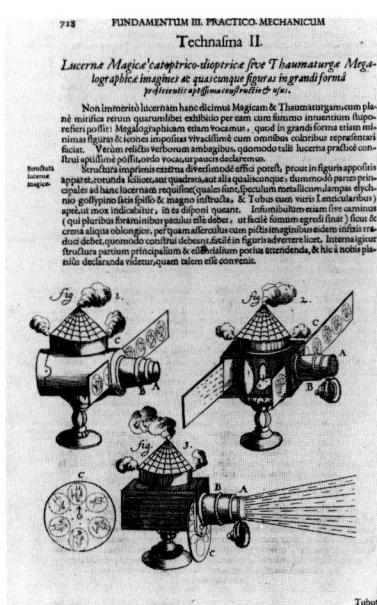

Abb. 165: Der Verwendungszweck kann auch bei Reproduktionen die Art der Aufnahme bestimmen. Um die Seite eines alten Buches so wiederzugeben, wie sie dem Betrachter im Original erscheint, müssen alle Zwischentöne des alten Werkes, einschließlich des durchscheinenden Rückseitendrucks, erhalten bleiben und durch eine Halbtonreproduktion wiedergegeben werden (Abbildung links)! Wird dagegen eine besonders gute Lesbarkeit gefordert, wird man sich für die Strichreproduktion (Abbildung rechts) entscheiden.

— beim DIN A 4-Format z. B. etwa 2 m — beträgt. Grundsätzlich sollte der Lampenabstand nicht zu gering sein, damit der Beleuchtungswinkel der Lichtquellen nicht steiler als 45° wird. Bei steilerer Beleuchtung können durch glänzende Papier-Oberflächen, durch den Glanz der Druckerschwärze und durch Spiegelungen in Glasscheiben, die die Vorlage beschweren, Reflexe auftreten. Praxisgerecht ist die sogenannte Schattenprobe: Ein auf die Mitte der Vorlage gehaltener Bleistift soll bei guter, ordnungsgemäßer Ausleuchtung mit Fotolampen nach beiden Seiten gleich dunkle Schatten werfen. Am besten gelingt die Beurteilung, wenn über die Vorlage ein weißes Blatt Papier gelegt wird. Bei ungleichmäßiger Ausleuchtung muß eine Leuchte so lange korrigiert werden, bis eine gleichmäßige Ausleuchtung erreicht ist. Diese Methode sichert ausreichend gleichmäßige Beleuchtung. Besser ist jedoch, die Vorlage mit dem eingebauten Belichtungsmesser der Leica R bzw. Leicaflex SL/SL 2 bei selektiver Meßmethode „abzutasten". Als Meßpunkte dienen die vier Ecken und die Mitte der Vorlage. Selbstverständlich muß dabei die Reflexion aller Meßpunkte gleich sein. Empfehlenswert ist auch in diesem Fall die Benutzung weißen Papiers, das an den Meßpunkten über die Vorlage gelegt wird. Die so ermittelten Meßwerte sollen dabei insgesamt nicht mehr als um einen halben Belichtungswert (halbe Blendenstufe) differieren.

Bei Reproduktionen mit Tageslicht arbeitet man am besten in der Nähe eines Fensters. Der Abstand sollte (je nach Fensterhöhe) mindestens 2 m betragen. Direktes Sonnenlicht muß in der Regel vermieden werden. Außerdem muß man damit rechnen, daß sich die Beleuchtung plötzlich durch Wolkenverschiebungen ändern kann. Tageslicht-Reproduktionen gelingen am besten bei diffuser Beleuchtung, also bei einer gleichmäßigen, hellen Wolkendecke. Der Lichtabfall von der einen zur anderen Seite der Vorlage läßt sich dadurch ausgleichen, daß man auf der fensterabgewandten Seite — in etwas Abstand von der Vorlage — einen weißen Karton aufstellt, der das Licht reflektiert.

Bestimmung der Belichtungszeit

Die automatische Belichtungsmessung führt nur dann zu einer korrekten Belichtung, wenn das Meßfeld, d. h. die angemessene Vorlage, annähernd 18% Licht reflektiert. Das kann bei Halbtonreproduktionen eventuell zutreffen, bei Strichreproduktionen von Buchseiten, Tabellen etc. ist das praktisch nie der Fall. Vorteilhaft ist deshalb das Anmessen einer weißen Fläche (weißes Papier, das anstelle der Vorlage oder auf die Vor-

lage gelegt wird) bei manueller Einstellung von Zeit und Blende. Der so gefundene Belichtungswert muß dann entsprechend der Helligkeit der Vorlage korrigiert werden (siehe Seite 54). Als Durchschnittswert wird die für die weiße Fläche (Schreibmaschinenpapier) gemessene Belichtungszeit bei Strichreproduktionen verdreifacht und bei Halbtonreproduktionen mit dem Faktor 4 multipliziert. Eine Korrektur durch die Blendeneinstellung ist nicht üblich. Da in den meisten Fällen bei allen Reproduktionen die optimale Abbildungsleistung des Objektivs bei Blende 11 erreicht wird, ist dies die gebräuchlichste Blendeneinstellung.

Kamera exakt ausrichten

In der Regel werden Reproduktionen von einem speziellen Reprostativ aus gemacht. Die Aufnahme erfolgt dabei von oben (Kamera) nach unten (Vorlage). Mit entsprechendem Zubehör, wie z. B. einem Reprowinkel, können auch normale Dreibein-Stative dafür benutzt werden. In Ausnahmefällen kann die Vorlage auch an eine senkrechte Wand befestigt werden, vor die dann die Kamera plaziert wird. Wichtig ist in allen Fällen die Erhaltung paralleler Linien. Das wird dadurch erreicht, daß die Negativebene exakt parallel zur Vorlagenebene ausgerichtet wird. Das Objektiv der Kamera befindet sich dabei genau im Schnittpunkt der Vorlagen-Diagonalen.

Vorteilhaft ist bei Reproduktionen mit der Leica R4-Mot die Verwendung der Vollmattscheibe mit Gitterteilung. Das Ausrichten der Kamera wird damit erleichtert. Ist eine solche Einstellscheibe nicht zur Hand oder werden Leicaflex- bzw. Leica R3-Kameras benutzt, orientiert man sich am besten anhand der Sucherbegrenzung. In vielen Fällen erleichtert auch der Winkelsucher das Arbeiten beim Reproduzieren. Er liefert ein seitenrichtiges und aufrecht stehendes Bild.

Leitz Reprovit-R

Ein ideales Zubehör für normale Nahaufnahmen und Reproduktionen ist das Reprovit-R (Best.-Nr. 16717). Am Kamera-Tragarm lassen sich alle R- und Leicaflex-Kameraausrüstungen für den Nahbereich adaptieren:

Stellung A = Einstellknopf rechts
Stellung B = Einstellknopf links

In Stellung A werden **oben** am Tragarm angebracht: Leica R oder Leicaflex mit Objektiven 2/50, 2,8/60, 2,8/90 und 4/100.

In Stellung A werden **unten** am Tragarm angebracht: Leica R oder Leicaflex am Balgeneinstellgerät-R.

In Stellung B werden **oben** am Tragarm angebracht:

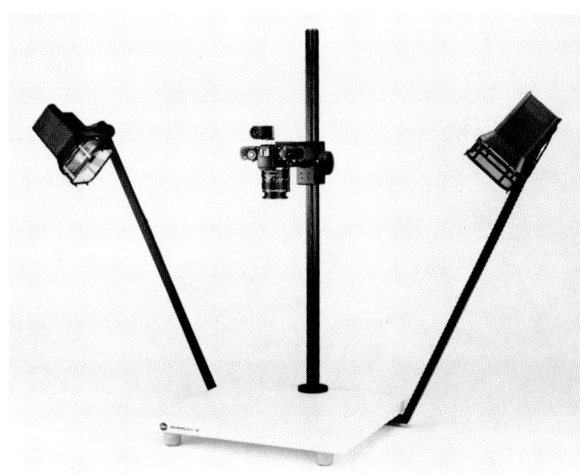

Abb. 166: Das Leitz Reprovit-R.

Leica R mit Motor-Winder/Motor-Drive mittels Stativhalter.

In Stellung B werden **unten** am Tragarm angebracht: Leica R und Leicaflex, wenn Makro-Adapter-R 1:1-Adapter, Nahring oder Extender-R 2× benutzt werden; oder das Objektiv Summicron-R 1:2/90 mm. In dieser Stellung des Kamera-Tragarms lassen sich auch alle oben angeführten Objektive ansetzen.

Mit Hilfe von zwei Stiften am Kamera-Tragarm können Leica R und Leicaflex waagerecht orientiert werden, wenn der Bodendeckel der Kamera dagegengeschoben wird. Das Balgeneinstellgerät-R wird zwangsläufig durch eine Führungsnut justiert.

Eine exakte Parallelität zwischen Grundbrett und Kamera (Filmebene) erreicht man folgendermaßen: Kamera-Tragarm samt Kamera-Ausrüstung so weit absenken, daß die vordere Objektivfassung voll auf dem Grundbrett aufliegt. Erst dann die Befestigungsschraube fest anziehen.

Selbstverständlich lassen sich auch Ausrüstungen aus dem Leica M-System, die verschiedenen Leicina-Modelle und Kameras anderer Hersteller am Tragarm ansetzen.

Das Reprovit-R besitzt eine Grundplatte von 46 × 50 cm; die Säulenhöhe beträgt 90 cm. Durch die äußerst stabile Ausführung ist das Reprovit-R auch besonders gut für vergrößernde Abbildungen geeignet.

Die mit zwei 300 Watt Halogenlampen ausgestattete Beleuchtungseinrichtung ist mit einer Farbtemperatur von 3200 bis 3400 Kelvin ideal auf die Verwendung von Kunstlicht-Farbumkehrfilm abgestimmt. Die Leuchten sind mit einem abnehmbaren Schutzkorb

und einem geräusch- und vibrationsarmen Kühlgebläse ausgestattet. Sie lassen sich für besondere Beleuchtungstechniken einzeln schalten, verstellen und abnehmen. Die Leuchtenhalter sind mit normalen Stativanschlüssen versehen, an die sich handelsübliche Blitzleuchten adaptieren lassen.

Leitz Reprovit IIa

Durch den Universal-Kamerahalter zum Leitz Reprovit IIa (Best.-Nr. 16799) werden Leica R und Leicaflex in das universelle Reprovit IIa-System integriert. Das bedeutet, daß eine Vielzahl von speziell für den Nah- und Reprobereich entwickelte Geräte nicht nur den Anwendungsbereich dieser Kameras erweitern, sondern auch die Arbeitsbedingungen für diesen fotografischen Sektor erheblich verbessern. Die Adaption von Leica R- und Leicaflex-Ausrüstungen am Universal-Kamerahalter geschieht in gleicher Weise wie beim Leitz Reprovit-R. Das Universal-Reproduktionsgerät Reprovit IIa eignet sich für Nahaufnahmen und Reproduktionen von ebenen und plastischen Objekten. Das Grundbrett ist 67 × 68 cm groß und trägt eine stabile Säule mit Geradführung. Der Kamera-Tragarm besitzt Grob- und Feineinstellung sowie einen Magnetauslöser, der über eine Belichtungsschaltuhr betätigt wird. Bei "B"-Einstellung der Kamera können damit über einen Drahtauslöser Belichtungszeiten von 0,5 bis 60 sec erschütterungsfrei ausgelöst werden. Durch Gewichtsausgleich ist die Bedienung des Tragarms auch mit angesetzter schwerer Kamera-Ausrüstung ausgesprochen leicht. Die Vierlampenbeleuchtung garantiert eine hervorragend gleichmäßige Ausleuchtung bis über das Format 45 × 68 cm (etwa DIN A 2) hinaus. Sie ist für Schwarzweiß-Aufnahmen mit vier 200 Watt-Lampen bestückt (Farbtemperatur ca. 2600 Kelvin). Bei Farbaufnahmen werden sie gegen vier Nitraphot- oder Opallampen von à 250 W ausgetauscht. Sie besitzen eine Farbtemperatur von 3400 Kelvin und sind damit für Aufnahmen auf Kunstlicht-Farb-Umkehrfilme gut geeignet. Reflex-Schutztücher schirmen die Kamera-Ausrüstung und die Säule ab.

Umfangreiches Reprovit-Zubehör

Zur Grundausrüstung des Universal-Reproduktionsgerätes Reprovit IIa gehören vier Distanzstäbe, für „schattenlose Fotografie" die in das Grundbrett eingeschraubt werden können und dann eine Glasplatte in mehr als 15 cm Abstand über dem Grundbrett tragen. Die Schatten der Objekte, die auf dieser Glasplatte angeordnet sind, liegen dann außerhalb des erfaßten Bildfeldes (siehe auch Seite 239). Außerdem

187

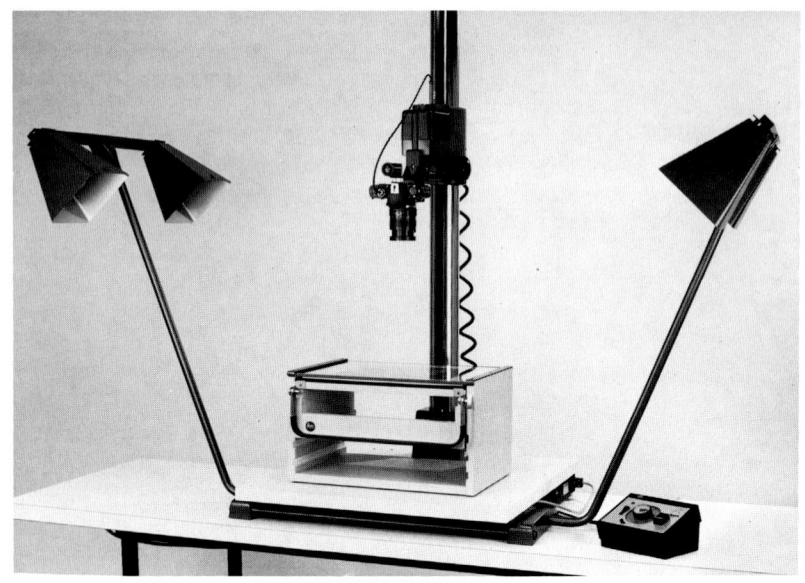

Abb.167: Das Leitz Reprovit IIa ist ein universelles Reproduktionsgerät für ebene oder plastische Objekte. Eine 4-Lampen-Beleuchtung garantiert eine gleichmäßige Ausleuchtung der 67 × 68 cm großen Grundplatte. Die stabile Säule und die selbstsperrende Höhenverstellung des Tragarmes mit Gewichtsausgleich, Grob- und Feineinstellung, ermöglichen ein sicheres, schnelles und ermüdungsfreies Arbeiten. Mit Hilfe des Universal-Kamerahalters werden Leica R- und Leicaflex-Modelle am Reprovit IIa adaptiert.

hat diese Anordnung den Vorteil, daß der Untergrund stets sauber bleibt und nach Belieben ausgewechselt werden kann, ohne dabei das Objekt in seiner Lage verändern zu müssen.

Der Bucheinspannkasten (Best.-Nr. 16761) nimmt Vorlagen, Einzelblätter oder Bücher bis zum Format 29,7 × 42 cm (DIN A 3) und bis zu einer Dicke von 14 cm auf. Sie werden von unten gegen eine Glasplatte gedrückt. Dadurch bleibt die Scharfeinstellung auch erhalten, wenn unterschiedlich dicke Vorlagen reproduziert werden. Bei kleinen Objekten eignet sich der Bucheinspannkasten ebenfalls sehr gut für Fotos mit einem schattenfreien Hintergrund. Die Vorrichtung zum Anpressen der Vorlagen wird dann einfach abgesenkt.

Durchsichtige Objekte bis zu einer Größe von 40 × 61,5 cm, wie z. B. Glasmalereien, Röntgen-Filme, Negative und Dias, werden auf den Leuchtkasten (Best.-Nr. 16792) gelegt und reproduziert. Eine zu-sätzliche Glasplatte von 42 × 43,7 cm sorgt für die Planlage der Objekte. Durch vier schwarze Tücher kann das Umfeld exakt abgedeckt und „Störlicht" vermieden werden. Zwei Leuchtstoffröhren sorgen für eine gleichmäßige Ausleuchtung der Opalglasplatte. Die Lichtfarbe dieser Leuchtstoffröhren entspricht zwar in etwa einer Farbtemperatur von 3200 Kelvin, wegen des fehlenden, kontinuierlichen Spektrums bei Leuchtstoffröhren kann der Leuchtkasten jedoch nicht für Farbreproduktionen empfohlen werden, wenn eine exakte Farbwiedergabe gewünscht wird (siehe Seite 196). Für farbige Reproduktionen im Durchlicht (Duplizieren von Farbdiapositiven) wird das Illumitran von Leitz empfohlen.

Die Helligkeit des Leuchtkastens beträgt 9000 Lux. Die Wärmeentwicklung ist trotzdem sehr gering. Die Vorlagen nehmen also keinen Schaden, wenn sie längere Zeit aufliegen. Deshalb ist der Leuchtkasten hervorragend zum Sortieren von Diapositiven geeignet.

Abb. 168: Die Gestaltung des Hintergrundes ist bei Nahaufnahmen sehr wichtig. Er sollte in keinem Fall vom Objekt ablenken, sondern den Blick darauf lenken (siehe auch Seite 239)! Ein dazugelegter Maßstab verdeutlicht das Größenverhältnis.

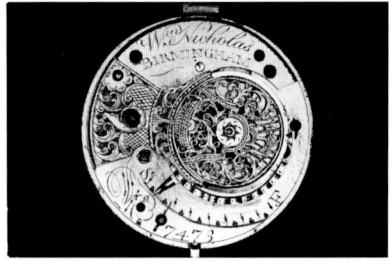 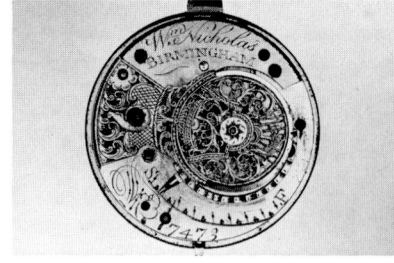 

Auf die beleuchtete Opalglasplatte können 96 gerahmte Kleinbild-Dias (5 × 5 cm) aufgelegt werden.

Auch der Leuchtkasten eignet sich sehr gut zur „schattenlosen" Fotografie. Die zur Grundausrüstung des Universal-Reproduktionsgerätes Reprovit IIa zählenden vier Distanzstäbe lassen sich auch in den Leuchtkasten einschrauben.

Der Objekttisch (Best.-Nr. 16786) erleichtert ein genaues Scharfeinstellen beim Abb.-Verh. von 1:1 und darüber. Die Höhenverstellung erfolgt durch eine Mikrometerschraube parallel zur Filmebene. Das ist wichtig, damit die Schärfe über das gesamte Bildfeld erhalten bleibt. Der Objekttisch besitzt zusätzlich eine Halterung für gerahmte Kleinbild-Diapositive (5 × 5 cm bzw. 35 mm-Filmstreifen).

Das Illumitran

Problemlos können mit dem Illumitran Dias und Negative optisch im Abb.-Verh. 1:1 kopiert, bzw. verkleinert oder vergrößert werden. Ein stufenlos verstellbarer Elektronenblitz sorgt für stets konstante Belichtung: Alle Reproduktionen erfolgen mit einer einmal durch Test ermittelten Blende. Die erforderlichen, unterschiedlichen Belichtungen werden vom Illumitran geregelt, d. h. die Intensität des Blitzlichtes wird entsprechend der Dichte des Diapositivs verändert. Die Belichtungsmessung, also die Steuerung der Blitzintensität, erfolgt mit Hilfe eines Einstellichtes und einer einschwenkbaren Meßzelle. Durch einen Drehknopf wird der Abstand von Einstellicht und Blitzlichtröhre zum Diapositiv variiert und damit die Lichtintensität verändert. Auf einem Meßinstrument können sowohl die optimale Belichtung als auch gezielte Über- und Unterbelichtungen abgelesen werden. Die Farbtemperatur bleibt bei allen Arbeiten konstant auf Tageslicht-Farb-Umkehrfilme abgestimmt.

Mit einem aufsetzbaren Kontrast-Steuergerät wird ein fein regulierbarer Zusatzblitz über eine optische Glasplatte diffus in den Aufnahme-Strahlengang eingespiegelt. Durch diese „Vorbelichtung" läßt sich die sonst unvermeidliche Kontraststeigerung beim Duplizieren weitgehend vermeiden, ohne daß besondere Dia-Duplikatfilme benutzt bzw. spezielle Silbermasken gezogen werden müssen. Die Bildbühne des Dia-Kopiergerätes Illumitran ist für Einzeldias vom Kleinbildformat 24 × 36 mm bis zum Format 6 × 6 cm, bzw. Filmstreifen bis 6 × 7 cm, eingerichtet. Mit einem Planfilmaufsatz können auch Großbildformate bis 9 × 12 cm (4 × 5″) verarbeitet werden. Filterfolien können in eine Filterschublade unterhalb der Bildbühne eingelegt werden.

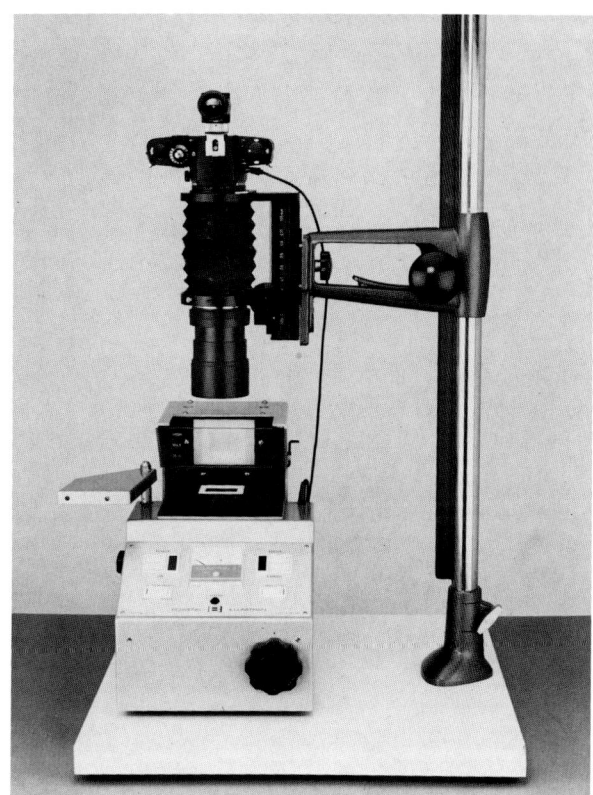

Abb. 169: Das Illumitran

Als Aufnahmekamera dienen Leica R, Leicaflex oder Mittelformat — bzw. Großformat-Kameras, die an das Leitz Repro-Stativ angesetzt oder am Universal-Kamerahalter des Reproduktionsgerätes Reprovit IIa adaptiert werden.

Das Illumitran ist ein universelles Kopiergerät für schwarzweiße und farbige Dias und Negative. Außer Duplikat-Diapositiven lassen sich mit dem Illumitran auch Internegative für schwarzweiße oder farbige Vergrößerungen herstellen, Schwarzweiß-Dias von Schwarzweiß-Negativen kopieren und durch Doppelbelichtungen Titeldias produzieren. Sandwich-Montagen können ebenso vervielfältigt werden und durch den gezielten Einsatz von Filterfolien sowie Über- und Unterbelichtungen lassen sich interessante Verfremdungen hervorrufen.

Tips zum Reproduzieren

Für einwandfreie Reproduktionen muß der Aufnahme-Raum abgedunkelt werden. Bei hellen, reflektierenden Wänden in unmittelbarer Nähe kann es zur ungleichmäßigen Ausleuchtung des Objektfeldes

kommen. Helle Decken können Reflexe auf glänzenden Vorlagen verursachen. Zweckmäßig ist daher ein
dunkelgrauer, nicht reflektierender Anstrich. Decken-
lampen dürfen nicht über der Aufnahme-Einrichtung
angebracht sein.

Fahrende Straßenbahnen sowie im Betrieb befindliche Fahrstühle und Klimaanlagen können die Ursache
dafür sein, daß keine optimale Schärfe erzielt wird.
Auch die kleinsten Vibrationen werden bei starker
Verkleinerung und bei vergrößernder Abbildung sofort
durch Verwacklungsunschärfe sichtbar.

Wenn möglich, sollten sehr kurze oder sehr lange Belichtungszeiten für Nahaufnahmen und Reproduktionen benutzt werden. Zeiten von 1 bis 1/60 Sekunde
gelten als besonders kritisch, wenn Stative benutzt
werden.

Bei Farb-Reproduktionen von Ölgemälden erhält man
eine bessere Farbsättigung durch die Verwendung
von Polarisations-Filtern. Man benötigt für jede Lichtquelle und für das Aufnahme-Objektiv jeweils ein Po-
larisations-Filter! Die Reflektoren der Vierlampenbeleuchtung des Universal-Reproduktionsgerätes Reprovit IIa besitzen dafür entsprechende Bohrungen
(KAPEKA-POL-Einrichtung der Firma Prien).

Bei doppelseitig bedruckten Blättern können Schrift
und Abbildung der jeweils anderen Seite durchschei-
nen. Legt man schwarzes Papier unter die zu repro-
duzierende Seite, ist davon nichts mehr zu erkennen.

Entsprechende Filter und Filme (siehe Seite 202) können das Aufnahme-Ergebnis bei vergilbten Vorlagen
verbessern und Stockflecken unsichtbar werden lassen.

Die Foto-Filter

Erfahrene Fotografen zählen die Foto-Aufnahmefilter
zu ihren wichtigsten Hilfsmitteln. Durch sie lassen
sich für Schwarzweiß-Aufnahmen z. B. Korrekturen bei
der Umsetzung der Farben in Grauwerte vornehmen
oder Kontraste steigern. Auch zur Verfremdung der
Motive können Filter benutzt und damit Bildinhalte
verändert werden. Von besonderer Bedeutung sind
auch Aufnahme-Filter für Farbaufnahmen, die u. a. zur
Verbesserung der Farbwiedergabe beitragen können.
Die Bildanalyse kann durch ein gezieltes Einsetzen
bestimmter Filter sehr oft merklich gesteigert werden.
Zum Leica R-System gehören deshalb auch jene Filter, die in der Praxis am häufigsten gebraucht werden:

UVa-Schutz-Filter
Zirkular-Polarisations-Filter
Gelb-Filter
Gelbgrün-Filter
Orange-Filter

Sie werden in verschiedenen Seriengrößen und mit
Schraubfassung angeboten. Über das gesamte Leica
R-Filter-Programm, die Bestell-Nummern und welche
Filtergrößen für die einzelnen Objektive empfohlen
werden, geben die Tabellen auf diesen Seiten Auskunft. Darüber hinaus lassen sich selbstverständlich
auch Filter anderer Hersteller benutzen oder Filterfolien mit entsprechendem Folienhalter an Leica R-Objektive ansetzen.

Beim Kauf von Filtern sollte man unbedingt auf eine
einwandfreie Qualität achten, denn die Schärfe des
Fotos darf natürlich durch das Filter nicht beeinträchtigt werden. Leitz-Filter werden mit der gleichen Präzision hergestellt wie die Leica R-Objektive. Aus optisch reinen, in der Masse gefärbten Glasschmelzen
bestehend, besitzen sie planparallel geschliffene und
polierte Oberflächen. Dadurch bleibt die Schärfeleistung der Objektive auch in der Kombination mit
Leitz-Filtern erhalten. Sie sind ebenso wie die Leica
R-Objektive vergütet, wobei der aufgedampfte Antire-
flexbelag dem Anwendungsbereich des Filters angepaßt ist.

Wo notwendig, werden bei Leitz die Filtergläser lose,
also spannungsfrei, in die Fassung eingelegt. Das ge-
legentliche „Klappern" der Filter sollte deshalb den
Anwender nicht stören. Die besonderen Merkmale
der Leitz-Filter sind ihre Unempfindlichkeit gegen
Wärme, Lichteinfluß und Feuchtigkeit.

Fast alle Filter absorbieren Licht. Ist der Lichtverlust
erheblich, muß er durch Verlängern der Belichtungszeit oder Öffnen der Blende ausgeglichen werden.
Um wieviel, gibt der Verlängerungs- oder Filterfaktor
an.

Verlängerungsfaktor (VF) 2 bedeutet z. B., daß die normale Belichtungszeit zweimal, also doppelt so lang,
gewählt werden muß oder daß die Blende um eine
Stufe weiter zu öffnen ist. Hierbei sei erwähnt: der ge-

Tabelle 20: Empfohlene Filtergrößen und Filtergewinde für derzeitige R-Objektive

R-Objektiv	Bestell-Nr.	empfohlene Filtergröße	Filtergewinde
SUPER-ELMAR-R 1:3,5/15 mm		eingebaut	- - - - - - -
FISHEYE-ELMARIT-R 1:2,8/16 mm	11 222	eingebaut	- - - - - - -
ELMARIT-R 1:2,8/19 mm	11 225	E 82[1])	M 82 × 0,75
SUPER-ANGULON-R 1:4/21 mm	11 813	Serie 8,5	M 72 × 0,75
ELMARIT-R 1:2,8/24 mm	11 221	Serie 8	M 60 × 0,75
ELMARIT-R 1:2,8/28 mm	11 204	Serie 7	M 48 × 0,75
PA-CURTAGON-R 1:4/35 mm	11 202	Serie 8	M 60 × 0,75
ELMARIT-R 1:2,8/35 mm	11 231	E 55 oder Serie 7[2])	M 55 × 0,75
SUMMICRON-R 1:2/35 mm	11 115	E 55 oder Serie 7[2])	M 55 × 0,75
SUMMICRON-R 1:2/50 mm	11 215	E 55 oder Serie 7[2])	M 55 × 0,75
SUMMILUX-R 1:1,4/50 mm	11 776	E 55 oder Serie 7[2])	M 55 × 0,75
MACRO-ELMARIT-R 1:2,8/60 mm	11 212	E 55 oder Serie 7[2])	M 55 × 0,75
VARIO-ELMAR-R 1:3,5/35−70 mm	11 244	E 60 oder Serie 7,5[3])	M 60 × 0,75
VARIO-ELMAR-R 1:4,5/75−200 mm	11 224	E 55 oder Serie 7[2])	M 55 × 0,75
SUMMILUX-R 1:1,4/80 mm	11 880	E 67 oder Serie 8[4])	M 67 × 0,75
ELMARIT-R 1:2,8/90 mm	11 239	E 55 oder Serie 7[2])	M 55 × 0,75
SUMMICRON-R 1:2/90 mm	11 219	E 55 oder Serie 7[2])	M 55 × 0,75
MACRO-ELMAR-R 1:4/100 mm	11 232	E 55 oder Serie 7[2])	M 55 × 0,75
MACRO-ELMAR 1:4/100 mm	11 230	E 55 oder Serie 7[2])	M 55 × 0,75
ELMARIT-R 1:2,8/135 mm	11 211	E 55 oder Serie 7[2])	M 55 × 0,75
ELMAR-R 1:4/180 mm	11 922	E 55 oder Serie 7[2])	M 55 × 0,75
APO-TELYT-R 1:3,4/180 mm	11 242	E 60 oder Serie 7,5[3])	M 60 × 0,75
ELMARIT-R 1:2,8/180 mm	11 923	E 67 oder Serie 8[4])	M 67 × 0,75
TELYT-R 1:4/250 mm	11 925	E 67 oder Serie 8[4])	M 67 × 0,75
TELYT-R 1:4,8/350 mm	11 915	E 77	M 77 × 0,75
TELYT-R 1:6,8/400 mm	11 960	Serie 7	M 72 × 0,75
MR-TELYT-R 1:8/500	11 243	5 Filter dazugehörig[5]) oder E 77	M 77 × 0,75
TELYT-R 1:6,8/560 mm	11 865	Serie 7	- - - - - - -
TELYT-S 1:6,3/800 mm	11 921	Serie 7	M 138 × 1,5

[1]) Ein Filter wird von Leitz nicht empfohlen!
Eingeschraubt werden kann ein B + W-Filter in Weitwinkelfassung. Die Gegenlichtblende läßt sich dann nicht mehr aufsetzen.
[2]) Serienfilter 7 mit Adapter 14 225.
[3]) Serienfilter 7,5 mit Adapter 14 263
[4]) Serienfilter 8 mit Adapter 14 264
[5]) E 32 / M 32 x 0,55, die Dicke der Filter ist im optischen System mit einbezogen. Filter anderer Dicke können nicht benutzt werden!

wünschte Filtereffekt ist häufig bei etwas knapperer Belichtung am wirkungsvollsten; reichliche Belichtung schwächt ihn meistens ab! In Katalogen werden Verlängerungsfaktoren für die Filter angegeben. Dagegen sind bei Objektiven und Belichtungsmessern üblicherweise Blendenstufen markiert. Für die Umrechnung kann man sich eines logarithmischen Nomogramms (siehe Abb. 170) bedienen, aus dem die korrespondierenden Werte sofort ablesbar sind. Der Verlängerungsfaktor des Filters ist allerdings keine absolute Konstante, sondern von der Farbenempfindlichkeit des Films und den spektralen Eigenschaften der Beleuchtung abhängig. Man bestimmt ihn in kritischen Fällen am besten experimentell (Testaufnahmen). Bei Polarisations- und neutralen Grau-Filtern beeinflussen die Farbempfindlichkeit des Films und die Lichtfarbe den Verlängerungsfaktor nicht. In der Regel wird die Absorption des Lichtes bei der Belichtungsmessung durch das Objektiv automatisch berücksichtigt. Trotzdem sind auch bei Kameras mit Lichtmessung durch das Objektiv, wie z. B. der Leica R 4-Mot, bei bestimmten Filtern zusätzlich Verlängerungsfaktoren notwendig! Belichtungsmesser besitzen nämlich eine etwas andere Farbenempfindlichkeit als die meisten Filme; sie ist außerdem bei den verschiedenen Film-Fabrikaten noch unterschiedlich. Vor

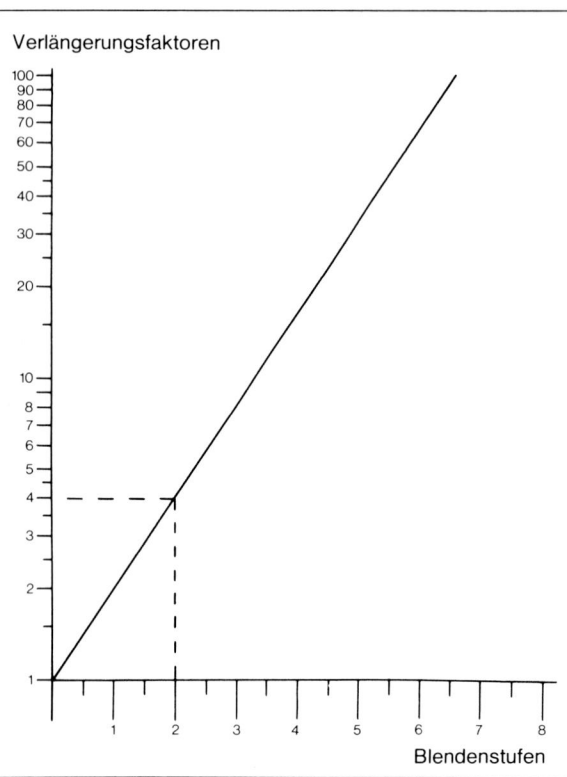

Verlängerungsfaktoren

Blendenstufen

Abb. 170

Nomogramm zum Ablesen korrespondierender Werte von Verlängerungsfaktoren und Blendenstufen. Bei diesem Beispiel: Verlängerungsfaktor 4 = 2 Blendenstufen.

allem bei Schwarzweiß-Aufnahmen mit Rot-, Orange- und strengem Grün-Filter ist ein vorheriger Test angebracht, während bei der Benutzung von Gelb-, Gelbgrün- und Blau-Filtern ein zusätzlicher Verlängerungsfaktor vernachlässigt werden kann.

Filter für S/W- und Farbaufnahmen

Mit wenigen Ausnahmen werden für die verschiedenen Möglichkeiten der fotografischen Wiedergabe — schwarzweiß oder farbig — unterschiedliche Filter benötigt. Zu den Filtern, die eine Ausnahme machen, gehören das ultraviolette Licht absorbierende Filter und das Polarisationsfilter, kurz UVa- bzw. Pol-Filter genannt, sowie das farbneutrale Grau-Filter.

UVa-Filter
Farbloses Filter zur Absorption von UV-Strahlen.
Verlängerungsfaktor: 1

UV-Strahlen sind für das Auge unsichtbar, wirken jedoch auf den Film ein. Sie sind bei klaren Sichtverhältnissen überall vorhanden. Zum Teil werden sie durch die Staubteilchen der Luft zurückgehalten und dadurch, z. B. in großen Städten, stark absorbiert. Umgekehrt ist das Licht in der reinen Luft, z. B. an der See oder im Hochgebirge, besonders reich an ultravioletten Strahlen. UV-Strahlen beeinträchtigen die Schärfe der Schwarzweiß-Aufnahmen und verursachen bei Farbfilmen zusätzlich eine Verblauung, d. h.

Tabelle 21: Leitz-Filter und Filteradapter

| | Einschraubfilter | | | | | | Serienfilter | | | | |
	E 32	E 44	E 54	E 55	E 60	E 67	6	7	7,5	8	8,5
UVa	13 400	—	—	13373	13381	13386	13012	13009	—	13018	13024
Gelb	13403	—	—	13236	—	—	13013	13006	—	13019	13022
Gelbgrün	—	—	—	13391	13392	13393	13014	13007	—	13021	
Orange	13402	—	—	13312	13383	13388	13011	13008	—	13017	13023
Rot	13401	—	—	—	—	—	—	—	—	—	—
Zirkular-Polfilter	—	13353	13354	13357	13376	13377	—	13370	—	13372	—
Polfilter	—	13358	13359	13374	—	—	—	—	—	—	—
Filteradapter	—	—	—	—	—	—	14160 (E 44) 14225 (E 55)	14161 (E 54) 14263 (E 60)	14222 (E 59)	14165 (E 72) 14264 (E 67)	—

eine zu kalte Farbwiedergabe. Man muß sie deshalb ausfiltern. Früher geschah das auch bei Leica-Objektiven durch ein UVa-Filter. Leica R-Objektive absorbieren durch die Verwendung bestimmter Glassorten und vor allem durch eine besondere Verkittung der Linsen die UV-Strahlen, so daß sich im Grunde genommen ein UVa-Filter erübrigt. Die nach einem Leitz-Patent vorgenommene Verkittung mit einer Absorban-Kittschicht garantiert bei allen Objektiven die gleiche Farbcharakteristik und damit eine einheitliche, neutrale Farbwiedergabe. Auch in sehr großen Höhen! Das UVa-Filter dient daher bei Leica R-Objektiven nur noch als Schutz für die Frontlinse des Objektives! An dieser Stelle muß allerdings erwähnt werden, daß auch hochwertige Filter in bestimmten Situationen problematisch sein können. Bei hohen Kontrasten, wie z. B. beim Fotografieren der untergehenden Sonne, Nachtaufnahmen mit starken Lichtquellen im Bild und bei Aufnahmen heller Objekte aus einem dunklen Torbogen heraus, ist die Gefahr der Reflexbildung auch durch planparallele, geschliffene und vergütete Filter sehr groß. Doppelbilder oder eine allgemeine Kontrastverflachung bzw. partielle Aufhellungen durch Streulicht sind relativ häufig. Bei derartigen Aufnahme-Situationen sollten alle Filter, auch das UVa-Filter, abgenommen werden. Bei extremen Weitwinkel-Objektiven können Filter vor dem Objektiv ebenfalls zu schlechteren Aufnahme-Ergebnissen führen. Durch den größeren Aufnahmewinkel müssen die Rand-Lichtstrahlen bei diesen Objektiven einen geringfügig längeren Weg durch das Filter zurücklegen als die Lichtstrahlen in der Mitte. Das kann in vielen Fällen die Bildqualität mindern. Ein Grund, warum z. B. von Leitz kein Filter zum Elmarit-R 1:2,8/19 mm angeboten wird.

Skylight- und Haze-Filter

Diese leicht getönten UVa-Filter wurden früher für Farbaufnahmen bei Motiven mit besonders großen UV- und Blau-Anteilen des Lichtes empfohlen, wie bei Objekten im Schatten unter wolkenlosem Himmel und bei Fernsichten mit leicht bläulichem Dunst. Vor ihrer Benutzung in Verbindung mit Leica R-Objektiven muß gewarnt werden, weil durch sie die Farben unnatürlich warm wiedergegeben werden.

Polarisations-Filter (P/P-cir)

Filter zur Ausschaltung von Reflexen
Verlängerungsfaktor: 3

Das Polarisationsfilter — kurz Pol-Filter genannt — dient in erster Linie zum Beseitigen störender Reflexe auf nichtmetallischen Oberflächen, wie sie z. B. auf Wasser, Plastikteilchen, Glas, poliertem Holz und Lackflächen, aber auch auf Gräsern und Blättern vorkommen. Durch Löschen der Reflexe wird ein höherer Kontrast, eine bessere Farbtrennung und damit eine sattere Farbwiedergabe erreicht. Die Wirkung beruht darauf, daß das reflektierte (polarisierte) Licht nur eine Schwingungsebene besitzt — normales Licht schwingt in allen Richtungen —, das Pol-Filter aber nur Licht in einer Schwingungsebene passieren läßt. Es kommt also darauf an, das Pol-Filter vor dem Objektiv in die „richtige Stellung" zu bringen, in die Stellung nämlich, in der polarisiertes Licht gesperrt wird. Man findet diese am einfachsten beim Betrachten des Objektes durch das Pol-Filter, während es gedreht wird. Bei Spiegelreflex-Kameras, wie der Leica R4-Mot, wird die Wirkung am besten durch den Sucher der Kamera beobachtet, das Pol-Filter also vor dem Objektiv bzw. in dessen Strahlengang gedreht. Bei einigen Leica R-Objektiven sind die aufsetzbaren Gegenlichtblenden als Filteradapter für Serienfilter ausgebildet. Für Pol Filter besitzen diese Gegenlichtblenden eine einfach zu bedienende Drehvorrichtung. Mit Hilfe dieser Einrichtung werden auch alle Filter gegen ein unbeabsichtigtes Herausfallen gesichert, wenn die Gegenlichtblende abgenommen wird. In Leica R-Objektiven mit eingebauter, ausziehbarer Gegenlichtblende lassen sich Pol-Filter mit Drehfassung einschrauben. Ausnahmen: Telyt-R 1:6,8/400 mm, Telyt-R 1:6,8/560 mm und Telyt-S 1:6,3/800 mm besitzen Filtertaschen, durch die Serien-Filter in den Strahlengang gebracht und gedreht werden können.

Wichtig: Sollen Reflexe auf metallischen Oberflächen beseitigt werden, muß das Aufnahme-Licht polarisiert sein. Bei Kunstlicht-Aufnahmen geschieht das, indem man vor der Lichtquelle ebenfalls ein Pol-Filter anbringt. Die Schwingungsebenen der beiden Pol-Filter müssen zur Reflexlöschung gekreuzt werden. Auch das wird am besten mit einem Blick durch den Kamerasucher kontrolliert (siehe auch Seite 237).

Da das Löschen von Reflexen nur unter ganz bestimmten Aufnahme-Winkeln möglich ist (bei Wasser z. B. ca. 37 Grad, bei Glas ca. 33 Grad und bei poliertem Holz ca. 35 Grad), werden nicht immer alle Reflexe vollständig gelöscht werden können. Der Wirkungsgrad eines Pol-Filters ist auch von der benutzten Objektiv-Brennweite abhängig. Je länger die Brennweite, desto besser.

Besondere Bedeutung hat das Pol-Filter bei Landschaftsaufnahmen auf Farbfilm. Da auch ein gewisser Anteil des natürlichen Lichtes polarisiert ist, läßt es sich durch Pol-Filter mehr oder weniger beeinflussen.

Abb. 171: In welchem Maße die Brennweiten der Aufnahme-Objektive die Pol-Filter-Wirkung beeinflussen können, zeigen diese Vergleichsfotos von einem Schaufenster. Oben: 35-mm-Weitwinkel-Aufnahme, ohne und mit Pol-Filter (rechts). Unten: Aus gleicher Blickrichtung mit einem 90-mm-Objektiv fotografiert, ebenfalls ohne und mit Pol-Filter (rechts). Deutlich ist ein wesentlich besserer Wirkungsgrad beim Löschen der Reflexe zu erkennen, wenn mit längerer Brennweite gearbeitet wird.

Der Grad der Polarisation des Himmelslichtes ist abhängig vom Sonnenstand und von der Trübung der Atmosphäre (Dunst). In größeren Höhen nimmt der Anteil des polarisierten Lichtes zu. Je größer der Anteil, um so größer auch der Effekt bei der Benutzung eines Pol-Filters. Für die Praxis ist es wichtig zu wissen, daß der größte Anteil polarisierten Lichtes etwa im rechten Winkel zur Sonneneinfallsrichtung strahlt. Bei seitlichem Sonnenstand (dem meistens idealen Fotolicht) erreicht man also die beste Pol-Filter-Wirkung. Auch bei Landschaftsaufnahmen ist der erzielte Effekt von der Brennweite abhängig. Das ist leicht einzusehen, wenn man sich folgende Situation vorstellt: Landschaftsaufnahme mit dem Super-Angulon-R 1:4/21 mm bei seitlichem Sonnenstand. Bedingt durch den großen Bildwinkel von über 90 Grad wird die Pol-Filter-Wirkung über das Bild unterschiedlich stark ausgeprägt sein, weil die Winkel, unter denen

Abb. 172: Die Aufnahmewinkel bestimmen den Grad der Reflexlöschung. Sind sie nahezu identisch, wie bei langen Brennweiten (A, B und C), ist der Erfolg größer.

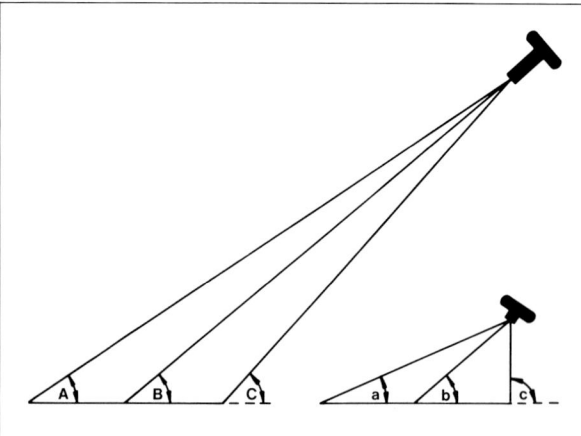

Abb. 173: Leitz Zirkular-Pol-Filter in Seriengrößen besitzen einen gelben Punkt, der die Kameraseite markiert, d. h. er muß nach dem Einlegen des Filters in die Gegenlichtblende sichtbar sein.

die Sonnenstrahlen auf das Motiv treffen, zwangsläufig enorm variieren. Auf der einen Bildseite haben wir schon fast eine Gegenlichtsituation, während wir auf der anderen Bildseite quasi aus der Richtung des einfallenden Lichtes, also mit dem Licht, fotografieren. Ein Lichteinfall von 90 Grad (beste Pol-Filter-Wirkung) ist daher nur in der Bildmitte wirksam.

Das bisher Gesagte gilt sowohl für Linear- als auch für Zirkular-Polarisations-Filter. Die früher ausnahmslos benutzten Linear-Pol-Filter (P) wurden bei Leitz durch Zirkular-Pol-Filter (P-cir) ersetzt, um beim Benutzen der Leicaflex SL/SL2 und Leica R (Kameras mit Lichtmessung durch das Objektiv) eine einfachere Handhabung zu erreichen. Die Anwendung von Zirkular-Pol-Filtern erspart nämlich bei diesen Kamera-Modellen umständliche Korrekturen oder Umrechnungen, die bei Linear-Pol-Filtern nötig sind. Das liegt an der Art der Lichtmessung durch das Objektiv, wie sie bei Leitz-Spiegelreflexkameras üblich ist.

Bei der selektiven Belichtungsmessung von Leicaflex SL/SL2 und Leica R3 wird das für die Messung nötige Licht über einen physikalischen Strahlenteiler, die teildurchlässigen Schwingspiegel dieser Kameras, abgezweigt. Das gilt auch für die beiden Belichtungs-Meßmethoden (integral oder selektiv) der Leica R4. Da diese Strahlenteiler selbst als Polarisatoren wirken, wird das Meßergebnis bei Verwendung „normaler" Linear-Pol-Filter verfälscht: es kommt zu Fehlbe-

lichtungen, wenn keine Korrektur vorgenommen wird. Bei den beiden Meßmethoden der Leica R3/R3-Mot (ebenfalls integral oder selektiv) ist das ähnlich. Allerdings gelangen bei diesen Kamera-Modellen je nach Meßmethode mehr oder weniger große Anteile des für die Belichtungsmessung insgesamt notwendigen Lichtes durch den teildurchlässigen Schwingspiegel (physikalischer Strahlenteiler) auf die Meßzellen im Kameraboden. Die beiden Meßzellen oberhalb der Einstellscheibe sind jedoch frei von diesem Effekt. Eine für alle Fälle gültige Korrektur ist deshalb nicht möglich.

Dagegen kann beim Zirkular-Polarisations-Filter in jedem Fall der Belichtungsmeßwert direkt übernommen werden. Leitz empfiehlt daher zu den Leica R-Modellen nur die Benutzung von Zirkular-Pol-Filtern!

Wichtig: Zirkular-Pol-Filter in Serienfassung haben einen gelben Punkt, der die Kamera-Seite markiert. Er muß also nach dem Einlegen des Filters in die Gegenlichtblende sichtbar sein. Nur so ist eine Wirkung zu erwarten (siehe Abb. 173).

Grau-Filter (N)
Filter zur Lichtdämpfung
Verlängerungsfaktor: 2, 4 oder 8

Farbneutrales Filter zur Lichtdämpfung des gesamten sichtbaren Spektrums. Dieses Filter wurde bisher hauptsächlich beim Filmen benutzt. Es findet jedoch in zunehmendem Maße auch in der Fotografie Verwendung, wenn aus bildgestalterischen Gründen lange Belichtungszeiten gefordert werden müssen, weil z. B. während der Belichtung die Brennweite des Vario-Objektives langsam verändert werden soll oder bei großen Blendenöffnungen (geringe Schärfentiefe) und guten Lichtverhältnissen die kürzeste Belichtungszeit für eine korrekte Belichtung nicht kurz genug ist.

Da Spiegel-Linsen-Objektive nicht abgeblendet werden können, jedoch bei guten Lichtverhältnissen und hochempfindlichen Filmen auch die kürzeste Belichtungszeit oftmals nicht ausreicht, um Überbelichtungen zu vermeiden, gehören Grau-Filter zum wichtigsten Zubehör dieser Objektive.

Filter für Farbaufnahmen

Um es gleich vorweg zu sagen: Im Leica R-System finden wir kein einziges Filter, welches speziell nur für Farbaufnahmen gedacht ist. Warum das so ist, kann man sich vorstellen, wenn man nur an die Vielzahl der unterschiedlichen Filter-Farben denkt, die weltweit von den Fotografen individuell gefordert werden. Jedes einzelne dieser Filter ist, wird es gerade benötigt, zwar unbedingt notwendig, kann aber naturgemäß nur für wenige Leica-Fotografen von Wichtigkeit sein. Weltweit angeboten und für jedes Kamera-System passend kann man diese Filter rationeller in spezialisierten Fabriken fertigen und damit kostengünstiger herstellen. Filterfabriken haben sich auf diese Produktion eingestellt. Zusammen mit den Filmherstellern haben sie die umfangreichsten Programme, jedoch hat keiner ein komplettes Angebot aller Filter. Die vielen Filter-Varianten lassen sich in drei Hauptgruppen einordnen:

Konversions- oder Korrektur-Filter
Kompensations-Filter
Effekt- oder Trick-Filter

Nachfolgend werden die charakteristischen Merkmale dieser Filter kurz beschrieben. Wer mehr darüber wissen möchte, findet entsprechende Literatur bei seinem Foto- oder Buchhändler.

Konversions-Filter

Diese Filter dienen zur Anpassung der Farbtemperatur (Kelvin) des Lichtes an die jeweilige Abstimmung der Farbfilme, z. B. Tageslicht- oder Kunstlicht-Umkehrfarbfilm. Von den verschiedenen Film- und Filterherstellern werden jeweils eine rötliche und eine blaue Filterreihe in verschiedenen Dichten (oft als Folien-Filter) angeboten. Die entsprechende Dichte, d. h. der Verschiebungs- oder Umwandlungswert, wird nicht als Farbtemperatur-Wert, sondern als Mired- oder Dekamired-Wert angegeben. Sie werden wie folgt errechnet:

$$\frac{1\,000\,000}{\text{Kelvin}} = \text{Mired}$$

$$1 \text{ Dekamired} = 10 \text{ Mired oder}$$

$$\frac{100\,000}{\text{Kelvin}} = \text{Dekamired}$$

Mit Hilfe eines Farbtemperaturmessers können die notwendigen Korrekturwerte, zur Verringerung oder zur Erhöhung der Farbtemperatur des Aufnahmelichtes, in Dekamired ermittelt werden. Blaue Konversions-Filter erhöhen die Farbtemperatur und setzen die Mired-Werte herab, rötliche Konversions-Filter ergeben eine niedrigere Farbtemperatur und damit höhere Mired-Werte. Bei Tageslicht-Aufnahmen auf Kunstlichtfilm benötigt man ein rötliches Konversions-Filter. Bei Kunstlicht-Aufnahmen auf Tageslichtfilm ist ein blaues nötig.

Im Fisheye-Elmarit-R 1:2,8/16 mm und Super-Elmar-R 1:3,5/15 mm sind zum Beispiel blaue Konversionsfilter eingebaut. Man kann damit auf Tageslicht-Umkehrfilm bei Kunstlicht (Fotolampen) fotografieren; also auf den Film, der meistens schon in der Kamera ist. Wer allerdings aus bestimmten Gründen ständig abwechselnd bei Tages- und Kunstlicht auf Umkehrfarbfilm fotografieren muß, sollte Kunstlicht-Umkehrfilm für seine Arbeit wählen. Dieser Film-Typ ist in der Regel um einige ISO-(ASA/DIN-)Werte empfindlicher als der artgleiche Tageslicht-Umkehrfilm und schafft damit günstigere Verhältnisse: bei (häufig schwachem) Kunstlicht keine durch Konversionsfilter herabgesetzte Empfindlichkeit, bei Tageslicht wird trotz der Absorption des Lichtes durch das notwendige Konversionsfilter das Empfindlichkeits-Niveau der üblichen Tageslicht-Umkehrfilme gehalten. Konversions-Filter mit geringen Dichten können zur Korrektur bestimmter Lichtstimmungen, wie zum Beispiel bei Morgen- oder Abendlicht, benutzt werden, wenn aus bestimmten Gründen eine neutrale Farbwiedergabe erreicht werden soll. Daß dabei dann der Charakter dieser Lichtstimmungen verlorengeht, muß wohl nicht extra betont werden. Leuchtstoffröhren besitzen kein kontinuierliches Farbspektrum. Das führt bei Aufnahmen auf Farbfilmen zu einem Farbstich. Eine optimale Korrektur durch die Kombination verschiedener Konversions-Filter ist nur bedingt möglich! Fast alle Filter-Hersteller bieten auch für die heute „üblichen" Tageslicht-Leuchtstoffröhren ein sogenanntes FL-D-Filter an, das bei Verwendung von Tageslicht-Umkehrfarbfilmen und Farbnegativfilmen zur besseren Farbwiedergabe beiträgt. Für „weiße" Leuchtstoffröhren ist das Filter FL-W bestimmt. In Verbindung mit Kunstlicht-Umkehrfarbfilmen (Type B) wird ein FL-B-Filter empfohlen.

Abb. 174-176: Für den Porträt-Fotografen sind Weichzeichnervorsätze ein unentbehrliches Requisit. Gestochene Schärfe im Gesicht weicht einem zarten Schmelz, dessen Wirkung vor allem an den Lichtreflexen der Brille deutlich sichtbar wird (rechts oben). Nebel-Effekt-Filter für die Landschaftsfotografie täuschen feinen Dunst vor oder verstärken ihn (Mitte rechts). Prismatische Vorsätze mit farbigen Segmenten verblüffen mit effektvollen Ergebnissen (unten rechts). Alle Aufn.: Farb-Umkehrfilm 15 DIN.

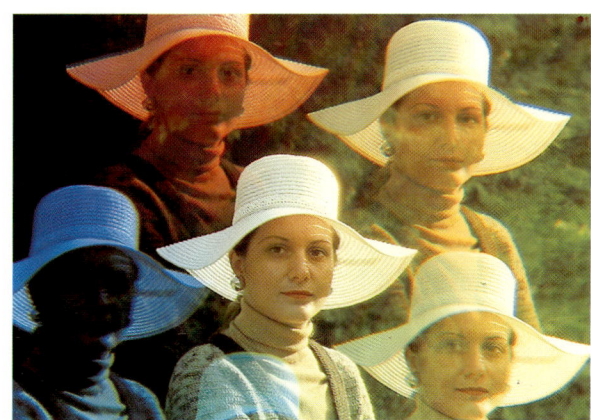

174
175
176

Ohne Filter: Wenig Differenzierung zwischen Blau und Rot

Gelb-Filter: Gelb und Rot heller, Blau dunkler.

Grün-Filter: Grün und Blau heller, Rot sehr dunkel.

Orange-Filter: Rot und Gelb heller, Grün und Blau dunkler.

Rot-Filter: Rot und Gelb sehr hell, Grün und Blau sehr dunkel.

Blau-Filter: Wenig Differenzierung zwischen Blau, Grün und Gelb.

◁◁ *Abb. 177 (vorhergehende Seite): Für Aufnahmen, „im Vorübergehen" ist die Programm-Automatik der Leica R4-Mot ideal. Summicron-R 1:2/35 mm, Farb-Umkehrfilm 19 DIN.*

Abb. 178 u. 179: Vergleichsaufnahmen zu Filter-Vergleichen

Abb. 180: Die hervorragende Farbwiedergabe der unbestechlichen Farbumkehrfilme ist auch „nur subjektiv"! Differenzierungen sind von Fabrikat zu Fabrikat und von Film-Typ zu Film-Typ absolut normal. Links Kodak Ektachrome 400, rechts Kodak Kodachrome 64.

Abb. 181: Die Serie von Aufnahmen, die mit den verschiedenen Foto-Filtern fotografiert wurde, zeigt am besten die Wirkung dieser Filter und wie sie die Umsetzung der Farben in unterschiedliche Grauwerte beeinflussen. Vergleicht man dazu das Farbbild, erkennt man deutlich, wie groß der Einfluß durch Foto-Filter bei Schwarzweiß-Aufnahmen sein kann. Dem Fotografen sind damit eine breite Skala von Möglichkeiten in die Hand gegeben. An ihm liegt es, was er daraus macht! Feine Grauwert-Verschiebungen, wie sie im Originalfoto deutlich zu sehen sind, gehen leider durch den Druck etwas verloren.

Kompensations-Filter

Kleinere Verschiebungen im allgemeinen Farbgleichgewicht eines Farbfilms, wie sie zum Beispiel bei sehr kurzen oder sehr langen Belichtungszeiten auftreten können, werden durch Kompensations-Filter korrigiert. Sie werden in den Farben Gelb, Purpur, Blaugrün, Blau, Grün und Rot jeweils in fein differenzierten Dichten als Folien-Filter angeboten.

Effekt-Filter

Zu dieser Filter-Gruppe zählt man in erster Linie die sogenannten Pop-Filter, also Filter in kräftigen Farben: Einfarbig, mehrfarbig oder als Verlauf-Filter. Der Verlängerungsfaktor (VF) des jeweiligen Filters variiert sehr stark und ist von den Objektfarben abhängig. Zeigt das Motiv dominierend die Filterfarbe, so wird der VF kürzer, ist es überwiegend in den Komplementärfarben gehalten, wird der VF länger. Knappere Belichtungszeiten führen zu einer verstärkten Wirkung! Die Vielfalt der Effekt-Filter läßt sich kaum beschreiben. Klarheit kann man sich aus den Angeboten der Filter-Hersteller verschaffen.

Filter für Schwarzweiß-Aufnahmen

Schwarzweiß-Filme setzen Farben in Grautöne um. Dabei kann es passieren, daß verschiedene Farben in den gleichen Grautönen wiedergegeben werden. Um in diesen Fällen eine bessere Differenzierung zu erreichen, verwendet man Farbfilter. Dadurch werden bestimmte Farben im Grauwert heller oder dunkler. Das kann auch für besondere Gestaltungs-Effekte ausgenutzt werden. Bezogen auf das Positiv gilt, daß die Eigenfarbe des Filters heller, die Komplementär- oder Gegenfarbe dunkler wiedergegeben wird:

Tabelle 22:

Farbe	Gegenfarbe (Komplementärfarbe)
Blau	Gelb
Grün	Purpur
Rot	Blaugrün

Für die Praxis bedeutet das:

Filterfarbe	im Positiv heller	im Positiv dunkler
Blau	Blau	Grün/Rot = Gelb
Grün	Grün	Rot/Blau = Purpur
Rot	Rot	Blau und Grün
Gelb	Grün/Rot = Gelb	Blau

Gelb-Filter (Y)   Verlängerungsfaktor: 1,5

Durch die heute angebotenen panchromatischen Filme, die eine hervorragende tonwertrichtige Wiedergabe garantieren, hat das Gelb-Filter weitgehend die Bedeutung verloren, die es früher einmal hatte.
Die Aufhellung gelblicher, grünlicher und rötlicher Töne ist sichtbar; die Hautfarbe wird aufgehellt, Hautverunreinigungen treten etwas zurück. Wichtig auch für Schneeaufnahmen mit Sonne, um die blauen Schatten kontrastreicher wirken zu lassen. Schneeaufnahmen ohne Filter wirken meistens etwas flau. Leitz-Gelb-Filter werden nur in einer Dichte (mittleres Gelb) geliefert.

Gelbgrün-Filter (YG)   Verlängerungsfaktor: 2

In der Wirkung etwa wie das Gelb-Filter. Es führt zu annähernd gleicher Wolkenwiedergabe. Grüne Töne kommen jedoch etwas heller, deshalb ist es besonders vorteilhaft für Aufnahmen von Landschaften mit viel Grün, Waldmotiven und botanischen Objekten. An der See läßt sich mit einem Gelbgrün-Filter der Wolkenhimmel tonwertrichtig wiedergeben, ohne zugleich gebräunte Haut aufzuhellen. Die Hautfarbe wird vielmehr dunkler wiedergegeben, Hautverunreinigungen, Rötungen der Haut und Sommersprossen treten allerdings auch etwas stärker hervor. Rotes Millimeterpapier wird dunkler wiedergegeben; interessant für bestimmte Gebiete der technisch-wissenschaftlichen Fotografie.

Grün-Filter (G)   Verlängerungsfaktor: 3–4

Deutlich stärkere Wirkungsweise als ein Gelbgrün-Filter. Bei Landschaftsaufnahmen starke Aufhellung von Grün. Auch im Schatten liegende grüne Bildpartien (Waldrand, Berghänge) weisen noch Struktur auf. Rottöne werden sehr dunkel wiedergegeben. Rote Dachziegel werden z. B. bei Landschaftsaufnahmen dunkelgrau wiedergegeben, Sommersprossen und Hautverunreinigungen werden unnatürlich stark hervorgehoben.

Orange-Filter (Or)   Verlängerungsfaktor: 2–5

Blau erscheint merklich dunkler, die Wolkenbildung wirkt deshalb besonders eindrucksvoll. Auch für Winteraufnahmen mit Sonne gut geeignet, wenn der Schnee durch etwas kräftigere Schatten plastischer dargestellt werden soll. Bei Landschaftsmotiven nimmt es den leichten Dunst fort, so daß Fernsichten brillanter und klarer werden.
Gelbe und rötliche Töne kommen sehr hell. Auch sonnengebräunte Haut wirkt wesentlich heller. Bei Aufnahmen alter Dokumente können Stockflecken weg-

Abb. 182: Rot und Grün werden ohne Filter nur ungenügend differenziert wiedergegeben (links). Der entsprechende Hellig-keitskontrast in Grauwerten wurde erst durch ein Grün-Filter (Mitte) bzw. Rot-Filter (rechts) erreicht. Der Verwendungszweck bestimmt, mit welchem Filter die optimalere Wiedergabe erzielt wird. Auf Seite 200 wird das Motiv in Farbe wiedergegeben

gefiltert werden. Orange-Filter können nicht in Verbindung mit orthochromatischem Film (Dokumenten-Film) benutzt werden, da diese Filme nicht rotempfindlich sind.

Rot-Filter (R) Verlängerungsfaktor: 6 – 25
Das Rot-Filter hat eine noch stärkere Wirkung als das Orange-Filter. Es dramatisiert, d. h. übertreibt Wolkenstimmungen. Da Blau fast wie Schwarz wiedergegeben wird, ergeben sich interessante Möglichkeiten. Zum Beispiel in der Architektur-Fotografie: Strahlend weiße Hausfassaden gegen tiefdunklen Himmel.
Bei Fernsichten wird Dunst noch besser als mit Orange-Filter durchdrungen. Die Linien von rotem Millimeterpapier verschwinden (interessant bei techn. Zeichnungen auf Millimeterpapier); frische Narben, Sommersprossen, Hautrötung und Hautverunreinigungen auch. Hauttöne erscheinen daher sehr hell. Auch dieses Filter ist nicht für orthochromatisches Filmmaterial verwendbar. Bei längeren Brennweiten (ab 135 mm) ist es sinnvoll, die Scharfeinstellung mit aufgesetztem Rot-Filter vorzunehmen, wenn mit großen Blendenöffnungen fotografiert werden soll. Die normalerweise nicht störend wirkende Unzulänglichkeit der Farbkorrektion normaler Objektive kann sonst bei Rot-Filter-Aufnahmen zu unscharfen Abbildungen führen (gilt nicht für Apo-Telyt-R und MR-Telyt-R).

Blau-Filter (Bl) Verlängerungsfaktor: 1,5
Panchromatische Filme bekommen durch das Blau-Filter fast die Eigenschaften orthochromatischer Filme, wenn sie bei Tages- oder Blitzlicht-Aufnahmen benutzt werden. Narben werden dann, ebenso wie

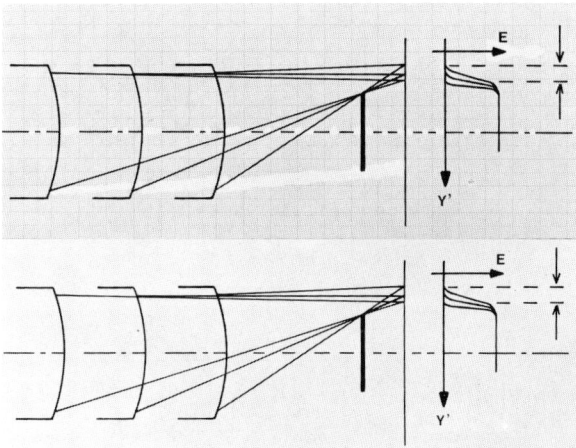

Abb. 183: Technische Zeichnungen, Diagramme und Tabellen lassen sich auf rotem Millimeter-Papier einfacher erstellen, als auf normalem Zeichenpapier (oben). Werden sie anschließend mit einem Rot-Filter vor dem Objektiv reproduziert, verschwinden die roten „Hilfslinien" (unten).

feinste Äderchen unter der Haut, deutlich sichtbar. Hautrötungen heben sich stark von ihrer Umgebung ab. Bei Tageslicht kommt das Blau-Filter zum Beispiel auch für Nebel-Aufnahmen auf panchromatischem Film in Frage, wenn die dunstige Atmosphäre erhalten bleiben soll. Bei Kunstlicht-Aufnahmen verhindert es die zu dunkle Wiedergabe blauer Augen und läßt Lippen, beziehungsweise Hauttöne, kräftiger und eindrucksvoller erscheinen.

Als Konversions-Filter im Super-Elmar-R 1:3,5/15 mm und Fischeye-Elmarit-R 1:2,8/16 mm eingebaut, erfüllt es die Voraussetzungen, um auf Tageslicht-Umkehrfarbfilmen bei Kunstlicht fotografieren zu können.

Filterfolien und Filter-/Folienhalter

Bestimmte Filter werden nur als Gelatine-Filterfolien angeboten. Sie sind empfindlich gegen Fingerabdrücke, Feuchtigkeit und mechanische Beschädigungen. Wann immer möglich, sollte man sie von einer Filterfabrik zwischen zwei Planglasscheiben fassen bzw. verkitten lassen. Es gibt auch Folienhalter, die insbesondere dann von Vorteil sind, wenn mit vielen verschiedenen Filterfolien gearbeitet werden muß und das Fassen zwischen Glasplatten zu teuer wird. Der Filterfolien-Halter von Hoya, der Cokin-Filterhalter und das Proson-Kompendium von Novoflex sind bewährte Hilfsmittel für Experimente mit Filterfolien. Bedingt durch die ausziehbaren Gegenlichtblenden der Leica R-Objektive lassen sich die beiden erstgenannten Filterhalter nicht ohne weitere Maßnahmen tief genug,

und damit nicht sicher, einschrauben. Mit Hilfe des eingeschraubten Filter-Adapters, Best.-Nr. 14 225, wird ein optimaler Sitz an allen R-Objektiven mit Filter-Gewinde M 55 × 0,75 erzielt. Für die Kleinbild-Fotografie können Filterfolien in Folienhalter jedoch nur bedingt empfohlen werden. Die Abbildungsqualität kann spürbar darunter leiden; sie muß es aber nicht. Nur eigene Versuche (Testaufnahmen) können Aufschluß über die Tauglichkeit derartiger Filter geben!

Filter-Zwischenringe

Wenn Objektive mit unterschiedlich großen Filtergewinden benutzt werden, lassen sich die größeren Filterdurchmesser häufig mit Zwischenringen, sog. Reduzierringe, auch in kleinere Gewindedurchmesser einschrauben. Diese Möglichkeit birgt allerdings eine Gefahr, denn die Gegenlichtblende läßt sich nicht mehr ausziehen bzw. aufsetzen. Die Neigung zur Reflexbildung ist daher sehr groß.

Tips für die Praxis

Halten Sie Ihre Filter stets sauber. Pflegen Sie sie wie Ihre hochwertigen Leica R-Objektive. Mehrere Filter übereinander gesetzt nutzen selten etwas; meistens beeinträchtigen sie nur die Abbildungsqualität. Orientieren Sie sich vorher über Filter-Möglichkeiten bei Ihrem Foto-Fachhändler oder bei den Film- und Filterherstellern.

Abb. 184: Mit speziellen Haltern können auch die vielen verschiedenen Filterfolien vor einem Leica R-Objektiv angebracht werden. Links der Cokin-Filterhalter, der auch Trick- und Effektvorsätze aufnehmen kann. Der Filterfolien-Halter von Hoya (Firma Hamaphot) wird aufgeklappt, wenn Filterfolien eingelegt werden. Sehr dunkle Filterfolien, z. B. für IR-Aufnahmen, können auf das vordere, bewegliche Teil aufgeklebt und beim Blick durch den Kamera-Sucher einfach „weggeklappt" werden. Für diesen Filterfolien-Halter werden auch verschiedene Gummi-Gegenlichtblenden angeboten.

Tabelle 23: Empfohlene Filtergrößen und Filteradapter für frühere R-Objektive

R-Objektive	empfohlene Filtergröße	Filteradapter	Filtergewinde
SUPER-ANGULON-R 1:3,4/21 mm Bestell-Nr. 11 803	Serie 8	Gegenlichtblende Bestell-Nr. 12 511	M 67 × 0,75
ELMARIT-R 1:2,8/35 mm bis Nr. 2517850, Bestell-Nr. 11 201	Serie 6	Bestell-Nr. 14 160	M 44 × 0,75
ELMARIT-R 1:2,8/35 mm bis Nr. 2928900, Bestell-Nr. 11 201	Serie 7	Gegenlichtblende Bestell-Nr. 12 509	M 48 × 0,75
SUMMICRON-R 1:2/35 mm bis Nr. 2791416, Bestell-Nr. 11 227	Serie 7	Gegenlichtblende Bestell-Nr. 12 509	M 48 × 0,75
SUMMICRON-R 1:2/50 mm bis Nr. 2816825, Bestell-Nr. 11 228	Serie 6	Bestell-Nr. 14 160	M 44 × 0,75
SUMMILUX-R 1:1,4/50 mm bis Nr. 2806500, Bestell-Nr. 11 875	Serie 7	Gegenlichtblende Bestell-Nr. 12 508	M 48 × 0,75
MACRO-ELMARIT-R 1:2,8/60 mm bis Nr. 3013650, Bestell-Nr. 11 203	Serie 8	Gegenlichtblende Bestell-Nr. 12 514	M 60 × 0,75
ELMARIT-R 1:2,8/90 mm, bis Nr. 2809000, Bestell-Nr. 11 239	Serie 7	Bestell-Nr. 14 161	M 54 × 0,75
SUMMICRON-R 1:2/90 mm, bis Nr. 2770950, Bestell-Nr. 11 219	Serie 7	Bestell-Nr. 14 161	M 54 × 0,75
MACRO-ELMAR 1:4/100 mm (Balgen) bis Nr. 2933350, Bestell-Nr. 11 230	Serie 7	Bestell-Nr. 14 161	M 54 × 0,75
ELMARIT-R 1:2,8/135 mm, bis Nr. 2772618, Bestell-Nr. 11 211	Serie 7	Bestell-Nr. 14 161	M 54 × 0,75
APO-TELYT-R 1:3,4/180 mm bis Nr. 2947023, Bestell-Nr. 11 240	Serie 7,5	Bestell-Nr. 14 222	M 59 × 0,75
ELMARIT-R 1:2,8/180 mm bis Nr. 2939700, Bestell-Nr. 11 919	Serie 8	Bestell-Nr. 14 165	M 72 × 0,75
VARIO-ELMAR-R 1:4,5/80 – 200 mm, Bestell-Nr. 11 224	E 55 oder Serie 7	Bestell-Nr. 14 225 für Serie 7	M 55 × 0,75
TELYT-R 1:4/250 mm bis Nr. 3050600, Bestell-Nr. 11 920	Serie 8	Bestell-Nr. 14 165	M 72 × 0,75
TELYT-R 1:5,6/400 (Televit-R)	Serie 7	Filter-Tasche	—
TELYT-R 1:5,6/560 (Televit-R)	Serie 7	Filter-Tasche	—

Effektvorsätze und Tricklinsen

Professionelle Kameramänner von Film und Fernsehen benutzen schon lange sogenannte Effektvorsätze und Tricklinsen, um die Bildaussage zu verdichten, Träume und Visionen zu symbolisieren oder um störende Lichtquellen im Bild als attraktiv blitzende Sterne erstrahlen zu lassen. Fotografen und Hobby-Filmer haben inzwischen auch die Möglichkeiten erkannt, die mit diesen Vorsätzen realisiert werden können, und fast alle Hersteller fotografischer Filter tragen dieser Entwicklung Rechnung. Zusammen mit Vertriebsfirmen von Fotozubehör bieten sie eine große Auswahl unterschiedlichster Vorsätze an. Leitz selbst liefert keine derartigen Vorsätze. Genaue Angaben über das jeweilige Lieferprogramm der verschiedenen Hersteller sind in entsprechenden Prospekten enthalten, die beim Fachhandel erhältlich sind.

Fast alle Effekt-Vorsätze sind für normalbrennweitige Objektive konzipiert und verlangen meistens den Einsatz einer großen Blendenöffnung. Damit man auch bei hervorragenden Lichtverhältnissen und beim Einsatz hochempfindlicher Filme mit offener Blende arbeiten kann, ist oftmals ein zusätzliches Graufilter notwendig. Fotografieren mit Effekt-Vorsätzen ist keineswegs schwierig. Die Lichtmessung durch das Objektiv ist unbedingt von Vorteil. Ob bei der Belichtungsmessung selektiv oder integral gemessen werden soll, ist vom Motiv und Vorsatz abhängig. Die Zeit-Automatik ist fast immer die empfehlenswerte Betriebsart der Leica R. Manuelle Einstellungen von Blende und Zeit sind manchmal notwendig. Einige Testaufnahmen geben darüber Aufschluß.

Für die bekanntesten Vorsätze gelten die nachfolgenden Empfehlungen:

Prismatische Vorsätze Mit prismatischen Vorsätzen lassen sich Motive gleichzeitig mehrfach abbilden. Grundsätzlich werden zwei verschiedene Arten von „Mehrfachprismen" angeboten: Eine Version, die eine parallele-streifenförmige Reihung bewirkt, und eine andere, mit der man radiale Unterteilungen erzielt. Demnach liegen die Abbildungen entweder nebeneinander (parallel) oder sind kreisförmig angeordnet (radial). Die Facetten der Mehrfachprismen rufen Nebenbilder hervor, die – gegenüber dem Zentralbild – ein wenig unscharf sind und manchmal Farbsäume zeigen. Alle Vorsätze sind vor dem Objektiv drehbar und können miteinander oder mit anderen Vorsätzen – selbstverständlich auch mit Filtern – kombiniert werden. Es gibt außerdem spezielle Farbsegment-Filter, bei deren Einsatz die einzelnen Bilder der Mehrfachprismen in unterschiedlichen Farben wiedergegeben werden. Auch Mehrfachprismen mit ineinander übergehenden Farben sind auf dem Markt. Wie kommt man damit zu guten Ergebnissen? Besonders empfehlenswert sind Aufnahmen von hellen Objekten vor ruhigen, möglichst dunklen Hintergründen. Aber auch hier gilt die Erfahrung, daß Ausnahmen die Regel bestätigen. Wie die meisten Trickvorsätze sind Mehrfachprismen auf normal- bis kurzbrennweitige Objektive abgestimmt. Je länger die Brennweite, um so mehr rücken die einzelnen Abbildungen auseinander, bis sie schließlich außerhalb des Bildfeldes liegen. Beim Einsatz von Radial-Mehrfachprismen lassen sich alle um das Zentralbild angeordneten Nebenbilder durch Abblenden des Objektivs so in ihrer Intensität verringern, daß sie schließlich bei kleinster Blendenöffnung völlig verschwinden. Eine Ausnahme bildet hier der Dreifach-Vorsatz, bei dem durch Abblendung lediglich eine klarere Trennung der drei einzelnen Bilder erzielt wird, was sogar erwünscht sein

Abb. 185: Variationen über das Thema Sonnenblume. Eine einzige Blüte wird durch radiale und parallele optische Reihung vervielfacht. Von links: Ohne Vorsatz; 3-fach-Prisma mit 50-mm-Objektiv; 3-fach-Prisma mit 90-mm-Objektiv; 5-fach-Prisma; unterschiedliche Helligkeiten und Schärfen der Blüte sind auf den Bildern mit Parallel-Vorsätzen zu erkennen. Die „Nebenbilder" der 3-fachen und 6-fachen Prismen-Vorsätze mit paralleler Anordnung sind deutlich sichtbar, da sie dunkler und leicht unscharf erscheinen. Durch Drehen der prismatischen Vorsätze kann die Bildwirkung zusätzlich variiert werden.

kann. Auch bei Parallel-Mehrfachprismen verschwinden durch das Abblenden nach und nach die weit außen liegenden Nebenbilder, so daß bei mittleren Blenden (5,6 bis 8) nur noch drei oder vier Nebenbilder von ehemals sechs erhalten bleiben.

Sterngitter-Vorsätze Punktförmige Lichtreflexe auf glänzenden Gegenständen oder entfernte Lichtquellen bei Nachtaufnahmen verwandeln sich in gleißende, sternartige Strahlen, wenn bei der Aufnahme ein sogenannter Sterngitter-Vorsatz benützt wird. Verschiedenartige Typen ergeben unterschiedliche Wirkungen. Zwei, drei oder vier in die Vorsatzlinse eingravierte und in sich kreuzende Linien rufen vier-, sechs- oder achtstrahlige Sterne hervor (Abb. 186). Feine Kreuzgitternetze zaubern langstrahlige Sterne ins Bild. Es gibt sogar Vorsätze, bei denen die Linien zur Erzeugung des Sterneffektes auf voneinander getrennten und beliebig gegeneinander verdrehbaren Scheiben angeordnet sind. Dadurch können die Sterne in ihrer Form verändert werden. Vielstrahlige Sterne lassen sich durch Übereinandersetzen mehrere Vorsätze erzeugen. Auch die Kombination mit Filtern oder anderen Effektvorsätzen ist möglich. Allen Sternvorsätzen haftet ein gewisser Weichzeichner-Effekt an, der aber meistens nicht stört — oft sogar zur Bildgestaltung herangezogen werden kann.

Spectral-Vorsätze Ein wahres Feuerwerk an farbigen Strahlen, Reflexen und Nebenbildern erzeugen die Spectral-Vorsätze. Nach den Angaben des Herstellers fächern ca. 30 Millionen Kristalle die Lichtquellen und Reflexe in den Farben des Regenbogens auf, wobei sie, in Sterneffekte verwandelt, gleichzeitig drei Farben des Spektrums wiedergeben. Einzelne starke Lichtquellen im Bild, eine Kerzenflamme oder die untergehende Sonne, das sind die Motivdetails, die sich besonders zur Verfremdung mit diesem Vorsatz eignen. Spectral-Vorsätze sind naturgemäß prädestiniert für Farbaufnahmen.

Punkt- oder Spot-Vorsätze Bei bestimmten Objekten, die im Zentrum eines Bildes angeordnet sein sollten, wie beispielsweise das Gesicht bei einer Porträt-Aufnahme oder eine einzelne Blüte am Zweig (Abb. 189) kann die Punkt- oder Spotlinse den symmetrischen Bildaufbau unterstreichen. Bei diesem Vorsatz ist das Mittelfeld optisch plan geschliffen und dann vom Zentrum gewölbt (konvex), bzw. mattiert oder eingefärbt. Die Abbildung erfolgt demnach in der Bildmitte scharf, während zum Rand hin eine zunehmende Unschärfe, auch farbig verfremdet, eintritt. Der Effekt wird um so deutlicher, je mehr Struktur (z. B. Zweige, Blätter) die Umgebung des scharf abzubildenden Kernmotivs aufweist. Die Größe des scharfen Mittelfeldes ist dabei von der Brennweite des Objektivs abhängig. Je kürzer sie ist, um so kleiner ist das Feld. Der Grad der Randunschärfe kann durch ein Verstellen der Blende beeinflußt werden. Starkes Abblenden läßt den Effekt verschwinden.

Bifokal-Vorsätze Für Nahaufnahmen gibt es zu den ∏-Objektiven die Elpro-Nahvorsätze. Von verschiedenen Filterherstellern werden besondere Nahlinsen angeboten, die nur für einen Teil der Abbildung wirksam werden. Die Bezeichnungen dafür sind recht unterschiedlich, erkennbar sind sie jedoch alle daran, daß sie wie halbierte Vorsatzlinsen aussehen. Während die eine Hälfte als Nahlinse wirkt, bleibt die andere Hälfte frei für die Kamera-Optik. Dadurch können kleine Gegenstände aus nächster Nähe groß und scharf abgebildet werden bei gleichzeitiger Unendlich-Schärfe des übrigen Motivdetails. Auf diese Weise kann z. B. wie das Beispiel 187 zeigt, ein extrem im Vordergrund befindliches Objekt aus dem Unschärfenbereich in die Schärfe gerückt werden. Die Vorsätze werden in verschiedenen Dioptrien-Stärken angeboten. Je größer die Dioptrie, um so kürzer wird die nächste Aufnahmeentfernung. Diese Vorsätze sind ebenfalls in erster Linie für Standard-Objektive mit 50 mm Brennweite gedacht.

Abb. 186: Zwei brennende Kerzen wurden mit verschiedenen Sterneffekt-Vorsätzen fotografiert. Von links: Ohne Vorsatz; 8-strahliger Sterneffekt-Vorsatz; Kreuzgitter-Vorsatz. Mit verdrehbaren Scheiben (Variocross) lassen sich die Sternstrahlen beeinflussen (rechte Seite). Sie können außerdem durch Drehen des gesamten Vorsatzes in die gewünschte Position gebracht werden. Die Länge der Sternstrahlen hängt im wesentlichen vom Helligkeitskontrast der Lichtquelle zur Umgebung ab.

Abb. 187: Mit einem Bifocal-Vorsatz (Teilbild-Linse) läßt sich eine gestochene Schärfe vom Nah- bis in den Unendlich-Bereich auch bei großen Objektiv-Öffnungen erzielen.

Abb. 188: Mit Verlauf-Filtern können bestimmte Partien im Bild beeinflußt werden. Bei diesem Beispiel wurde ein graues Verlauf-Filter benutzt, um durch Unterbelichtung der oberen Bildpartien eine Dramatisierung des verschleierten Himmels zu erreichen.

 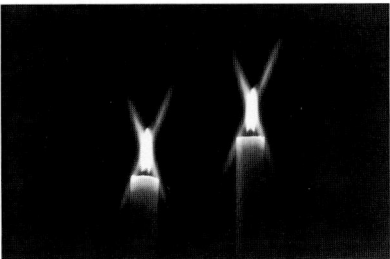 

Weichzeichner-Vorsätze Von allen Vorsätzen ist der Weichzeichner der bekannteste, weil älteste Vertreter. Selbst Leica-Fans der ersten Stunde haben schon mit Weichzeichnern besondere und kunstvolle Effekte im Foto zu erzielen versucht. Vor vierzig Jahren gab es sogar ein weichzeichnendes Porträt-Objektiv, das Thambar 1:2,2/90 mm zur Leica. Heute erreicht man gleiche oder ähnliche Wirkungen mit entsprechenden Vorsätzen. Bei den meisten Weichzeichner-Vorsätzen wird nur ein kleiner Teil des durch das Objektiv tretenden Lichtes durch die reliefartige Oberfläche des Vorsatzes beeinflußt. Dadurch wird erreicht, daß ein schwaches, unscharfes Bild den scharf abgebildeten Bildkern überlagert. Man spricht von „künstlerischer Unschärfe".

Die reliefartigen Oberflächen dieser Weichzeichner werden durch konzentrische Ringe (Duto-Scheibe), eine Vielzahl von Linsenelementen (Softare) oder durch Gitterstrukturen gebildet. Diese Reliefs erzeugen durch Brechung und Beugung des Lichtes eine Überstrahlung, während die zwischen den Reliefs durchgehenden Strahlen die scharfen Bildkerne erzeugen. Charakteristisch für „echte" Weichzeichner-Aufnahmen ist, daß das Licht in die Schatten überstrahlt. Im Gegensatz dazu laufen die Schatten in die Lichtpartien, wenn die Weichzeichner-Vorsätze nachträglich, beim Vergrößern, benutzt werden. Bei der Weichzeichner-Aufnahme findet quasi eine Aufhellung statt, die beim Betrachter des Bildes den Eindruck erweckt, als sei es beschwingt und duftig. Weichzeichner-Vergrößerungen können das nicht; sie wirken häufig „gedämpft" und „stumpf". Die oftmals störende Körnigkeit hochempfindlicher Filme ist dagegen bei Vergrößerungen mit Weichzeichnern kaum zu spüren. Außer den oben beschriebenen Weichzeichner-Vorsätzen werden auch andere Ausführungen mit total reliefartigen Oberflächen angeboten. Low-Contrast und Diffusions-Filter zählen dazu. Da sie jeweils in fünf Abstufungen zur Verfügung stehen, kann man ihre Wirkung fein dosieren. Die mit Low-Contrast-Filter aufgenommenen Porträts weisen einen gewissen Schmelz auf, der durch gedämpfte Farbsättigung und gemilderten Kontrast entsteht. Wesentlich kräftiger wirkt dagegen das Diffusions-Filter. Obwohl Farben und Kontraste klarer erscheinen, wird ein verschwommeneres Bild erzeugt. Je länger die Brennweite, um so größer ist die Wirkung beider Filter. Steigerungen sind auch durch Kombination mehrerer aufeinander geschraubter Filter möglich.

Der jeweilige Weichzeichner-Effekt ist bei allen Vorsätzen vom Motiv-Kontrast und der Stärke des Vorsatzes abhängig. Je größer der Kontrast, um so starker der Effekt und um so geringer kann die Weichzeichner-Stärke gewählt werden. Kontrastlose Motive eignen sich kaum für Weichzeichner-Aufnahmen. Bei Gegenlichtaufnahmen sind fast immer gute Ergebnisse zu erwarten. Durch den wesentlich weicheren Übergang von der Schärfe in die Unschärfe entsteht der Eindruck einer größeren Schärfentiefe oder besser gesagt, einer größeren Raumtiefe. Belichtungskorrekturen (Verlängerungsfaktoren) sind in der Regel nicht notwendig.

Für Kleinbildaufnahmen sind Weichzeichner mit geringer Stärke meist vorteilhafter. Der Effekt kann nur bei den Duto-Scheiben und den Vorsätzen mit Gitterstruktur durch Abblendung des Objektivs reguliert werden und ist bei kleinster Blendenöffnung häufig nicht mehr wahrzunehmen. Durch Vorsetzen von Tüllstoff, Georgette oder Gaze, durch teilweise eingefettete Glasscheiben o. ä. vor dem Objektiv oder durch Anhauchen der Objektiv-Frontlinse können ähnliche Wirkungen erzeugt werden. Allerdings ist der Erfolg meistens geringer als bei den optischen Verfahren.

Nebel-Effekt-Vorsätze Eine dem Weichzeichner ähnliche Wirkung besitzen die Nebel-Effekt-Filter. Sie sind in mehreren Stärken zu haben und lassen das Motiv in einem Dunstschleier erscheinen. Mit zunehmender Nebel-Wirkung nimmt die allgemeine Auflösung ab. Natürlicher Dunst und Nebel werden durch diese Filter verstärkt (siehe Abb. 175). Eine leichte Überbelichtung erzeugt in vielen Fällen eine helle, lichte Atmosphäre, während Aufnahmen ohne Belichtungskorrektur fast immer so aussehen als wären sie an einem grauen, nebligen Novembertag entstanden. Auch bei diesen Vorsätzen ist die Wirkung nicht von der Aufnahmeblende, wohl aber von der Brennweite abhängig. Je kurzbrennweitiger das Objektiv, um so geringer der Effekt.

Pop-Filter Popfarbene Filter, also Filter in satten Farben, verwandeln normale Motive in fast monochrome Bildgrafiken. Dabei nimmt die Abbildung die jeweilige Filterfarbe an, die aber weitgehend durch Variation der Belichtungszeit in ihrer Intensität gesteuert werden kann. Kombinationen mit anderen Effekt-Vorsätzen, Mehrfachbelichtungen mit verschiedenfarbigen Pop-Filtern und späteres Übereinanderlegen verschiedenfarbiger Dias (Sandwich-Methode) bringen zusätzliche interessante Effekte. Die entsprechenden Verlängerungsfaktoren dieser kräftigen Farbfilter werden bei der Belichtungsmessung durch das Objektiv wesentlich schlechter berücksichtigt, als die der normalen Filter. Außerdem muß beachtet werden, daß die Farbe des Objektes die Belichtungszeit beeinflussen kann: komplementäre Farben verlangen längere Belichtungszeiten als filtergleiche. Es ist auch ein Unterschied, ob bei Tages- oder Kunstlicht fotografiert wird. Die Prospekte der Filterhersteller geben darüber zwar Auskunft, doch wird man um einige Testaufnahmen trotzdem nicht herumkommen, wenn man zuverlässig damit arbeiten will.

Verlauf-Filter Um bei Landschaftsaufnahmen eine Überbelichtung des bedeckten Himmels zu vermeiden oder um die Bewölkung dramatisch zu betonen, bediente man sich schon vor Jahrzehnten des Verlauf-Filters in gelb oder orange. Für die heutigen Schwarzweißfilme sind sie in dieser Version kaum erforderlich und für Farbaufnahmen nicht zu gebrau-

chen. So gerieten sie bald in Vergessenheit. Jetzt sind sie als farbige oder neutralgraue Verlauf-Filter wieder zu haben.

Sie werden in verschiedenen Ausführungen mit unterschiedlichen Dichten und Übergängen angeboten und sind einfach zu handhaben. Verlauf-Filter werden z. B. wie andere Filter auch vor dem Objektiv angebracht. Allerdings liegt bei dieser Ausführung der Übergang von der absolut klaren zur eingefärbten Filterhälfte (und damit auch die Horizontlinie) fest: Sie verläuft durch die Bildmitte. Diese Filter erzeugen bei langen Brennweiten und mittleren Blendenöffnungen einen ausreichend weichen Übergang vom Himmel zur Horizontlinie. Mehr Spielraum bei der Gestaltung lassen Verlauf-Filter, die als „Filterplatte" ausgebildet sind und sich in Filterhaltern vor dem Objektiv drehen und verschieben lassen. Die Horizontlinie läßt sich damit den verschiedenen Motiven anpassen und nach oben oder unten verschieben.

Verlauf-Filter lassen sich nicht nur sinnvoll bei Außenaufnahmen benutzen. Auch im Innenraum, wenn starke Lichtquellen im oberen Bildteil alle überstrahlen oder bei Blitzlichtaufnahmen der Vordergrund überbelichtet wird, können Verlauf-Filter die Wiedergabe verbessern. Außerdem werden dem phantasievollen Fotografen unzählige Möglichkeiten der Verfremdung durch die große Farbskala der Verlauf-Filter angeboten. Je kürzer die Brennweite, um so deutlicher ist die Wirkung der Verlauf-Filter. Je länger die Brennweite, um so geringer sind die unterschiedlichen Dichten, die zur Wirkung kommen; es sei denn, man kann das Filter in einem Kompendium mit genügend großem Abstand vor der Frontlinse des Objektivs anbringen. Der Übergang wird jeweils bei starker Abblendung des Objektivs am deutlichsten sichtbar.

Neutralgraue Verlauf-Filter, die sich auch mit anderen Farbfiltern kombinieren lassen, sind im gleichen Maße für Schwarzweiß- und Farbfotografen interessant.

Abb. 189: Punkt- oder Popplinse nennt sich ein Vorsatz, der dazu dient, das Zentrum eines Motivs durch Schärfe zu betonen. Zum Rand hin wird das Blickfeld unscharf und verzerrt, der bildwichtige Teil in der Mitte tritt, wie in diesem Beispiel deutlich wird, klarer hervor. Der Vorsatz ist besonders für Farbaufnahmen interessant.

Filme

ihre Eigenschaften, Anwendung und Verarbeitung

Die Filme für den Kleinbild-Fotografen können in vier Hauptgruppen eingeordnet werden: Schwarzweiß-Negativfilme, Schwarzweiß-Umkehrfilme, Farb-Negativfilme und Farb-Umkehrfilme, die sich wiederum, entsprechend ihrer Allgemein-Empfindlichkeit als niedrig-, mittel- und hochempfindliche Filme klassifizieren lassen.

Für das Gelingen einer qualitativ hochwertigen Aufnahme ist die Wahl des Films mit von entscheidender Bedeutung. Sie richtet sich in erster Linie nach dem gewünschten Ergebnis: Schwarzweiß oder Farbig. Auch die Art des Bildes, ob Papierbild oder Diapositiv, bestimmt die Wahl des Aufnahmematerials. Eine optimale Schwarzweiß-Vergrößerung läßt sich am besten vom Schwarzweiß-Negativ erstellen. Schwarzweiß-Diapositive lassen sich ebenfalls vom Schwarzweiß-Negativfilm herstellen — oder man benutzt von vornherein einen Schwarzweiß-Umkehrfilm. Vom Farb-Umkehrfilm erhält man ein ideales Farbdia, von dem sich unter günstigen Voraussetzungen (geringer Kontrast im Dia) auch leicht ein gutes Farbbild vergrößern läßt. Wer in erster Linie das farbige Papierbild anstrebt, wird den Farb-Negativfilm wählen, von dem auch Farb-Diapositive hergestellt werden können.

Natürlich muß das Aufnahme-Material auch den verschiedenen Anwendungsbereichen angepaßt sein. Welches Licht steht zur Verfügung? Tages- oder Kunstlicht? Werden kurze Belichtungszeiten gefordert? Oder ist ein besonders großes Auflösungsvermögen des Films wichtig, usw., usw. Fragen, die sich leicht beantworten lassen, wenn man die wichtigsten Eigenschaften der Filme kennt. Sie sollen nachfolgend beschrieben werden.

Allgemein-Empfindlichkeit

Für die richtige Belichtung eines Films ist eine gewisse Menge Licht notwendig, die in Abhängigkeit steht zu seiner allgemeinen Empfindlichkeit. In Deutschland gelten als Maß dafür die nach dem Deutschen Institut für Normung benannten DIN-Werte. Die Abstufung ist so gewählt, daß drei DIN mehr einer doppelten Empfindlichkeit gleichkommen. In den USA und international werden für die Empfindlichkeitsangabe ASA-Werte benutzt (ASA = American Standard Association). Die Empfindlichkeitsbestimmung regeln entsprechende Normblätter. Die Messung nach der ASA-Norm stimmt genau mit der nach der deutschen DIN-Norm überein. Die DIN-Zahl ist allerdings ein logarithmischer Wert, während die ASA-Skala arithmetisch aufgebaut ist. Ein Film von ASA 50 ist doppelt so empfindlich wie einer von ASA 25. Neuerdings wird die Allgemein-Empfindlichkeit von Filmen auch in ISO-Werten (ISO = International Organization for Standardization) angegeben, z. B. ASA 50/18 DIN = ISO 50/18°.

Entsprechend der ISO-, ASA- oder DIN-Empfindlichkeit wird der Belichtungsmesser eingestellt und der Film belichtet. Außerdem ist eine kleine Reserve vorhanden, die eine Blende oder mehr beträgt. Ein Film von ASA 50/18 DIN kann unter bestimmten Voraussetzungen, also auch wie ASA 100/21 DIN belichtet werden, wenn die Entwicklung darauf abgestimmt wird.

Der beim DIN-System vorhandene Dreier-Rhythmus nimmt keine Rücksicht auf die Tatsache, daß die Objektivblenden günstigenfalls in halber Blendenstufe rasten, wie z. B. bei allen Leica R-Objektiven. In der Praxis ist das unbedeutend, da Belichtungsunterschiede von 30% bei den herkömmlichen Schwarzweiß- und Farb-Filmen nicht spürbar in Erscheinung treten.

Körnigkeit und Korn

Bei stärkeren Vergrößerungen macht sich gelegentlich in der Abbildung eine grießelige Struktur bemerkbar, die fälschlicherweise mit Korn bezeichnet wird. Was zu sehen ist, ist die Körnigkeit! Eine Ballung von Silberbromid-Kristallen, die beim Entwicklungsprozeß zusammengewachsen sind. Die Silberbromid-Kristalle selbst sind wesentlich kleiner. Ihre Größe ist abhängig von der Allgemein-Empfindlichkeit. Je größer sie sind, desto größer ist auch die Allgemein-Empfindlichkeit des Filmmaterials. Während der Begriff Korn also auf das unentwickelte Silberbromid-Kristall anzuwenden ist, bezieht sich die Körnigkeit auf die entwickelte Schicht.

Bei Farbfilmen wird zwar das metallische Silber später herausgebleicht, so daß die Silberpartikel selbst gar nicht mehr sichtbar sind, aber es bleiben gewissermaßen die „Löcher" in der Schicht zurück und führen ebenfalls zu einem körnigen Gesamteindruck.

Die geringempfindlichen Emulsionen haben nach der Entwicklung die geringste Körnigkeit. Die Lage der Zwischenräume ist dabei entscheidend. Die wichtigsten Verbesserungen, besonders der feinkörnigen Filme, beruhen auf der Tatsache, daß es gelungen ist, genügend Silberbromid-Kristalle in verhältnismäßig wenig Gelatine einzubetten und damit dünne Schich-

Abb. 190: Die Körnigkeit in der Vergrößerung wird oft als Maß für das Leistungsvermögen der Schwarzweiß-Filme herangezogen. Bei den heutigen Filmen ist die Differenz zwischen geringempfindlichen und hochempfindlichen Filmen nicht mehr sehr groß. Um sie im Druck entsprechend deutlich sichtbar werden zu lassen, wurden Ausschnitte mit mehr als 25-facher Vergößerung angefertigt. Das hervorragende Leistungsvermögen dieser Filme läßt sich erst entsprechend würdigen, wenn man bedenkt, daß das kleine Negativ von 24 × 36 mm bei dieser Vergößerung ein Bildformat von mehr als 60 × 90 cm ergibt.
Von links: geringempfindlicher Film — ASA 25/15 DIN; mittelempfindlicher Film — ASA 100/21 DIN; hochempfindlicher Film — ASA 400/27 DIN.

ten zu gießen. Die Feinheit der einzelnen Kornpartikel ist letztlich auch ein Kriterium für die Schärfe. Ein Bildpunkt, der kleiner ist als ein Filmkorn, kann auch bei stärkster Vergrößerung nicht mehr aufgelöst werden.

Auflösungsvermögen und Konturenschärfe

Die häufig anzutreffende Ansicht, daß diese beiden Eigenschaften mit der Korngröße streng gekoppelt sind, ist falsch. In erster Linie ist die Schichtdicke der ausschlaggebende Faktor. Da die lichtempfindliche Schicht ein trübes Medium darstellt, hat sie die Eigenschaft, Licht zu streuen. Weil die Streuung innerhalb der Schicht sehr groß ist, vermindert eine ausgesprochene Überbelichtung unter Umständen das Auflösungsvermögen. Früher wurde das Auflösungsvermögen fotografischer Schichten nur durch Testfiguren (Strichraster, Radialgitter oder Miren) geprüft. Das Er-

gebnis wurde in Linien pro Millimeter angegeben. Da bei der Messung sehr viele nebensächliche Dinge Einfluß haben, wurde versucht, andere Maßstäbe zu finden. Ein neuer Begriff ist die „Konturenschärfe". Sie ist ein objektives Maß für die Schärfeleistung des Films, unabhängig von der Körnigkeit und der Gradation. Von entscheidendem Einfluß ist dabei der Diffusions-Lichthof. Die Konturenschärfe wird mit Hilfe eines Spaltes ermittelt, der 15/1000 mm breit ist. Er wird im Kontakt, ohne Verwendung eines Objektivs, aufbelichtet und die entstehende Verbreiterung nach der Entwicklung ausgemessen.

Lichthof-Freiheit

Beim Lichthof unterscheidet man den Diffusions- und den Reflexions-Lichthof. Beim ersteren handelt es sich um Streuungen innerhalb der Schicht, im zweiten

Fall um Rückstrahlung von der Rückseite des Films. Beide Formen treten meistens kombiniert auf. Voraussetzung für Lichthofbildung ist immer ein großer Lichtkontrast bei der Aufnahme. Typisches Beispiel dafür ist die Überstrahlung, der Hof, bei einer im Bild erscheinenden Lichtquelle. Durch Dünnschichtfilme wird der Diffusions-Lichthof geringer. Den Reflexions-Lichthof vermeidet man durch Anfärben der Rückseite des Schichtträgers. Eine noch bessere Wirksamkeit erzielt man durch eine Lichthof-Schutzschicht zwischen lichtempfindlicher Emulsion und Schichtträger.

Gradation

Eine der wichtigsten Eigenschaften der Filme fällt unter den fotografischen Begriff „Gradation", womit die Abstufung der Helligkeitswerte gemeint ist.

Die Aufnahmeobjekte sind in den verschiedensten Helligkeiten und Farben abgestuft. Das kann vom hellsten Weiß bis zum tiefsten Schwarz gehen. Sie können sich aber auch auf geringe Differenzierungen beschränken, wie z. B. im Nebel. Gibt ein Film diese Unterschiede etwa so wieder, wie sie unserem Auge erscheinen, so besitzt er eine normale Gradation. Dämpft er die Kontraste, so daß größere Lichtgegensätze überbrückt werden, hat der Film eine weiche oder flache Gradation. Umgekehrt, verstärkt ein Film geringe Helligkeitsunterschiede, besitzt er eine harte oder steile Gradation. Er kann dann aber keine großen Helligkeitsgegensätze differenziert wiedergeben! Für Sonderfälle in der Reproduktionstechnik gibt es sogar Filme mit extra harter Gradation. Der Grundcharakter einer fotografischen Schicht wird im wesentlichen bei der Herstellung festgelegt. Er kann aber, insbesondere bei Schwarzweiß-Filmen, durch die Art der Entwicklung beeinflußt werden.

Schwarzschild- und Ultrakurzzeit-Effekt

Für ein optimales Ergebnis ist nicht zuletzt auch die richtige Belichtung entscheidend. Sie ist das Produkt aus Beleuchtungsstärke und Zeit (E × t). Dabei ist es keineswegs gleich, ob die Belichtung der lichtempfindlichen Schicht bei sehr hoher Beleuchtungsstärke mit sehr kurzer Zeit oder bei sehr geringer Beleuchtungsstärke mit sehr langer Zeit erfolgt. Bei gleichen Lichtverhältnissen gibt z. B. eine Belichtung von 1/1000 sec bei Blende 1 nicht die gleiche Dichte wie bei Blende 32 und 1 sec Belichtungszeit. Diese Erscheinung nennt man, nach seinem Entdecker, den Schwarzschild-Effekt.

Generell macht sich der Schwarzschild-Effekt bei extrem langen und bei ultrakurzen (Ultrakurzzeit-Effekt bei Elektronen-Blitzaufnahmen) Belichtungszeiten durch Empfindlichkeitsverlust, Gradationsänderung und bei Farbfilm zusätzlich noch durch eine Störung des Farbgleichgewichtes bemerkbar.

Moderne Elektronen-Blitzgeräte besitzen deshalb durchweg eine Blitzdauer um 1/1000 sec und liegen damit innerhalb der zulässigen Zeittoleranz fast aller Kleinbildfilme. Nur die Kunstlicht-Umkehr-Farbfilme sind für längere Belichtungszeiten optimal ausgelegt. Entsprechende Angaben über den sog. Schwarzschildfaktor (Verlängerungsfaktor für die Belichtung) sowie über erforderliche Farbkorrekturen kann man den Film-Anleitungen entnehmen bzw. werden von den Film-Herstellern in Datenblättern veröffentlicht.

Schwarzweiß-Filme

Die schwarzweiße Wiedergabe unserer farbigen Umwelt wird durch die Farben-Empfindlichkeit der Schwarzweiß-Filme beeinflußt. Dabei ist der Ausdruck Farben-Empfindlichkeit vielleicht nicht ganz zutreffend, da ja die Wiedergabe bei Schwarzweiß-Filmen in Graustufen erfolgt. Die Unterschiede betreffen also nur die Helligkeitswerte, in denen verschiedene Farben wiedergegeben werden. Zu diesem Zweck werden der lichtempfindlichen Schicht Farbstoffe beigefügt. Der Film wird sensibilisiert. Ursprünglich ist die Schicht nur für Ultraviolett (UV) und Blau empfindlich. Ein Film mit erweiterter Empfindlichkeit für Grün und Gelb wird orthochromatisch, ein für alle Farben empfindlicher Film, also einschließlich Rot, panchromatisch genannt. Allerdings ist die Farben-Empfindlichkeit nicht bei allen panchromatischen Filmen einheitlich, sondern schwankt von Fabrikat zu Fabrikat. Insbesondere weist die Rot-Sensibilisierung große Unterschiede auf. Meistens steigt die Empfindlichkeit im roten Spektralbereich mit Zunahme der Allgemein-Empfindlichkeit. Bei Verwendung von Orange- oder Rot-Filtern kann deshalb nicht immer der durch das Filter gemessene Belichtungswert übernommen werden. Durch Testaufnahmen läßt sich ein eventuell notwendiger Korrekturfaktor leicht ermitteln. Durch farbige Foto-Filter können die Helligkeitswerte der verschiedenen Farben bei der Aufnahme beeinflußt werden.

Die für das Auge nicht mehr sichtbaren Strahlen des ultravioletten Bereiches werden von allen Filmen aufgenommen, wenn sie nicht vorher durch das fotografische Objektiv absorbiert werden. Das ist bei allen Leica-R-Objektiven der Fall. Dagegen benötigt man für das langwellige Infrarot (IR) besondere Filmmaterialien und Filter (siehe Seite 224).

Das Angebot des Weltmarktes an Schwarzweiß-Filmen und Schwarzweiß-Entwicklern ist fast unübersehbar groß. Entsprechend vielfältig sind die Möglichkeiten ihres Einsatzes. Um für die praktische Anwendung eine gewisse Übersicht zu behalten, sollen an dieser Stelle nur die Materialien genannt werden, die vom Autor selbst und vom anwendungstechnischen Fotolabor der Ernst Leitz Wetzlar GmbH benutzt werden. Dieses Labor beschäftigt sich ständig mit allen Fragen der Kleinbildfotografie, u. a. auch mit den Filmen und Entwicklern des Weltmarktes. Die dabei gewonnenen Erfahrungen werden durch die Leica-Schule in seminarartigen Kursen alljährlich an viele Fotofreunde weitervermittelt. Um bei der Vielzahl der verschiedenen Aufgaben, es kommen Amateure, Fotohändler, Laboranten, Kriminalisten, medizinische Fotografen, Pressefotografen, Werksfotografen, etc. mit relativ wenigen Filmen und Entwicklern arbeiten zu können, wurde eine Auswahl der Materialien getroffen, die eine gleichmäßig gute Ausbeute garantiert. Bei Leitz weiß man allerdings auch, daß unter bestimmten Bedingungen ganz bestimmte Film-Entwickler-Kombinationen bessere Ergebnisse bringen können! Doch aus rationellen Gründen und vor allem wegen der nicht zu unterschätzenden Sicherheit durch das kleine Sortiment, bleibt man bei diesem Standard-Programm. Selbstverständlich wird dieses Programm den jeweiligen neuesten Erkenntnissen angepaßt.

Anwendung der Schwarzweiß-Filme

Normale Schwarzweiß-Filme werden nach ihrer Allgemein-Empfindlichkeit unterteilt. Danach ergibt sich folgende Klassifizierung:

Geringempfindliche Filme von ASA 16/13 DIN — ASA 50/18 DIN sind ideal für alle Aufnahmen, bei denen feinste Details wiedergegeben werden müssen, wie z. B. bei Landschafts-, Architektur- und Sachaufnahmen sowie für makro- und mikrofotografische Zwecke und für Halbton-Reproduktionen. Gering empfindliche Filme sind wegen ihres großen Auflösungsvermögens und ihrer geringen Körnigkeit besonders gut für Großvergrößerungen geeignet.

Mittelempfindliche Filme von ASA 64/19 DIN — ASA 200/24 DIN werden für die gleichen Aufgaben benutzt, wenn weniger Licht vorhanden ist und bei längerer

Belichtungszeit Verwackelungsgefahr besteht oder wenn eine größere Blendenöffnung nicht genügend Schärfentiefe gibt. Allerdings ist die Körnigkeit etwas größer und das Auflösungsvermögen dieser Filme ein wenig geringer. Mittelempfindliche Filme sind Allround-Filme des Kleinbildfotografen für die angewandte Fotografie. Vom Erinnerungsbild über das Porträt bis hin zum Architektur-, Sport- und Landschaftsfoto erstreckt sich die Anwendungsbreite dieses Filmmaterials.

Hochempfindliche Filme von ASA 250/25 DIN — ASA 800/30 DIN (und darüber) werden verwendet, wenn unter ungünstigen Lichtverhältnissen noch mit kurzen Belichtungszeiten fotografiert werden muß. Diese Filme gelten als Standard-Aufnahmematerial für Reporter.

Die in den letzten Jahren erfolgte wesentliche Verbesserung, insbesondere die des Auflösungsvermögens und der Körnigkeit, macht die hochempfindlichen Filme für jeden Amateur interessant, der seine Filme selbst entwickelt. Letzteres ist eine unbedingte Notwendigkeit, sofern kein Labor für Sonderentwicklungen zur Verfügung steht.

Dokumentenfilme sind für Strich-Reproduktionen gedacht. Hier gibt es eine Unterteilung in orthochromatisches und panchromatisches Filmmaterial. Dokumentenfilme werden außerdem auch für die Mikrofotografie und zur Herstellung von Dias nach Negativen eingesetzt. Durch Umkehrentwicklung ergeben Dokumentenfilme direkt Diapositive. Orthochromatische Dokumentenfilme werden, außer als Meterware, auch konfektioniert als Kleinbildpatronen im Handel angeboten. Panchromatischer Dokumentenfilm ist nur als Meterware erhältlich. Meistens wird er als perforierter Mikrofilm angeboten.

Orthochromatischer Dokumentenfilm ist nicht rotempfindlich und gibt daher Rot im Positiv dunkel wieder. Bei flacher Ausleuchtung und weichem Entwickler kann er auch für die normale Fotografie verwendet werden; z. B. für die Landschaftsfotografie, wo selten rote Objekte vorkommen. Bei medizinischen Aufnahmen können dagegen feinste Äderchen oder Hautrötungen kontrastreicher, also verstärkt, wiedergegeben werden. Übrigens erzielt man fast die gleiche Wirkung des orthochromatischen Films bei allen Schwarzweiß-Filmmaterialien mit einem Blaufilter. Orange- und Rot-Filter können in Verbindung mit orthochromatischen Dokumentenfilmen nicht angewandt werden.

Panchromatischer Dokumentenfilm ist für alle Farben empfindlich, und die Filtertechnik ist bei diesem Film die gleiche, wie bei normalen Schwarzweiß-Filmen. Dieser Dokumentenfilm kann bei kleineren technischen Zeichnungen und Diagrammen als Zwischenstufe für die Herstellung von Strichvorlagen benutzt werden. Dabei wird zuerst auf normalem, rotem Millimeterpapier mit schwarzer Tusche gezeichnet, wobei die roten Millimetereinteilungen als Hilfslinien dienen. Fehlerhafte Details können mit weißer Abdeckfarbe retuschiert werden. Die fertige Zeichnung wird dann mit Rotfilter vor dem Objektiv reproduziert. Die Vergrößerung eines solchen Negativs zeigt eine Strichzeichnung auf weißem Grund. Die roten Linien des Millimeterpapiers erscheinen nicht!

Schwarzweiß-Umkehrfilm liefert ohne Negativ direkt Positive und wird für alle vorher beschriebenen Anwendungsbereiche benutzt. Die Entwicklung ist bereits beim Kauf bezahlt und wird von autorisierten Entwicklungsanstalten durchgeführt. Bekanntester Vertreter dieser Film-Katogorie auf dem europäischen Markt ist der Dia-Direkt-Film von Agfa-Gevaert. Eine eigene Umkehr-Entwicklung ist möglich.
Da eine Beeinflussung der Gradation nur begrenzt möglich ist, wird der Weg zum Diapositiv über ein Negativ manchmal vorgezogen.

Schwarzweiß-Positivfilm wird bei der Herstellung von Diapositiven nach Negativen verarbeitet. Die Gradation ist normal bis kräftig und nur durch die Entwicklung zu beeinflussen. Er ist unsensibilisiert und kann bei rotem Dunkelkammerlicht verarbeitet werden. In der Leica-Technik wird anstelle des Positivfilms der orthochromatische Dokumentenfilm benutzt.

Infrarot-Filme sind Spezial-Filme, die auch für das unsichtbare Infrarot-Licht empfindlich sind. Diese Filme können nur unter Beachtung besonderer Regeln benutzt werden (siehe Seite 224).

Die Schwarzweiß-Filmentwickler

Die Eigenschaften der Filme, besonders die Gradation, werden durch die Entwicklung stark beeinflußt. Da das Negativ nur eine Zwischenstufe zum Positiv darstellt, ist größter Wert darauf zu legen, daß es leicht weiter zu verarbeiten ist. Es muß bei richtiger Entwicklung eine gute Abstufung zeigen und nicht zu kontrastreich sein.

Im Entwicklungsprozeß werden Silberbromid-Kristalle zu metallischem Silber reduziert. Dabei wachsen benachbarte Silberkörner zusammen. Wird zur Entwicklung ein Ultra-Feinkornentwickler bzw. Feinkornentwickler benutzt, so wird die Verteilung der Silberkornstruktur gleichmäßiger, weil größere Ballungen vermieden werden. Beim Vergrößern fällt dann Licht durch die entwickelte Schicht auf das Fotopapier und es entsteht eine Abbildung der Zwischenräume. Da auf dem gleichen Film Aufnahmen ganz verschiedener Objekte vorhanden sein können, so kann auch die Körnigkeit mehr oder weniger stören. Besonders in hellgrauen Flächen wird die Körnigkeit sichtbar.

Wenn sehr feinkörnige Aufnahmen bevorzugt werden, ist es besser, einen sehr feinkörnigen Film zu verwenden, als durch Ultra-Feinkorn- oder Feinkornentwickler Filme höherer Empfindlichkeit feinkörnig zu entwickeln.
Hochempfindliche Filme sollten vorzugsweise in (Ultra-) Feinkornentwicklern verarbeitet werden, um das Korn möglichst klein zu halten. Zu den Entwicklern, die das tun, nicht zu kontrastreich arbeiten und die Filmempfindlichkeit gut ausnutzen, gehören z. B. Atomal (Agfa-Gevaert), Fabofin und Microphen (Ciba), D76 und Microdol-X (Kodak), Promicrol (May & Baker) und Ultrafin (Tetenal). Da die Entwicklungsgeschwindigkeit sowohl vom Film als auch vom Entwickler abhängig sind, entnimmt man die genauen Daten für die Entwicklungszeiten den Gebrauchsanweisungen der Film- und Entwickler-Hersteller.
Für gering- und mittelempfindliche Filme und für Dokumentenfilme haben sich Entwickler auf p-Aminophenol-Basis bewährt. Dazu zählt z. B. Rodinal von Agfa-Gevaert und Paranol von Tetenal. Diese Entwickler werden in hochkonzentrierter Form angeboten und zum Gebrauch kurz vor der Entwicklung verdünnt. In der Praxis hat sich eine Verdünnung von 1:50 bewährt. Die Entwickler werden nur einmal benutzt und dann weggegossen. Die Entwicklungszeit ist vom Filmmaterial und vom gewünschten Kontrast abhängig. Diese Oberflächenentwickler holen die beste Schärfe aus dem Negativ heraus und verstärken den Eindruck der Schärfe durch den Nachbareffekt. Der Nachbareffekt zeigt sich so, daß an den Begrenzungen von hellen und dunklen Bildpartien die helleren Partien heller und die dunkleren dunkler nachgezogen erscheinen.
Der Kontrast kann bei (Ultra-) Feinkornentwicklern in geringem Maße, bei Oberflächenentwicklern sehr stark durch die Entwicklungszeit — bei Oberflächenentwicklern auch durch die Konzentration — beein-

flußt werden. Bei längerer Entwicklung wird der Kontrast angehoben und die Empfindlichkeit des Films steigt. Bei kurzen Entwicklungszeiten wird der Kontrast gemildert und die Filmempfindlichkeit geringer. Für die Praxis bedeutet das, daß bei Aufnahmen mit hohen Lichtgegensätzen der Film reichlicher belichtet werden muß, damit bei einer weichen (verkürzten) Entwicklung das Negativ noch genügend Deckung besitzt. Bei Objekten mit geringem Kontrast kann dagegen kürzer belichtet und länger entwickelt werden. Als Anhaltswert gilt, daß eine Verlängerung der Entwicklungszeit um den Faktor 1,4 die Empfindlichkeit des Films verdoppelt.

Tabelle 24: Beispiel für eine empfindlichkeitsbeeinflussende Filmentwicklung,
Film: Kodak Panatomic X = 16 DIN

Entwicklung	Entwicklungszeit Rodinal 1:50	zu belichten wie
weich	5 Minuten	ASA 16/13 DIN
normal	7 Minuten	ASA 32/16 DIN
hart	10 Minuten	ASA 64/19 DIN

Bei einer weichen Entwicklung unter 5 Minuten muß die Konzentration von 1:50 auf 1:100 verändert werden, damit die Entwicklungszeit heraufgesetzt werden kann. Entwicklungszeiten unter 5 Minuten führen häufig zu ungleichmäßiger Entwicklung (Schlieren). Eine besonders große Kontraststeigerung kann durch die Entwicklung in Papierentwicklern erreicht werden.

Daten zur Filmentwicklung

In der Leica-Technik werden alle Filme bis 20 DIN, und dazu zählen auch Dokumentenfilme, in Rodinal (Agfa-Gevaert) entwickelt. Filme mit einer höheren Empfindlichkeit werden im Ultra-Feinkornentwickler Atomal (Agfa-Gevaert) oder im Feinkornentwickler D76 (Kodak) entwickelt. Beide Entwickler werden vor allem wegen ihrer gut ausgleichenden Wirkung bei unterschiedlichen Kontrasten geschätzt. Die Empfindlichkeitsausnutzung ist dabei normal.
Alle Daten gelten für Bädertemperaturen von 20 °C und Kippentwicklung. In den ersten 30 Sekunden muß die Entwicklungsdose ständig, in der Restzeit alle 30 Sekunden einmal gekippt werden. Bei Rodinal hat der Härtegrad des Wassers Einfluß auf die Entwicklungszeit. Je „härter" das Wasser ist, um so länger muß entwickelt werden. Die angegebenen Zeiten beziehen sich auf 18 deutsche Härtegrade (dH°).

Für die Wiedergabe feiner Details bei Sach- und Landschaftsaufnahmen mit normalem Kontrast:

Agfapan 25
zu belichten wie
ASA 25/15 DIN

Kodak Panatomic X
zu belichten wie
ASA 32/16 DIN

Entw.: Rodinal 1:50   7 Min.

Bei hohen Kontrasten und für Porträt- und Nahaufnahmen:

Agfapan 25	Kodak Panatomic X
zu belichten wie	zu belichten wie
ASA 12/12 DIN	ASA 16/13 DIN

Entw.: Rodinal 1:50   5 Min.

Architekturaufnahmen mit extrem hohen Kontrasten wie z.B. Innenräume mit Fenstern:

Agfapan 25	Kodak Panatomic X
zu belichten wie	zu belichten wie
ASA 8/10 DIN	ASA 10/11 DIN

Entw.: Rodinal 1:100   5½ Min.

Als „Allroundfilme" für unterschiedliche Motive, z. B. Schlechtwetter — Sonnenschein — und Blitzaufnahmen auf einem Film. Für Urlaub und Reportage:

Agfapan 100	Ilford FP 4
zu belichten wie	zu belichten wie
ASA 125/22 DIN	ASA 125/22 DIN

Entw. Atomal   8 Min.

Um bei schlechten Lichtverhältnissen mit relativ kurzen Zeiten noch fotografieren zu können:

Kodak Tri X
zu belichten wie ASA 400/27 DIN
Entw.: D76   8 Min.

Nur wenn es unbedingt nötig ist und wenn der Motivkontrast nicht sehr hoch ist:

Kodak Tri X
zu belichten wie ASA 800/30 DIN
Entw.: D76   10 Min.

Landschaftsaufnahmen können auf orthochromatische Dokumentenfilme fotografiert werden, wenn keine roten Objektdetails vorhanden sind:

Agfaortho 25
zu belichten wie ca. ASA 4/7 DIN
Entw.: Rodinal 1:100   5 Min.

Reproduktionen
Bei den allerersten Aufnahmen empfiehlt es sich, das beste Ergebnis durch eine Belichtungsprobe zu ermitteln. Die Faktoren, mit denen die Abstufungen der Belichtung erfolgen, sind von den zur Verwendung kommenden Filmen abhängig.

Dokumentenfilme:
Faktor 1,4 (z. B. 0,5; 0,7; 1,4 und 2 Sek.).

Normale Filme:
Faktor 2 (z. B. 0,5; 1; 2; 4 und 8 Sek.).

Strichreproduktionen
Agfaortho 25
zu belichten wie ca. ASA 12/12 DIN
Entw.: Rodinal 1: 50   7 Min.

Abb. 191: Der Kontrastumfang des Motivs hängt u.a. von der Beleuchtung, den Farben der verschiedenen Details und deren Helligkeiten ab. Wie dieser Vergleich zeigt, spielt z. B. bei Landschafts-Aufnahmen auch die Witterung eine Rolle. Anders als bei Farbaufnahmen kann man durch die Entwicklung des Schwarzweiß-Films diesen Gegebenheiten Rechnung tragen und die Filme „motivgerecht" entwickeln. Auf diesen Seiten werden dafür die Rezepte angegeben.
Eine weitere Beeinflussung des Kontrastes kann beim Vergrößern durch die Wahl der entsprechenden Papiergradation vorgenommen werden. Was allerdings bei der Filmentwicklung versäumt wurde, läßt sich auch beim Vergrößern nicht mehr zurückgewinnen!

Durch eine längere Entwicklung werden die Negative brillanter. Diese Methode ist zu empfehlen, wenn von dem so behandelten Negativ Diapositive hergestellt werden sollen:

Agfaortho 25
zu belichten wie ca. ASA 25/15 DIN
Entw.: Rodinal 1:50   10 Min.

Zur Herstellung von Negativen, die direkt projiziert werden sollen (weiße Striche auf schwarzem Untergrund, wie z. B. Schrift, Tabellen, techn. Zeichnungen) eignen sich normale Papierentwickler sehr gut:

Agfaortho 25
zu belichten wie ca. ASA 25/15 DIN
Entw.: Agfa Neutol NE   4 Min.

Herstellung von Diapositiven nach Negativen (auch Halbton):

Agfaortho 25
zu belichten wie ca. ASA 12/12 DIN
Entw.: Agfa Neutol NE   2½ Min.

Halbtonreproduktionen

Hier gelten auch die bereits unter „angewandte Fotografie" aufgeführten technischen Daten. Geeignet sind alle geringempfindlichen Schwarzweißfilme wie Agfa Agfapan 25, Ilford Pan F, Kodak Panatomic X etc.
Normale Vorlagen wie Gemälde, Landkarten etc.:

Agfapan 25	Kodak Panatomic X
zu belichten wie	zu belichten wie
ASA 25/15 DIN	ASA 32/16 DIN

Entw.: Rodinal 1:50   7 Min.

Kontrastreiche Vorlagen wie z. B. Schwarzweiß-Fotos:

Agfapan 25	Kodak Panatomic X
zu belichten wie	zu belichten wie
ASA 12/12 DIN	ASA 16/13 DIN

Entw.: Rodinal 1:50   5 Min.

Je kontrastreicher eine Vorlage ist, um so weicher muß entwickelt werden. Sehr hoch ist der Kontrast fast immer bei Farbdiapositiven.
Herstellung von Schwarzweiß-Negativen nach Farbdias:

Agfapan 25	Kodak Panatomic X
zu belichten wie	zu belichten wie
ASA 8/10 DIN	ASA 10/11 DIN

Entw.: Rodinal 1:100   5½ Min.

Umkehr-Entwicklung

Fast alle gering- und mittelempfindlichen Filme lassen sich direkt in Diapositive umkehren. Die Fa. Tetenal bietet auch dafür einen Umkehr-Entwicklungssatz für Schwarzweiß-Filme an. Der Umkehrprozeß erfordert fünf Arbeitsgänge: Im Erstentwickler wird ein negatives Bild hervorgerufen, im Bleichbad wird dieses Negativbild, d. h. das metallische Silber, aus der Schicht herausgelöst; das Klärbad hat danach die Aufgabe, das Bleichbad aus der Schicht zu entfernen. Nach diesen Arbeitsgängen kann bei hellem Licht weitergearbeitet werden. Es folgt die diffuse Zweitbelichtung, durch die das in der Schicht verbliebene Silberbromid entwicklungsfähig wird. Bei der Zweitentwicklung wird dann dieses belichtete Silbersalz geschwärzt. Zum Schluß wird durch ein Fixierbad unverändertes Silberbromid aus der Schicht entfernt.
Da die Empfindlichkeit des Films durch die Umkehrentwicklung beeinflußt wird, müssen die Hinweise von Tetenal besonders beachtet werden.
Dokumentenfilme haben einen farblosen Schichtträger und eignen sich daher für die Projektion besonders gut. Wird der Agfaortho 25 nach Umkehrrezept entwickelt, ist es zweckmäßig, eine Belichtungsprobe mit dem Faktor 1,3 vorzunehmen, so daß erst die dritte Stufe eine Verdoppelung der Belichtungszeit ergibt, z. B. 1; 1,3; 1,6; 2; 2,6; 3,2; 4 sec.
Bei Halbton-Reproduktionen sollten hellere Vorlagen um eine Stufe kürzer, dunklere Vorlagen um eine Stufe länger belichtet werden.

Strich-Vorlagen:	Halbton-Vorlagen:
Agfaortho 25	Agfaortho 25
zu belichten wie	zu belichten wie
ca. ASA 8/10 DIN	ca. ASA 4/7 DIN

Entw.: Tetenal Umkehr-Entwicklungssatz

Farb-Negativfilme

Alle Farb-Negativfilme besitzen im Prinzip drei lichtempfindliche Schichten übereinander, von denen die oberste blau-, die mittlere grün- und die unterste rotempfindlich ist. Da alle Schichten von Haus aus blauempfindlich sind, muß unter der ersten Schicht eine Gelbfilter-Schicht liegen. Sie hält bei der Belichtung die blauen Lichtstrahlen von den darunter liegenden Schichten zurück und wird durch den Entwicklungsprozeß entfärbt.
Außer den für den jeweiligen Farbbereich empfindlichen Silberbromid-Kristallen enthält jede Emulsionsschicht zusätzlich sogenannte Farbkuppler. Das sind

komplizierte chemische Verbindungen, die dafür sorgen, daß während der Entwicklung in den einzelnen Schichten Farbe erzeugt wird. Und zwar in der blauempfindlichen Schicht Gelb, in der grünempfindlichen Purpur und in der rotempfindlichen Blaugrün. Ein sattes Blau erzeugt daher nur in der gelbkuppelnden Schicht ein Bild, Grün entsprechend in der purpurkuppelnden und auf Rot reagiert nur die blaugrünkuppelnde Emulsionsschicht. Bei Mischfarben reagieren entsprechend mehrere Schichten. Ist das Licht weiß, d. h. sind alle Farben vorhanden, reagieren alle Schichten gleichermaßen. Das ergibt im Negativ die größte Deckung = Weiß im Positiv.

Das bei der Entwicklung reduzierte metallische Silber wird ebenso wie das nicht belichtete Silberbromid durch den Bleich-Fixierprozeß herausgelöst. Übrig bleiben im Film nur noch die reinen Farbstoffanteile. So entsteht das negative Abbild des Objektes. Seine farbige Zusammensetzung ergibt sich aus der Dichte der Farbstoffe der einzelnen drei Schichten.

Ein Problem der Farb-Negativfilme ist, daß die drei lichtempfindlichen Schichten nicht exakt jeweils ein Drittel des Farbspektrums abdecken. Mit anderen Worten: Die grün-empfindliche Schicht hat in ihrem Spektralbereich zwar die größte Empfindlichkeit, ist jedoch auch ein wenig empfindlich in den zwei anderen Bereichen blau und rot.

Diese Farbempfindlichkeit gilt ebenso für die blau- und rot-empfindlichen Schichten. Das führt in der Praxis zu unerwünschten Nebenwirkungen, die durch Farbtonverschiebungen, geringere Farbsättigung und Helligkeitsverminderung sichtbar werden. Um die Lichtempfindlichkeit in den zwei unerwünschten Bereichen zu reduzieren, d. h. um Nebendichten zu vermeiden, legt man zwischen die jeweiligen Schichten des Farb-Negativfilms sogenannte farbige Masken, die wie ein Filter wirken und den nicht gewünschten Farbanteil absorbieren. Das Vorhandensein dieser Masken ist für jeden deutlich durch die Orange-Färbung des gesamten Films zu erkennen.

Aus dem bisher Gesagten läßt sich ableiten, daß der Farbfilm aus mehr als nur drei Schichten bestehen muß. Das ist richtig! Bei den heutigen Farb-Negativfilmen werden aus Gründen der Qualitätsverbesserung sogar die lichtempfindlichen drei Schichten nochmals unterteilt. Hinzu kommen auch noch Lichthofschutzschicht, Zwischenschichten und Substrat-Schicht, so daß ein moderner Farb-Negativfilm mit mehr als 10 Schichten aufwarten kann.

Anders als bei Schwarzweiß-Filmen sind Farb-Negativfilme immer an bestimmte Entwickler gebunden. Hauptsächlich deshalb, weil zwei grundsätzlich anders arbeitende Farbkuppler bei den verschiedenen Filmen zur Anwendung kommen. So verwendet die Firma Agfa-Gevaert beispielsweise die wasserlöslichen, aber fettgebundenen Kuppler, die Firma Kodak dagegen die wasserunlöslichen, ölgeschützten Farbkuppler. Es ist deshalb wichtig, die von den Filmherstellern herausgegebenen Entwicklungs-Anleitungen genau zu beachten.

Die Beeinflussung der Gradation durch die Farbfilm-Entwicklung ist im Gegensatz zur Schwarzweiß-Verarbeitung äußerst gering. Die verschiedenen Farbprozesse sind so komplex, daß sich Veränderungen von einzelnen Verarbeitungsschritten nicht gezielt auf eine Eigenschaft des Films auswirken. Durch eine verkürzte Entwicklungszeit erreicht man z. B. nicht nur eine weichere Gradation, sondern beeinflußt gleichzeitig auch den Maskenaufbau und das Farbgleichgewicht des Films störend. Ähnliche Beeinträchtigungen werden auch durch eine nicht typgerechte Entwicklung hervorgerufen. Typgerecht sind die von den Filmherstellern zu ihren Filmen angebotenen Chemikalien und Verarbeitungsmethoden, bzw. die von Fremdherstellern ausdrücklich als solche bezeichneten Entwicklungssätze. Alle Farb-Negativfilme lassen sich verhältnismäßig einfach von Profis und Amateuren entwickeln.

Im Gegensatz zur typgebundenen Entwicklung des Farb-Negativfilms kann beim Farbvergrößern weitaus mehr manipuliert werden als bei der Schwarzweiß-Vergrößerung. Außer Nachbelichten und Abwedeln partieller Bildpartien, lassen sich auch die Farben partiell oder insgesamt stark beeinflussen — bis hin zur Verfremdung.

Die als Kleinbildfilme konfektionierten Farb-Negativfilme sind in der Regel auf die mittlere Farbtemperatur des Tageslichtes (5500 K) abgestimmt, und damit für Tageslicht- bzw. Elektronenblitz-Aufnahmen bestimmt. Eine neutrale Abstimmung kann jedoch nachträglich beim Vergrößern innerhalb weiter Grenzen durch Filterung des Kopierlichtes vorgenommen werden. Bei Kunstlichtaufnahmen ist ein bläuliches Konversionsfilter dennoch empfehlenswert. Die jeweilige Anleitung des Farb-Negativfilms gibt darüber genaue Auskunft. Farb-Negativfilme werden mit verschiedenen Empfindlichkeiten von ASA 80/20 DIN bis ASA 1000/31 DIN angeboten. Sie werden normalerweise entsprechend ihrer DIN- bzw. ASA-Werte belichtet, die vom Film-Hersteller vorgegeben sind. Bei starken Kontrasten im Motiv sollte man jedoch etwas reichlicher belichten, d. h. die Schatten anmessen. Das gilt auch für alle Grenzsituationen, denn unterbelichtete Farb-Negativfilme lassen sich nur unvollkommen vergrößern.

Farb-Umkehrfilme

Farb-Umkehrfilme sind ähnlich aufgebaut wie Farb-Negativfilme. Sie besitzen also im Prinzip ebenfalls drei lichtempfindliche Schichten. Auch die Gelbfilter-Schicht ist ebenso vorhanden wie die beiden unterschiedlichen Farbkuppler-Arten, von Agfa-Gevaert (Agfacolor-/Agfachrome-Prinzip) und von Kodak (Ektachrome-Prinzip). Dazu kommt das Kodachrome-Verfahren, bei dem die Farbkuppler nicht im Film, sondern im Entwickler enthalten sind. Mit Ausnahme des Kodachrome-Films, und abgesehen von kleinen Varianten, arbeiten alle Farb-Umkehrfilme des Weltmarktes entweder nach dem Agfachrome- oder dem Ektachrome-Prinzip.

Beim Farb-Umkehrprozeß wird zunächst eine regelrechte Schwarzweiß-Entwicklung (natürlich mit einem speziellen Schwarzweiß-Entwickler) durchgeführt, so daß in den drei Schichten jeweils ein schwarzweißes Negativ entsteht. Neben diesen, aus metallischem Silber bestehenden Negativbildern, befindet sich auch noch das unbelichtete und unentwickelte Silberbromid in den Emulsionsschichten. Es verhält sich genau komplementär zu den Negativbildern und repräsentiert damit das Positivbild. Dieses unentwickelte Silberbromid wird jetzt entweder durch eine Zweitbelichtung oder durch eine chemische Umwandlung entwicklungsfähig gemacht und anschließend im Farbentwickler entwickelt. Dabei erfolgt die Reduktion des restlichen Silberbromids durch Substanzen, die mit den in den Schichten vorhandenen Farbkupplern Farbstoffe bilden. Wohlgemerkt, nur im Farbentwickler entsteht durch die Reduktion des Silberbromids diese farbstoffbildende Substanz. Deshalb wird das durch die Erstentwicklung gebildete Silber auch nicht sofort herausgelöst, wie zum Beispiel bei der Schwarzweiß-Umkehrentwicklung, sondern gleich die Zweitbelichtung bzw. die chemische Umwandlung und die Farbentwicklung vorgenommen. Danach wird das in beiden Entwicklungen gebildete metallische Silber zusammen herausgebleicht. Das Ergebnis ist ein farbiges Positivbild: Das Farb-Diapositiv.

Die Verarbeitung des Kodachrome-Films ist wesentlich aufwendiger. Bei diesem Verfahren werden die Schicht-Farbstoffe durch nacheinander erfolgende Rot-, Grün- und Blau-Belichtungen mit jeweils anschließender Entwicklung in getrennten Bädern gebildet. Jede Entwicklung arbeitet nach dem Prinzip des chromogenen Verfahrens, d. h. die Farbkuppler sind im jeweiligen Entwickler und nicht in den einzelnen Emulsionsschichten enthalten. Die Vorteile des Kodachrome-Verfahrens sind bekannt: Da sehr reine Farbstoffe verwendet werden können, bildet sich eine hohe Farbsättigung. Und die Schärfeleistung ist unübertroffen, weil durch das Fehlen der Farbkuppler die einzelnen Emulsionsschichten sehr viel dünner gehalten werden können, als bei den beiden anderen Farb-Umkehrverfahren.

Auch beim Farb-Umkehrfilm sind Nebenempfindlichkeiten für nicht gewünschte spektrale Lichtbereiche vorhanden. Doch der Farb-Umkehrfilm kommt, anders als der Farb-Negativfilm, ohne entsprechende Masken aus. Weil nämlich in der Schicht, die eine andere entsprechende Nebenempfindlichkeit für eine andere Farbe hat, diese Nebenempfindlichkeit in der Erstentwicklung, d. h. in der Schwarzweiß-Entwicklung, zur Bildung von metallischem Silber führt, kann bei der später erfolgenden Farbentwicklung dort höchstens zu wenig Farbstoff gebildet werden. In der Praxis führt das manchmal zur leichten Verschwärzlichung von Grün, und zu einer leichten Verblauung der blau-grünen Farben.

Ein Vorteil des Farb-Umkehrfilmes (wie auch des S/W-Umkehrfilms) ist seine geringe Körnigkeit. Wie bereits angeführt, ist diese abhängig von der Allgemein-Empfindlichkeit. Je empfindlicher der Film ist, um so größer sind die Silberbromid-Kristalle. Die größeren nehmen mehr Photonen auf, werden entsprechend eher entwicklungsfähig und dementsprechend beim Umkehrfilm zuerst entwickelt. Das positive Bild baut sich aber erst durch die Zweitentwicklung auf, also durch die restlichen, nach der Erstentwicklung noch verbliebenen Silberbromid-Kristalle. Und das sind vor allem die kleineren. Die Körnigkeit ist deshalb bei Farb-Umkehrfilmen immer geringer als bei Farb-Negativfilmen der gleichen Empfindlichkeitsklasse.

Farb-Umkehrfilme werden außer in verschiedenen Empfindlichkeiten auch in zwei verschiedenen Abstimmungen geliefert: Für Tageslicht- und für Kunstlicht-Aufnahmen. Das geschieht deshalb, weil die Zusammensetzung des von uns als „Weiß" empfundenen Lichtes unterschiedlich sein kann. Da wir Farben nicht objektiv wahrnehmen können, wird uns ein weißes Blatt Papier immer weiß erscheinen. Egal, ob am Arbeitsplatz mit Kunstlicht-Beleuchtung oder im Freien bei Sonnenschein, das Blatt Papier erscheint uns weiß! Es fällt uns schwer, die trotzdem vorhandenen Unterschiede im Farbcharakter, nämlich die gelblich-rötliche Wiedergabe bei Kunstlicht oder die bläuliche Wiedergabe bei Tageslicht, zu erkennen. Das wissen zum Beispiel alle, die ihre Garderobe bei den Lichtbedingungen aussuchen, bei der sie später vorwiegend getragen werden soll: Bevor man sich zum Kauf eines

Hutes entschließt, tritt man mit ihm ans Fenster, um seine Farbwirkung bei Tageslicht besser beurteilen zu können!

Da der Farb-Umkehrfilm das Licht immer objektiv empfängt und registriert, muß er jeweils auf die Zusammensetzung des Lichtes abgestimmt sein, wenn er Weiß als Weiß wiedergeben soll. Eine nachträgliche Korrektur, wie beim Farb-Negativfilm durch Filterung des Kopierlichtes, ist normalerweise ausgeschlossen. Alle Farb-Umkehrfilme werden deshalb in zwei Abstimmungen geliefert: Als Tageslicht-Farb-Umkehrfilm ist er auf ein mittleres Tageslicht von 5500 K abgestimmt. Als Kunstlicht-Farb-Umkehrfilm entweder auf 3100 K bzw. 3200 K (Fotolampen) oder 3400 K (Halogenlicht). Weicht die Farbtemperatur des Aufnahmelichtes um mehr als 200 K von der ab, auf die der Film abgestimmt ist, reagiert der Farb-Umkehrfilm mit einem deutlichen Farbstich. Anpassungen an unterschiedliche Farbtemperaturen des Aufnahmelichtes sind durch Konversionsfilter (siehe Seite 196) möglich.

Farb-Umkehrfilme müssen sehr exakt belichtet werden. Über- oder Unterbelichtungen von mehr als 1/2 Blende werden bereits sichtbar. Die beiden Belichtungs-Meßmethoden — selektiv oder integral — der Leica R sind hier wertvolle Hilfen für eine exakte Bestimmung der Belichtung. Im Zweifelsfall, vor allem bei starken Kontrasten, sollte man eher etwas knapper belichten, d. h. die „Lichter", also die helleren Partien, anmessen.

Der besondere Vorteil des Farb-Umkehrfilms ist seine hohe Leuchtkraft. Im Gegensatz zum Papierbild, das maximal einen Helligkeitskontrast von ca. 1:30 aufweist, kann das Farbdia einen Kontrast-Umfang von ca. 1:300 besitzen. Groß, hell und scharf projiziert, z. B. mit einem Pradovit-Projektor von Leitz, zeigt ein Farbdiapositiv, was eine Leica leisten kann. Vom nicht zu kontrastreichen Dia lassen sich jedoch auch im Heimlabor leicht Farbvergrößerungen herstellen.

Abgesehen vom Kodachrome-Film können alle Farb-Umkehrfilme vom Fotografen selbst entwickelt werden. Das ist allerdings nur vorteilhaft, wenn die Zeit bis zum fertigen Dia entscheidend ist, weil die notwendige Genauigkeit der Farb-Umkehrentwicklung nur durch relativ großen apparativen Aufwand erreicht werden kann. Bei vielen Farb-Umkehrfilmen ist deshalb im Kaufpreis bereits die Umkehrentwicklung eingeschlossen.

Farb-Umkehrfilme gibt es in verschiedenen Empfindlichkeiten von ASA 25/15 DIN bis ASA 400/27 DIN. Die meisten Labors können auch eine empfindlichkeitssteigernde Sonderentwicklung bei verschiedenen Farb-Umkehrfilmen durchführen. Allerdings sind dann geringe Abstriche in der Farbqualität zu machen. Informationen darüber, welche Farb-Umkehrfilme dafür in Frage kommen, und bis zu welcher Empfindlichkeit die Filme jeweils ausgenutzt werden können, gibt es im Foto-Fachhandel oder von den Entwicklungslabors bzw. Filmherstellern.

Lagerung von Filmen

Wer häufig fotografiert, sollte immer eine größere Anzahl von Filmen mit gleichen Emulsionsnummern kaufen. Die Qualität, z. B. der Farbcharakter, ist dann einheitlich. Wichtig ist auch das Ablaufdatum. Bis zu diesem Termin sollte es noch länger als ein Jahr sein.

Wichtig: Alle Filme sollten möglichst kühl gelagert und nach der Belichtung umgehend entwickelt werden (siehe auch Seite 258). Bewährt hat sich die Aufbewahrung im Kühlschrank oder bei Tiefkühlung. Für diesen Zweck werden die Filme, gegen Feuchtigkeit geschützt, in Plastikbehälter oder -tüten verpackt. Ständig so aufbewahrt, bleiben die Filme auch über das auf der Verpackung angegebene Ablaufdatum hinaus haltbar.

Geraume Zeit vor der Verwendung (mehrere Stunden vorher bei Tiefkühlung) holt man den Film heraus, damit er sich den normalen Temperaturen anpassen kann. Der Film verbleibt dabei in seiner Original-Verpackung.

Handhabung der Filme

Das Einlegen von Filmen in die Leica R oder Leicaflex sollte man ausgiebig mit „Übungsfilmen", z. B. mit Filmen, deren Ablaufdatum weit überschritten ist, üben. Niemals Filme im direkten Sonnenlicht in die Kamera einlegen oder herausnehmen; gegebenenfalls im eigenen Körperschatten! Die ersten Aufnahmen werden sonst durch Lichteinfall verdorben.

Möchte man teilbelichtete Filme entwickeln, klebt man den Film ab: nach der letzten Aufnahme wird eine Leeraufnahme gemacht und der Film noch einmal weitertransportiert. Bei „B"-Einstellung und Druck auf den Kamera-Auslöser öffnet sich der Schlitzverschluß. Ist das Objektiv aus der Leica R oder Leicaflex herausgenommen worden, kann auf dem frei zugänglichen Film bei gedämpftem Licht (Körperschatten) ein selbstklebendes Stückchen Papier (Haftetiketten) aufgebracht werden. Danach wird der Verschluß wieder geschlossen und der Film zurückgespult. Bei Dunkel-

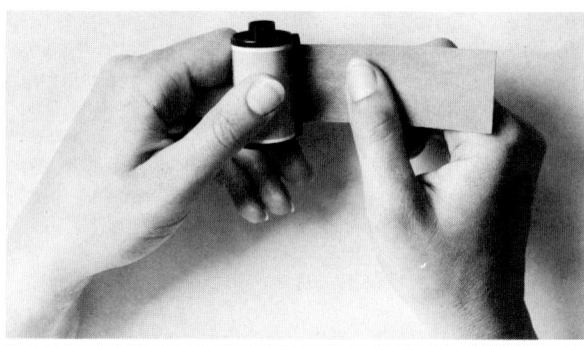

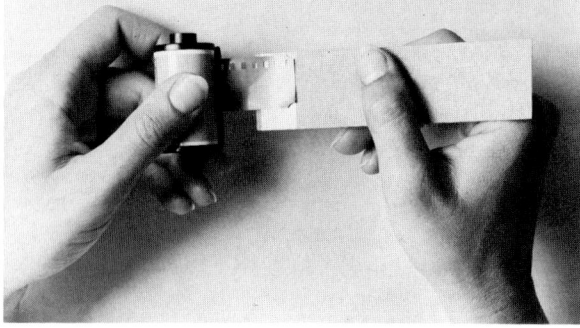

Abb. 192

Zurückgespulte Filme setzt man niemals länger dem Licht aus. Sie gehören sofort in die Filmdose zurück bzw. werden lichtdicht verpackt. Will man beim Fotografieren das Filmmaterial zwischendurch wechseln, muß zunächst der in der Kamera befindliche Film zurückgespult werden, ohne daß dabei der Filmanfang im Kassettenmaul der Kleinbildpatrone verschwindet. Man beendet deshalb den Rückspulvorgang sofort, wenn der relativ große Widerstand überwunden ist, der beim Herausziehen des Films aus den Schlitzen der Kamera-Aufwickelspule entsteht. Paßt man nicht auf, rutscht der Filmanfang in die Kassette. Dann muß er wieder hervorgeholt werden, bevor man ihn noch einmal einlegen kann, um die restlichen Aufnahmen zu belichten. Leider lassen sich die meisten Kleinbild-Patronen jedoch nicht wieder verschließen, wenn man sie zum Herausziehen des Films im Dunkeln geöffnet hat. Deshalb geht man folgendermaßen vor:

Von einem unbrauchbaren Planfilm oder einer ähnlich steifen Kunststoff-Folie schneidet man einen etwa 30 mm breiten, hinlänglich langen Streifen ab und klebt — wenige Millimeter von der schmalen Kante des Streifens entfernt — ein doppelseitig klebendes Klebeband auf. Bei gedämpften Licht führt man dann den Streifen mit der klebenden Seite nach unten vorsichtig durch das Kassettenmaul in die Filmkassette ein, dreht den Filmkern ein kurzes Stück entgegen der Aufwickelrichtung und zieht den präparierten Streifen langsam aus dem Kassettenmaul wieder heraus (Abb. 192). Sollte dabei der Anschnitt des Kleinbild-Filmes nicht haftengeblieben sein, muß man den Filmkern um eine Viertel Drehung in Aufwickelrichtung bewegen, und die vorstehend beschriebene Prozedur wiederholen. Nach einigen Versuchen hat man den Filmanfang mit Sicherheit „herausgefischt".

heit im Labor läßt man den Film beim Herausziehen aus der Kassette durch zwei ausgestreckte Finger gleiten. Die aufgeklebte Markierung kann man so leicht ertasten. Der Film wird an dieser Stelle abgeschnitten und anschließend entwickelt.
Die Kamera bei Dunkelheit zu öffnen und den Film in der Kamera abzuschneiden ist nicht empfehlenswert, weil dabei der Verschluß beschädigt werden kann. Die oben geschilderte Methode hat außerdem den Vorteil, daß die Kamera an jedem Ort sofort wieder zur Verfügung steht und nicht in einen dunklen Raum getragen werden muß.

Abb. 193: Ob bei Kerzenlicht in einer Diskothek oder im ▷ dämmrigen Halbdunkel eines Tempels, hochempfindliche Filme und lichtstarke Objektive kennen kaum noch Grenzen, um bei vorhandenem Licht ohne zusätzliche Beleuchtung auszukommen. Mit ein wenig Geschick werden auch schwierige Aufnahmeverhältnisse gemeistert. Diese Aufnahme gelang mit 1/2 sec. Belichtungszeit, weil die Kamera zwischen zwei Türflügeln eingeklemmt wurde und damit unverwackelbar ruhig gehalten werden konnte.
Elmarit-R 1:2,8/19 mm, 1/2 sec., volle Öffnung, hochempfindlicher Film.

Fotografie im Unsichtbaren

Infrarot-Fotografie

Infrarot-Fotografie heißt, mit unsichtbarem, langwelligem Licht fotografieren — sozusagen unkontrolliert durch unser Auge. Das menschliche Auge ist nämlich nur für einen bestimmten Teil des Lichtspektrums empfindlich. Es kann die verschiedenen Wellenlängen des Lichtes von etwa 400 ... 700 nm (nm = Nanometer = 1/1 000 000 mm) empfangen. Dabei erscheinen dem Auge die unterschiedlichen Wellenlängen als Farben, zum Beispiel 400 nm = blauviolett, 550 nm = gelbgrün und 700 nm = rot. Kürzere Lichtwellenlängen als 400 nm (ultraviolettes Licht) und längere Lichtwellenlängen als 700 nm (infrarotes Licht) bleiben unsichtbar. Fotografisch lassen sich diese Wellenlängen allerdings nutzen.

Während für die Fotografie mit ultraviolettem Licht (UV-Fotografie) zumeist spezielle Objektive notwendig sind, können mit jedem normalen Foto-Objektiv auch Infrarot- (IR) und UV-Lumineszenz-Aufnahmen gemacht werden. Allerdings müssen entsprechende Vorkehrungen getroffen werden. Bei IR-Aufnahmen gelangen z. B. besondere Filme und Filter zur Anwendung, und von Ausnahmen abgesehen müssen die Leica R-Objektive auf die zur Verwendung kommenden IR-Filme und IR-Filter wegen einer kleinen Fokusdifferenz „geeicht" werden.

Angewandt wird die IR-Fotografie auf verschiedenen Gebieten. Als Beispiele seien nur genannt:

Kriminalistik Beim IR-fotografischen Nachweis von Urkundenfälschungen treten Kontrastunterschiede zwischen dem Urtext und der eingefügten Schrift auf, wenn andere Tinten, Farben oder Tuschen benutzt wurden als beim Original. Graphit-Spuren können bei Schriftfälschungen sichtbar gemacht werden. Durch die IR-Fotografie können außerdem verbrannte und dadurch unleserliche Schriften auf Papier wieder lesbar hervortreten. Entfernte Tätowierungen lassen sich deutlich darstellen. Auch Schmauchspuren auf dunklen Stoffen heben sich auf dem IR-Foto deutlich ab.

Medizin In der medizinischen Fotografie lassen sich Venen mit Hilfe der IR-Fotografie sichtbar machen. Bei der Untersuchung von Blut- und Augenkrankheiten wird die IR-Fotografie ebenfalls mit Erfolg eingesetzt. Bei Trübung der Hornhaut des Auges kann durch diese hindurch fotografiert werden. Der Heilungsverlauf bei Hautkrankheiten läßt sich durch den evtl. vorhandenen Schorf hindurch registrieren.

Botanik Das im Pflanzengrün enthaltene Chlorophyll reflektiert das IR-Licht besonders stark (Wood- oder Chlorophyll-Effekt). Dadurch erscheinen alle absterbenden Stellen und kranken Teile dunkel auf hellem Grund. In der Forstwirtschaft können daher erkrankte Waldgebiete rechtzeitig durch „Luftaufklärung" erkannt werden.

Angewandte Fotografie Dem Fotografen sind mit den IR-Filmen neue Möglichkeiten gegeben, besondere Effekte zu erzielen. Bei Sonnenschein und wolkenlosem Himmel entsteht der Eindruck einer Nachtaufnahme, da der Himmel und die Schatten schwarz wiedergegeben werden. Bei Landschaftsaufnahmen erscheinen Wiesen und Bäume wie verschneit. Für das unbemerkte Fotografieren im Dunkeln kann mit wenig Aufwand ein Blitzgerät entsprechend eingerichtet werden; eine Möglichkeit, die auch von Reportern und Kriminalisten angewandt wird. Für den experimentierenden Farbfotografen stellt der Kodak Ektachrome Infrared Film, oft auch als Falschfarbenfilm bezeichnet, eine erhebliche Erweiterung seines Betätigungsfeldes dar.

Schwarzweiß-IR-Aufnahmen

Infrarot-Filme sind für den langwelligen, unsichtbaren Teil des Lichtspektrums empfindlich, aber auch für sichtbares Licht. Um die reine Wirkung des infraroten Lichtes zu bekommen, werden Spezialfilter vor das Objektiv oder vor die Lichtquelle gesetzt. Infrarot-Filme sind relativ grobkörnig und die Auflösung ist schlechter als die von höchstempfindlichen Schwarzweiß-Filmen. Entwickelt werden die IR-Filme daher in Feinkornentwicklern. Richtig belichtet und entwickelt zeigen sie eine größere Dichte als normale Filme. Die Gradation kann wie bei normalen S/W-Filmen durch die Entwicklungszeit beeinflußt werden. Dabei wird

Abb. 194 u. 195: Für experimentierfreudige Fotografen ist der IR-Falschfarbenfilm eine willkommene Möglichkeit, fotografisches Neuland zu entdecken. Beide Fotos Ektachrome Infrared-Film: Die Insel Antigua wurde durch ein Grün-Filter hindurch belichtet. Den Klatschmohn fotografierte J. Behnke mit einem Orange-Filter.

Abb. 196 u. 197: Der Farbcharakter bestimmter Motive kann durch die Wahl des entsprechenden Farbumkehrfilms verdeutlicht werden. Die „blaue Stunde" zwischen Tag und Nacht wurde auf Kunstlicht-Farbumkehrfilm eingefangen. Den warmen Schein des Kerzenlichtes unterstreicht eine Aufnahme auf Tageslicht-Farbumkehrfilm.

194

195

196

197

198
199
200

201

auch die Empfindlichkeit des Aufnahmematerials beeinflußt (siehe Tabelle). Die Entwicklung muß bei völliger Dunkelheit erfolgen. Dabei ist zu bedenken, daß Tageslicht-Entwicklungsdosen aus Kunststoff eventuell IR-durchlässig sind. Der IR-Film muß bei Benutzen dieser Entwicklungsdosen ebenfalls im Dunkeln entwickelt werden. Wird Meterware verwendet, so dürfen keine Kunststoffpatronen benutzt werden. Vorzuziehen sind Metallkassetten, die garantiert IR-undurchlässig sind.

IR-Filter Die verschiedenen IR-Filter haben unterschiedliche Öffnungscharakteristiken, das heißt sie sperren mehr oder weniger das sichtbare Licht aus. Damit wird verhindert, daß zu viel sichtbares Licht auf den IR-Film einwirkt. Die Filter werden aus optischem Glas oder als Gelatine-Filterfolie geliefert. Die vom Leica M-System bekannten IR-(Glas)-Filter entsprechen der Filterfolie „Kodak Wratten Nr. 25" und sehen in der Durchsicht Dunkelrot aus. Filter, die noch mehr das sichtbare Licht absorbieren, zum Beispiel das Kodak Wratten Filter Nr. 87, werden auch Schwarzfilter genannt. Die unterschiedlichen Filter müssen bei der Belichtung berücksichtigt werden. Sie verändern außerdem die Korrekturen der Objektiv-Scharfeinstellung.

Scharfeinstellung Da normale Foto-Objektive nicht für das infrarote Licht korrigiert sind, muß die Scharfeinstellung geändert werden. Infrarot-Indizes auf den Objektiven, z. B. ein roter Punkt mit der Bezeichnung „R", wie sie bei Leitz früher üblich waren, können allenfalls bedingt für eine Korrektur benutzt werden, weil die Markierung nur für einen Film, ein Filter und Unendlich-Einstellung des Objektivs gelten kann. Leitz verzichtet deshalb auf eine IR-Markierung.
Als Anhaltswert kann angenommen werden, daß eine Auszugsverlängerung von 1/200 bis 1/400 der benutzten Brennweite nötig ist. Um die beste Scharfeinstellung zu finden, muß ein Test durchgeführt werden.

Abb. 202

Abb. 198-200: Kunstlicht- und Tageslicht-Farbumkehrfilme haben ihre volle Berechtigung für die Beleuchtung mit unterschiedlichen Farbtemperaturen. Bei Mischlicht-Aufnahmen benutzt man in Zweifelsfällen Tageslicht-Farbumkehrfilm.

Abb. 201: Filtervergleich mit Kodak Ektachrome Infrared-Film. Links von oben: Normale Farbaufnahme, Gelb-Filter, Orange-Filter. Rechts von oben: Rot-Filter, Blau-Filter, Grün-Filter. „Farbtendenzen" lassen sich aus Tab. 26 ablesen.

Man verfährt dabei wie folgt: Zuerst sucht man die optimale Unendlich-Einstellung für Infrarot. Ausgehend davon, daß eine Auszugsverlängerung von 1/300 der Brennweite einen Mittelwert darstellt, wird das Objektiv nicht auf Unendlich, sondern auf eine nähere Entfernung eingestellt, die 300 Brennweiten des benutzten Objektives entsprechen sollte. Das sind beim 50-mm-Objektiv 15 m (300 × 50 mm), beim 90-mm-Objektiv 27 m, beim 135-mm-Objektiv 40 m usw. Jetzt klebt man auf die Einstellschnecke des Objektivs Millimeterpapier, so daß man bei den anschließenden Testaufnahmen die Einstellschnecke jeweils um 1 mm verstellen kann, sowohl nach links als auch nach rechts (Abb. 202). Die Öffnung des Objektivs beeinflußt ebenfalls die Scharfeinstellung, daher sollte möglichst immer mit gleichen Blenden fotografiert werden. Bei zu starker Abblendung, vor allem im Nahbereich, wird das Auflösungsvermögen des Objektivs im IR-Bereich stark herabgesetzt. Als Arbeitsblende ist Blende 8 zu empfehlen. Hat man alle Aufnahmedaten notiert, bereitet es keine Schwierigkeiten, nach der Entwicklung anhand der besten Negativschärfe die richtige Einstellung zu finden. Gegenüber dem Symbol für Unendlich kann auf der Schärfentiefeanzeige jetzt eine Markierung angebracht werden, welche die richtige Korrektur angibt. Allerdings nur für den beim Test benutzten Film mit gleichem Filter.
Bei Nahaufnahmen verschiebt sich der gefundene Index, weil die Verlängerung von 1/200 bis 1/400 der Brennweite plus Auszug berücksichtigt werden muß. Für jeden Abbildungs-Maßstab ist eine andere Korrektur notwendig. Um einen neuen Index zu finden, kann man wieder nach der beschriebenen Methode arbeiten. Als erste Näherung gilt dabei die schon an-

Abb. 203: Dunst wird bei Fernsichten vom IR-Film gut durchdrungen. Frisches Pflanzengrün reflektiert die IR-Strahlen besonders stark und wird deshalb im Bild fast weiß wiedergegeben (Wood- oder Chlorophyll-Effekt). Nebel setzt allerdings auch dem normalen IR-Film deutlich Grenzen. Elmar-R 1:4/180 mm. Links: Kodak High Speed Infrared-Film, Wratten-Filter Nr. 87. Rechts: mittelempfindlicher Film.

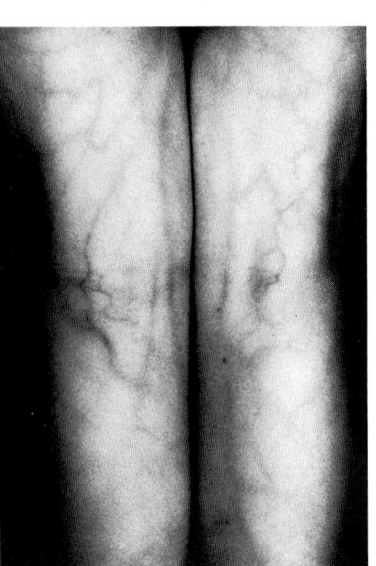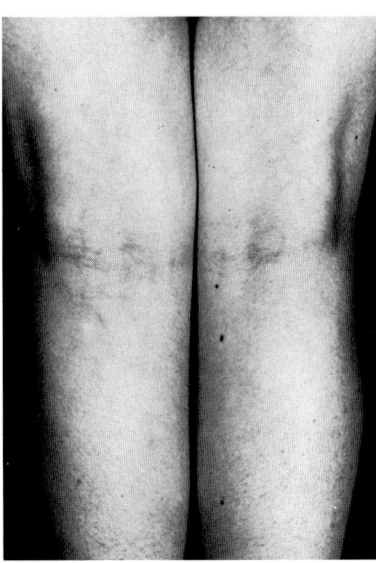

Abb. 204: Bei medizinischen Aufnahmen können mit Hilfe des IR-Films direkt unter der Haut liegende Venen sichtbar gemacht werden. Die Wiedergabe kann durch eine forcierte (längere) Entwicklung des Films verbessert werden. Die Beleuchtung muß dann sehr diffus gehalten werden. Elmarit-R 1:2,8/90 mm. Links: Kodak High Speed Infrared-Film, Wratten-Filter Nr. 87, Fotolampen. Rechts: mittelempfindlicher Film.

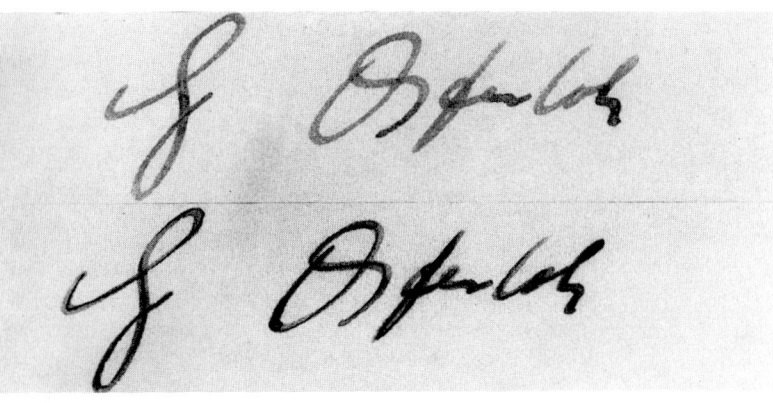

Abb. 205: Beim gefälschten Schriftzug (unten) sind deutlich Graphit-Spuren zu erkennen. Die Schrift wurde vom Fälscher mit Bleistift vorgezeichnet und mit Tinte nachgezogen. Anschließend sind die Bleistift-Spuren durch Radieren entfernt worden. Für den IR-Film aber blieben sie sichtbar. Macro-Elmarit-R 1:2,8/60 mm. Oben: Original-Schriftzug. Unten: Fälschung, Kodak High Speed Infrared-Film, Wratten-Filter Nr. 87.

gebrachte Markierung für Unendlich. Beim Abbildungs-Maßstab 1:1 ist die notwendige Korrektur etwa doppelt so groß wie bei Unendlich.

Belichtungsmessung, Beleuchtung und Entwicklung

Das infrarote Licht kann nicht mit einem normalen Belichtungsmesser gemessen werden, da dieser für das sichtbare Licht geeicht ist. Der Belichtungsmesser kann aber Vergleichswerte liefern. Allerdings ist die Filmempfindlichkeit je nach Beleuchtungsart verschieden hoch anzusetzen. Bei Glühlampenlicht oder bei Verwendung von Blitzlampen ist der IR-Anteil wesentlich größer als bei Tages- oder Elektronenblitzlicht. Angaben darüber enthalten die Merkblätter der Filmhersteller. Beim Fotografieren von plastischen Objekten sollten vor den Kunstlichtquellen Streuscheiben, Transparentpapier oder ähnliche Diffusoren angebracht werden. Durch eine diffuse Beleuchtung wird eine gleichmäßige Ausleuchtung erreicht, die für die IR-Fotografie unerläßlich ist.

Die verschiedenen Entwicklungs-Daten sind ebenfalls in den jeweiligen Film-Merkblättern enthalten. In der Praxis hat sich der Autor dieser Zeilen an folgenden Anhaltswerten orientiert:

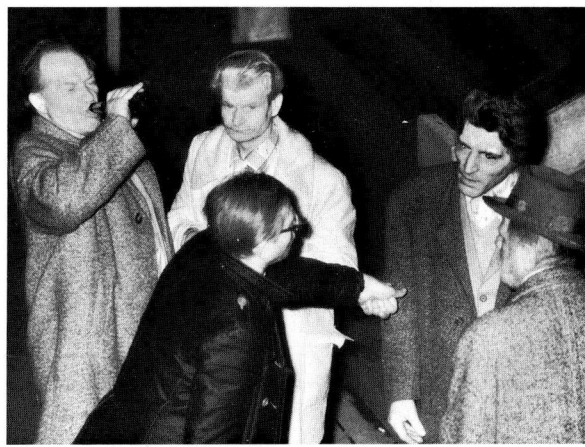

Abb. 206: Unbemerktes Fotografieren mit IR-Film und IR-Blitz (z.B. mit Maxiflash, Seite 247) ist einfach, wie diese Aufnahme zeigt. Sie wurde nachts in der Nähe des Kölner Hauptbahnhofes unterhalb der Domplatte gemacht. Das dort vorhandene Licht reichte gerade noch aus, um mit dem Schnittbild-Entfernungsmesser der Kamera die Schärfe einstellen zu können. Bei Entfernungen zwischen 14 und 30 Metern wurde, obwohl ca. 20 Aufnahmen gemacht wurden, keine der Personen auf den Fotografen aufmerksam. Bei Dunkelheit wird nur ein IR-Filter vor dem Blitzreflektor benötigt.

Tabelle 25:

Film	Beleuchtung	Kodak Wratten-Filter	zu belichten wie
Kodak High Speed Infrared Film	Tageslicht (Sonnenschein)	Nr. 25	ASA 200/24 DIN
		Nr. 87	ASA 100/21 DIN
	Osram Nitraphot B + BR Philips Photolita	Nr. 25	ASA 800/30 DIN
		Nr. 87	ASA 400/27 DIN
Entwicklung: Agfa Atomal, 12 Min. bei 20 °C			

Durch eine längere Entwicklung kann der Kontrast gesteigert werden. Dabei steigt die Empfindlichkeit. Bei einer Entwicklungszeit von 18 min. kann die Empfindlichkeit des Films bei obiger Arbeitsweise um etwa den doppelten ASA-Wert bzw. 3 DIN höher angesetzt werden. Da der Belichtungsspielraum dabei kleiner wird, sollte bei Belichtungsstufen mit halben Blendenwerten gearbeitet werden, zum Beispiel: Belichtungszeit 1/60 s mit Blendenstufe 5,6, 5,6 — 8 und 8. Anhand einer solchen Belichtungsreihe kann dann für eine bestimmte Kombination (Film — Beleuchtung — Filter — Entwickler) die richtige Belichtung ermittelt werden.

IR-Farbaufnahmen

Die Fa. Kodak bietet neben ihrem Schwarzweiß-IR-Film auch noch einen IR-Farbumkehrfilm, den Kodak Ektachrome Infrared-Film, an. Dieser Film wurde ursprünglich für militärische Zwecke benutzt, um z.B. in Wäldern getarnte Objekte fotografisch sichtbar zu machen. Bei Verwendung eines Orangefilters wird Pflanzengrün rot, künstliches Grün dagegen blau wiedergegeben. Auch die anderen Farben werden „verschoben". So erscheint bei starker IR-Reflexion Gelb z.B. weiß und Orange beziehungsweise Rot gelb. Der Film wird daher auch Falschfarbenfilm genannt. Heute wird dieser Film erfolgreich in der Forstwirtschaft eingesetzt, wenn bestimmte Erkrankungen oder Schädlingsbefall an Bäumen in Waldgebieten rechtzeitig erkannt werden sollen, und Fotografen freuen sich über die „verrückten" Farbeffekte, die man damit erreicht.

Abb. 207: Die interessanten Möglichkeiten, Infrarot-Filme für die Bildgestaltung einzusetzen, werden relativ selten genutzt. Dabei ist es ganz einfach! Mit Hilfe des Filterfolien-Halters von Hoya (siehe Seite 204) lassen sich verschiedene IR-Filterfolien benutzen, die die Wiedergabe unterschiedlich beeinflussen. Elmarit-R 1:2,8/135 mm, 1/250 sec, Bl. 8, Kodak High Speed Infrared-Film, Wratten-Filter Nr. 87.

Farbwiedergabe Im Gegensatz zum gewöhnlichen Kodak Ektachrome Film besitzt der Kodak Ektachrome Infrared Film anstelle der blauempfindlichen Schicht eine für Infrarot empfindliche; gefolgt von einer grün- und einer rot-empfindlichen Schicht — wie der herkömmliche Ektachrome Film auch. Nach der Verarbeitung weisen die drei Schichten des Falschfarbenfilms ein Cyan-, ein Gelb- und ein Magentabild auf. Durch diesen veränderten Schichtaufbau werden die Farben falsch wiedergegeben. Alle drei Schichten sind außerdem für Blau empfindlich, weshalb von Kodak generell die Benutzung eines strengen Gelbfilters (Kodak Wratten Nr. 12) vorgeschrieben wird. Mit diesem Filter lassen sich die Farbtendenzen wie in Tabelle 26 angeben.

Da die jeweilige Farbwiedergabe von der Quantität der IR-Strahlung (Sonne oder bedeckter Himmel) und vom IR-Reflexionsvermögen abhängig ist, kommt es immer wieder zu überraschenden Ergebnissen. Durch Kompensationsfilter lassen sich die Farbverschiebungen in gewissen Grenzen beeinflussen:

Tabelle 26:

Originalfarbe	Farbwiedergabe	
	Starke IR-Reflexion	Geringe IR-Reflexion
Blaugrün (Cyan)	Magenta	Blau
Purpur (Magenta)	Gelb	Grün
Gelb	Weiß bis Grau	Cyan
Rot	Gelb	Grün
Grün	Magenta	Blau
Blau	Rot	Grau
Grau	Rot	Grau

Tabelle 27:

Gewünschte Farbverschiebung	Kodak Kompensations-Filter
von grün nach mehr magenta	Cyan (CC 10C)
von gelb nach mehr blau	Cyan-2 (CC 10C-2)
von cyan nach mehr rot	Blau (CC 10B)
von blau nach mehr gelb	Magenta (CC 10M)

Selbstverständlich können auch kräftigere Farbverschiebungen durch normale Foto-Filter, wie sie für S/W-Aufnahmen üblich sind, hervorgerufen werden. Auf Seite 225 u. 228 werden einige Beispiele gezeigt.
Der Kodak Ektachrome Infrared Film wird im Process E-4 entwickelt. Über Ihren Foto-Fachhändler kann das in entsprechenden Fachlabors durchgeführt werden.

Scharfeinstellung Die Belichtung des Falschfarbenfilms erfolgt zu zwei Dritteln aus Lichtstrahlen des sichtbaren Spektrums. Nur zu einem Drittel trägt die IR-Strahlung zur Belichtung bei. Da der Anteil des sichtbaren Spektrums in der Regel überwiegt, ist eine Berücksichtigung der Fokusdifferenz nicht notwendig. Erst bei dunkelroten Filtern kann (bei „Schwarzfiltern" muß) eine Korrektur der Scharfeinstellung erfolgen.
Achtung: Alle IR-Filme sollten in ungeöffneter Originalpackung bei −23° bis −18° gelagert werden. Nach der Belichtung sollte so schnell wie möglich die Entwicklung erfolgen!

UV-Fotografie

Aufnahmen mit ultraviolettem Licht (UV-Fotografie) sind Aufnahmen mit unsichtbarem, kurzwelligem Licht. Anders als bei IR-Aufnahmen können dafür Leica R-Objektive praktisch nicht verwendet werden. Durch die bei diesen Objektiven obligatorischen Leitz-Absorban-Kittschichten wird das ultraviolette Licht praktisch total absorbiert. Selbst Aufnahmen mit relativ langwelliger UV-Strahlung, von etwa 380 nm Wellenlänge, erfordern außergewöhnlich lange Belichtungszeiten. UV-Aufnahmen gelingen daher nur mit speziellen Objektiven, bei denen alle Linsen aus Kristallen, meistens Quarz bestehen. Quarz-Objektive und Kondensoren werden seit vielen Jahren von Leitz für Mikroskope und Meßgeräte hergestellt. Eine kleine Versuchsserie von Quarz-Foto-Objektiven wurde von Leitz vor geraumer Zeit schon einmal gefertigt. Da ein größerer Bedarf an Quarz-Foto-Objektiven jedoch nicht bestand, erfolgte anschließend keine Serien-Fertigung. Derartige Objektive sind auch für die allgemeine Fotografie zu empfindlich, weil die Kristalle nicht sehr haltbar sind, wenn sie ungeschützt den normalen atmosphärischen Bedingungen ausgesetzt werden. Außerdem sind sie sehr kostspielig.

UV-Lumineszenz-Fotografie Im Gegensatz zur UV-Fotografie läßt sich die UV-Lumineszenz-Fotografie mit allen normalen Foto-Objektiven bewerkstelligen. Sie beruht darauf, daß sich bestimmte Stoffe durch die kurzwellige, unsichtbare UV-Strahlung anregen lassen, langwelligeres, sichtbares Licht auszusenden. Diese Lumineszenz, so der Oberbegriff für fluoreszierende und phosphoreszierende Leuchterscheinungen, kann mit allen herkömmlichen Filmen aufgenommen werden. Da die Lumineszenz der verschiedenen Stoffe nicht nur in unterschiedlichen Intensitäten, sondern auch in verschiedenen Farbtönen erfolgt, bietet sich die Farbfotografie von selbst an. Die Lumineszenz-Fotografie wird unter anderem in der Medizin, Pharmazie, Mineralogie, Paläontologie, Kriminalistik und für Materialprüfungen mit Erfolg eingesetzt.

Beleuchtung, Filter und Belichtungsmessung
Zur Beleuchtung werden u. a. Quarz-Lampen, wie zum Beispiel die Analysenlampen der Firma Original Hanau, benutzt. Eventuell vorhandenes Nebenlicht muß

Abb. 208: Im UV-Licht lassen sich entsprechend präparierte Geldscheine leicht identifizieren. Macro-Elmarit-R 1:2,8/60 mm. UV-Lumineszenz-Aufnahme, Sperrfilter 409 (Fa. B + W).

233

bei der Aufnahme vom Objekt ferngehalten werden, damit es schwache Lumineszenz-Erscheinungen nicht überstrahlt. Obwohl die unsichtbare UV-Strahlung auch unter extremen Bedingungen der Landschaftsfotografie, zum Beispiel in mehreren tausend Meter Höhe, von den Leica R-Objektiven absorbiert wird, ist beim Einsatz von Quarz-Lampen ein zusätzliches UV-Sperrfilter empfehlenswert. UV-Sperrfilter werden von allen wichtigen Filter-Herstellern angeboten. Die zum Lieferprogramm von Leitz gehörenden UVa-Filter können dafür nicht benutzt werden! Gut geeignet sind dagegen normale Konversionsfilter KR12, wenn sie selbst nicht fluoreszieren, wie das bei vielen Glasfiltern der Fall ist.

Bei Schwarzweiß-Filmen haben sich UV-Sperrfilter und Konversionsfilter gleichermaßen gut bewährt. Bei Tageslicht-Umkehrfarbfilmen benutzt man UV-Sperrfilter, bei Kunstlicht-Umkehrfarbfilmen werden gute Ergebnisse mit Konversionsfiltern erzielt. Die lumineszierenden Stoffe können mit dem Belichtungsmesser der Leica R angemessen werden, wenn ein Sperrfilter oder ein Konversionsfilter vor dem Objektiv angebracht ist. Meistens kann die selektive Meßmethode vorteilhaft eingesetzt werden. Entscheidend für eine exakte Messung ist, daß auch die Verteilung von hellen und dunklen Objekt-Details gleichmäßig ist. Notfalls muß entsprechend korrigiert werden.

Bewährt hat sich folgende Methode: Anstelle des Objektes wird ein weißes, lumineszierendes Blatt Schreibmaschinen-Papier angemessen. Die so ermittelte Belichtungszeit wird mit sechs multipliziert.

Scharfeinstellung Unproblematisch ist die Scharfeinstellung, weil das Lumineszenz-Bild wie üblich auf der Einstellscheibe der Leica R beobachtet werden kann.

Achtung! Da die UV-Strahlung für das Auge nicht sichtbar, aber in stärkeren Dosen außerordentlich schädlich ist, sind bei derartigen Aufnahmen gewisse Vorsichtsmaßnahmen zu treffen. Keinesfalls sollte das Auge der direkten UV-Strahlung ohne Schutzbrille ausgesetzt sein. Da ein Übermaß dieser Strahlen auch für unsere Haut schädlich ist (Sonnenbrand) sollten z. B. die Hände durch Handschuhe geschützt werden.

Beleuchtungstechnik

Licht und Schatten sind wesentliche Gestaltungsmittel der Fotografie. Durch sie gewinnt das Foto an Plastizität. Neben der Perspektive müssen Licht und Schatten beim fotografischen Bild die dritte Dimension, die Tiefe des Raumes, ersetzen. Bei Tageslicht-Aufnahmen wird dem Landschafts- oder Architektur-Fotografen daher oft eine große Portion Geduld abverlangt, wenn er auf eine optimale Beleuchtung Wert legt und deshalb auf entsprechendes Licht warten muß. Kunstlicht besitzt den Vorteil, daß es sich meistens manipulieren und damit den jeweiligen Anforderungen anpassen läßt. Das umfangreiche Angebot an Kunstlichtquellen gestattet dem Fotografen außerdem, die jeweils optimale Lösung zu finden. Er wählt z. B. sogenannte Lichtwannen für die weiche Ausleuchtung im Porträt-Studio und das tragbare Elektronen-Blitzgerät für die Reportage, wenn selbst höchstempfindliche Filme und superlichtstarke Objektive nicht mehr ausreichen.

Da die Beleuchtungstechnik keine festen Regeln kennt, die, wie bei einem Kochbuch, vorschreiben, wann welche Lichtquelle aus welchen Abständen und unter welchen Winkeln zu benutzen ist, wird es uns Fotografen allerdings nicht leicht gemacht, die jeweils optimale Lösung zu finden. Es kann deshalb nicht schaden, wenn man sich ein wenig (theoretisch) mit den verschiedenen Prinzipien der Beleuchtungstechnik beschäftigt und sich mit dem Zusammenspiel von Licht und Schatten (praktisch) auseinandersetzt.

Durch Licht und Schatten wird vor allem die räumliche Dimension im Foto dargestellt. Bei glänzenden Gegenständen, wie Glas, Chrom, Lack etc. werden die Oberflächen durch die sich darin abbildenden Lichtquellen, also durch die Reflexe, charakterisiert. Feinste Oberflächenstrukturen lassen sich durch eine geeignete Linienführung sichtbar machen. Der Winkel, unter dem das Licht auf das Objekt fällt, ist dabei entscheidend.

Abb. 209 u. 210: Streifendes Gegenlicht sorgt für Plastizität im Foto. Unterschiedlich sind die Möglichkeiten, solche Bilder zu realisieren: Bei Landschaftsaufnahmen ist oft sehr viel Geduld nötig, bis die Beleuchtung alle Erwartungen erfüllt, im Foto-Studio kann man jede gewünschte Lichtsituation selbst herbeiführen!

Abb. 209

Abb. 210

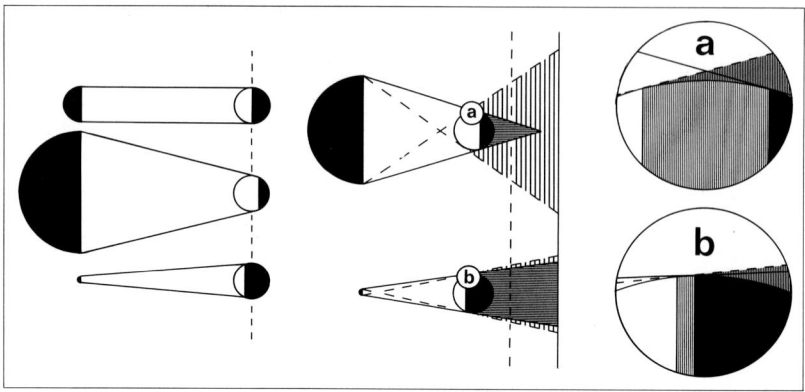

Wichtig ist, daß sich der Einsatz von künstlichen Lichtquellen auch an unseren natürlichen Sehgewohnheiten orientiert. So scheint z. B. die Sonne, als „natürliche Lichtquelle", in der Regel von oben auf alle irdischen Objekte und die Schatten fallen nach unten. Danach orientieren wir uns unbewußt, wenn wir ein Bild betrachten. Wird beim Ausleuchten das Licht von unten angesetzt (Rampenlicht) und fallen die Schatten nach oben, bekommen wir oft einen falschen Eindruck von der Plastizität des Objektes. Optische Täuschungen sind manchmal darauf zurückzuführen. Gewohnte Dinge können sogar bei einer derartigen Lichtführung unheimlich auf uns wirken. Dieser Effekt wird zum Beispiel beim Theater oder im Fernsehen bewußt ausgenutzt, wenn das Gesicht des Darstellers, der das Böse verkörpert, von unten angestrahlt wird. Eine derartige Porträt-Beleuchtung wirkt dämonisch auf uns. Achten Sie einmal darauf!

Da wir gewohnt sind, von links nach rechts und von oben nach unten zu lesen, tasten wir auch jedes Bild mit unseren Augen zunächst einmal unbewußt so ab. Dadurch ist bereits die Richtung, aus der wir das Licht ansetzen, in der Regel schon vorgegeben: Nämlich von links! Die Gestaltung von Porträts auf unseren Geldscheinen und Briefmarken wird z. B. oft nach dieser Regel vorgenommen. Selbstverständlich bestätigen Ausnahmen auch diese Regel. Wenn wir jedoch die uns zur Gewohnheit gewordenen Bedingungen verändern, muß das bewußt geschehen und die damit verbundene Absicht eindeutig erkennbar sein!

Lichtverlauf und Schattenbildung

Die Form und die Größe einer Lichtquelle sowie die Entfernung Lichtquelle — Objekt nehmen großen Einfluß auf eine ausgewogene Ausleuchtung. Ausgangspunkt für die nachfolgenden Untersuchungen sind normale Fotolampen und Elektronen-Blitzgeräte, die ihr Licht nicht durch spezielle optische Systeme gerichtet abgeben. Dabei werden der Einfachheit halber die Reflektoren als Lichtquellen angenommen und nicht das glühende Wendel der Fotolampe bzw. die aufleuchtende Gassäule der Blitzlichtröhre.

Wie aus Abb. 211 (links) hervorgeht, ist der Licht-Schattenanteil an einem kugeligen Körper gleich groß, wenn die Lichtquelle die gleiche Größe hat wie das Objekt. Ist die Lichtquelle kleiner, wächst der Schattenanteil. Ist sie größer, wird auch die vom Licht getroffene Fläche größer. Wenn große Lichtquellen auf eine genügend große Distanz gebracht werden, zeigen sie fast die gleichen Ausleuchtungsmerkmale wie kleinere Lichtquellen aus geringerem Abstand.

Der Übergang von Licht zu Schatten kann je nach Größe der Lichtquelle weich oder hart erfolgen (Abb. 211 Mitte u. rechts). Normalerweise werden weiche Schattenverläufe das bessere Ergebnis bringen. Nur für besondere Effekte und zur Sichtbarmachung feinster Oberflächenstrukturen ist in der Regel der harte Schattenverlauf günstiger.

Schatten auf dem Hintergrund können vom Objekt ablenken und als störend empfunden werden. Diese Schattenbildung ist von der Größe der Lichtquelle abhängig. Bei großen Lichtquellen verschwindet der Kernschatten, das ist die Partie, die nicht direkt vom Licht getroffen werden kann, völlig, wenn der Hintergrund entsprechend weit zurückverlegt wird. Der Randschatten bleibt zwar erhalten, wird aber von der Lichtquelle selbst aufgehellt (Abb. 211 u. 212) und tritt deshalb weniger stark hervor. Ist der Abstand Objekt — Hintergrund groß genug, wirkt der Schatten nicht störend.

Je kleiner die Lichtquelle, um so weniger kann sich ein Randschatten bilden, um so langsamer ver-

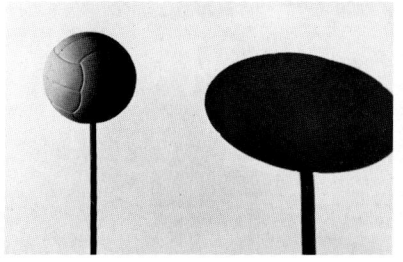

Abb. 212: Mit wenig Aufwand kann die Größe der Lichtquelle, und damit die Schattenbildung, beeinflußt werden.

schwindet der Kernschatten. Bei einer punktförmigen Lichtquelle ist kein Randschatten mehr vorhanden. Der Kernschatten verschwindet nicht mehr. Im Gegenteil, er wird größer, je weiter der Hintergrund vom Objekt abrückt. Dieser Effekt ist bei allen Blitzlichtaufnahmen zu beobachten, da es sich hier um kleine Lichtquellen handelt.

Wird vor einer kleinen Lichtquelle ein Stück Transparentpapier angebracht, so erzielt man annähernd die Wirkung einer großen Lichtquelle. Der Lichtverlust muß dabei natürlich berücksichtigt werden. Große Lichtquellen werden als „Weichstrahler" bezeichnet.

Lichtreflexe

Auf glänzenden Oberflächen bilden sich alle Lichtquellen ab. Große Lichtquellen erzeugen dabei große, kleine Lichtquellen kleine Reflexe. Häufig kann erst ein geschlossener Reflex, der sich über die gesamte Oberfläche legt, das Objekt und dessen Oberflächenmerkmale sichtbar machen. Zur Bildung von großen Reflexen benutzt man zweckmäßigerweise ein großes Stück weißes Transparentpapier, aus dem man ein sog. Lichtzelt bastelt (Abb. 213). Aber auch der Himmel (am besten total und gleichmäßig bedeckt) oder eine Hauswand können für diese Zwecke herangezogen werden. Selbstverständlich bildet sich auch eine dunkle oder farbige Umgebung in der glänzenden Oberfläche ab und kann zur Bildgestaltung beitragen.

Sollen auf glänzenden, nicht ebenen Flächen alle Reflexe beseitigt werden, so muß vor der Lichtquelle und dem Objektiv ein Polarisationsfilter angebracht und die Schwingungsebene der beiden Filter um 90° versetzt angeordnet werden. Bei einer Ausleuchtung mit mehreren Lichtquellen muß vor jeder Lichtquelle ein Polarisationsfilter angebracht werden. Die Schwingungsebenen aller Lichtquellen-Polfilter müssen dabei untereinander gleich, die des Objektiv-Polfilters dagegen wiederum um 90° gedreht sein.

Auch auf glänzenden Metall-Oberflächen lassen sich so Reflexe weitgehend vermeiden. Der Lichtverlust ist dann allerdings sehr groß. Man muß etwa neunmal länger belichten oder bei Blitzaufnahmen die Blende um etwa 3 1/2 Stufen weiter öffnen.

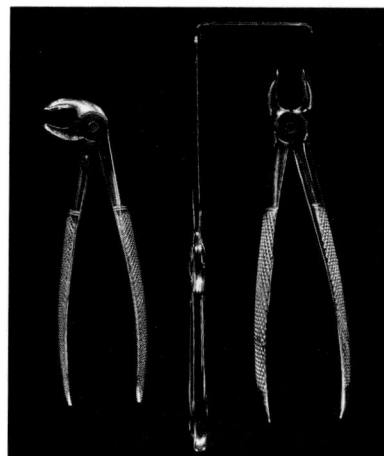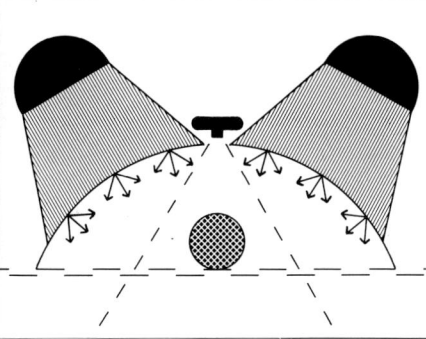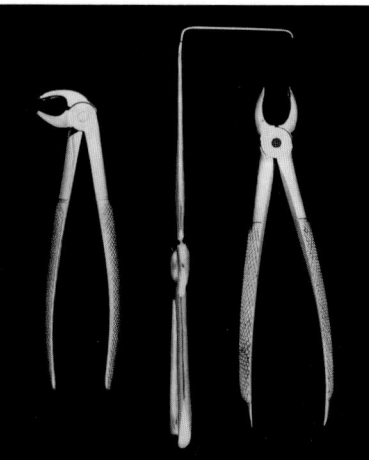

Abb. 213: Durch Reflexe werden glänzende Oberflächen dargestellt. Links: Aufnahme ohne Lichtzelt. Rechts: Aufnahme mit Lichtzelt.

237

Abb. 214: Unsere Sehgewohnheiten müssen bei der Ausleuchtung von plastischen Gegenständen berücksichtigt werden. Kommt das Licht nicht von oben und fallen die Schatten nicht nach unten (links), bekommen wir meistens einen falschen räumlichen Eindruck (rechts). Wird das Buch um 180° gedreht, verändert sich der räumliche Eindruck beider Aufnahmen.

Die Lichtführung

Durch frontales Licht kann keine Plastizität im Foto erreicht werden, ebensowenig wie durch eine diffuse und gleichmäßige Beleuchtung. Streifendes Licht läßt dagegen auch feinste Oberflächenstrukturen oder Veränderungen sichtbar werden (Abb. 215). Zwischen diesen beiden extremen Möglichkeiten, das Licht anzusetzen, gibt es viele Variationen. Der Winkel, unter dem dabei das Objekt vom Licht getroffen werden soll, ist von der Beschaffenheit des Objektes abhängig und muß deshalb jeweils neu gefunden werden.

Die bei seitlich angesetztem Licht auftretenden Schatten müssen aufgehellt werden, wenn im Schatten noch Differenzierungen vorhanden sein sollen. Dazu kann eine zweite Lichtquelle benutzt werden. Da hierbei neue, entgegengesetzte Schatten entstehen, ist die Verwendung eines Aufhellschirms meist empfehlenswerter. Als Aufhellschirm kann zum Beispiel im Freien auch eine helle Hauswand wirken; im Aufnahmeraum kann ein Bogen Zeichenpapier oder die Projektionswand diese Funktion übernehmen. Bei Nahaufnahmen werden kleinere Kartonstücke diese Aufgabe erfüllen (Abb. 217).

Der Kontrast zwischen Licht und Schatten darf in der Regel nicht größer als 4:1 sein, wenn auch im Schatten noch Differenzierungen sichtbar sein sollen. Das kann bei konstantem Licht mit einem Belichtungsmesser gemessen werden. Der Unterschied der Beleuchtungsstärke zwischen Licht und Schatten darf dabei nicht größer als zwei Blendenstufen sein. Bei Blitzlichtaufnahmen, wo eine Belichtungsmessung normalerweise nicht möglich ist, gilt folgende Regel: Der Weg des Lichtes über den Aufhellschirm soll um den Faktor 1,4 länger sein, als der direkte Weg Lichtquelle-Objekt (Abb. 217).

Abb. 215: Seitlich angesetztes Licht läßt die Struktur des Sägeschnittes deutlich hervortreten (links). Eine diffuse, gleichmäßige Ausleuchtung läßt dagegen die Wachstumsstruktur des Holzes besser erkennen (Mitte). Lichtzelte (Transparentpapier und aufgeschnittene Trinkbecher) geben diffuses Licht, kleine Reflexionsschirme aus Karton hellen die Schatten auf (rechts).

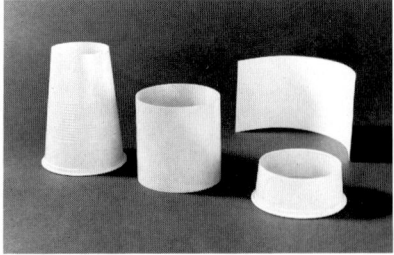

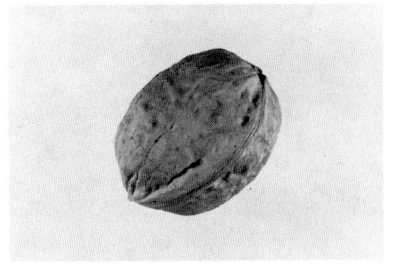

Abb. 216: Störende Schatten werden auf dem Untergrund vermieden, wenn man das Objekt auf eine erhöhte Glasscheibe legt (links und rechts oben). Licht und Schatten sorgen für eine plastische Wiedergabe (unten). Sollen in den Schatten noch Differenzierungen vorhanden sein, müssen sie, z. B. durch Reflexion, aufgehellt werden (unten rechts).

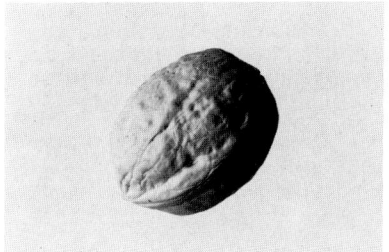
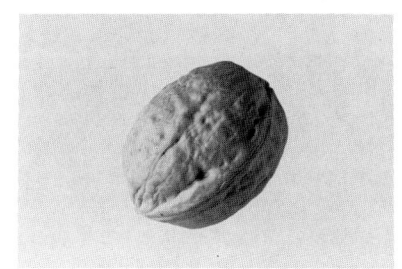

Schattenfreier Hintergrund

Bei Nahaufnahmen kann es günstig sein, das Objekt auf einer Glasplatte anzuordnen, die sich in einem gewissen Abstand von der Unterlage befindet. Bei einem Abb.-Verh. von 1:1 genügt ein Abstand von ca. 5 cm, beim Abb.-Verh. von 1:10 sollte der Abstand Glasplatte-Objekt mindestens 12 cm betragen. Der Schatten des Objektes, das auf der Glasplatte angeordnet ist, liegt dann außerhalb des erfaßten Bildfeldes und wird deshalb nicht mit abgebildet (Abb. 216). Außerdem wird dieser Hintergrund total unscharf wiedergegeben, so daß nichts Störendes den Blick vom Objekt ablenkt. Es sei denn, die grelle Farbe des Hintergrundes „übertönt" alles. Da das Objekt auf einer Glasplatte liegt, bleibt der Hintergrund stets sauber — eine verschmutzte Glasplatte kann leicht gesäubert werden! Von Vorteil ist auch die Möglichkeit, den Hin-

tergrund nach Belieben und Anforderung auswechseln zu können, ohne daß dabei das Objekt in seiner Lage verändert werden muß. Als Glasplatte eignet sich sogenanntes Spiegelglas, das im Fachhandel (Bilderrahmung, Glaskontor) angeboten wird.

Durchlichtbeleuchtung

Bei den bisher aufgezeigten Varianten der Lichtführung spricht man von einer Auflichtbeleuchtung. Transparente Objekte lassen sich oftmals besser im Durchlicht fotografieren. Die Durchlichtbeleuchtung kann nach zwei verschiedenen Prinzipien erfolgen. Wird sie, wie Abb. 218 zeigt, direkt von unten vorgenommen, dann absorbiert das Objekt entsprechend seiner Transparenz einen mehr oder weniger großen

Abb. 217: Seitlich, von oben angesetztes Gegenlicht erzeugt Schatten, der einen guten räumlichen Eindruck vermittelt (links). Tiefe Schatten werden am besten durch einen kleinen weißen Karton aufgehellt (rechts). Bei Blitzlicht-Aufnahmen sollte der Weg des Lichtes über den „Reflexionsschirm" (weißer Karton) um den Faktor 1,4 länger sein (Mitte).

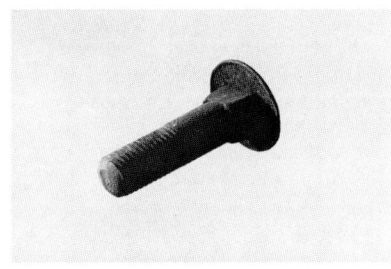
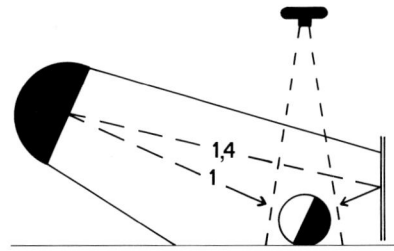
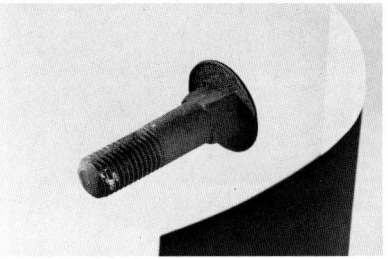

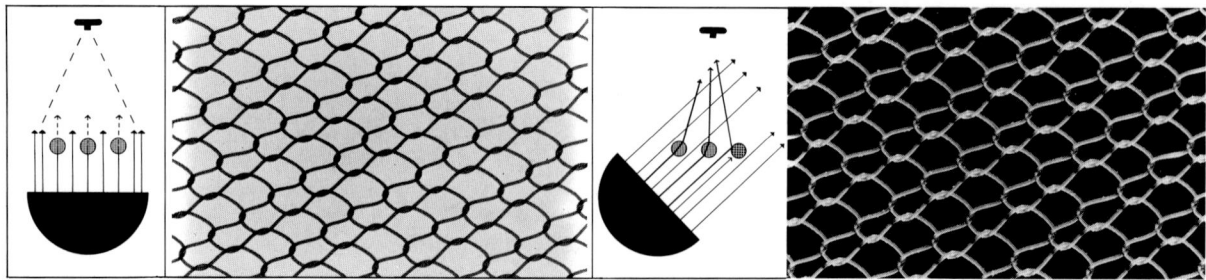

Abb. 218: Nylonstrumpf, 7fache Vergr. Links: Durchlicht-Hellfeld-Beleuchtung. Rechts: Durchlicht-Dunkelfeld-Beleuchtung.

Anteil des durchfallenden Lichtes. Bei völliger Transparenz des Objektes, oder wenn es aus dem Strahlengang herausgenommen wird, entsteht ein helles Objektfeld. Daher heißt dieses Prinzip Durchlicht-Hellfeldbeleuchtung. Diese Art der Beleuchtung wird bei Objekten angewandt, deren Details sich durch ihre unterschiedliche Transparenz gut differenzieren. Als Paradebeispiel dafür sei hier nur die Herstellung von Negativen nach Diapositiven erwähnt.

Im Gegensatz dazu steht die Durchlicht-Dunkelfeldbeleuchtung. Dabei wird das Licht seitlich von unten angesetzt (Abb. 218). Solange sich kein Objekt im Strahlengang befindet, bleibt das Objektfeld dunkel, da alle Lichtstrahlen am Objektiv vorbeigehen. Wird ein Objekt in den Strahlengang gelegt, das einen anderen Brechungsindex als das umgebende Medium oder keine planparallelen Flächen hat, dann werden die Lichtstrahlen so gebrochen bzw. reflektiert, daß sie vom Objektiv der Kamera „eingefangen" werden können. Das Objekt wird sichtbar.

Die Durchlicht-Dunkelfeldbeleuchtung kann zu guten Ergebnissen führen, wenn Objekte fotografiert werden müssen, deren Details gleiche oder fast gleiche Transparenz, aber unterschiedliche Brechungsindizes haben. Feinste Oberflächenstrukturen, wie winzige Kratzer oder Fingerabdrücke, werden nach dieser Methode auf durchsichtigen Materialien, z. B. Glas, deutlich sichtbar und lassen sich gut fotografieren. Da die winzigen Flächen dieser reliefartigen „Spuren" in anderen Winkeln zu der sie umgebenden Fläche angeordnet sind und dadurch die Lichtstrahlen in diesen Zonen einen anderen Ausfallwinkel bekommen, werden auch die kleinsten Veränderungen auf der Oberfläche deutlich sichtbar (Abb. 219).

Hoffnungslos unterbelichtete Negative lassen sich ebenfalls mit dieser Methode meistens noch retten. Eventuell vorhandene Beschädigungen und Verschmutzungen werden jedoch überdeutlich sichtbar. Der jeweils günstigste Lichteinfallswinkel bei der Durchlicht-Dunkelfeldbeleuchtung muß durch Ver-

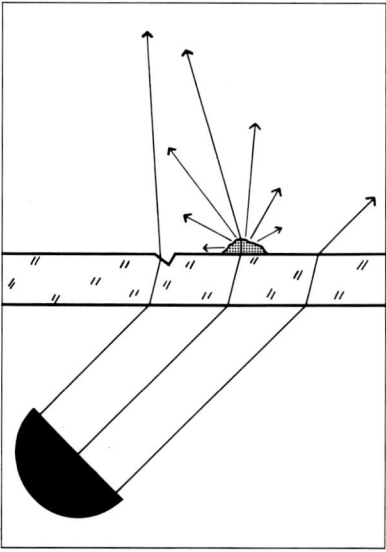

Abb. 219: Das Prinzip der Durchlicht-Dunkelfeld-Beleuchtung ist einfach: Oberflächenverletzungen und Spuren von transparenten Stoffen mit anderen Brechungsindizes geben den durchfallenden Lichtstrahlen andere Ausfallswinkel, so daß sie vom Aufnahme-Objektiv eingefangen werden können (rechts). Die Durchlicht-Dunkelfeld-Beleuchtung läßt den transparenten Daumenabdruck auf einer Glasplatte hell „aufleuchten". Auch feinste Kratzer und Staub werden deutlich sichtbar (links). Durch eine kontraststeigernde Entwicklung können die Ergebnisse oft noch verbessert werden.

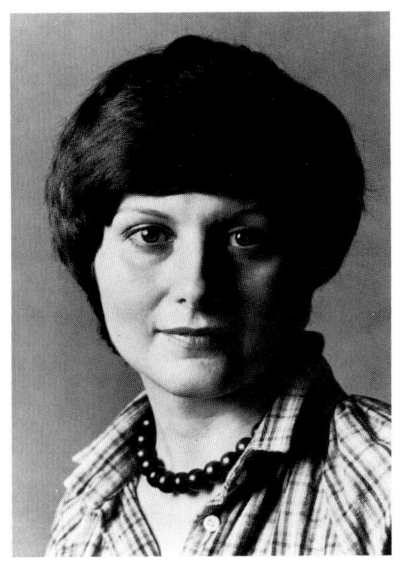

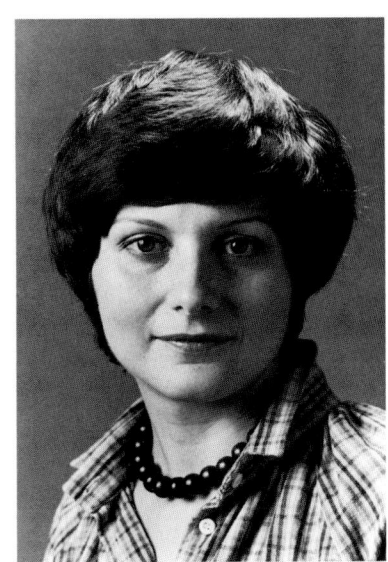

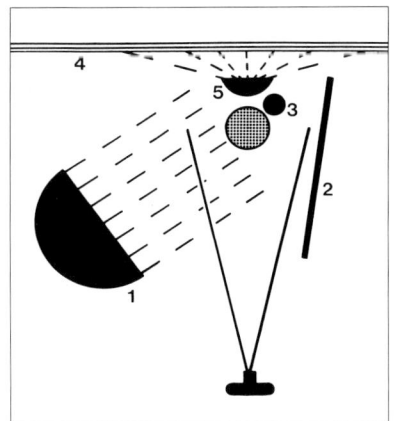

Abb. 220: Schematische Darstellung einer Porträt-Ausleuchtung: Der vom Hauptlicht (1) erzeugte Schatten wird durch den Reflexionsschirm (2) aufgehellt. Für Spitzlichter im Haar sorgt das Oberlicht (3). Durch Anstrahlen (5) des Hintergrundes (4) wird das Porträt freigestellt. Für besondere Effekte kann eine zusätzliche Lichtquelle, z.B. zur Erzeugung von Gegenlicht, eingesetzt werden. Obere Reihe von links: Hauptlicht; Hauptlicht mit Aufhellung der Schatten; Hauptlicht mit Aufhellung der Schatten und zusätzlichem Oberlicht. Rechts: Zusätzlich seitliches Gegenlicht, Hintergrund angestrahlt und Weichzeichner-Vorsatz.

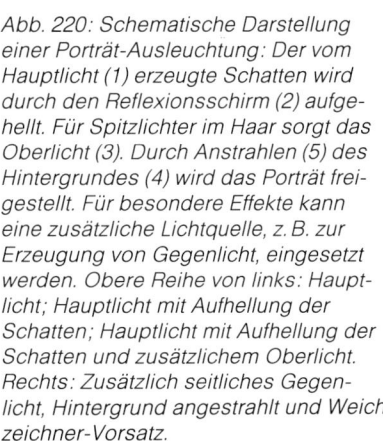

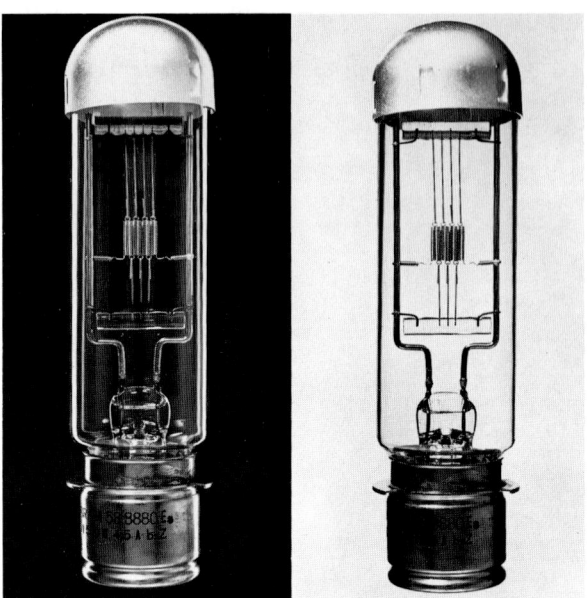

Abb. 221: Projektionslampen auf einer erhöht angebrachten Glasplatte. Für eine kräftige Abgrenzung des Glaskolbens gegen den Untergrund sorgt ein helles Umfeld beim dunklen Untergrund, bzw. ein dunkles Umfeld beim hellen Untergrund. Alle Aufnahmen: Reprovit IIa, Leica R4-Mot, Elmar-R 1:4/100 mm, 2 sec., Bl. 16.

suche ermittelt werden. Kleine Veränderungen des Beleuchtungswinkels haben oft eine große Wirkung. Sie kann aber nur dann exakt beurteilt werden, wenn das Auge ständig das Sucherbild der Kamera beobachtet.

Blitzlichttechnik

In vielen Bereichen der Fotografie hat sich die Blitzlichttechnik gegenüber der konventionellen Kunstlichtbeleuchtung durchgesetzt. Dabei werden heute vielfach netzunabhängige Elektronenblitzgeräte benutzt. Ihre wesentlichen Vorteile sind die kompakte Bauart und das geringe Gewicht der Geräte sowie die konstante Farbtemperatur des Aufnahmelichtes, verbunden mit einer im Verhältnis dazu hohen Lichtenergie. Letztere wird durch Wattsekunden (Joule) gekennzeichnet. Gebräuchlicher, und für die Praxis auch nützlicher, ist die Kennzeichnung der Leistung durch die Leitzahl.

Rechnen mit der Leitzahl
Wenn nicht anders vermerkt, bezieht sich die Leitzahl (LZ) auf eine Filmempfindlichkeit von 21 DIN. Bei Be-

nutzung von höher empfindlichen Filmen erhöht sich die Leitzahl, bei geringer empfindlichen Filmen verringert sie sich: Jeweils der doppelte oder halbierte ASA-Wert bzw. 3 DIN ergeben eine Veränderung um den Faktor 1,4. Die nachfolgende Tabelle verdeutlicht das:

Tabelle 28:

Filmempfindlichkeit	Leitzahl		
ASA 25/15 DIN	11	20	34
ASA 50/18 DIN	16	28	48
ASA 100/21 DIN	22	40	68
ASA 200/24 DIN	32	56	96
ASA 400/27 DIN	45	80	136

Mit Hilfe der Leitzahl läßt sich die erforderliche Blende errechnen, wenn der Abstand (m) zwischen Blitzlichtreflektor und Objekt bekannt ist, oder der notwendige Abstand, wenn die Blende festliegt:

$$\text{Blende} = \frac{\text{Leitzahl}}{\text{Entfernung}} \qquad \text{Entfernung} = \frac{\text{Leitzahl}}{\text{Blende}}$$

Beispiel: Bei LZ 24 und 3 m Entfernung ist Blende 8 (24 : 3 = 8) erforderlich. Meistens sind die Blitzgeräte mit sogenannten Blendenrechnern ausgestattet, so daß die Rechnerei entfallen kann. Die Leitzahlen bzw. die Angaben des Blendenrechners gelten für die Benutzung des Blitzes in mittelgroßen Räumen, deren Wände ein normales Reflexionsvermögen besitzen. Bei Abweichungen von dieser „Norm", z. B. in großen Sälen mit dunkler Holzvertäfelung oder in kleinen, weiß gekachelten Badezimmern, muß die Blende um eine halbe bis eine Blendenstufe geöffnet bzw. geschlossen werden. Selbstverständlich werden derartige Abweichungen bei den modernen Computer-Blitzgeräten automatisch mit berücksichtigt.
Die bereits aufgezählten charakteristischen Merkmale der Lichtquellen gelten auch für den Blitz. Allerdings kann man die Wirkung der Blitzlichtausleuchtung, auch bei sehr viel Erfahrung, niemals exakt bestimmen. Deshalb ist die Anwendung des konstanten Kunstlichtes, vor allem bei Nahaufnahmen, auch heute noch das sicherste Mittel, eine beleuchtungstechnisch einwandfreie Aufnahme zu erhalten. Es sei denn, man hat einen Elektronenblitz mit Einstellicht (Studio-Blitz). Die Lichtführung läßt sich dann nämlich durch das Einstellicht dieser Studio-Blitzgeräte exakt beurteilen. Da die Helligkeit des Einstellichtes immer in einem ganz bestimmten Verhältnis zur Blitzlicht-Intensität steht, kann die für die Belichtung erforderliche Blende mit einem normalen Belichtungsmesser ermit-

telt werden. Also auch mit Hilfe des eingebauten Belichtungsmessers der Leica R- und Leicaflex-Modelle. Ob dabei integral oder selektiv gemessen werden soll, unterliegt den gleichen Regeln wie bei normalen Tageslicht-Aufnahmen (siehe Seite 50).

Blitz-Synchronisation

Die meisten tragbaren Elektronenblitzgeräte besitzen einen Fuß, der sich in die Zubehörklemme der Leicaflex- oder Leica R-Modelle einschieben läßt. Durch den sogenannten Mittenkontakt wird dabei gleichzeitig die Synchronverbindung hergestellt. Fehlt ein Mittenkontakt bei der Kamera, wie bei der Leicaflex und Leicaflex SL, wird diese Verbindung durch ein Synchronkabel vorgenommen. Synchronkabel sind auch generell erforderlich, wenn ein Blitzgerät, z. B. für besondere Beleuchtungstechniken, auf eine Blitzlichtschiene montiert wird. Studio-Blitzgeräte können sogar durch Infrarot-Steuerungen kabellos ausgelöst werden. Der winzige IR-Sender wird dabei in den Zubehörschuh der Kamera eingeschoben und über Mittenkontakt oder Synchronkabel angesteuert. Die schnell ablaufenden Schlitzverschlüsse der Leicaflex- und Leica R-Modelle besitzen Elektronenblitz-Synchronisation für 1/100 bzw. 1/90 sec. Der Zeiteinstellknopf besitzt jeweils eine entsprechende Markierung dafür:

Leicaflex und Leicaflex SL/SL-Mot = ⚡ (1/100 sec)
Leicaflex SL2/SL2-Mot = ● (1/100 sec)
Leica R3/R3-Mot = X (1/90 sec)
Leica R4-Mot = X (1/100 sec)
100 (1/100 sec)

Die Blitz-Synchronisation ist bei allen Leicaflex- und Leica R-Modellen auch bei längeren Verschlußzeiten und bei „B" gewährleistet. Bei allen Leica R-Modellen ist dann die manuelle Einstellung dem Automatik-Betrieb vorzuziehen. Beim Zünden des Blitzes können nämlich, je nach Fabrikat des Elektronenblitzgerätes, Spitzenströme bis zu 20 Ampere auftreten. Diese Stromspitzen werden elektromagnetisch in die Elektronik der Kamera eingekoppelt und bewirken bei Automatik-Betrieb die Bildung einer um einige Zeitwerte zu langen oder zu kurzen Belichtungszeit. Moderne thyristorgezündete Elektronenblitzgeräte arbeiten mit niedrigeren Zündströmen und können daher auch bei Automatik-Betrieb benutzt werden.

Die Leicaflex- und Leica R3-Modelle besitzen für die Kabelverbindung mit Blitzgeräten eine mit „X" und eine mit „M" markierte Kontaktbuchse für genormte Zentralstecker. Die beiden Kontakte unterscheiden sich dadurch, daß die Zündung bei „X" erfolgt, wenn

Tabelle 29: Blitz-Synchronisation

Blitz-Typ	R4-Mot*	R3 und R3-Mot*		alle Leicaflex-Modelle	
	X-Kontakt	X-Kontakt	M-Kontakt	X-Kontakt	M-Kontakt
E-Blitz	X,100($1/_{100}$) $1 \rightarrow 1/_{60}$,B	X ($1/_{90}$) $4s \rightarrow 1/_{60}$,B	—	B→⚡ ($1/_{100}$)	—
AG 1 AG 3 Würfel	$1 \rightarrow 1/_{30}$, B	$4s \rightarrow 1/_{30}$, B	—	$1 \rightarrow 1/_{30}$	$1 \rightarrow 1/_{60}$
PF 1 XM 1	$1 \rightarrow 1/_{30}$, B	$4s \rightarrow 1/_{30}$, B	—	—	$1 \rightarrow 1/_{125}$
M 2	$1 \rightarrow 1/_{60}$, B	$4s \rightarrow 1/_{60}$, B	—	—	—
PF 5 XM 5	$1 \rightarrow 1/_{30}$, B	$4s \rightarrow 1/_{30}$, B	$1/_{125} - 1/_{1000}$	—	$1 - 1/_{125}$
M 3 25 GE 5	$1 \rightarrow 1/_{30}$, B	$4s \rightarrow 1/_{30}$, B	$1/_{125} - 1/_{1000}$	—	$1 \rightarrow 1/_{250}$
FP 26 PF 6 XM 6	$1 \rightarrow 1/_{15}$, B	$4s \rightarrow 1/_{15}$, B	$1/_{30} - 1/_{1000}$	—	—
PF 60	$1 \rightarrow 1/_{30}$, B	$4s \rightarrow 1/_{30}$, B	—	—	—
PF 100	$1 \rightarrow 1/_{15}$, B	$4s \rightarrow 1/_{15}$, B	$1/_{30}$	—	—

* bei Blitzaufnahmen muß die Kamera auf „manuell" eingestellt sein.

Bei Blitz-Automatik der LEICA R4-MOT: Durch systemkonforme Elektronenblitzgeräte automatisches Umschalten der Kamera-Elektronik auf „X" ($1/_{100}$ sec), wenn Ladezustand erreicht ist. Wirksam bei allen Programmen. Bei Blenden- und Programm-Automatik wird die Blende nicht mehr automatisch gebildet. Sie schließt sich auf den eingestellten Wert!

der erste Vorhang des Schlitzverschlusses abgelaufen und, bei Belichtungszeiten von „B" bis 1/100 sec, das Bildfenster frei ist. Bei „M" erfolgt bereits die Zündung, bevor der erste Vorhang das Bildfenster freigibt. Dadurch wird die Zündverzögerung und die relativ lange Leuchtzeit der Blitzlampen berücksichtigt. Der Verschluß gibt das Bildfenster erst frei, wenn der Blitz seine größte Helligkeit erreicht hat. So ist es möglich, während des Aufleuchtens der Blitzlampe, auch mit einer kürzeren Belichtungszeit als 1/60 sec. zu arbeiten. Dabei wird aber nur ein Teil der Blitzenergie ausgenutzt. Die Leica R4-Mot besitzt eine „X"-Kontaktbuchse, über die auch Blitzlampen gezündet werden.

Kontrolle der Blitz-Synchronisation

Eine einfache Möglichkeit, die Blitz-Synchronisation der Leicaflex- bzw. Leica R-Modelle zu überprüfen, kann auf folgende Art vorgenommen werden: Man schließt das Blitzgerät nach Anweisung an (Mittenkontakt oder Kabelverbindung), öffnet die Kamerarückwand und legt bei gedämpftem Licht auf die Filmführung ein Stück Vergrößerungspapier. Bei herausgenommenem Objektiv hält man dann den Blitz direkt vor die Objektiv-Öffnung der Kamera und löst aus. Auf dem Fotopapier ist anschließend die Wirkung des Blitzes auch ohne Entwicklung direkt sichtbar. Bei ordnungsgemäßer Synchronisation hat sich durch das intensive Blitzlicht eine Fläche von 24 × 36 mm auf dem Fotopapier dunkel verfärbt.

Systemkonforme Elektronenblitzgeräte

Der Zubehörschuh der Leica R4 besitzt neben dem genormten Mittenkontakt einen weiteren Kontakt für systemkonforme Elektronen-Blitzgeräte. Firmen wie Braun, Metz, Minolta, Paffrath & Kemper, Regula und Vivitar führen in ihren Blitzgerät-Programmen derartige Geräte. Sie lassen sich direkt oder durch entsprechende „Leica R4-Adapter" mit der Kamera-Elektronik koppeln und gehen damit eine funktionelle Verbindung ein: Sind diese Blitzgeräte nach dem Einschalten blitzbereit (aufgeladen), wird der Verschluß automatisch auf Elektronenblitzsynchronisation (1/100 sec) umgeschaltet. Das geschieht unabhängig vom gewählten Programm bzw. von der eingestellten Belichtungszeit; außer bei „B", „X" und „100". („X" und „100" sind jedoch ohnehin Einstellungen für die Elektronen-Blitzsynchronisation.) Bei Blenden- und Programm-Automatik wird die Blende nicht mehr automatisch gebildet. Sie schließt sich bei der Blitzaufnahme auf den eingestellten Wert (kleinste Blende)!
Die Blitzbereitschaft wird außerdem im Sucher durch Blinken der oberen Dreieck-LED angezeigt. Solange das Gerät nicht blitzbereit ist, zum Beispiel unmittelbar nach einer Blitzaufnahme, wird die gewählte Betriebsart mit voller Funktion der Belichtungssteuerung beibehalten.

Computer-Blitzgeräte

Tragbare Elektronenblitzgeräte moderner Bauart besitzen eine automatische Lichtmengensteuerung. Diese sogenannten Computer-Blitzgeräte lassen sich meistens auch noch für verschiedene Blenden programmieren. Einige können mit externen Sensoren, die wie Belichtungsmesser arbeiten und das Blitzlicht entsprechend dosieren, betrieben werden. Das ist besonders vorteilhaft, wenn der Blitz nicht in unmittelbarer Nähe der Kamera angebracht wird. Der externe Sensor wird dann auf den Zubehörschuh der Kamera geschoben und mißt damit das Blitzlicht aus der gleichen Richtung, aus der fotografiert wird. Ist die Möglichkeit, mit externem Sensor zu arbeiten, nicht gegeben, wird bei seitlich angesetztem Elektronenblitzgerät auf manuelle Betriebsart umgeschaltet und die Blende mit Hilfe der Leitzahl ermittelt.

Leitzahlen und Rechenscheiben geben nur so lange zuverlässige Werte an, wie frontal geblitzt wird, d. h. so lange die optischen Achsen des Blitzlichtreflektors und des Foto-Objektivs keinen größeren Winkel als etwa 30° bilden. Sind die Winkel größer, so muß die Blende geöffnet werden.
Blendenkorrekturen bei seitlicher Beleuchtung:

45° = 1/2 Blende öffnen
60° = 1 Blende öffnen
70° = 2 Blenden öffnen
90° = Das Licht spielt fast keine Rolle mehr bei der Blendenermittlung, es dient lediglich als Effektlicht.

Eine Korrektur kann ebenfalls durch die Veränderung der Entfernung Blitzlicht – Objekt erfolgen. Wird die Entfernung um den Faktor 1,4 vergrößert, so nimmt das wirksame Licht am Objekt um die Hälfte ab; wird sie um den Faktor 1,4 verkleinert, verdoppelt sich die Lichtintensität.
Durch die Lichtmengensteuerung des Blitzlicht-Computers wird jeweils nur so viel Lichtenergie abgegeben, wie für eine exakte Belichtung notwendig ist. Die restliche Energie „fließt" bei herkömmlichen Geräten ungenutzt ab. Bei Modellen mit Thyristoren-Lichtregelung wird die nicht genutzte Energie für die nachfolgende Aufnahme weiterhin gespeichert. Elektronen-Blitzgeräte mit Thyristor haben deshalb zwei Vorteile. Zum einen wird bei jedem Blitz nur so viel Energie verbraucht, wie notwendig ist. Dadurch erhöht sich die Anzahl der Blitze pro Akku-Ladung bzw. pro Batteriesatz. Zum anderen ist das Gerät schneller wieder aufnahmebereit, wenn beim ersten Blitz nicht die gesamte gespeicherte Energie verbraucht wurde. Bei entsprechender Lichtdosierung kann ein solches Elektronenblitzgerät 2, 3 oder mehr Blitze in der Sekunde abgeben. Es läßt sich daher z. B. auch mit dem Motor-Winder der Leica R betreiben. Dabei muß man zwischen zwei Möglichkeiten unterscheiden: Lichtdosierung wie üblich durch das Meßauge des Computers (Sensor) oder durch Programmierung des Computers. Die zweite Möglichkeit bietet dabei mehr Freiheit in der Gestaltung.

Frontal oder seitlich angesetzter Blitz

Für das Fotografieren im Reportagestil bieten aufgesteckte Elektronenblitzgeräte die einfachste Art der Blitztechnik. Allerdings engen sie den Spielraum der anwendungstechnischen Möglichkeiten erheblich ein. Ganz unproblematisch ist diese Blitz-Methode auch nicht, weil direkt angeblitzte Personen oft rote „Kaninchenaugen" bekommen. Diese Erscheinung wird

Abb. 222: Auch mit tragbaren Elektronen-Blitzgeräten kann die Ausleuchtung dem jeweiligen Motiv angepaßt werden. Löst man den Blitz von der Kamera, kann er von links oder rechts, von unten oder oben angesetzt werden (links). Außerdem wird von den Herstellern entsprechendes Zubehör angeboten (Mitte und rechts).

durch die Reflexion des Blitzlichtes auf dem Augenhintergrund hervorgerufen und ist nur dann zu sehen, wenn der Reflektor des Blitzgerätes nicht weit genug vom Objektiv der Kamera entfernt ist. Der Effekt wird durch weit geöffnete Pupillen, z. B. bei schwachem Raumlicht, begünstigt. Wenn möglich, sollte man deshalb mit aufgestecktem Blitzlichtgerät indirekt blitzen (bounce-light) oder das Blitzgerät auf eine Schiene setzen und es damit weiter vom Kamera-Objektiv entfernen. Zigarettenrauch und Staub in der Luft leuchten hell auf und reduzieren den Bildkontrast erheblich, wenn sich der Blitz in unmittelbarer Nähe der Kamera

befindet. Regentropfen und Schneeflocken werden unter diesen Bedingungen als strahlend helle Scheibchen (Blendenflecken) abgebildet. Abhilfe schafft hier manchmal schon der vom ausgestreckten Arm des Fotografen gehaltene Blitz. Bei Nahaufnahmen ist diese Blitzlichtführung unbedingt notwendig, wenn Plastizität durch Licht und Schatten im Foto erreicht werden soll. Wird dabei der Zeigefinger von hinten auf den Reflektor gelegt, läßt sich die Blitz-Richtung „erfühlen". Daraus ergibt sich eine gewisse Kontrolle über die Lichtführung, ohne daß das Auge des Fotografen vom Sucherbild der Kamera abschweifen muß.

Abb. 223: Je weiter der Blitz von der Kamera entfernt wird, um so mehr Schatten werden von der Kamera erfaßt (links). Stören die Schatten, so sorgen die oben abgebildeten Reflexionshilfen für eine diffuse, fast schattenlose Ausleuchtung (rechts).

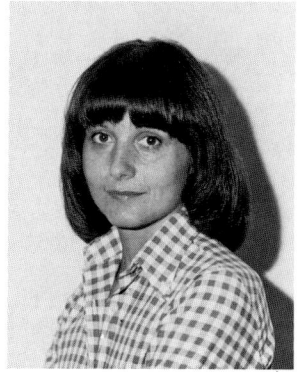   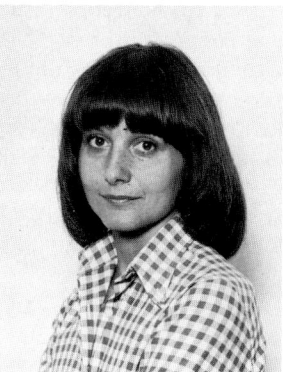

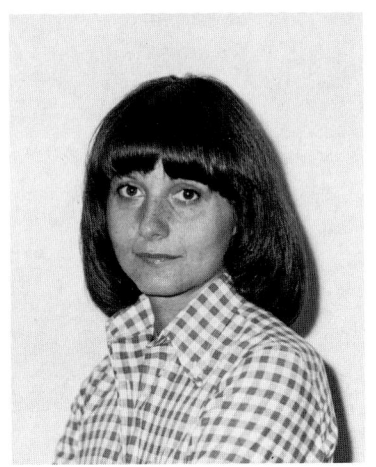

Abb. 224: Eine zu „flache" Ausleuchtung und rote „Kaninchenaugen" werden bei indirektem Blitzen (rechts) vermieden.

Indirektes Blitzen

Die Streuwinkel der Blitzgeräte-Reflektoren sind so beschaffen, daß auch Aufnahmen mit normalen Weitwinkel-Objektiven von 35 mm Brennweite voll ausgeleuchtet werden. Für kürzere Brennweiten bis 28 mm, manchmal sogar bis 24 mm, können zusätzlich Streuscheiben vor den Reflektor gesteckt werden. Soll eine Szenerie mit einem Superweitwinkel von 21 mm oder gar 15 mm Brennweite aufgenommen und mit Blitzlicht ausgeleuchtet werden, erreicht man eine gleichmäßige Lichtverteilung nur durch indirektes Blitzen. In diesem Fall wird eine große reflektierende Fläche, z. B. die weiße Zimmerdecke oder eine helle Wand, die sich außerhalb des Bildfeldes befindet, angeblitzt. Das davon zurückgeworfene Licht ist stark gestreut, und, weil die reflektierende Fläche groß ist, sehr „weich". Bei vielen Elektronenblitzgeräten wird diese Arbeitsweise durch schwenkbare Reflektoren erleichtert. Das Computerauge bleibt in solchen Fällen auf das aufzunehmende Objekt ausgerichtet und steuert exakt die notwendige Lichtmenge. Bei Farbaufnahmen entsteht durch indirektes Blitzen (bounce-light) ein Farbstich, wenn die reflektierenden Flächen nicht weiß, neutral grau oder silberfarbig sind. Dieser Effekt kann auch bewußt hervorgerufen werden, wenn z. B. farbige Kartons als Reflexionsschirme eingesetzt werden.

Um von Decken und Wänden unabhängig zu sein, werden zu manchen Blitzgeräten spezielle Reflexionsschirme als Zubehör angeboten (siehe Seite 245). Das Angebot reicht von der kleinen aufsteckbaren Reflexionsfläche bis zum riesigen, faltbaren Schirm auf dem Stativ. Im Heimstudio lassen sich auch weiße Plakatkartons oder Projektionswände sinnvoll nutzen. Bewährt haben sich auch Styropor-Platten, die im Baustoffhandel erhältlich sind.

Der Tele-Blitz

Für bestimmte Zwecke können die relativ großen Leuchtwinkel der normalen Elektronenblitzgeräte durch Zusatzeinrichtungen an die kleinen Aufnahmewinkel langer Brennweiten „angepaßt" werden. Es handelt sich um asphärische Spiegel oder Fresnel-Linsen-Vorsätze, die das Licht des Blitzgerätes bündeln. Dadurch wird die gesamte Lichtenergie in einem engen Leuchtwinkel zusammengefaßt und kann — wie das Fernlicht des Autos — weit entfernte Objekte hell anstrahlen. Durch den engen Leuchtwinkel wird ein Objektfeld ausgeleuchtet, das nur von Tele-Objektiven mit mindestens 135 mm Brennweite erfaßt werden kann. Wichtig ist, daß Leucht- und Aufnahmewinkel übereinstimmen. Das läßt sich durch den Sucher der Kamera leicht kontrollieren: Bei eingesetztem Normal-Objektiv von 50 mm Brennweite wird eine nicht zu nahe Fläche (Hauswand) angeblitzt. Wenn der Blitz von Hand ausgelöst wird, kann man im Sucher erkennen, wo sich der „Lichtfleck" des gebündelten Blitzlichtes befindet. Für eine gleichmäßige Ausleuchtung muß er exakt die Mitte des Sucherbildes ausleuchten (Abb. 226). Erst wenn Blitzgerät und Kamera entsprechend justiert wurden, wird das Tele-Objektiv in die Kamera eingesetzt. Mit Teleblitz-Einrichtungen können z. B. bei Verwendung von höchstempfindlichen Filmen (ASA 400/27 DIN) Entfernungen bis zu 150 m und mehr überbrückt werden. Blendenrechner am Gerät geben Auskunft über die erforderliche

 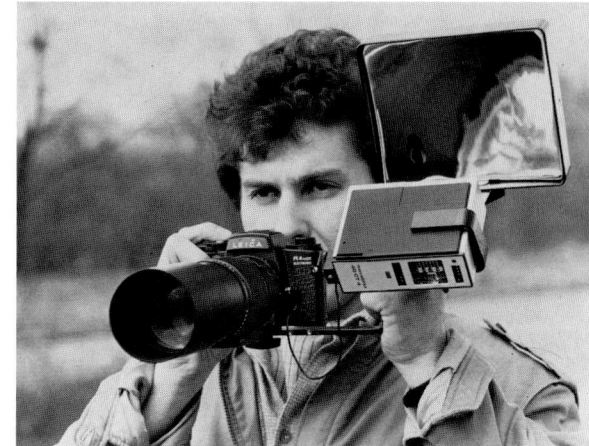

Abb. 225: Mit optischen Mitteln wird ein normaler Blitz zum Teleblitz. Links: Tele-Vorsatz der Fa. Metz. Rechts: Maxiflash.

Blende. Es hat sich gezeigt, daß große Blitzentfernungen nur bei sehr sauberer Luft (klares Wetter) zu erreichen sind. Auch bei scheinbar idealen Voraussetzungen sollten Schwarzweiß-Filme lieber etwas länger entwickelt werden, damit die Aufnahmeergebnisse möglichst kontrastreich ausfallen. Ein besonderer Vorteil des Teleblitzes: Aus größerem Abstand kann auch die Raumtiefe gleichmäßiger ausgeleuchtet werden! Weil das Licht im Quadrat zur Entfernung abnimmt, läßt sich z. B. eine Theaterbühne aus der ersten Reihe (Abstand 5 m) nicht in ihrer gesamten Tiefe von 15 m ohne größeren Helligkeitsabfall ausleuchten. Bei diesem Beispiel beträgt der Lichtabfall vom vorderen Rand der Bühne bis zum Bühnen-Hintergrund vier Blendenstufen! Mit Teleblitz und längerer Brennweite aus dem 1. Rang fotografiert (Abstand bis zum vorderen Bühnenrand 50 m) beträgt der Lichtabfall im Bühnenbereich nur noch knapp eine Blendenstufe!

Teleblitz-Einrichtungen sind jedoch nicht nur für Aufnahmen mit langen Brennweiten interessant. Bei normal- oder kurzbrennweitigen Objektiven kann die spotartige Beleuchtung bildwirksam als Gestaltungsmittel eingesetzt werden. Schwierigkeiten bereitet eventuell die exakte Scharfeinstellung auf das Objekt bei absoluter Dunkelheit. In solchen Fällen muß die Entfernung geschätzt werden.

Achtung: Da die Intensität des stark gebündelten Blitzlichtes sehr groß ist, muß unbedingt darauf geachtet werden, daß das Licht bei Entfernungen unter 12 m nicht direkt in das menschliche Auge gelangt!

Blitzen mit Infrarot-Licht

Sollte das grelle Blitzlicht zu unerwünschten Störungen führen, z. B. bei Sportveranstaltungen und im Verkehr, kann mit entsprechenden Filterfolien vor dem Blitzreflektor auf Infrarot-Film fotografiert werden. Da der IR-Anteil bei den verschiedenen Elektronenblitzgeräten unterschiedlich groß ist, müssen eigene Versuche zur Ermittlung der Leitzahl durchgeführt werden. Außerdem muß die Scharfeinstellung geändert werden, weil normale Foto-Objektive nicht für das infrarote Licht korrigiert sind (siehe Seite 224 u. 231).

Aufhellen von Schatten

Eine nützliche Aufgabe, deren Wert von vielen Fotografen nicht immer entsprechend gewürdigt wird, kann der moderne Computer-Blitz dank seiner einfachen Bedienung und seines geringen Gewichtes und

Abb. 226

Abb. 227: Keine Angst vor dem aus 80 m entfernt gezündeten Maxiflash zeigte dieser Hirsch. Obwohl mehrere Aufnahmen gemacht wurden, rührte sich der Hirsch nicht von der Stelle. Fotografiert wurde mit Telyt-R 1:6,8/400 mm auf hochempfindlichem Film.

Abb. 228: Mit Teleblitz-Einrichtungen kann man von entfernten Standpunkten aus fotografieren, wie es vor Jahren noch nicht möglich gewesen wäre. Beim 6-Tage-Rennen wurde aus dem zweiten Rang mit dem Summicron-R 1:2/50 mm und dem Telyt-R 1:2,8/180 mm (rechts) fotografiert. Beide Aufnahmen: Blende 2,8.

Volumens wegen leicht übernehmen: die Aufhellung der tiefen Schatten, die insbesondere bei Gegenlichtaufnahmen störend wirken können. Dabei sollte die Wirkung von Tages- und Blitzlicht so aufeinander abgestimmt sein, daß die zur Kamera weisenden Schattenpartien um etwa eine Blendenstufe knapper belichtet werden als die vom vollen Tageslicht getroffenen Partien. Das wird dadurch erreicht, daß man die Blende des Objektivs um ca. einen Wert weiter schließt als der Blendenwert, mit dem der Blitzcomputer programmiert wurde. Natürlich muß die zur Objektivblende ermittelte Belichtungszeit (für die korrekte Belichtung der Lichtpartien) innerhalb des Zeitenbereiches liegen, der für die Elektronenblitz-Synchronisation genutzt werden kann. Bei der Leica R3 sind das z. B. alle Zeiten von 1 – 1/60 sec. und „B", sowie die Einstellung „X" mit 1/90 sec. Durch Verwendung höchstempfindlicher Filme bei sehr hellem Tageslicht werden allerdings kürzere Belichtungszeiten notwendig, so daß eine Aufhellung der Schatten nach dieser Methode nicht mehr möglich ist.

Blitzen im Nahbereich

Seine große Überlegenheit gegenüber herkömmlichen Lichtquellen besitzt das Elektronenblitzgerät ohne Zweifel im Nahbereich. Wenn möglich, sollte das Gerät dafür mit einem externen Sensor ausgerüstet sein. Sofern dieser auch noch die jeweiligen Verlängerungsfaktoren mit berücksichtigen kann (siehe Seite 169), gelingen die Aufnahmen ohne Probleme. In der Regel dürfen die Blitzlicht-Reflektoren bei Computer-Betrieb jedoch nicht näher als 50 cm an das Objekt herangeführt werden. Nähere Distanzen erlauben keine exakte Lichtdosierung mehr! Auch Leitzahl und Rechenscheibe versagen meistens. Deshalb ist es angebracht, einen Stab zu benutzen, der Markierungen besitzt und nach denen der Blitz ausgerichtet werden kann. Ist der Stab zum Beispiel 50 cm lang, so besitzt er bei 35 cm, bei 25 cm und bei 17,5 cm jeweils eine Markierung. Mit einer Testreihe läßt sich ermitteln, auf welche Distanz der Blitz angesetzt werden muß. Da bei diesem Test der eventuelle Verlängerungsfaktor mit eingeht, wird man für verschiedene Abbildungs-Verhältnisse Tests durchführen müssen. Mit Hilfe des Stabes lassen sich alle Ergebnisse beliebig oft wiederholen. Obwohl sich starke Blitzgeräte auf verschiedene Leistungsstufen einstellen lassen, kann es vorkommen, daß es trotzdem noch zu überbelichteten Aufnahmen kommt. In einem solchen Fall kann die Intensität des Blitzes durch ein Stück Transparentpapier (auch mehrere) vor dem Reflektor gemildert werden.

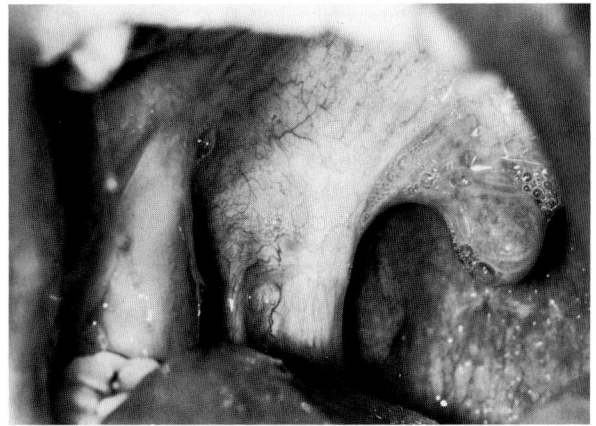

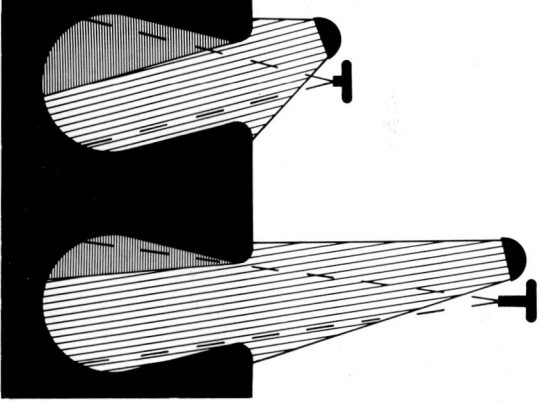

Abb. 229: Beim Fotografieren aus großen Abständen, d. h. mit langen Brennweiten, können Hohlräume besser ausgeleuchtet werden. Die Aufnahme der Mundhöhle (im Hintergrund rechts das Zäpfchen) entstand mit dem Telyt-R 1:2,8/180 mm am Balgeneinstellgerät.

Abb. 230: Wird der Blitz mit der Hand geführt, läßt sich die Blitzrichtung „erfühlen", wenn man den Zeigefinger hinter den Reflektor legt.

Von der Fa. Novoflex wird ein spezieller Blitzlichthalter für Elektronenblitzgeräte angeboten. Dieser Halter wird am Filtergewinde des Objektivs befestigt. Damit entspricht der Blitzabstand jeweils dem freien Arbeitsabstand, der vom Abb.-Verh. und der jeweils benutzten Brennweite abhängig ist. Bei längeren Brennweiten von etwa 100 mm bis 180 mm resultiert daraus eine wesentliche Vereinfachung. Die einmal durch einen Test ermittelte Blende bleibt für verschiedene Abb.-Verh. nahezu identisch. Der Grund dafür ist, daß sich bei den geringer oder größer werdenden Abständen auch der Blitz dem Objekt jeweils nähert oder entfernt. Die sich dadurch ebenfalls verändernden Lichtintensitäten werden wiederum durch die unterschiedlichen Verlängerungsfaktoren kompensiert. Mit anderen Worten, bei geringem Arbeitsabstand mit entsprechend großer Lichtintensität und großem Verlängerungsfaktor kann die gleiche Blende benutzt werden wie bei großem Arbeitsabstand, geringer Lichtintensität und kleinem Verlängerungsfaktor. Das gilt auch für Ringblitze, die ebenfalls vom Filtergewinde des Objektivs gehalten werden.

Abb. 231: Ringblitz mit Einstellicht und Energieteil.

Der Ringblitz

Der Ringblitz kann mit Erfolg bei den Objekten benutzt werden, die in einer Vertiefung liegen und sich deshalb nur sehr schwer ausleuchten lassen. Er ist oft das einzige Hilfsmittel, durch das Licht in die Tiefe einer „Höhle" gelangt. Allerdings ist die Ausleuchtung sehr flach und die Plastizität eines Schwarzweiß-Fotos leidet darunter. Für Schwarzweiß-Aufnahmen sollte man darum Ringblitz nur dann benutzen, wenn es unumgänglich ist. Bei der Farbwiedergabe ist das nicht ganz so kritisch, da die Farbe auch Informationen über die Plastizität des Objektes gibt. Eine Kombination von Ringblitz und normalem, seitlich angesetztem Blitz führt zu besseren Ergebnissen, ist aber aufwendig und verlangt Übung! Die Reflexe eines Ringblitzes sind, bedingt durch die relativ große Blitzröhre, größer als bei normalen Blitzgeräten. Wenn nötig, können störende Reflexe durch Pol-Filter vor dem Ringblitz und dem Objektiv gelöscht werden (siehe Seite 237). Ringblitzröhren können häufig auch an vorhandene Blitzaggregate zweiteiliger Elektronenblitzgeräte angeschlossen werden.

Blitzen mit mehreren Geräten

Für bestimmte fotografische Aufgaben, z. B. die Ausleuchtung eines großen Raumes oder im extremen Nahbereich, ist die Leistung eines einzigen Blitzes oft nicht ausreichend. Vor allem dann nicht, wenn entsprechend stark abgeblendet werden muß. Bei unbeweglichen Objekten (statische Motive) kann man in solchen Fällen mehrere Blitze hintereinander von Hand auslösen. Die Kamera steht dabei auf einem Stativ und der Verschluß ist geöffnet. Bei abgeschaltetem Computer wird dann mit der Leitzahl operiert. Sofern der Standort des Blitzgerätes nicht geändert wird, gilt, daß zwei Blitze die Lichtmenge verdoppeln, vier Blitze ·sie verdreifachen, acht Blitze die vierfache Lichtmenge abgeben usw. Entsprechend stärker kann abgeblendet werden. Man kann die neu einzustellende Blende auch nach folgender Formel ermitteln:

$$LZ \text{ für einen Blitz} \times \sqrt{\text{Anzahl der Blitze}}$$

Natürlich kann man anstelle des mehrmaligen Blitzens auch mehrere Blitzgeräte benutzen. Sofern frontal geblitzt wird und alle Blitzgeräte die gleiche Leitzahl besitzen gilt das oben Gesagte ebenfalls. Bei Blitzgeräten mit unterschiedlichen Leitzahlen errechnet man zunächst die neue Leitzahl. Dazu werden die Leitzahlen der einzelnen Blitzgeräte mit sich selbst multipliziert und anschließend addiert. Die Quadratwurzel aus dieser Summe ergibt die neue Leitzahl. Als Formel:

$$\sqrt{LZ1^2 + LZ2^2 + LZ3^2 + LZ4^2}$$

Selbstverständlich muß beim Ausleuchten mit mehreren Blitzgeräten auch darauf geachtet werden, daß bei seitlich angesetzten Blitzen notfalls entsprechende Blendenkorrekturen vorzunehmen sind. Relativ problemlos ist die Blitz-Beleuchtungstechnik, wenn für das Hauptlicht ein Computer-Blitzgerät mit externem Sensor für die Lichtdosierung benutzt wird und die weiteren Blitzgeräte (eventuell vorhandene Computer werden ausgeschaltet) nur zur Effektbeleuchtung dienen. Da die Wirkung des Lichtes vom Standort des Blitzes abhängig ist und nicht exakt beurteilt werden kann, wird man auf entsprechende Versuche nicht verzichten können. Eine exakte Bestimmung der erforderlichen Blende ist am sichersten mit Hilfe eines speziellen Blitz-Belichtungsmessers möglich.

Mittenkontakt und Kabelanschluß der Leicaflex-Modelle können gleichzeitig belegt werden. Damit lassen sich zwei Elektronenblitzgeräte synchron auslösen. Bei den Leica R-Modellen ist das nicht möglich.

Unter bestimmten Bedingungen können jedoch bei allen Kamera-Modellen bis zu drei Blitzgeräte über einen Kontakt mit Mehrfachstecker gezündet werden. Voraussetzung ist, daß sie gleichartig gepolt sind und die gleiche Spannung aufweisen, d. h. die Blitzgeräte müssen vom gleichen Hersteller sein und aus der gleichen Bauserie stammen.

Unproblematisch und sicher ist in allen Fällen die drahtlose Auslösung zusätzlicher Elektronenblitzgeräte mit sogenannten Servo-Blitzauslösern, z. B. Mecalux 11 von Metz, die verzögerungsfrei arbeiten. Jedem Blitzgerät wird dabei ein Servoblitzauslöser zugeordnet. Dadurch entfallen auch die oft störenden Synchronkabel.

Blitzen mit Filterfolien

Interessante Effekte lassen sich durch farbliche Verfremdungen erzielen, die dadurch hervorgerufen werden, daß Farbfilter-Folien vor den Reflektor des Elektronenblitzgerätes angebracht werden. In Kombination mit Tageslicht können so z. B. farbige Lichtsäume einem Porträt die besondere Note geben. Bei Mehrfachbelichtungen lassen sich die einzelnen Bewegungsphasen besser durch verschiedenfarbige Einzelaufnahmen differenzieren. Vielfältige Möglichkeiten ergeben sich auch, wenn mit mehreren Blitzgeräten gearbeitet wird, die mit unterschiedlichen Farb-Folien ausgestattet sind. Als Filterfolien eignen sich u. a. auch die im Schreibwarenhandel erhältlichen farbigen Kunststoffolien, z. B. Astralon, die entweder mit transparentem Klebeband befestigt oder zwischen Reflektor und speziellem Folienhalter (Weitwinkel-Streuscheibe) gehalten werden. Die meisten Blitzgeräte-Hersteller bieten auch spezielle Filtersets zu ihren Geräten an. Ein Filter-Hersteller (Cokin) bietet eine Filterserie an, die in Verbindung mit dem Elektronenblitzgerät zu phantastischen Aufnahme-Ergebnissen führt. Jeweils zwei komplementärfarbige Filter werden dafür benutzt. Eines vor dem Objektiv der Kamera, das andere vor dem Blitzreflektor. Mit dem Objektiv-Filter wird das gesamte Bild farblich verfremdet, mit dem komplementärfarbigen Blitzlicht wird der Vordergrund „neutralisiert", d. h. er wird farbrichtig wiedergegeben. Das Ergebnis ist ein Farbfoto, auf dem die im Vordergrund plazierten Objekte in ihren Originalfarben vor farbverfremdetem Hintergrund zu sehen sind.

Abb. 232: Bei Weitwinkel-Aufnahmen hat sich ein indirektes Blitzen bewährt. Bei dieser Blitzaufhellung wurde der Blitz gegen die weiße Wand im Rücken des Fotografen gerichtet. Beide Aufnahmen: Super-Angulon-R 1:4/21 mm, 1/30 sec, Bl. 5,6.

Mit der Leica unterwegs

Reisen ohne zu fotografieren, das ist kaum denkbar. „Mit der Leica reisen", das heißt nicht nur, fremde Menschen in fernen Ländern zu porträtieren, sondern auch die benachbarte Großstadt an einem Wochenende fotografisch zu erschließen oder im nahegelegenen Tierpark zu fotografieren. Jede dieser „Reisen" stellt ihre besonderen Anforderungen an den Fotografen. Leider kommt es jedoch immer wieder vor, daß Fotografen, die nach Rückkehr von einer solchen Reise ihre fotografische Ausbeute sichten, von den Ergebnissen enttäuscht sind. Insbesondere, wenn die Reise in ein Gebiet führt, das noch wenig bekannt ist, und in dem ein ganz anderes, vielleicht extrem warmes oder kaltes Klima herrscht. Wichtiges Zubehör habe gefehlt, die Farbwiedergabe des Films habe durch klimatische Einflüsse gelitten und auf die einmalige Gelegenheit, „das Foto meines Lebens" zu machen, habe man verzichten müssen, weil die Kamera gerade in dem entscheidenden Moment streikte, so lauten die Kernsätze immer wiederkehrender Klagen. Der Reisende mit der Kamera, das zeigt sich immer wieder, muß um so mehr mit Schwierigkeiten fertig werden, je weiter er sich von zu Hause — aus seiner gewohnten Umgebung — entfernt. Je weiter die Reise, desto umsichtiger muß also die Fotoausrüstung zusammengestellt werden. Gewicht und Volumen setzen bereits Grenzen für den Sonntagsnachmittag-Spaziergang! Reisen in tropische und wüstenartige Gebiete und in Regionen des ewigen Eises, die heute keine Seltenheit mehr sind, weisen andere Probleme auf. Darauf, daß hier Kamera, Zubehör und Filmmaterial unterschiedlich beansprucht werden, muß man unbedingt achten. Obwohl jede Reise ihre individuelle Vorbereitung benötigt, können die nachfolgenden Tips und Anregungen vielleicht helfen, die nächste Reise besser zu planen, damit unterwegs unbeschwerter fotografiert werden kann.

Frühzeitig vorbereiten

Beim Zusammenstellen der Fotoausrüstung für eine Reise muß man Kompromisse eingehen. Ein Zuviel schränkt die Bewegungsfreiheit ein, ein Zuwenig kann zu enttäuschenden Ergebnissen führen. Eingehende Informationen darüber, auf welche Motivbereiche man sich einstellen muß, ob und wo mit fotografischen Tabus zu rechnen ist, sind unerläßlich und helfen die richtige Entscheidung darüber zu treffen, was man an Fotoausrüstung mitnimmt. Die Frage nach freier Einfuhr von Geräten und Filmen bei Reisen in ferne Länder muß geklärt werden: das Zollamt gibt darüber Auskunft. Beim Abschluß einer optimalen Versicherung sind uns die renommierten Versicherungsgesellschaften gerne behilflich. Vor großen Reisen sollte man seine Geräte rechtzeitig, d. h. etwa vier bis sechs Wochen vor Reiseantritt, auf ihre Funktion hin überprüfen lassen, damit für eventuell notwendige Reparaturen noch genügend Zeit verbleibt. Neue Kameras und Objektive sollten rechtzeitig vor der Reise getestet werden, auch die Filme, die man benutzen will. Bei Farbumkehrfilmen ist es empfehlenswert, nur Filme gleicher Emulsionsnummern zu verwenden. Der Farbcharakter aller Aufnahmen ist dann z. B. ähnlich und es gibt keine störenden Unterschiede bei der Projektion.

Bewährte Zusammenstellungen

Viele Wege führen nach Rom ... und mit etwa 30 Wechselobjektiven zur Leica R lassen sich Hunderte von Kombinationen darstellen.

Für viele Fotografen gilt die klassische Leica-Ausrüstung, bestehend aus einem Leica R-Gehäuse mit normalem Weitwinkel-Objektiv von 35 mm Brennweite und einem 90er, auch heute noch als Standard-Ausrüstung. Mit ihr wird ein unerhört großer fotografischer Nutzen bei geringstem Aufwand erreicht. Von einer idealen Kombination schwärmen neuerdings die Leica R-Besitzer, deren Ausrüstung ein Macro-Elmarit-R 1:2,8/60 mm beinhaltet, das durch das Weitwinkel-Objektiv Elmarit-R 1:2,8/28 und eine längere Brennweite, z. B. Elmarit-R 1:2,8/135 mm oder Elmar-R 1:4/180 mm ergänzt wird. Wer mit ungünstigen Lichtsituationen fertig werden muß, wird die „Lichtriesen" zur Leica R wählen. Als Reise-Objektiv hat sich auch das Vario-Elmar-R 1:4,5/75 – 200 mm bewährt. In Verbindung mit dem lichtstarken Summilux-R 1: 1,4/50 mm und dem extremen Weitwinkel Super-Angulon-R 1:4/21 mm erhält man eine Reiseausrüstung mit besonderer Note.

Zu allen Ausrüstungen gehören unbedingt verschiedene Filter und ein Drahtauslöser. Empfehlenswert ist auch ein kleiner Elektronenblitz (mit Ladegerät für unterschiedliche Netzspannungen) oder ein Würfelblitzgerät für Batteriebetrieb. Ein Tischstativ und ein Kugelgelenkkopf sind nicht nur bei schlechten Lichtverhältnissen von großem Vorteil. Auf eine Mauer gestellt, auf den Kotflügel des Autos gesetzt oder an eine senkrechte Wand gepreßt, gibt es der Kamera oftmals einen stabileren Halt als ein zu leicht gebautes, größeres Stativ. Selbstverständlich gehören zur Grundausrüstung auch Ersatzbatterien für Kamera und Belichtungsmesser. Wer sich für die Spezialge-

Abb. 233: Taschen, Koffer und Köcher werden in ebenso großer Vielfalt angeboten wie die Reiseziele in aller Welt. Wer sein Ziel kennt und weiß, was er fotografieren will und kann, der findet auch den „richtigen" Behälter. Einige Möglichkeiten sind in diesem Bild zu sehen: Alu-Koffer (Fa. Rox) mit „maßgeschneidertem" Einsatz und Taschen von Leitz.

biete der Fotografie interessiert, kann seine Grundausrüstung mit weiterem Zubehör und zusätzlichen Objektiven ergänzen. Für Architekturaufnahmen zum Beispiel ist das PA-Curtagon-R 1:4/35 mm vorteilhaft, weil es sich nach oben, unten und nach beiden Seiten verschieben läßt. Tierfotografen werden zu längeren Brennweiten greifen und Taucher zum Unterwassergehäuse. Unterschätzt wird in vielen Fällen die Hilfe eines Einbeinstatives. Ob an der See bei stürmischen Winden oder nach einer stundenlangen Wanderung im Gebirge, das Einbeinstativ unterstützt die Kamera sicher und garantiert auch beim Einsatz langer Brennweiten eine verwacklungsfreie Aufnahme. Zusammengeschoben paßt es sogar in den Rucksack.

Grundsätzlich gehört zu jeder Fotoausrüstung ein „Pflege-Set", bestehend aus einem weichen Haarpinsel, einem sauberen Leinen- oder Wildlederlappen (ersteren häufig waschen, letzteren in nicht allzulangen Zeitabständen durch einen neuen ersetzen), einem Uhrmacher-Schraubenzieher mit auswechselbaren Klingen, einer kleineren Schere und einer Pinzette. Diese Werkzeuge werden benötigt, um Linsen zu reinigen, Filmreste aus der Kamera zu entfernen oder eine Schraube am Stativ festzuziehen. Mit schwarzem Klebeband läßt sich manche Reparatur behelfsmäßig durchführen, und in einem Wechselsack kann die Kamera mit eingelegtem Film auch bei Sonnenschein geöffnet werden.

Keine Transportprobleme

Eine der häufigsten gestellten Fragen ist die nach der geeigneten Kameratasche. Welche Tasche oder welcher Koffer bietet die besten Möglichkeiten, die notwendige Ausrüstung aufzunehmen, optimal zu schützen und leicht zu transportieren? Nach vielen Gesprächen auf Foto-Reisen, bei Foto-Kursen und auf Foto-Messen gelangt man zu der Erkenntnis, daß 100 Fotografen darüber 101 unterschiedliche Meinungen haben. Kein Wunder, wenn man logisch bedenkt, daß jeder eine andere Ausrüstung verstauen möchte, andere Foto-Ambitionen hat und andere Reise-Gewohnheiten besitzt.

Die meisten aller Taschen-Wünsche werden durch ein sinnvoll gestaltetes Taschen-Angebot zur Leica R4-Mot von Leitz erfüllt. Welche Kombinationen von Objektiven und Zubehör in den verschiedenen Taschen untergebracht werden können, zeigen die folgenden Tabellen.

Taschen zur Leica R4-Mot

Wer die Schnelligkeit der Leica richtig nutzen möchte, wird sie am Tragriemen befestigt umgehängt mit sich tragen wollen. Im Auto, in der Bahn oder im Flugzeug,

253

d. h. auf Reisen, ist diese Art des Transportes allerdings nicht ohne Risiko. Wo legt man sie ab, wenn man das Gepäck aufgibt? Wie verhindert man, daß sie im Gedränge Kratzer bekommt und was schützt sie, wenn man im Schneetreiben ein Taxi sucht? Die Antwort darauf gibt Leitz mit seinem Taschenangebot zur Leica R4-Mot. Alle Taschen sind aus schwarzem Nappaleder; sie sind formschön, praktisch und robust.

Die Bereitschaftstaschen

Das eng anliegende Unterteil der beiden Bereitschaftstaschen ist gleich. Es wird von unten auf das Kamera-Gehäuse „geschoben" und durch zwei verknüpfbare Lederlaschen gesichert, die sich um die Tragösen der Kamera legen. Der normale Tragriemen der Kamera muß dabei nicht abgenommen werden und wird weiterhin benutzt. Auf eine Befestigungsschraube mit Stativgewinde wurde bei den Bereitschaftstaschen aus zwei Gründen bewußt verzichtet. Eine Schraubverbindung kann nämlich eine feste Adaption mit dem Stativ nicht garantieren, weil sich zwischen Befestigungsschraube und Kamera-Gehäuse das flexible Leder der Bereitschaftstasche befindet. Gegen eine Schraubverbindung spricht auch, daß beim Fotografieren mit zwei Leica-Gehäusen, wenn beide Kameras umgehängt sind, die Deckkappe der tiefer hängenden Kamera durch die Befestigungsschraube beschädigt werden kann.

Je nach vorhandenem Objektiv muß ein normales oder ein großes Vorderteil benutzt werden. Die Bereitschaftstasche mit normalem Vorderteil (Bestell-Nr.14 569) nimmt die Leica R4-Mot mit folgenden Objektiven auf:
4/21*, 2,8/24*, 2,8/28*, 2,8/35, 2/35, 4/35*, 2/50 und 1,4/50 (* ohne Gegenlichtblende).

In die Bereitschaftstasche mit großem Vorderteil (Bestell-Nr. 14 568) paßt die Leica R4-Mot mit den Objektiven:
2,8/16, 2,8/19*, 4/21*, 2,8/24, 2,8/28, 4/35, 2,8/35, 2/35, 2/50, 1,4/50, 2,8/60 ohne Adapter, 1,4/80, 2,8/90 und 2/90 (* ohne Gegenlichtblende).

Für Leica R3- und Leicaflex-Modelle werden Bereitschaftstaschen aus Vollrindleder, ebenfalls mit großem und kleinem Vorderteil angeboten.

Weichleder-Taschen für die Leica R4-Mot

Die schwarzen „Weichleder"-Taschen aus Rindsnappaleder bestechen durch ihre schlichte, elegante Form. Ein stabiler Einsatz schützt Kamera und Objek-

tive vor Beschädigungen. In der Kombi-Tasche für die Leica R4-Mot mit angesetztem Motor-Winder/Motor-Drive (Bestell-Nr. 14 833) sowie in der Universal- und Safari-Tasche kann die Leica R4-Mot auch mit angesetztem Data-Back verstaut werden. Das die Rückwand der Kamera abstützende Zell-Polyäthylen-Polster ist deshalb zweiteilig. Legt man besonderen Wert auf einen absolut festen Sitz der Leica R4-Mot in der Tasche, wenn kein DB Leica R4 angesetzt ist, kann das lose beigefügte Polsterstück durch eine selbstklebende Schicht mit dem fest in der Tasche eingeführten Polster verbunden werden. In den Objektiv-Fächern (2 u. 2a) der Taschen lassen sich zwei mit einem Kupplungsring aneinander gekuppelte Objekte platzsparend unterbringen. Ein Kupplungsring (Bestell-Nr. 14 836) wird zu den Taschen mitgeliefert. In den gleichen Fächern sorgen lose eingelegte Zell-Polyäthylenpolster dafür, daß „schlanke" Objektive einen festen Halt haben. Bei Objektiven mit größerem Durchmesser nimmt man die Polster einfach heraus. Die Außentaschen, die sowohl über einen Druckknopf-Verschluß als auch über einen Klettverschluß verfügen, können zusätzlich Filme, Filter, Gegenlichtblenden, Drahtauslöser und ähnliches Zubehör aufnehmen.

Die nachfolgenden Aufstellungen berücksichtigen, daß alle Objektive mit Schutzdeckeln in den Taschen verstaut werden und außerdem nicht wesentlich über die Oberkanten der festen Einsätze herausragen. Wer sich darüber hinwegsetzt, wird weitere Kombinationen finden. Unberücksichtigt bleiben in den Aufstellungen auch die verschiedenen Lücken, in die sich u. a. Filme plazieren lassen.

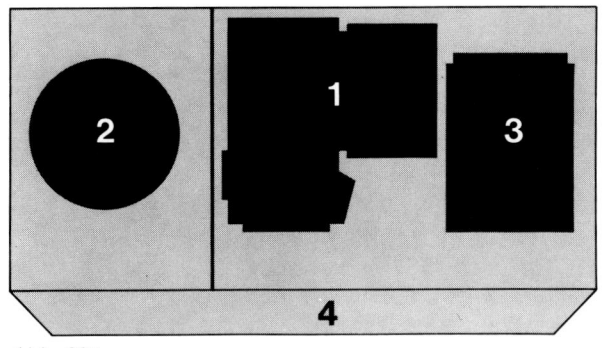

Abb. 234

Kombi-Tasche zur Leica R4-Mot

Außenmaße (l × b × h): ca. 27 × 14 × 22 cm
Bestell-Nr. 14 832
Folgende Kombinationen lassen sich unterbringen:

Fach 1 Leica R4-Mot *ohne* Motor-Winder/Motor-Drive mit einem der folgenden Objektive:
3,5/15[2], 2,8/16, 2,8/19[2], 4/21[2], 2,8/24[2], 2,8/28[2], 4/35[2], 2,8/35, 2/35, 2/50, 1,4/50, 2,8/60[3], 1,4/80, 2,8/90, 2/90, 4/100, 2,8/135, 4/180, oder Extender R mit 2/50, 2,8/60, 2,8/90, 2/90

Fach 2 jeweils eines der folgenden Objektive:
2,8/16, 4/21[1], alle Objektive von 24 bis 180 mm (einschließlich der Vario-Objektive, 2,8/60[3], 4/100[3]), 4/250 bis Nr. 3050600, oder Extender R mit 2/50, 2,8/60[3], 2,8/90, 2/90, 4/100, 2,8/135, 4/180

oder mit beigefügtem Kupplungsring jeweils zwei der folgenden Objektive:

2,8/16	— alle Objektive von 21 bis 90 mm
4/21[1]	— 2,8/16, 2,8/24[1], 2,8/28[1], 4/35[1], 2,8/35, 2/35, alle Objektive von 50 bis 135 mm
2,8/24	— 2,8/16, 4/21[1], alle Objektive von 28 bis 90 mm wie „4/21"
2,8/28	— 2,8/16, 4/21[1], 2,8/24[1], alle Objektive von 35 bis 90 mm wie „4/21"
4/35[1]	— 2,8/16, alle Objektive von 21 bis 90 mm
2,8/35	— wie „4/35"
2/35	— wie „4/35"
2/50	— 2,8/16, alle Objektive von 21 bis 100 mm
2/50 mit Extender R	2,8/16, 4/21[1], 2,8/24[1], 2,8/28, 4/35[1], 2,8/35, 2/35, 2,8/60, 1,4/80, 2/90
1,4/50	— wie „4/35"
2,8/60	— wie „4/35"
2,8/60 mit Extender R	2,8/35, 2/50
1,4/80	— 2,8/16, alle Objektive von 21 bis 60 mm (4/35[1])
2,8/90	— wie „1,4/80"
2/90	— wie „1,4/80"
2/90 mit Extender R	2,8/35, 2/50
4/100	— 2/50

Fach 3 Filme, Filter etc. oder eines der folgenden Objektive:
4/21[1], 2,8/24[1], 2,8/28, 4/35[1], 2,8/35, 2/35, 2/50, 1,4/50, 2,8/60, 2,8/90, Extender R.

Fach 4 Vortasche für Gegenlichtblenden, Filme, Filter etc.

---

[1] = ohne Gegenlichtblende
[2] = es paßt kein weiteres Objektiv in das Fach unter der Kamera
[3] = auch mit Adapter

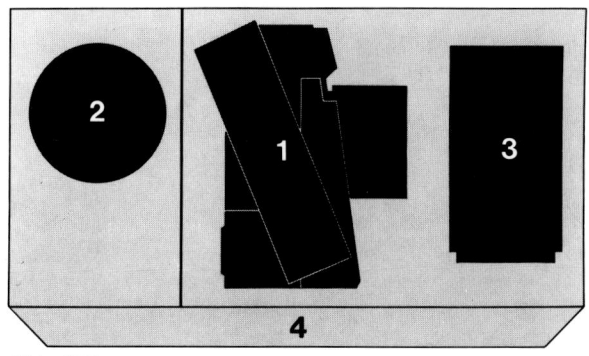

Abb. 235

Kombi-Tasche zur Leica R4-Mot mit angesetztem Motor-Winder/Motor-Drive und Handgriff
Außenmaße (l × b × h): ca. 31 × 18 × 23 cm
Bestell-Nr. 14 833
Folgende Kombinationen lassen sich unterbringen:

Fach 1 Leica R4-Mot mit angesetztem Motor-Winder/Motor-Drive[4] und Handgriff mit einem der folgenden Objektive:
3,5/15[2], 2,8/16, 2,8/19[2], 4/21[2], 2,8/24[2], 2,8/28[2], 4/35[2], 2,8/35, 2/35, alle Objektive von 50 bis 135 mm (2,8/60[3]), 4/180, 2,8/180 ab Nr. 2939701, oder Extender mit 2/50, 2,8/60[3], 2,8/90, 2/90, 4/100, 2,8/135.

Fach 2 jeweils eines der folgenden Objektive:
2,8/16, 4/21[1], alle Objektive von 24 – 180 mm (einschließlich der Vario-Objektive, 2,8/60[3], 4/100[3]), 4/250 bis Nr. 3050600, oder Extender R mit 2/50, 2,8/60[3], 2,8/90, 2/90, 4/100[3], 2,8/135, 4/180, 3,4/180, 2,8/180 ab Nr. 2939701

oder mit beigefügtem Kupplungsring jeweils zwei der folgenden Objektive:

2,8/16	— alle Objektive von 21 bis 135 mm (2,8/60[3])
4/21[1]	— 2,8/16, 2,8/24[1], 2,8/28[1], 4/35[1], 2,8/35, 2/35, alle Objektive von 50 bis 135 mm (2,8/60[3]), 4/180
2,8/24	— 2,8/16, 4/21[1], alle Objektive von 28 bis 135 mm wie „4/21"
2,8/28	— 2,8/16, 4/21[1], 2,8/24[1], alle Objektive von 35 bis 135 mm wie „4/21"
4/35[1]	— 2,8/16, alle Objektive von 21 bis 135 mm (2,8/60[3]), 4/180
2,8/35	— wie „4/35"
2/35	— wie „4/35"
2/50	— wie „4/35"

255

2/50 mit Extender R

    2,8/16, 4/21[1], 2,8/24[1], 2,8/28, 4/35[1], 2,8/35, 2/35, alle Objektive 60 bis 90 mm

1,4/50 — wie „4/35"

2,8/60 — wie „4/35"

2,8/60 mit Extender R

    4/21[1], 2,8/24[1], 2,8/28[1], 4/35[1], 2,8/35, 2/35, 2/50, 1,4/50

1,4/80 — 2,8/16, alle Objektive von 21 bis 60 mm (4/35[1])

2,8/90 — wie „1,4/80"

2,8/90 mit Extender R

    2,8/35, 2/35, 2/50, 1,4/50

2/90 — 2,8/16, alle Objektive von 21 bis 80 mm, 4/100

2/90 mit Extender R

    2,8/16, 4/21[1], 2,8/24[1], 2,8/28[1], 4/35[1], 2,8/35, 2/35, 2/50, 1,4/50

4/100 — 2,8/16, alle Objektive von 21[1] bis 50 mm

2,8/135 — wie „4/100"

4/180 — 4/21[1], 4/35[1], 2,8/35, 2/35, 2/50, 1,4/50

Fach 3 Filme, Filter etc. oder eines der folgenden Objektive:
4/21[1], 2,8/24, 2,8/28, 4/35[1], 2,8/35, 2/35, 2/50, 1,4/50, 2,8/60[3], 2,8/90, 4/100, 2,8/135, 4/180, Extender R, oder Extender R mit 2/50, 2,8/60, 2,8/90

Fach 4 Vortasche für Gegenlichtblenden, Filme, Filter, etc.

---

[1] = ohne Gegenlichtblende
[2] = es paßt kein weiteres Objektiv in das Fach unter der Kamera
[3] = auch mit Adapter
[4] = bei angesetztem Motor-Drive muß das lose eingelegte Zell-Polyäthylenpolster entfernt werden

---

In Fach 1 paßt auch die Leica R3-Mot mit angesetztem Motor-Winder und Handgriff. Auch ein Gehäuse der Leicaflex SL/SL2 kann darin untergebracht werden, wenn die Kamera am Gebäudeboden durch zusätzliche Zell-Polyäthylen-Polster im Fach unterstützt wird. Zell-Polyäthylen ist im einschlägigen Fachhandel erhältlich.
Die oben aufgeführten Objektiv-Kombinationen bleiben bestehen.

Universal-Tasche zur Leica R4-Mot
Außenmaße (l × b × h): ca. 36 × 21 × 24 cm
Bestell-Nr. 14 834
Folgende Kombinationen lassen sich unterbringen:

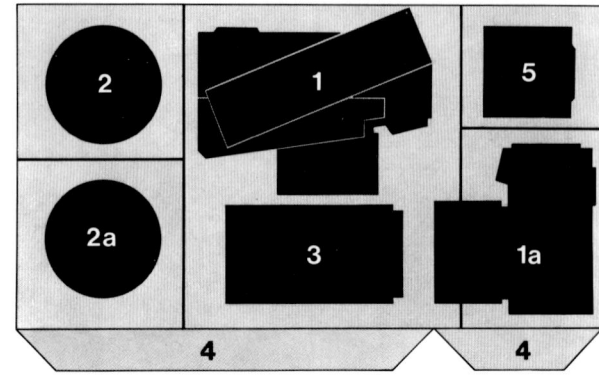

Abb. 236

Fach 1
Leica R4-Mot mit angesetztem Motor-Winder/Motor-Drive[4] und Handgriff mit einem der folgenden Objektive:
3,5/15, 2,8/16, 2,8/19[2], alle Objektive von 21 bis 135 mm (2,8/60[3]), 4/180, oder Extender R mit 2/50, 2,8/60, 2/90

Fach 1a Leica R4-Mot **ohne** Motor-Winder/Motor-Drive mit einem der folgenden Objektive:
2,8/35, 2/50

Fach 2 und 2a
jeweils eines der folgenden Objektive:
2,8/60[3], 1,4/80, 2,8/90, 4/100[3], 4/180, 3,4/180, 2,8/180, 4/250 bis Nr. 30 50 600, 2,8/45 — 90, 4,5/75 — 200 oder Extender R mit 2/50, 2,8/60[3], alle Objektive von 90 bis 180 mm (4/100[3]), 2,8/45 — 90, 4,5/75 — 200
Kleinere Objektive (kürzere Brennweiten) lassen sich aus der Tiefe des Faches kaum entnehmen.

Oder mit beigefügtem Kupplungsring jeweils zwei der folgenden Objektive:

2,8/16 — 4/21[1], alle Objektive von 24 bis 135 mm (2,8/60[3]), 4/180

4/21[1] — 2,8/16, alle Objektive von 24 bis 135 mm (2,8/60[3], 4/100[3]), 4/180, 2,8/180 ab Nr. 2939701

2,8/24 — 2,8/16, 4/21[1], alle Objektive von 28 bis 135 mm (2,8/60[3]), 4/180

2,8/28 — 2,8/16, 4/21[1], 2,8/24, alle Objektive von 35 bis 135 mm (2,8/60[3]), 4/180

4/35 — 2,8/16 alle Objektive von 21[1] bis 135 mm (2,8/60[3]), 4/180

2,8/35 — 2,8/16, alle Objektive von 21[1] bis 135 mm (2,8/60[3], 4/100[3]), 4/180, 2,8/180 ab Nr. 2939701

2/35 — wie „2,8/35"

2/50 — wie „2,8/35"

2/50 mit Extender R
  2,8/16, alle Objektive von 21[1] bis 135 mm (2,8/60[3]), 4/180

1,4/50 — wie „2,8/35"

2,8/60 — 2,8/16, alle Objektive von 21[1] bis 135 mm, 4/180

2,8/60 mit Extender R
2,8/16, alle Objektive von 21[1] bis 90 mm

1,4/80 — 2,8/16, alle Objektive von 21[1] bis 135 mm (2,8/60[3]), 4/180

2,8/90 — wie „1,4/80"

2,8/90 mit Extender R
  2,8/16, alle Objektive von 21[1] bis 80 mm

2/90 — wie „1,4/80"

2/90 mit Extender R
  wie „2,8/90 mit Extender R"

4/100 — 2,8/16, alle Objektive von 21[1] bis 90 mm

4/100 mit Extender R
  2,8/16, alle Objektive von 21[1] bis 50 mm

2,8/135 — wie „4/100"

2,8/135 mit Extender R
  wie „4/100 mit Extender R"

4/180 — wie „4/100"

4/180 mit Extender R
  2,8/35, 2/50

2,8/180 (ab Nr. 2939701)
  4/21[1], 2,8/24[1], 2,8/28[1], 4/35[1], 2,8/35, 2/35, 2/50, 1,4/50

Fach 3 Filme, Filter etc. oder eines der folgenden Objektive:
2,8/28[1], 2,8/35, 2/35, 2/50, 1,4/50, Extender R, Extender R mit 2/50

Fach 4 Vortasche für Gegenlichtblenden, Filme, Filter etc.

Fach 5 für Motor-Winder/Motor-Drive, Steuergerät RC Leica R, etc.

---

[1] = ohne Gegenlichtblende

[2] = es paßt kein weiteres Objektiv in das Fach unter der Kamera

[3] = auch mit Adapter

[4] = bei angesetztem Motor-Drive muß das lose eingelegte Zell-Polyäthylenpolster entfernt werden

Reporter-Tasche
Außenmaße (l × b × h): ca. 38 × 21 × 30 cm
Bestell-Nr. 14 830

Die Reportertasche besitzt im unteren Bereich eine 15 cm hohe Versteifung ohne Einteilung für Kameras oder Objektive. Zwei zusätzliche Außentaschen bieten reichlich Platz für Filme, Filter etc.

Safari-Tasche
Außenmaße (l × b × h): ca. 31 × 18 × 23 cm
Bestell-Nr. 14 837

Wer eine besonders strapazierfähige Kombitasche sucht, wird sich für die dschungelgrüne Safari-Tasche entscheiden, die in schwerer Segeltuch-Ausführung mit den gleichen Möglichkeiten aufwarten kann, wie die Kombi-Tasche zur Leica R4-Mot mit angesetztem Motor-Winder/Motor-Drive und Handgriff (Bestell-Nr. 14 833).
Ein besonderer Vorteil dieser unauffälligen Tasche ist auch, daß „Langfinger" darin kaum eine teure Foto-Ausrüstung vermuten.

Eigene Belange berücksichtigen

Weitere spezielle Anforderungen können fast immer durch das breitgefächerte Angebot der Fototaschen- und Koffer-Hersteller erfüllt werden. Ein vielgereister Leica-Fotograf sagt zu diesem Thema: „Ich selbst habe mir ein Sortiment unterschiedlicher Taschen und Behältnisse zugelegt, mit denen ich jetzt seit einigen Jahren gut zurechtkomme. Zu Hause wird meine normale Fotoausrüstung in einem Koffer aus Leichtmetall aufbewahrt, der auswechselbare Einsätze aus Polyäthylen hat. Damit ist sie immer komplett griffbereit und muß nicht vor jedem Arbeitseinsatz auf ihre Vollständigkeit geprüft werden. Dieser Koffer wird auch als Transportbehälter für Autoreisen benutzt. Für Fotosafaris oder Expeditionen wird er mit einem Tragegurt versehen. Ähnliche Leichtmetall-Koffer werden von verschiedenen Firmen für unterschiedliche Ausrüstungen und Anforderungen angeboten und sind über den Fotofachhandel zu beziehen. Sie sind häufig auch in wasserdichter Ausführung zu bekommen und dann ideal für den Transport und die Aufbewahrung von Fotogeräten unter extremen Bedingungen, wie z. B. in den Tropen oder in Gletscherregionen. Zum Fotografieren in Breitengraden mit gemäßigtem Klima hat sich die Reportertasche von Leitz bewährt. Besonders gerne benutze ich diese Tasche als Bordcase für Flugrei-

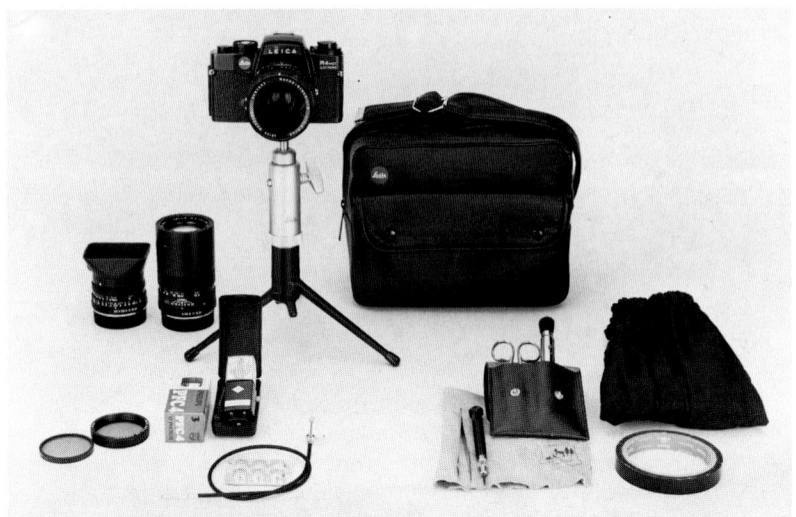

Abb. 237: Universell sollte die fotografische Grundausrüstung für die große Reise sein und trotzdem wenig Platz beanspruchen. Hilfsmittel, z. B. kleines Werkzeug für die Pflege und Instandsetzung der Geräte, dürfen ebensowenig fehlen wie Ersatzbatterien. Bewährt hat sich folgende Zusammenstellung: Leica R mit Macro-Elmarit-R 1:2,8/60 mm, Elmarit-R 1:2,8/28 mm, Elmar-R 1:4/180 mm, Tischstativ mit Kugelgelenkkopf, Drahtauslöser, Orange- und Polarisationsfilter, Blitzgerät, Pflege-Set, schwarzes Klebeband, weicher Lederlappen und ein Wechselsack, falls Störungen auftreten (Film in der Kamera gerissen). Alles zusammen findet Platz in der Kombi-Tasche.

sen. Sie ist in ihrem unteren Bereich mit einer kastenähnlichen Versteifung aus Holz versehen, besitzt sonst aber keinerlei Einteilungen für irgendwelches Gerät. In dieser Reportertasche läßt sich sogar eine der Kombitaschen (mit Kamera und Objektiven bestückt) unterbringen. Alle zusätzlichen Objektive, eventuell auch ein zweites Kameragehäuse, werden in große Wildlederlappen oder in nicht fusselnde Leinentücher (Geschirrtuch) eingewickelt und dazugelegt. Wesentlich eleganter können Objektive und Kameragehäuse gegen Stoß und Schlag in den aufblasbaren Beuteln geschützt werden, die unter dem Namen ,Air-Shield' angeboten werden. Auch das Einbeinstativ hat in der Reportertasche noch Platz. Filme, Filter, Aufhellkartons, Graukarte und viele andere nützliche Dinge werden in die Seitentaschen gesteckt. Am Ziel der Reise angekommen, kann ich dann jeweils kleinere, speziell zusammengestellte Ausrüstungen benutzen, die zum Beispiel in der Kombitasche Platz haben. Beim Bergwandern und Skilaufen habe ich mich übrigens auf eine Leica R mit 35 mm-Weitwinkel-Objektiv festgelegt, die ich, durch einen Weichlederbeutel geschützt, im Rucksack verstaue. Das gleiche geschieht mit einem dazugehörigen 90-mm-Objektiv. Ich kenne Fotografen, die auf die Bereitschaftstasche schwören und andere, für die nur die Leitz-Universaltasche in Frage kommt. Es gibt auch solche, die nur mit der XY-Tasche der Firma Z zurechtkommen. Sie alle haben — von ihrem Standpunkt aus gesehen — recht! Doch sollte jedermann bedenken, daß es keine einzige Tasche auf dem Weltmarkt gibt, die allen Anforderungen gerecht wird. Deshalb sollen meine Ratschläge nicht unbedingt eine zwingende Empfehlung sein, sondern nur Anregung und Anstoß für eigene Überlegungen!"

Fotografieren bei Hitze

Am häufigsten werden fotografische Miseren durch Hitze ausgelöst. Bei intensiver Sonnenbestrahlung am Strand oder in der Wüste werden Fototaschen, Kameras, Objektive und Filme bis zu 50° aufgeheizt. Im Innern eines in der Sonne abgestellten Autos klettern die Temperaturen sogar bis auf 70 °C. Das sind praktische Erfahrungswerte, an denen nicht zu rütteln ist. Den Leitz-Kameras und -Objektiven heutiger Fertigung schadet das nicht. Im Gegensatz dazu sind bei so hohen Temperaturen alle Filmmaterialien stark gefährdet. Sowohl vor, als auch nach der Belichtung verursacht eine solche Hitze Farbstiche. Auch die angegebene Filmempfindlichkeit verändert sich. Man lagert deshalb die Filme bzw. die mit Filmen bestückte Ausrüstung an luftigen, schattigen Orten und deckt Taschen und Geräte notfalls mit weißen Tüchern ab, die das Sonnenlicht reflektieren. Grundsätzlich sollte man versuchen, die gesamte Ausrüstung in Alu-Koffern, die das Sonnenlicht ebenfalls reflektieren, oder (noch besser) in Kühltaschen zu transportieren. Eine zusätzliche Kühlung dieser Transportmittel erreicht man durch Auflegen feuchter Handtücher. Die Metall- und Glasoberfläche der Geräte bewahrt man vor Schweiß, indem man nichtfusselnde Taschentücher zum Abwischen benutzt. Genieren Sie sich nicht, bei schweiß-

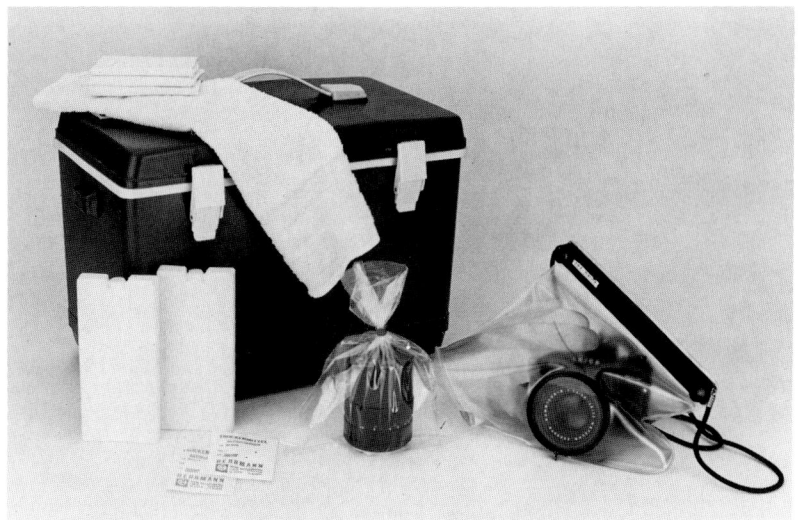

Abb. 238: Hitze, Sand und Feuchtigkeit können dem Fotografen, der Kamera-Ausrüstung und allen Filmen enorm zusetzen und die fotografische Ausbeute zunichte machen. Wer entsprechende Vorkehrungen trifft und schützendes Zubehör verwendet, wird sich auch unter extremen Bedingungen auf seine Kamera-Ausrüstung verlassen können. Besonders wichtig sind Kühlboxen mit entsprechenden Kühl-Akkus, weiße Handtücher zum Schutz gegen direkte Sonneneinwirkung und möglichst viele Taschentücher gegen den Schweiß. Trockenmittel (Silicagel) werden im Chemikalienhandel angeboten. Kamera und Objektive sind in der Unterwasser-Tasche und in Plastiktüten sicher untergebracht, wenn es feucht oder naß wird.

treibendem Wetter ein Handtuch um den Hals zu legen! Schutz vor Sand und Staub bieten einfache Plastiktüten. Am feinsandigen Meeresstrand ist die Kamera beispielsweise in einer wasser- und sanddichten Unterwasser-Kameratasche „ewa-marine" gut untergebracht. Besonders schwierig ist es, wenn zur Hitze hohe Luftfeuchtigkeit hinzukommt.

Fotografieren in den Tropen

In feuchtheißem Klima besteht für die gesamte Fotoausrüstung Gefahr der Fungusbildung, das heißt, des Pilzbefalls. Filme, Linsen und Ledertaschen werden davon befallen. Je öfter man Kameras, Objektive und Zubehörteile der freien Luft aussetzt, desto weniger besteht die Gefahr der Fungusbildung. Fungusschäden treten um so häufiger auf, je weniger die Geräte benutzt werden! Für Fotopausen sollte man folgende Hinweise beachten:

● Kameras aus Ledertaschen herausnehmen; Kamera und Objektive z. B. auf einem offenen Bücherbord ablegen und mit einem Leinentuch gegen Staub abdecken. So oft wie möglich die Geräte bewegen. Keine Front- und Rückdeckel auf den Objektiven lassen!
● Filme nicht länger als zwei Tage in der Kamera lassen. Frontdeckel der Kamera abnehmen und Rückwand öffnen, damit Luftbewegung im Kamera-Innern entstehen kann.
● Bei längerer Nichtbenutzung die Kamera in einem Exsikkator, z. B. einer Blechdose, die luftdicht verschlossen werden kann, zusammen mit dem immer wieder sich bewährenden Trockenmittel Silicagel aufbewahren.
● Muß das Gefäß bei feuchtem Wetter geöffnet werden, empfiehlt es sich, das Silicagel zu regenerieren oder zu erneuern. Andernfalls entsteht in den Behältnissen ein Klima, welches das Funguswachstum fördert, da jede Luftbewegung fehlt.
● Ledertaschen sind in feuchtwarmem Klima besonders gegen Fungus anfällig. Das versteht sich auch für die Geräte, die in Ledertaschen aufbewahrt werden. Taschen und Geräte legt man nicht in Schubladen oder Behälter, in denen sich auch noch Bücher, Papier oder Textilien befinden.
● Ledertaschen am besten nach Entnahme der Kamera im freien Raum aufhängen und sie häufig mit einem trockenen Tuch abreiben; mit Vorsicht der Sonne aussetzen. Die Pflege mit feinen Lederputzmitteln ist zu empfehlen.
● Wo und wann immer möglich sollte man die Fotoausrüstung freier Luftbewegung aussetzen. Schließlich besteht die Möglichkeit, Kameras und Objektive vor Antritt der Reise in subtropische Gebiete im Leitz-Kundendienst mit fungiciden Mitteln behandeln zu lassen. Die Ausrüstung ist danach weitgehend gegen Pilzbefall geschützt.

Noch empfindlicher als Kameras und Objektive reagieren Filme auf das feuchtheiße Tropenklima. Schwierigkeiten ergeben sich dadurch, daß Filme Feuchtigkeit absorbieren, dadurch aufquellen und zum Beispiel in der Patrone oder auf der Aufwickelspule der Kamera verkleben. Beim Filmtransport oder

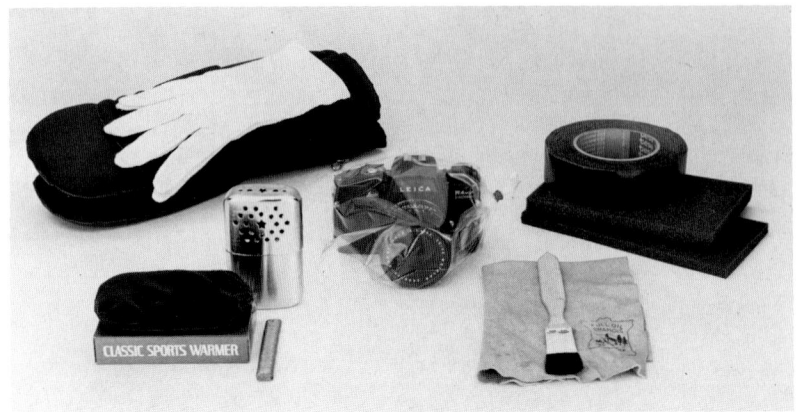

Abb. 239: Bei −20°C müssen Foto-
ausrüstung und Fotograf gleicherma-
ßen „warmgehalten" werden. Plastiktü-
ten schützen die einzelnen Geräte ge-
gen ein Beschlagen und (2 Paar!)
Handschuhe die Hände des Fotogra-
fen. Alle Metallteile, die mit der Haut in
direkten Kontakt kommen könnten,
sollten mit Schaumstoff abgeklebt wer-
den. Sicher funktioniert die Leica R4-
Mot mit Motor-Winder oder Motor-Dri-
ve, weil dann die Stromversorgung von
deren Batterien erfolgt. Taschen-Öf-
chen „tauen" steif gewordene Finger
wieder auf. Vielseitig verwendbar sind
Klebeband und Dachshaarpinsel.

beim Rückspulen kann es dann passieren, daß die Schicht vom Schichtträger gerissen wird und die Bilder zerstört sind. Reste der Filmemulsion, die vor allem im Bereich der Filmandruckplatte zurückbleiben, fördern die Fungusbildung. Daher sollte die Kamera auch häufig von innen gereinigt werden. Die Filmhersteller geben folgende Empfehlungen:

● Verwenden Sie nur Filmmaterial, das in feuchtigkeitsdichter Verpackung konfektioniert ist (Markenfilme werden in Folien verschweißt oder sind in kleinen, dichtschließenden Dosen untergebracht). Ihren Filmvorrat sollten Sie vor Hitze schützen!

● Wasserdichte Behälter mit Silicagel verwenden. Eine Kühllagerung belichteter Filme im Kühlschrank darf nur erfolgen: in wasserdichtem Material, nach erfolgtem Feuchtigkeitsentzug durch Silicagel oder nach Trocknung in luftdurchlässiger Verpackung.

Fotografieren bei Nässe

Bei Regen schlüpft man am zweckmäßigsten in einen Regenmantel oder Umhang, der einige Nummern zu groß ist und unter dem deshalb auch noch die Fotoausrüstung Platz findet. Gegenlichtblenden auf allen Objektiven schützen die Frontlinsen vor Regentropfen, die häufig Ursache von unscharfen Bildern sind. Ein großer Regenschirm ist beim Fotografieren immer noch der sicherste Schutz gegen Regen. Allerdings gehören akrobatische Fähigkeiten dazu, den Regenschirm selbst zu halten und gleichzeitig zu fotografieren. Die Hilfe eines Reisebegleiters ist dann vonnöten. Guten Regenschutz bieten die Kamera-Regenhauben, die von verschiedenen Firmen angeboten werden (fragen Sie Ihren Fotohändler danach). Selbstver-

ständlich werden Wassertropfen nach getaner Arbeit mit einem fusselfreien Tuch (Taschentuch) abgewischt und Kamera samt Zubehör an einem luftigen Platz getrocknet. Am empfindlichsten reagieren die Metallteile der Kamera auf Salzwasser. Darum sind die oben beschriebenen Schutzmaßnahmen gegen Feuchtigkeit am Meer, in Brandungsnähe oder auf einem Boot noch wichtiger als bei Regenwetter. Absolut sicher, jedoch etwas weniger bequem zu bedienen, ist die Kamera in einer Unterwasser-Kameratasche. Für Kameras, die allzu gründlich mit Salzwasser in Berührung gekommen oder gar ins Meer gefallen sind, kommt meist jede Hilfe zu spät. Manchmal nützt es, die Kamera samt Objektiv in Süßwasser abzuspülen, schnell mit dem Fön zu trocknen und an den Leitz-Kundendienst zu senden. Eine kostspielige Reparatur ist trotzdem meist die Folge.

Fotografieren bei Kälte

Kameras und Objektive von Leitz arbeiten von +70 °C bis −20 °C einwandfrei, so lange sich die Schmiermittel nicht verändert haben, was nach mehreren Jahren der Fall sein kann. Soll bei tieferen Temperaturen fotografiert werden, kann die Mechanik bis zu −40 °C kältefest gemacht werden. (Nähere Auskunft durch den Leitz-Kundendienst). Batterien, auch die für Belichtungsmesser, arbeiten in frischem Zustand ebenfalls bis −20 °C. Das bedeutet, daß die Leica R und der Belichtungsmesser der Leicaflex möglichst gut gegen extreme Kälte geschützt werden müssen. Es ist daher wichtig, daß die Kamera so lange wie möglich unter der warmen Kleidung in Körpernähe getragen wird. Die Motor-Winder zur Leica R3-

Mot und Leica R4-Mot, der Motor-Drive zur Leica R4-Mot und der Motor zur Leicaflex SL/SL2-Mot werden für derartige Arbeitsbedingungen am besten mit Akkus bestückt. Außerdem lassen sie sich mit Fremdversorgungszubehör ausstatten. Die Akkus oder Batterien können dann extern, z. B. in Körpernähe, untergebracht und warm gehalten werden. Die Kamera-Elektronik und der Belichtungsmesser der Leica R4-Mot werden bei angesetztem Motor-Winder oder Motor-Drive von den Batterien oder Akkus dieser motorischen Aufzüge gespeist; auch wenn diese extern untergebracht sind. Damit wird auch bei extremer Kälte eine große Funktionssicherheit geboten. Wie reagieren Filme auf extreme Kälte? Sie werden spröde und brechen dann leicht. Der Schnellschalthebel und die Rückspulkurbel der Kamera dürfen deshalb nur mit „Gefühl", d. h. langsam, betätigt werden. Außerdem können sich die Filme bei allzu schneller Transportbewegung elektrisch aufladen. Dabei springen Funken vom Film auf das Kameragehäuse über, die sich als fein verästelte Liniennetze oder als Flocken auf dem Film abbilden, was man leider erst entdeckt, wenn der Film entwickelt ist. Wenn sich die Leica R auch mit normalen Handschuhen noch gut bedienen läßt, so sind doch die bei Expeditonen üblichen Fäustlinge nur noch bedingt dazu geeignet. Deshalb sollte man unter den Fäustlingen ein zweites Paar relativ dünner Fingerhandschuhe aus Baumwolle tragen. Zur Bedienung der Kamera können dann die Fäustlinge abgestreift werden. Für das mitunter notwendige Aufwärmen der Hände sind sogenannte Taschenöfen, die mit Feuerzeugbenzin betrieben werden, hervorragend geeignet. Bei extremen Kältegraden sollte man die Berührung von Metallteilen mit bloßer Haut vermeiden, da diese augenblicklich am Metall festfriert, was zu ernsthaften Verletzungen führen kann! Kamerateile, die mit der Haut in Berührung kommen könnten (rund ums Okular), sollten mit Schaumgummi beklebt werden. Außerdem sollte man der Fotoausrüstung immer genügend Zeit lassen, sich abzukühlen, wenn man aus einer warmen Umgebung in die klirrende Kälte kommt. Schneeflocken könnten sonst bei der Berührung mit der warmen Kamera schmelzen und dann festfrieren: Kamera und Objektiv vereisen! Bei kalter Kamera lassen sich Schneeflocken mit einem Pinsel leicht entfernen. Atemluft, die sich auf der Okularlinse niederschlägt und gefriert, macht ein Arbeiten mit der Kamera praktisch unmöglich. Noch problematischer ist es, die Ausrüstung von draußen mit in stark beheizte Räume zu nehmen. Kameras und Objektive beschlagen sofort, und zwar von innen und außen. Es kann Stunden dauern, bis sie wieder absolut trocken

und damit einsatzfähig sind. Nimmt man die Kamera zu früh wieder mit nach draußen, können die kleinen Wassertröpfchen im Gehäuse gefrieren und die Kamera blockieren. Deshalb steckt man Kamera samt Zubehör einfach in Plastikbeutel. Wenn diese Beutel gut verschlossen sind, beschlagen sie zwar von außen, doch die Geräte im Innern bleiben absolut trocken.

Die vielen notwendigen Zusatzgeräte und Hilfsmittel, das Aufzählen umfangreicher Vorsichtsmaßnahmen, die als Schutz gegen die Unbilden der Natur notwendig sind, könnten zu der Vermutung führen, daß die Kamera am besten nur an hochsommerlichen Tagen bei strahlendem Sonnenschein außerhalb des Hauses benutzt werden sollte. Das jedoch wäre grundfalsch. Erkannte Gefahren lassen sich fast immer meistern. Die meisten der hier erwähnten Vorsichtsmaßnahmen zum Schutz der Ausrüstung lassen sich leicht durchführen. Verlangt wird nur eines: Konsequenz. Und die Erfahrung lehrt: Gerade Bilder, die unter ungünstigen, ja extrem harten Bedingungen entstehen, sind oftmals die schönsten.

Röntgenkontrollen — Gefahr für Filme?

Als moderner Flugreisender wird man neben den Unbilden der Natur auch noch einem weiteren Foto-Risiko ausgesetzt, dem Security-check. Damit ist die Sicherheitskontrolle beim Anbordgehen gemeint. Hand- und Fluggepäck werden dabei mit Röntgenstrahlen durchleuchtet. Diese Untersuchungen haben früher häufig dazu geführt, daß die im Gepäck befindlichen Filme verdorben wurden. Negativfilme wurden geschwärzt, Umkehrfilme aufgehellt. In letzter Zeit sind derartige Vorkommen jedoch äußerst selten geworden. Die Firma Agfa-Gevaert hat sich einmal die Mühe gemacht, Fakten aus der Praxis zusammenzutragen, und außerdem Fachleute bemüht, die zur Aufklärung der Problematik technische Recherchen vorgenommen haben. Danach ergibt sich folgende Situation: Die neuen Kontrollgeräte bestehen aus einem Röntgenblitz-Gerät mit extrem kurzer Strahlungsdauer (ca. 0,25 Mikrosekunden). Das durch den Röntgenblitz erzeugte Leuchtschirmbild wird von einer hochempfindlichen Fernsehkamera aufgenommen und von dort in einen Video-Speicher gegeben, der eine Betrachtung bis zu 15 Minuten auf einem Monitor gestattet. Die Strahlenbelastung durch den Röntgenblitz ist sehr gering. Sie liegt bei einem Abstand zum Aufnahmegegenstand von 1 Meter und je nach Leistung der Röhre bei 0,18 bis 0,36 mR (Millirem). Dadurch ist eine gefahrlose Durchleuchtung aller Flugpassagiere möglich, denn nach der Strahlenschutz-Verordnung beträgt die zulässige wöchentliche Strahlendosis für den Menschen 100 mR (0,1 R). Durch diese geringe Röntgenstrahlung werden selbst höchstempfindliche Filme nicht beschädigt. Es besteht sogar ein ausreichender Spielraum, der es ermöglicht, auf längeren Flugreisen mehrmals derartige Röntgenkontrollen zu passieren, ohne eine Schädigung der Filme befürchten zu müssen. Im Flughafen Klothen bei Zürich wurden z. B. Agfacolor- und Agfachrome-Filme 300-mal durch die Röntgenanlage geschickt. Auch nach dieser Belastung waren nach der Entwicklung keine Strahlungsschäden erkennbar. Seit Einführung der Röntgenblitz-Geräte werden deutlich weniger Beanstandungen von röntgengeschädigtem Filmmaterial bekannt. Allerdings wird sich auch nur ein Teil der geschädigten Fotografen jeweils melden. Deshalb muß man davon ausgehen, daß trotz der weiterentwickelten Prüfmethoden die Gefahr noch nicht beseitigt ist. Ein Verzeichnis der auf allen Flughäfen eingesetzten Röntgengeräte existiert nicht, doch nach den bisherigen Beobachtungen ergibt sich folgender Sachverhalt: Nicht auf allen Flughäfen sind moderne Röntgenblitz-Geräte im Einsatz, vor allem in den Ostblock- und Entwicklungsländern. Andere Flughäfen setzen die modernen Prüfgeräte zwar zur Personen- und Handgepäck-Kontrolle, aber noch nicht zur Prüfung des Fluggepäcks ein. Doch auch auf modernen Großflughäfen in den USA oder Europa, die bekanntlich zur Personen-, Hand- und Fluggepäck-Kontrolle moderne Prüfgeräte verwenden, sind laut Pressemitteilungen in den letzten Jahren Pannen passiert, wodurch im Fluggepäck befindliche Filme verdorben wurden. Man muß deshalb damit rechnen, daß auch auf diesen modern ausgerüsteten Flughäfen Gepäck auf ein Transportband geraten kann, an dem noch ein altes Kontrollgerät benutzt wird. Aus diesem Grund ist es auch heute zweckmäßig, auf allen Flugreisen die Filme grundsätzlich im Handgepäck mitzuführen. Die

Gefahr, daß Filme auch im Handgepäck verdorben werden, besteht heute nur noch in Ostblockstaaten (außer Rumänien und Bulgarien) und in Entwicklungsländern. Auf diesen Flughäfen sollte man das Handgepäck zur gesonderten Kontrolle nur abgeben, nachdem vorher die Filme entnommen wurden. Sofern es sich nur um einige Filme handelt, ist eine rechtzeitige Unterbringung in den Mantel- oder Jackentaschen zweckmäßig. Schutztaschen schwächen die Wirkung der Röntgenstrahlen, verhindern sie aber nicht! Anscheinend ist die Schutzwirkung der bisher bekannten Taschen noch zu gering, denn bei Meldungen über verdorbene Fotomaterialien waren sowohl die ungeschützten als auch die in Schutztaschen mitgeführten Filme unbrauchbar geworden. Deshalb ist das Mitführen im Handgepäck auch in diesem Falle wichtig. Da die natürliche Alterung aller fotografischen Materialien durch ungünstige Klimaeinflüsse (hohe Luftfeuchte und Temperatur) forciert wird, besteht bei längerem Aufenthalt in tropischen Gebieten der berechtigte Wunsch, belichtete Filme schnellstens per Luftpost an ein Verarbeitungslabor zu senden oder sich frische Filme per Luftpost nachsenden zu lassen. Nur ein Teil dieser Luftpostsendungen wird heute noch durchleuchtet. Meist sind es Sendungen in besonders gefährdete Länder, wobei das Empfängerland aus Sicherheitsgründen die Röntgenkontrolle wünscht. Um welche Länder es sich dabei handelt, erfährt man nicht auf dem Postamt, sondern nur bei der Postleitstelle des betreffenden Flughafens. Hinsichtlich der Schädlichkeit von Röntgenkontrollen gelten die für Flugreisen gegebenen Richtlinien. Da es sich bei einem Aufenthalt in tropischen Gebieten meist um Entwicklungsländer handelt, besteht bei einer Röntgenkontrolle stets die Gefahr, daß die Filme dadurch verdorben werden. Deshalb sollte man den Luftpostversand nur wählen, wenn es sichergestellt ist, daß keine Durchleuchtung der in das Empfängerland gehenden Post erfolgt.

Fotografieren im nassen Element

Es gibt viele Hobbys, die sich ideal ergänzen und die erst durch ihre Kombination so richtig Spaß machen. Dazu zählen beispielsweise Tauchen und Fotografieren. Aber auch andere Steckenpferde erfahren durchs Fotografieren zweifellos eine Bereicherung. Ein Sturm während eines Segelturns oder eine turbulente Wildwasserfahrt im Kajak, das sind begeisternde Erlebnisse, bei denen es sich lohnt zu fotografieren. Doch leider sieht man nur selten Fotos von derartigen, zugegeben etwas feuchten Abenteuern. Während der Taucher sowohl Land und Leute als auch — auf See — über und unter Wasser fotografiert, fehlen in der fotografischen Ausbeute von Seglern oder Paddlern fast immer Aufnahmen, die bei frischen und stürmischen Winden bzw. bei Wildwasserfahrten während besonders schneller und schwieriger Passagen fotografiert werden.

Das liegt nun nicht etwa daran, daß Wassersportfreunde von Hause aus müde Knipser wären und den Reiz einer „spritzigen" Aufnahme nicht zu schätzen wüßten. Im Gegenteil, sie bedauern es sogar, daß sie in solchen Situationen — ihrer Meinung nach — nicht fotografieren können. Immer dann, wenn es nämlich bei den hier erwähnten Sportarten auch fotografisch interessant wird, sind Leica-R und Leicaflex im höchsten Maße durch Wasser gefährdet. Deshalb werden sie vorher entsprechend verpackt, verstaut und erst wieder hervorgeholt, wenn Ruhe im Boot eingekehrt ist.

Doch das muß nicht so sein. Durch ein flexibles Kamera-Gehäuse, „ewa-marine" genannt, können Leica R und Leicaflex absolut sicher vor dem nassen Element geschützt werden. Es handelt sich dabei um eine taschenähnliche Hülle aus kräftiger PVC-Folie, in die zwei Planglasscheiben — die eine fürs Objektiv, die andere für den Sucher — sowie ein Fingerhandschuh für die Bedienung der Kamera eingelassen sind. Diese Hülle ist klein, leicht und eignet sich hervorragend als Schutz für Aufnahmen im Wasser, bei strömendem Regen, kurzum in feuchter Umgebung. Der Hersteller (Fa. Goedecke, München) empfiehlt sie auch für Unterwasser-Aufnahmen, allerdings nur bis zu Tauchtiefen von 10 Metern. Für fotografierende Urlaubs-Schnorchler, also für Foto-Exkursionen knapp unter der Wasseroberfläche, ist das meistens ausreichend. Auch einfallsreiche Foto-Designer, die ihre Modelle für einzelne Mode- und Werbeaufnahmen samt ihrem New-Look in die Brandung schicken, um sie in besonders origineller Situation zu fotografieren,

Abb. 240: Ein „Regenmantel" für die Leica.

werden für einen so praktischen Kameraschutz dankbar sein. Denn nichts ist bei solchen Gelegenheiten für die Leica-Ausrüstung schlimmer als Meerwasser. Auf alle Fälle haben Fotografen, die häufig in feuchter Umgebung agieren, für die „ewa-marine" immer wieder Verwendung. Ohne Gefahr für die Kamera können sie damit bei stärkstem Regen ohne Regenschirm und bei heftiger Brandung am Meer selbst aus der Froschperspektive fotografieren. Da es auch entsprechende Taschen für Kameras plus Elektronenblitz gibt, wird der Aktionsradius noch erweitert. Sie sind seewasserfest, staub- und sandfest und mit einer Kordel zum Umhängen versehen. Und noch ein Vorteil: Die eingeschlossene Luft trägt die Tasche samt Kamera, falls sie einmal „baden gehen" sollte.

Für den fotografischen Einsatz wird die Kamera so in die Hülle geschoben, daß vor Objektiv und Sucher-Okular die wasserdicht eingelassenen Planglasscheiben liegen. Dann wird die Hülle mit einer verschraubbaren Profilschiene geschlossen. Damit Objektiv oder Gegenlichtblende das Planglas nicht verkratzen, müssen sie vor dem Einsetzen der Kamera mit einem Schutz versehen werden. Dazu wird ein Neopren-Kraftstoffschlauch (erhältlich im Modellbau-Fachgeschäft) längs aufgeschnitten und um die Filterfassung oder Gegenlichtblende gelegt (siehe Abb. 241). Selbstverständlich ist die Kamera in dieser Verpackung nicht sonderlich bequem zu bedienen. Mit der rechten Hand kann man jedoch in den in die Tasche eingelassenen Handschuh schlüpfen, und so den Schnellschalthebel und den Auslöser bedienen, oder die entsprechende Aufnahmeentfernung einstellen. Erfreulicherweise läßt sich das Sucherbild samt Entfernungs- und Belichtungsmessung über Wasser mit ausreichender Genauigkeit kontrollieren. Mit Taucherbrille ist das allerdings kaum noch möglich. Hat man

Abb. 241: Ein Kunststoffschlauch als Schutz für die Front-scheibe.

sich jedoch erst einmal an eine so vermummte Leica R oder Leicaflex gewöhnt, wird man Anwendungs-möglichkeiten entdecken, an die man vorher nie gedacht hat. Erinnert sei hier nur an die Situation, wo die Kamera, aus tiefer Kälte kommend, in eine wärmere Umgebung gebracht wird und schnellstens einsatz-bereit sein muß. Ohne Schutz beschlagen Kamera und Objektiv so stark, daß für eine längere Zeit keine Aufnahmen getätigt werden können. Von der Gefahr des Blockierens ganz zu schweigen, wenn die Kamera-Ausrüstung anschließend — ohne eine entspre-chend langwierige Trocknung — wieder der Kälte ausgesetzt wird (siehe auch Seite 261).

Durch die „ewa-marine"-Tasche geschützt, kann dagegen die Kamera samt Objektiv und Blitz im Nu mit Hilfe warmer Luft (Föhn) oder warmen Wassers (Dusche) auf die entsprechende Temperatur gebracht und sofort benutzt werden.

Unterwasser-Fotografie

Wer den Anforderungen, die an eine Ausrüstung für Unterwasser-Aufnahmen gestellt werden, gerecht werden will, wird auf ein festes Unterwasser-Gehäuse nicht verzichten können. In den letzten Jahren sind eine Anzahl von Neuentwicklungen erschienen, die kaum noch Wünsche offenlassen. Selbstverständlich läßt sich die Leica R auch mit Motor-Winder in einige dieser Unterwasser-Gehäuse einsetzen (Abb. 242). Ein Vorteil, der bei einer Neuanschaffung unbedingt berücksichtigt werden sollte.

Meistens bestehen Unterwasser-Gehäuse aus Alumi-nium-Druckguß oder Edelstahl. Es werden jedoch auch Kunststoff-Gehäuse in starrer Ausführung angeboten. Die „Ikelite"-Gehäuse sind die bekanntesten

Vertreter dieser Kategorie. Sie sind sehr leicht und deshalb als Fluggepäck ideal mitzuführen. Da sie durchsichtig sind, wird ein eventueller Wasserein-bruch auch sofort sichtbar. Allerdings ist ein Kunst-stoff-Gehäuse nicht so robust wie ein Unterwasser-Gehäuse aus Metall. Insbesondere die Frontscheibe, die beim „Ikelite"-Gehäuse aus Plexiglas besteht, ist sehr empfindlich gegen mechanische Beschädigun-gen (Kratzer).

Unter Wasser ist alles anders

Wer mit Super-Weitwinkel-Objektiven oder sogar mit dem Fisheye-Elmarit-R 1:2,8/16 mm unter Wasser fo-tografieren möchte, braucht ein Unterwasser-Gehäu-se, bei dem die normale Planglasscheibe gegen eine sogenannte Dom-Scheibe ausgewechselt werden kann. Diese kugelige (sphärische) Scheibe ist des-halb notwendig, weil schräg einfallende Lichtstrahlen bei Unterwasser-Aufnahmen durch eine Planglas-scheibe um so stärker abgebeugt werden, je flacher sie einfallen. Das ist anders als in unserer natürlichen Umgebung auf Land. Durch die verschiedenen Bre-chungsindizes von Wasser, Glas und Luft, wie sie beim Tauchen gegeben sind, wird u.a. der Bildwinkel stark beeinflußt. Bei den großen Bildwinkeln der Su-per-Weitwinkel-Objektive treten deshalb nicht nur starke Verzeichnungen und Unschärfen zum Bildrand hin auf, es kommt sogar zur Totalreflexion und damit zur Begrenzung der Aufnahmewinkel dieser Objekti-ve. Deshalb kann eine Planglasscheibe nur für Auf-nahmewinkel bis 60 Grad empfohlen werden.

Durch die Dom-Scheibe (abgeleitet vom englischen Begriff dome-port) wird erreicht, daß auch die seitlich einfallenden Lichtstrahlen senkrecht durch die Schei-be treten und damit nicht abgebeugt werden.

Sind Kamera und Objektiv im Inneren des Unterwas-ser-Gehäuses so positioniert, daß sich alle senkrecht durch die Dom-Scheibe fallenden Strahlen in der Hauptebene des Objektivs vereinen, sind Verzeich-nung und Unschärfe zum Bildrand hin praktisch aus-geschlossen. Eine Totalreflexion tritt nicht ein. Alle Weitwinkel-Objektive bis hin zum Fisheye, mit einem Aufnahmewinkel von 180 Grad, können benutzt wer-den.

Da die Dom-Scheibe jedoch als Linse wirkt, müssen die Objektive auf eine noch kürzere Entfernung einge-stellt werden, als das bei einer normalen Planglas-scheibe schon der Fall ist.

Die scheinbar kürzere Entfernung

Durch die unterschiedlichen Brechungsindizes von Wasser, Glas und Luft erscheinen uns unter Wasser

Abb. 242: Das Unterwassergehäuse der Schweizer Fa. Hugyfot kann die Leica R4-Mot mit angesetztem Motor-Winder R4 aufnehmen.

alle Gegenstände näher und größer. In Abb. 243 ist das deutlich zu erkennen. Die Entfernung ist unter Wasser scheinbar um ein Viertel verkürzt; alle Objekte erscheinen dem Taucher und der Kamera dabei um ein Drittel vergrößert! Deshalb muß für Unterwasser-Aufnahmen die über Wasser ermittelte Entfernungs-einstellung korrigiert werden. Der „Verkürzungsfaktor" beträgt 0,75 x. Wurde über Wasser z.B. eine Entfernung von 2 m gemessen, wird das Objektiv auf 1,5 m eingestellt (2 m x 0,75 = 1,5 m). Das gilt auch für Aufnahmen mit Hilfe von Maßstäben, die als Zubehör für Unterwasser-Gehäuse erhältlich sind. Die damit er-mittelten Entfernungen werden zunächst mit dem Faktor 0,75 multipliziert und erst danach auf das Objektiv übertragen.

Unter Wasser geschätzte Entfernungen werden dagegen (entsprechend der Schätzung) auf das Objektiv übertragen.

Am genauesten und bequemsten — weil eine Korrektur nicht nötig — ist das Fotografieren unter Wasser, wenn die Scharfeinstellung über den Sucher der Kamera vorgenommen werden kann. Leider ist das nicht bei allen Unterwasser-Gehäusen möglich.

Licht und Farbe

Die Sichtweite unter Wasser ist, wie wir wissen, unterschiedlich groß. In einem klaren Gebirgssee oder tropischem Meer sind Sichtweiten von mehr als 50 Meter nicht selten. In unseren heimischen Flüssen ist eine gute Sicht bis 2 Meter schon nicht mehr gegeben. Als fotografisch befriedigend gilt dabei nur noch ein Drittel der Sichtweite! Feinste Schwebeteilchen wie Sedimente, Plankton u.ä. trüben jedoch nicht nur die Sicht, sondern absorbieren auch noch Teile des sichtbaren Licht-Spektrums. Während knapp unter der Wasseroberfläche noch alle Objekte farbgetreu

abgebildet werden können, fehlen zum Beispiel bei 5 m Tiefe schon die Rottöne. Je tiefer wir tauchen, um so mehr gehen die „warmen" Farben verloren, bis bei etwa 30 bis 40 m Tiefe nur noch blaue Farbtöne vorherrschen.

Ist das Wasser klar, wie zum Beispiel in einem Gebirgssee, können bis zu einer Tiefe von etwa 5 m rötliche Konversions-Filter (siehe Seite 196) für eine Farbkorrektur benutzt werden. Je größer Aufnahmeentfernung und/oder Tauchtiefe sind, um so dichter muß das Filter sein. Bei größeren Tauchtiefen als 5 m ist eine künstliche Beleuchtung (Blitz) in jedem Fall vorzuziehen, da auch die Lichtintensität mit zunehmender Tiefe rapide abnimmt und deshalb die Verwackelungsgefahr durch zu lange Belichtungszeiten sehr groß wird.

Blitzbeleuchtung unter Wasser

Neben speziellen Unterwasser-Blitzgeräten werden auch für herkömmliche Elektronen-Blitzgeräte eine Anzahl verschiedener Unterwasser-Gehäuse angeboten. Jedes Blitzlicht sollte an einer „Schiene" befestigt mindestens 30 bis 40 cm seitlich und oberhalb des Objektivs angeordnet sein, damit die Schwebeteilchen im Wasser nicht direkt vor dem Objektiv aufleuchten und dadurch die Szenerie „vernebeln". Aus dem gleichen Grund muß bei Computer-Elektronen-Blitzgeräten ein externer Sensor, in der Nähe des Objektivs angebracht, benutzt werden. Vor dem Computer-Auge des Elektronen-Blitzgerätes aufleuchtende Schwebeteilchen würden sonst das Meßergebnis verfälschen und zu Unterbelichtung führen. In der Praxis haben sich Blitzgeräte bewährt, die an verstellbaren Armen montiert sind und ein zusätzliches Einstelllicht besitzen.

Abb. 243: Weil Wasser einen anderen Brechnungsindex als Luft besitzt, ist unter Wasser scheinbar alles näher. Fotografiert man, wie in diesem Beispiel, gleichzeitig über und unter Wasser, kann man das sogar im Bild festhalten.
Leica R4-Mot mit Summicron-R 1:2/35 mm in „ewa-marine"-Unterwassertasche.

Abb. 244: Für das Tauchen mit Atemgerät ist eine entsprechende Ausbildung unbedingt erforderlich. Für diese Tauchtiefen muß auch das Unterwassergehäuse der Leica R entsprechend ausgelegt sein. In diesem Bereich kann kein Kompromiß für Fotograf und Kamera geduldet werden. *Leica R mit Summicron-R 1:2/35 mm in Unterwassergehäuse. Foto: Anthony J. Rankin.*

Tauchen muß man lernen

Zur Leica R und Leicaflex werden verschiedene hochwertige Unterwasser-Kameragehäuse mit umfangreichem Zubehör angeboten. Damit ist jedoch nur ein Teil der Voraussetzungen erfüllt, die für das interessante fotografische Gebiet notwendig sind. Wer sich näher für Unterwasser-Aufnahmen interessiert, sollte sich unbedingt einem Tauchsportverein anschließen und einen Tauchlehrgang absolvieren. Im Verein kennt man außerdem die Quellen informativer Literatur (siehe auch Seite 302) und ist beim Zusammenstellen der Tauch- und Foto-Ausrüstung gerne behilflich.

Spezielle Anwendungsgebiete

Aufnahmen vom Fernsehschirm

In Wissenschaft und Technik ist es keine Seltenheit, daß sich bestimmte Vorgänge leichter durch Bilder auswerten lassen, die vom Bildschirm einer Fernsehanlage fotografiert wurden. Interessante Fotos aus öffentlichen Fernsehsendungen können auch eine private Diaschau bereichern, ein Bild-Archiv vervollständigen und einen aktuellen Bericht illustrieren. Wer derartige Bilder anstrebt, muß unbedingt darauf achten, daß nicht die Bestimmungen des Urheberrechts verletzt werden. Das ist zum Beispiel der Fall, wenn solche Fotos nicht nur rein privat benutzt, sondern veröffentlicht oder in irgendeiner Form gewerblich benutzt werden.

Für die Aufnahme selbst müssen natürlich die technischen Belange berücksichtigt werden, wenn die Fotos vom Fernsehschirm gelingen sollen. Dazu gehört ein einwandfreier Empfang. Unzulänglichkeiten, wie eine falsche Einstellung des Empfängers oder eine unzureichende Antennen-Anlage, stören im fotografischen Bild erheblich mehr als beim direkten Betrachten des Fernsehbildes. Der Fernsehraum sollte abgedunkelt werden können, damit keine Reflexe auf der Bildröhre stören. Außerdem gehört die Kamera auf ein stabiles Stativ und muß exakt ausgerichtet werden: Die optische Achse des Objektivs und die Mitte des Fernsehbildes fallen zusammen — die Filmebene und die Bildschirmebene sind dabei parallel zueinander ausgerichtet! Auch die notwendig langen Belichtungszeiten von 1/15 sec. und länger erfordern ein entsprechendes Stativ.

Das Fernsehbild wird möglichst formatfüllend aufgenommen. Ausschnitte lohnen sich wegen des begrenzten Auflösungsvermögens der Bildröhre nicht. Brennweiten von 90 oder 135 mm verhindern, daß sich die Wölbung des Bildschirms störend bemerkbar macht. Ab Blende 2,8 ist die Schärfentiefe ausreichend, wenn vermittelnd, also auf die Partien zwischen Mitte und Rand des Fernsehbildes, scharf eingestellt wird. Am besten gelingt das auf einer Vollmattscheibe der Leica R bzw. Leicaflex SL/SL 2. Die Mikroprismen der Standard-Einstellscheibe interferieren manchmal ein wenig mit dem Raster, bzw. mit den Zeilen des Fernsehbildes, d.h. sie flimmern dann ständig, so daß die Scharfeinstellung besondere Aufmerksamkeit erfordert.

Als Aufnahme-Material kommen alle Filme mit einer Empfindlichkeit von ASA 400/27 DIN in Betracht. Sie werden in dieser Empfindlichkeitsklasse als Schwarzweiß- und Farb-Negativfilm sowie als Farb-Umkehrfilm für Tageslicht-Aufnahmen angeboten.

Die Belichtung

Die Belichtungszeit wird, wie gewohnt, ermittelt. In den meisten Fällen kann mit der integralen Meßmethode gearbeitet werden. Nur wenn überwiegend große Bildpartien sehr hell oder sehr dunkel sind, ist die selektive Belichtungsmessung empfehlenswerter. Ein über mehrere Szenen hinweg ermittelter Belichtungswert gilt oft für die ganze Sendung. Wichtig ist, daß die Belichtungszeit nicht kürzer als 1/25 sec. ausfällt. Bei der Leica R4 wählt man am besten bei Blenden-Automatik eine Belichtungszeit von 1/15 sec. Die erforderliche Abblendung wird dann automatisch dazu gesteuert. An allen anderen Leica R- und bei den Leicaflex-Modellen wird eine manuelle Einstellung von Zeit und Blende vorgenommen. Da sich bei den Leicaflex-Modellen mit dem Zeiteneinstellknopf auch Zwischenwerte einstellen lassen, wählt man eine Einstellung zwischen 1/15 und 1/30 sec. Damit läßt sich eine Erscheinung reduzieren, die bei Schlitzverschluß-Kameras praktisch unvermeidlich ist: Ein durch das Bild laufender Streifen. Die Ursache dieses Streifens ist durch die Fernseh-Wiedergabe und die Arbeitsweise des Schlitzverschlusses bedingt. Die Fernseh-Wiedergabe erfolgt mit einer Bildfrequenz von 25 Bilder/sec. Genaugenommen wird der „vollgeschriebene" Bildschirm sogar fünfzigmal angeboten. Jedes Einzelbild wird nämlich nacheinander durch zwei „Teilbilder" gebildet. Das erste Teilbild baut sich dabei aus den Bildzeilen 1, 3, 5, 7, 9 usw. auf, danach wird das zweite Teilbild aus den Bildzeilen 2, 4, 6, 8, 10 usw. aufgebaut. Um eine fehlerfreie Abbildung zu erhalten, müßte synchron mit der Bildfrequenz bei exakt 1/25 sec. jeweils nur ein Einzelbild aufgenommen werden. Ohne diese Möglichkeit hängt alles vom Zufall ab, d.h. die jeweilige Plazierung des Streifens kann vorher nicht bestimmt werden. Es kann auch vorkommen, daß der Streifen völlig ausbleibt.

Farbaufnahmen

Aufnahmen vom farbigen Bildschirm auf Farb-Negativfilm bereiten keine Probleme. Der auftretende Farbstich kann beim Vergrößern durch Filterung leicht korrigiert werden. Für Aufnahmen auf Farb-Umkehrfilmen wählt man Tageslicht-Emulsionen. Außerdem muß zusätzlich eine Filterung bei der Aufnahme erfolgen. Je nach Fernsehgerät und Motiv genügen oft schon rötli-

267

Abb. 245: Fernsehbilder lassen sich mit Zeit-Automatik und integraler Belichtungsmessung fotografieren, wenn man ständig die Blende so nachreguliert, daß ein Zwischenwert von ca. 1/25 sec gebildet wird (links). Sonst stören Streifen im Bild.

che Konversionsfilter der Dichte 1,5 oder 3 bzw. die Kombination beider Dichten, also 4,5. Vorausgesetzt, das Fernsehbild ist optimal eingestellt. Wer höchste Anforderungen an die Farbwiedergabe stellt, kommt um eine Feinfilterung mit Kompensations-Filtern meistens nicht herum. Diese Filter werden als Folien-Filter, z.B. von der Firma Kodak, geliefert und in entsprechenden Haltern (siehe Seite 202) vor dem Objektiv angebracht. Benötigt werden die Farben Gelb (Y) und Purpur (Magenta = M), jeweils in den Dichten 10, 20 und 40. Als Grundfilterung hat sich Y 40 + M 40 bewährt. Zeigt sich dann noch ein leichter Blaustrich, muß eine höhere Gelbdichte gewählt werden. Bei grünstichigen Ergebnissen wird dagegen die Magentadichte erhöht. Geringe Unterschiede in der Farbwiedergabe sind trotzdem nicht immer vermeidbar, da der Farbcharakter der Bildschirm-Wiedergabe von Sendung zu Sendung, manchmal sogar während einer Sendung, beim Umschalten auf eine andere Kamera schwankt.

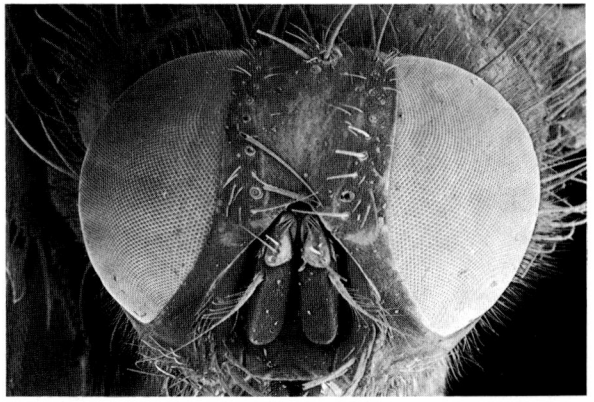

Aufnahmen vom Schirmbild

Außer vom Fernsehschirm können in ähnlicher Weise auch Fotos von Oszillographen-, Röntgen- und Radarschirmen oder vom Bildschirm eines Raster-Elektronenmikroskopes, um nur einige Beispiele aufzuzählen, erstellt werden. Der Oberbegriff für diese Aufnahmetechniken lautet Schirmbild-Fotografie. Meistens werden von den Herstellern der oben erwähnten Geräte auch spezielle Kameraadapter angeboten. Ist das nicht der Fall oder wird nur gelegentlich ein Bild benötigt, verfährt man im Prinzip wie bei einer Aufnahme vom Fernsehschirm.

Oft läßt sich die Schreibdauer dieser Schirmbilder zeitlich variieren. Wichtig ist, daß die Belichtungszeit nicht kürzer ist als die Schreibdauer. Periodische Vorgänge können bei langen Belichtungszeiten mehrmals ausgeschrieben werden, wenn sie stillstehen. Bei nichtperiodischen Vorgängen öffnet man den Verschluß der Kamera bei „B"-Einstellung, löst dann den Schreibvorgang aus und schließt danach wieder den Verschluß. Eventuell läßt sich der Vorgang auch durch den Blitzkontakt der Kamera auslösen oder das Gerät selbst steuert bei Motor-Winder- bzw. Motor-Drive-Betrieb die Auslösung der Kamera. Manchmal sind Mehrfachbelichtungen sehr sinnvoll, weil sie zur Verdeutlichung bestimmter Vorgänge beitragen.

Abb. 246: Aufnahmen am Raster-Elektronenmikroskop sind Schirmbild-Aufnahmen. Für das Leitz-AMR 1600 T wird ein spezieller Adapter für Leica R und Leicaflex angeboten. Charakteristisch für Aufnahmen am Raster-Elektronenmikroskop ist die große Schärfentiefe. Den Kopf einer Stubenfliege fotografierte G. Schlüter mit ca. 25facher Vergrößerung.

Fotografieren mit Restlichtverstärkern

Dem Wunsch vieler Fotografen entsprechend, bei wenig Licht auch noch Momentaufnahmen machen zu können, kommt die Foto-Industrie in vielfältiger Weise nach. Immer höherempfindlichere Filme sowie lichtstärkere Objektive wurden ständig entwickelt. Sie haben den Anwendungsbereich der modernen Kleinbildtechnik erheblich erweitert. Darüber hinaus bieten Restlichtverstärker weitere Möglichkeiten.

Fotografisch interessant sind hier besonders die relativ kleinen und handlichen passiven Nachtsichtgeräte, an die auch Leicaflex SL- und Leica R-Modelle adaptiert werden können. Diese Aufnahmeeinrichtungen können mit unterschiedlichen Brennweiten bestückt werden; sie sind kompakt und beweglich, außerdem erlauben sie noch Aufnahmen bei fahlem Mondlicht. Mit derartigen Geräten erscheint selbst eine spärlich erleuchtete Dorfstraße noch taghell, so daß man Momentaufnahmen machen kann. Diese sogenannten Restlichtverstärker senden selbst kein Licht aus, sondern verstärken — wie der Name sagt — den noch vorhandenen Rest des Lichtes mittels einer Bildverstärkerröhre. Dabei wird das vom Aufnahmeobjektiv entworfene Bild, ähnlich wie bei einer Fernsehkamera, von der Bildverstärkerröhre aufgefangen, verstärkt und über eine Zwischenoptik auf den Film übertragen.

Die Bildverstärkerröhre

Das von der zu fotografierenden nächtlichen Szene reflektierte Licht gelangt über das Aufnahme-Objektiv auf die Photokathode der Bildverstärkerröhre. Unter Photokathode versteht man die lichtempfindliche Schicht einer Fotozelle, die als lichtelektrischer Strahlungsempfänger die einfallende Strahlungsenergie in elektrischen Strom umwandelt. Die Photokathode setzt also die auf ihr abgebildete Szene in ein Elektronenbild um, d. h. die Photonen (sichtbares Licht), die auf die Photokathode gelangen, lösen durch den sogenannten äußeren fotoelektrischen Effekt aus der Phosphorschicht der Photokathode Elektronen aus. Die Anzahl der ausgelösten Elektronen ist proportional der Beleuchtungsstärke. Mit anderen Worten: Je mehr Photonen auf ein Photokathoden-Element auftreffen, um so mehr Elektronen werden ausgelöst. Dieser Elektronenstrom wird durch elektrostatische Felder fokussiert und trifft dann auf den Phosphor-Bildschirm, der gleichzeitig die Anode darstellt. Die auftreffenden Elektronen lösen ihrerseits wieder Photonen aus dem Phosphor-Bildschirm, der dann gelbgrün aufleuchtet und ein in der Helligkeit verstärktes Bild der nächtlichen Szene zeigt.

Abb. 247: Noctron V heißt der kleine, leistungsstarke Restlicht-Verstärker der Fa. Euroatlas, Bremen, der auch mit Leica R-Objektiven bestückt werden kann.

Abb. 248: Bei dieser Aufnahme reichte das vom bedeckten Himmel reflektierte Licht der nahen Stadt für eine Aufnahme aus. Die abgebildete Person war mit unbewaffnetem Auge nur schwer zu erkennen. Leica R mit Noctron V, 1/4 sec, Bl. 1,4, Kodak Tri X belichtet wie 30 DIN.

Der Verstärkungsfaktor ist eine Funktion des zwischen Kathode und Bildschirm liegenden Spannungspotentials von etwa 1200 Volt. Trotz der Höhe der Spannung fließt nur ein Strom von einigen µA. Der Leistungsverbrauch liegt bei nur einigen Milliwatt.

Zum Fotografieren eignen sich am besten Nachtsichtgeräte, deren komplette Bildverstärkerröhre aus drei einzelnen, statisch fokussierten Bildverstärkerröhren besteht. Das Leistungsvermögen solcher Geräte reicht bis zu einer 100 000fachen Helligkeitsverstärkung. Die Kopplung der einzelnen Stufen erfolgt über Fiberoptiken, die das Licht des jeweiligen Bildschirms nahezu verlustlos und verzerrungsfrei auf die Photokathode der nächsten Stufe übertragen.

Fiberoptiken sind Bündel aus sehr dünnen Glasfasern (Fibern), die einzeln (durch Totalreflexion) als

Lichtleiter, zusammengesetzt aber auch zum Bildtransport benutzt werden können. Jede Faser übernimmt den Transport eines Bildelementes. Eine Fiberoptik kann aus mehreren Millionen Fasern bestehen und ebenso viele Bildelemente transportieren. Das Bild eines Objektes wird dadurch wie bei einem Insektenauge in einen Punktraster zerlegt. Die einzelnen Fasern haben einen Durchmesser von mindestens 1 bis 5 μm und zusätzlich einen festen Überzug aus Glas von anderer Brechzahl. Je Quadratmillimeter werden mitunter über 10 000 Bildpunkte erreicht. Diese Zahl und damit die Stärke jeder Einzelfaser ist ein Maß für die Auflösung. Bei statisch fokussierten Röhren sind die aufgesetzten Fiberoptiken als Plankonkav-Linsen ausgebildet. Die gewölbte Form der Linsen gewährleistet eine Kopplung des elektro-optischen Systems innerhalb der Röhre. Die planen Flächen sind Voraussetzung für das Koppeln mehrerer Stufen.

Um die unterschiedlichen Dunkelheitsgrade in der Szene auszugleichen, ist die Lichtverstärkung bei verschiedenen Röhren automatisch geregelt, so daß die Helligkeit am Leuchtschirm während der Zeit schneller Lichtveränderungen in der Szene annähernd konstant bleibt. Nachtsichtgeräte sollten nur bei Beleuchtungsstärken unter 10 Lux in Betrieb genommen werden. Für die Anwendung in extremer Helligkeit oder bei Tageslicht können einige Geräte jedoch mit speziellen Lichtfiltern ausgerüstet werden.

Beobachten und Fotografieren

Das runde Bild der jeweils letzten Verstärkerstufe hat je nach Gerätetyp einen Durchmesser zwischen ca. 20 und 40 mm und kann direkt mit einer Lupe (Okular) betrachtet oder mit einer lichtstarken Zwischenoptik fotografiert werden. Für die Registrierung mit Leicaflex SL- und Leica R-Modellen bieten die Hersteller der Restlichtverstärker entsprechende Foto-Adapter an. Das runde Bild der Bildverstärker wird etwas vergrößert, wenn das Filmformat voll ausgenutzt werden soll. Die Belichtungsmessung kann wie üblich vorgenommen werden.

Die Stromversorgung der Nachtsichtgeräte ist im allgemeinen problemlos. Meistens reichen zwei 1,5-V-Batterien, Typ Mignon (international AA) aus. Diese Spannung wird elektronisch auf mehrere tausend Volt transformiert. Die Betriebsbereitschaft beträgt dann je nach Gerät bis zu 100 Stunden.

Restlichtverstärker und IR-Teleblitz

Wenn auch normales Sternenlicht, ohne Mondschein, noch ausreichend hell für Beobachtungen mit Nacht-

sichtgeräten ist, so werden beim Fotografieren doch leicht Grenzen erreicht, wo relativ lange Belichtungszeiten zu Bewegungsunschärfen führen. Auf freiem Feld bei Neumond und bedecktem Himmel oder in geschlossenen Räumen, ohne Lichtquellen, wie z.B. in Lagerhallen, versagt jeder Restlichtverstärker. In solchen Fällen kann unbemerkt mit infrarotem Licht geblitzt werden (siehe Seite 247), da die Verstärkerröhre auch dafür überaus empfindlich ist. Je nach verwendetem Elektronen-Blitzgerät und Televorsatz können Leitzahlen von über 600 erreicht werden! Das reicht selbst für relativ lichtschwache Tele-Objektive aus, um große Entfernungen zu überbrücken. Eine forcierte Entwicklung des benutzten Films ist auch bei dieser Blitzlichttechnik empfehlenswert. Da der zu fotografierende Bildschirm des Restlichtverstärkers etwas nachleuchtet, die Helligkeit also länger andauert, als die Leuchtzeit des Elektronenblitzes lang ist, wird eine maximale Ausschöpfung der Lichtverstärkung mit 1/60 Sekunde Belichtungszeit erreicht.

Zu beachten ist, daß für Aufnahmen mit IR-Licht in Verbindung mit Restlichtverstärkern auch die Fokusdifferenz der meisten Aufnahme-Objektive berücksichtigt werden muß (siehe Seite 229). Ausnahmen bilden das Apo-Telyt-R 1:3,4/180 mm und das Spiegel-Linsen-Objektiv MR-Telyt-R 1:8/500 mm.

Daß Restlichtverstärker bei solchen Eigenschaften nicht billig sein können, ist zu verstehen. Bei der Lösung spezieller Aufgaben in der Verhaltensforschung, beim Zoll und bei der Kriminalpolizei, um nur einige Beispiele zu nennen, werden sie aber sicherlich mit großem Erfolg eingesetzt werden können.

Das Fernglas als Foto-Objektiv

Oft hört man den Wunsch, die Leitz-Ferngläser Trinovid als Fernobjektive benutzen zu können. Im Prinzip ist das auch möglich. Abgesehen davon, daß im Leica R-System kein entsprechender Adapter vorhanden ist, wäre jedoch aus verschiedenen Gründen die Enttäuschung sicherlich groß, wenn wir damit fotografien würden.

Da die Austrittspupille des Fernglases als Blende wirkt, kommt man nur bei gutem Wetter mit hochempfindlichen Filmen auf praktikable Belichtungszeiten. Die wirksame Blende errechnet sich aus dem Verhältnis: Durchmesser der Austrittspupille des Fernglases zur Brennweite des Kamera-Objektives. Wird ein Trinovid 10 $\times$ 40 B (Austrittspupille = 4 mm) in Verbindung mit einem Summicron-R 1:2/50 mm benutzt, ergibt sich also eine wirksame Blende von 1:12,5.

Die Brennweite wird um den Vergrößerungsfaktor des Fernglases vergrößert. In unserem Beispiel: 10 × 50 mm = 500 mm Brennweite. Mit hochempfindlichen Filmen wären jetzt zwar noch Aufnahmen möglich, doch die Abbildungsleistung wäre keineswegs Leica-like. Da alle Ferngläser auf unsere Augen, d. h. auf die visuellen Belange abgestimmt sind, muß die Wiedergabequalität enttäuschen! Ein Abblenden des Kamera-Objektivs bringt auch keine Verbesserung. Im Gegenteil, es können Vignettierungen entstehen. Dazu kommt die Schwierigkeit einer exakten Scharfeinstellung bei relativ dunklem Sucherbild, wobei über den Mittelbetrieb des Fernrohrs fokussiert werden muß, während das Foto-Objektiv auf Unendlich eingestellt bleibt. Alles in allem also genügend Gründe, warum Leitz eine Fernglas-Adaption nicht empfehlen kann.

Anders verhält es sich mit astronomischen Fernrohren, zu denen in der Regel auch entsprechende Adapter von den Fernrohr-Herstellern angeboten werden. Sie lassen sich auch für das Leica R-Schnell-Wechselbajonett modifizieren.

Astro-Fotografie

Angesichts der häufig abgebildeten Rieseninstrumente großer Sternwarten kann man leicht den Eindruck gewinnen, daß selbst mit einer vollständigen Leica R- oder Leicaflex-Ausrüstung die Astro-Fotografie ein unerreichtes Gebiet für den normalen Fotografen bleiben muß. Das ist jedoch falsch. Selbst Berufsastronomen setzen für bestimmte Zwecke Leica R- und Leicaflex-Kameras sowie Leica R-Objektive ein.

Abb. 249: Diese formatfüllende Mondaufnahme wurde mit einem 180 cm Newton-Fernrohr (Öffnungsverhältnis 1:6) und Barlow-Linse fotografiert.
Der mittelempfindliche Film wurde mit 1/250 sec belichtet und forciert entwickelt.

Abb. 250: Setzt man die Kamera auf ein stabiles Stativ und richtet sie auf den Nordstern aus, entsteht bei längerer Belichtungszeit eine Strichspuren-Aufnahme. Ein hübscher Vordergrund erhöht den Reiz eines solchen Bildes.
Elmarit-R 1:2,8/90 mm, 30 min, Bl. 4, mittelempf. Film.

Mit einer fest auf einem Foto-Stativ montierten Kamera können z. B. als Folge der Erdrotation Strichspuren-Aufnahmen von Sternen entstehen, auf denen auch die Bahnspuren von Satelliten und Meteoren zu erkennen sind. Aus verschiedenen Aufnahmen können Wissenschaftler dann wichtige Rückschlüsse über deren Bahnverhältnisse ziehen. Auch ohne Satelliten-Bahnen sind derartige Aufnahmen reizvoll, vor allem, wenn ein entsprechender Vordergrund mit in die Bildgestaltung einbezogen wurde.

Sollen Sterne nicht als Striche, sondern als Punkte wiedergegeben werden, müssen Leica R und Leicaflex parallaktisch montiert und während der meist länger dauernden Belichtung nachgeführt werden. Dazu werden sie direkt am Tubus des motorisch bewegten Astro-Fernrohres oder an der Deklinationsachse montiert. So gelingen mit normalen Leica R-Objektiven hervorragende Übersichts-Aufnahmen des Sternenhimmels.

Selbstverständlich können Leica R und Leicaflex auch als Aufnahmekameras in Verbindung mit Spiegelteleskopen benutzt werden. Diese haben gegenüber den Linsenfernrohren den Vorteil, völlig frei von Farbfehlern zu sein. Entsprechende Adapter lassen sich meistens mit Hilfe des hinteren Ringes der Ringkombination 14 158 selbst herstellen (siehe „Adaption an optischem Fremdzubehör"). Für die Fotografen mit Spiegelteleskopen bieten sich drei Möglichkeiten an:

Die Fokalaufnahme. Dabei wird das astronomische Fernrohr wie ein Spiegel-Objektiv benutzt, also ohne weitere optische Hilfsmittel. Der Mond z.B. wird dabei pro 10 cm Brennweite des Teleskopes mit einem Durchmesser von 1 mm abgebildet; bei 180 mm Brennweite also 1,8 mm Durchmesser.

Mit Barlow-Linse. Dabei wird eine Linse mit negativer Brennweite zwischen Spiegelteleskop und Kamera eingesetzt. Die Brennweite des Astro-Fernrohres läßt sich damit zum Beispiel verdoppeln. Bezogen auf unser obiges Beispiel wird dann nur noch ein Ausschnitt des Mondes erfaßt, da der Durchmesser unseres Erdtrabanten in dieser Abbildung 36 mm beträgt.

Die Okular-Projektion. Dabei wird, ähnlich wie die Barlow-Linse, ein Okular zwischen Spiegelteleskop und Kamera angeordnet. Durch verschiedene Okular-Brennweiten bzw. durch Verändern des Abstandes Okular/Kamera können beliebig große Ausschnitte fotografiert werden.

Mit wachsender Vergrößerung, egal, ob durch Barlow-Linse oder durch Okulare, nimmt allerdings die Lichtstärke des Systems ab. Die Scharfeinstellung über den Sucher der Kamera kann bei Sonnen- und Mond-Aufnahmen (erstere nur mit speziellem Filter!) mit Hilfe der Vollmattscheibe erfolgen. Für Stern-Aufnahmen wird in die Leica R4-Mot die Klarscheibe mit Fadenkreuz (Bestell-Nr. 14307) eingesetzt.

Wird als Adapter für das Astro-Fernrohr der hintere Ring der Ringkombination benutzt, kann die Belichtungsmessung wie üblich erfolgen. Auch die automatische Belichtungssteuerung bei den Leica R-Modellen (Zeit-Automatik bei der Leica R4-Mot) ist gewährleistet. Doch selbst bei Mondaufnahmen wird man ohne zusätzliche Korrekturfaktoren nicht auskommen, z. B. bei Vollmond und selektiver Belichtungsmessung „+1". Entsprechende Testaufnahmen sind in jedem Fall erforderlich.

Mikrofotografie

Optische Instrumente öffnen den Blick nicht nur in die Weiten des Alls, sondern ebenso in die „unsichtbaren" Strukturen unserer Umwelt. Alle Wunder des Mikro-Kosmos, die man durch ein Mikroskop betrachten kann, lassen sich auch meistens mit der Leica R und Leicaflex im Bild festhalten. Für den Fotografen, der sich mit dem interessanten Gebiet der Mikrofotografie beschäftigen will, ist bei weitem nicht alles neu. Viele Gesetzmäßigkeiten und Rezepte lassen sich aus den verschiedenen Anwendungsbereichen der „normalen" Fotografie direkt übernehmen. So zum Beispiel die gebräuchlichen Filme und Entwickler. Dabei sind kontrastreich arbeitende Filme (Dokumentenfilme) und Entwickler vorzuziehen, weil im mikroskopischen Bild die Kontraste (Verhältnis 1:2 bis 1:5) wesentlich geringer sind als im normalfotografischen Bereich. Ebenso bedeutend wie im Normalbereich sind auch in der Mikrofotografie die Aspekte der Beleuchtung. Verschiedene Methoden der Kontrast-Beeinflussung durch Hell- oder Dunkelfeld-Beleuchtung, Polarisation, Phasen- und Interferenzkontrast sowie Fluoreszenz spielen eine große Rolle. Die erforderliche Aufbereitung der Objekte zu mikroskopischen Präparaten durch Schneiden, Einfärben etc. steht im Vordergrund.

Die beiden Firmen Ernst Leitz Wetzlar GmbH und Wild Heerbrugg AG bieten zusammen ein umfangreiches Programm an optischen Instrumenten an, die u. a. auch auf die Belange der Mikroskopie optimal abgestimmt sind. Vom preiswerten Schul-, Kurs- und Amateurmikroskop HM-LUX 3 bis zum Forschungsmikroskop Orthoplan, von der Stereolupe bis zum Raster-

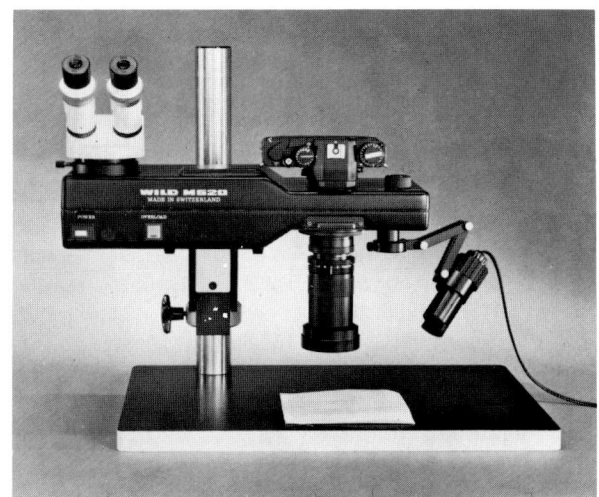

Abb. 251: IR-Bildwandler M520 der Fa. Wild-Heerbrugg AG.

Elektronenmikroskop reicht das Angebot, das durch spezielle Instrumente, wie z. B. das kriminalistische Vergleichsmakroskop und den IR-Bildwandler M 520 (siehe Abb. 251) ergänzt wird. Zu den meisten Geräten wurden auch verschiedene Kamera-Systeme entwickelt, die den Anforderungen der Mikrofotografie in idealer Weise gerecht werden. Selektive und integrale Belichtungsmessung, Belichtungsautomatik und motorischer Filmtransport sind bei einigen dieser Kamera-Systeme genauso selbstverständlich wie bei der Leica R4-Mot.

Natürlich lassen sich auch Leica R und Leicaflex SL/SL 2 fast immer an den Mikroskopen und anderen optischen Instrumenten von Leitz und Wild adaptieren. Bei der Vielzahl der unterschiedlichen Geräte kann an dieser Stelle jedoch nicht auf alle Möglichkeiten hingewiesen werden. Auskunft darüber erteilen alle Vertretungen der Ernst Leitz Wetzlar GmbH bzw. der Wild Heerbrugg AG.

Adaption am Mikroskop

Für eine einfache Adaption kann zum Beispiel das Leitz Labormikroskop Laborlux 11 mit dem Phototubus „O" (Bestell-Nr. 512593) ausgerüstet werden. Darüber hinaus ist folgendes zu beachten: Weil „echte" Mikrofotos nur durch eine zweistufige Abbildung erreicht werden, muß in jedem Fall zwischen dem Objektiv des Mikroskopes und dem Film in der Kamera eine zusätzliche Optik, in der Regel ein normales Beobachtungsokular, angebracht werden. Ein spezieller Okularstutzen (Best.-Nr. 512590), der ein Okular aufnehmen kann, und in den Fotobus „O" eingesetzt

wird, erfüllt diese Aufgabe. Empfehlenswert ist die Verwendung von Okularen mit niedriger Eigenvergrößerung, z. B. Periplan 6,3 × /18. Kamera und Mikroskop werden dann durch einen weiteren Tubus (Best.-Nr. 162068) miteinander verbunden.

Beobachten und Fokussieren

Beobachtung und Scharfeinstellung des mikroskopischen Bildes ist bei dieser Kombination nur über die Einstellscheibe der Kamera möglich. Beides erfolgt problemlos über die Klarscheibe mit Fadenkreuz (Best.-Nr. 14307) zur Leica R4-Mot. Werden die Universal-Einstellscheibe von Leica R und Leicaflex SL 2 benutzt, kann die Schärfe innerhalb des Schnittbildindikators eingestellt werden. Die Vollmattscheiben dieser Kameras erlauben zwar eine bessere Beobachtung über das ganze Bild als die feinstmattierten Mikroprismen der Universal-Einstellscheibe, doch wird das Fokussieren unter diesen Aufnahme-Bedingungen durch die Körnigkeit der Vollmattscheibe stark behindert.

Abb. 252: Die Leica R4-Mot am Leitz Laborlux 12.

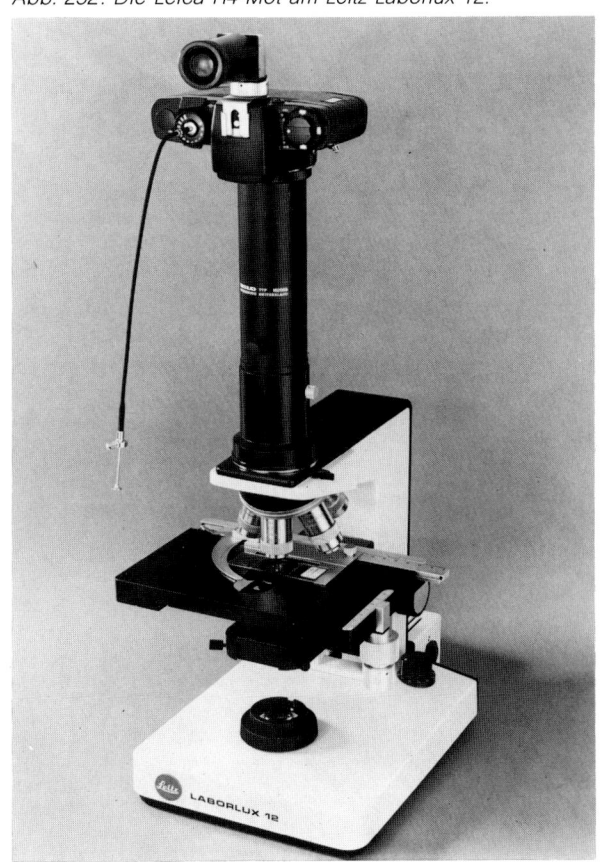

273

Mit der Klarscheibe zur Leica R4-Mot wird das Luftbild beobachtet. Deshalb muß unbedingt darauf geachtet werden, daß man das Fadenkreuz dieser Einstellscheibe absolut scharf sieht. Durch Korrektionslinsen oder Okularverstellung der Winkellupe können Fehlsichtigkeit ausgeglichen werden. Die Einstellung auf das Luftbild ist dann optimal, wenn Einzelheiten des Luftbildes genau mit den Strichen des Fadenkreuzes zusammenfallen, d. h. wenn alle gemeinsam vom beobachtenden Auge ohne Anspannung der Akkommodation scharf gesehen werden: Bewegt man das Auge hinter dem Okular etwas auf und nieder oder seitlich hin und her, dann dürfen sich Bilddetails und Fadenkreuz-Striche nicht gegeneinander verschieben. Diese Einstellung auf Parallaxenfreiheit (Wackelprobe) ist immer wichtig, wenn Luftbilder scharf eingestellt werden müssen.

Bestimmung der Vergrößerung

Zur Berechnung der Vergrößerung auf dem Negativ oder Dia ist der Abstand zwischen der Austrittspupille des Okulars und der Filmebene maßgebend. Die Vergrößerung läßt sich leicht nach folgender Formel errechnen:

$$\frac{\text{Vergr. Objektiv} \times \text{Vergr. Okular} \times \text{Abstand Okular bis Filmebene (mm)}}{\text{konventionelle Sehweite (250 mm)}}$$

Dazu gleich ein Beispiel:

Objektiv 10:1/numerische Apertur 0,25
Okular: 6,3 ×
Abstand Okular bis Filmebene = 120 mm
Konventionelle Sehweite = 250 mm

$$\frac{10 \times 6,3 \times 120}{250} = 30,24$$

Der Vergrößerungsmaßstab auf dem Negativ bzw. Diapositiv beträgt ca. 30 = Abb.-Verh. etwa 30:1.

Die Endvergrößerung auf dem Papierbild ergibt sich aus der Rechnung: Vergrößerung Negativ × Vergrößerungsfaktor der Nachvergrößerung.

Auch dazu ein Beispiel:

Vergrößerung Negativ = 30
Vergr.-Faktor für Papierbild 18 × 24 cm = 7,5
Gesamtvergr. = 30 × 7,5 = 225 = Abb.-Verh. 225 :1

Wie aus diesen Berechnungen zur Vergrößerung zu erkennen ist, wird die Vergrößerung auf dem Kleinbildformat selbst bei Benutzung des Okulars 6,3 ×

schon relativ hoch. Man erreicht dadurch bei der Nachvergrößerung schnell den oberen Bereich der „förderlichen" Vergrößerung. In vielen Fällen wird er sogar überschritten. Bei „leeren Vergrößerungen", so die Sprache der Mikroskopiker, werden keine weiteren Details des mikroskopischen Präparates sichtbar. Der Bereich der „förderlichen Vergrößerung" befindet sich zwischen dem 500fachen bis 1000fachen Wert der numerischen Apertur. In unserem Beispiel also zwischen 125facher bis 250facher Vergrößerung. Dieser Wert soll bei der Endvergrößerung nicht überschritten werden, wenn hohe Qualitätsansprüche an die Bilder gestellt werden.

Die Belichtung

Zur Bestimmung der Belichtung ist die selektive Meßmethode der Leica R- und Leicaflex SL/SL 2-Modelle von besonderem Vorteil. Eine Eichung auf das zu verwendende Filmmaterial sollte jedoch vorgenommen werden. Durch entsprechende Belichtungs-Korrekturen über override oder ASA/DIN-Einstellungen ermittelt man anhand von Belichtungsstufen die für die Geräte-Ausrüstung optimalen Bedingungen. Durch die starre Verbindung von Kamera und Mikroskop wird auch die geringste Vibration und Erschütterung, die von der Spiegelbewegung oder vom Verschlußablauf hervorgerufen werden können, auf das Mikroskop übertragen. Das kann bei Belichtungszeiten zwischen 1 sec. und 1/60 sec. zu Verwacklungsunschärfen führen. Deshalb sind entweder kürzere oder längere Belichtungszeiten anzustreben. Bei Verwendung mittelempfindlicher Filme sind die Belichtungszeiten in der Regel bereits kürzer als 1/125 sec. Bei Belichtungszeiten von über einer Sekunde Dauer kann folgendermaßen vorgegangen werden:

● Kamera auf „B" einstellen und Drahtauslöser einschrauben.
● Beleuchtungsstrahlengang im Mikroskop abdecken (Kamera- oder Objektivdeckel auf die Beleuchtungseinrichtung des Mikroskopes legen).
● Kameraverschluß öffnen und Drahtauslöser fixieren.
● Beleuchtungsstrahlengang des Mikroskopes für die Dauer der Belichtung freigeben.
● Kameraverschluß schließen und Film weitertransportieren.

Durch diese Art der Belichtung können sogar Aufnahmen mit dem Objektiv 100:1 ohne Verwacklung erstellt werden.
Längere Belichtungszeiten als 1 sec. (bei „B"-Einstellung 2 sec.) können von der Leicaflex nicht mehr ge-

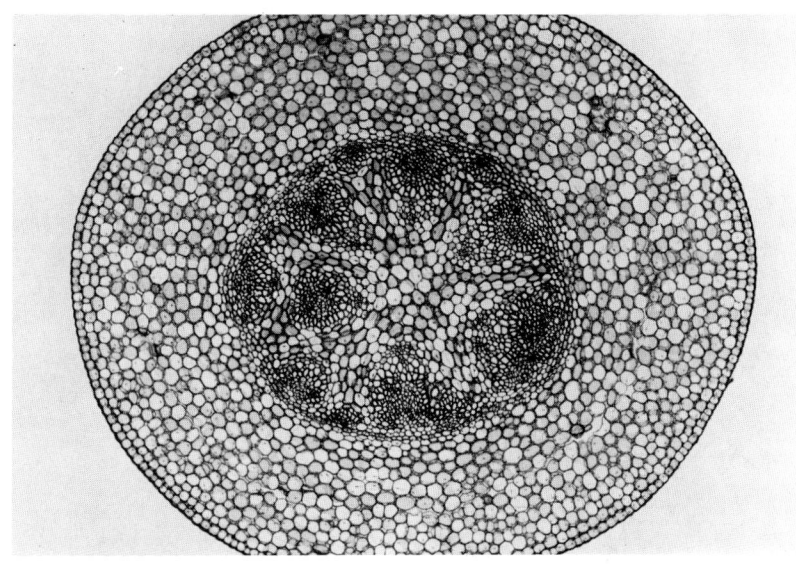

Abb. 253: Die Mikrofotografie ist als unentbehrliches Hilfsmittel in Wissenschaft und Technik hinlänglich bekannt. Als Hobby wird die Mikrofotografie dagegen relativ selten ausgeübt. Dabei ist die Welt des Mikrokosmos voller Wunder. Wer in sie eindringen möchte, wird sich auch mit der Beschaffung von Präparaten befassen müssen. Neben käuflichen Objekten, wie z. B. der rechts abgebildete Stengel-Querschnitt eines Maiglöckchens, können viele mikroskopische Präparate auch leicht selbst hergestellt werden.
Objektiv: 4:1, Apertur: 0,12, Okular: 6,3x, Gelbgrün-Filter, 1/250 sec. Das im Druck wiedergegebene Abbildungsverhältnis beträgt ca. 40:1.

Abb. 254: Viele uns wohlbekannte Dinge offenbaren erst unter dem Mikroskop ihre volle Schönheit. Banale Objekte werden dann schon bei 20facher Vergrößerung als wahre Kunstwerke entlarvt. Der Formenreichtum sowie das Spiel mit Farben und Kontrasten kann auch mit Mitteln der schwarzweißen Kopiertechnik zusätzlich beeinflußt werden. Bei der Wiedergabe dieser Kolibri-Feder wurde allerdings darauf verzichtet. Objektiv: 4:1, Apertur: 0,12, Okular 6,3x, Gelbgrün-Filter, 1/125 sec.

messen werden. Man dämpft das Licht deshalb mit neutralen Grau-Filterfolien, die sich auf die Beleuchtungseinrichtung des Mikroskopes auflegen lassen. Bei Schwarzweiß-Aufnahmen wird die Helligkeit des Lichtes zunächst soweit heruntergeregelt, bis eine Belichtungszeit von 1 sec. gemessen wird. Legt man dann z. B. ein Graufilter mit Verlängerungsfaktor 4 auf die Beleuchtungseinrichtung, beträgt die korrekte Belichtungszeit 4 sec; lang genug, um Verwacklungsunschärfen zu vermeiden. Bei Farbaufnahmen muß die volle Lichtleistung ständig beibehalten werden, weil sich beim Herunterregeln der Helligkeit auch die Farbtemperatur von 3200 K verändert. Durch Auflegen von neutralen Grau-Filterfolien unterschiedlicher Dichte läßt sich das Licht jedoch ebenfalls so stark dämpfen, daß Belichtungszeiten von 1/2 sec. oder 1 sec. gemessen werden. Um dann mit den notwendig langen Belichtungszeiten fotografien zu können, wird nur noch eine weitere Grau-Filterfolie mit entsprechendem Verlängerungsfaktor zusätzlich daraufgelegt.
Für besondere Farb-Effekte können die erforderlichen Filter bzw. Filterfolien ebenfalls auf die Beleuchtungseinrichtung gelegt werden. Bei Polarisationsaufnahmen wird außer dem Pol-Filter auf der Beleuchtungs-

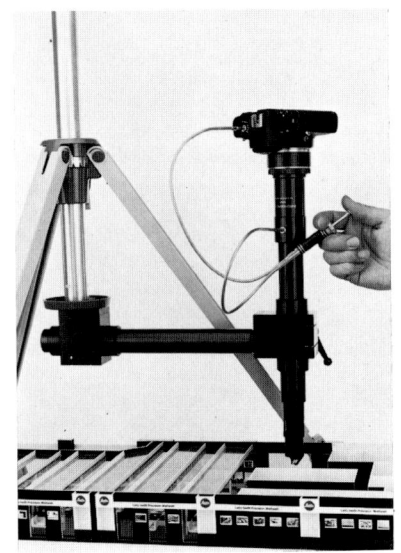

Abb. 255: Viele „Hohlräume", in die eine Kamera nicht mehr hineinpaßt, lassen sich oft von außen mit Hilfe eines Endoskopes fotografieren. So entstand z. B. mit dem Photo-Perspectar die Modell-Aufnahme des photokina-Messestandes von Leitz (links). Durch eine Öffnung im „Dach" konnte der Innenraum des im Maßstab 1:50 gebauten Modells so fotografiert werden, daß im Foto ein guter Eindruck von der späteren räumlichen Wirkung des fertigen Messestandes entstand. Die Abbildung rechts zeigt den Blick in den Besprechungsraum für Foto-Fachhändler und Vertreter.

einrichtung (Polarisator) zusätzlich noch ein Pol-Filter (Analysator) benötigt, das auf dem Okular im Okularstutzen angebracht wird.

Adaption an Mikro-Fotoautomaten

Die speziellen mikrofotgrafischen Einrichtungen der Firmen Leitz und Wild sind unter anderem mit Belichtungsautomatik ausgestattet, und für verschiedene Aufnahme-Formate eingerichtet. Für das Kleinbild-Format werden in der Regel Wechselkassetten mit motorischem Filmtransport benutzt. An ihrer Stelle können auch Leica R und Leicaflex als „Filmtransportgehäuse" benutzt werden. Alle Funktionen des Fotoautomaten bleiben dabei erhalten: der Verschluß der Kamera wird auf „B" eingestellt, die Belichtungszeit durch den Verschluß des Fotoautomaten gesteuert. Die Beobachtung — auch während der Belichtung — Scharfeinstellung und Bestimmung des Bildausschnittes wird dabei über einen Binokular-Tubus vorgenommen.

Endoskopische Aufnahmen

Der bei jeder Visite fast schon obligatorische Blick des Arztes in den Rachen des Patienten läßt erahnen, daß der Beobachtung von Körperhöhlen im medizinischen Bereich eine besondere Bedeutung zukommt. Dementsprechend wurden auch verschiedene medizinische Instrumente entwickelt, mit denen man in die unterschiedlichen Körperhöhlen blicken kann: Die Endoskope. Um die medizinischen Befunde auch fotografisch registrieren zu können, wurden sogar spezielle Foto-Endoskope geschaffen, an die auch die Leica R4-Mot angesetzt werden kann.

Ist die Körperhöhle gut von außen einzusehen, wie z. B. die Mundhöhle, kann ihr Inneres mit langen Brennweiten ab 100 mm leicht fotografiert werden. Das notwendige Licht liefert dann ein normales Elektronen-Blitzgerät, dessen Reflektor direkt an das Objektiv gelegt wird oder eine Ringblitz-Beleuchtung. Über sterilisierbare Oberflächen-Spiegel kann man sogar schwer einsehbare Bereiche ausleuchten und fotografisch erfassen.

Andere Körperhöhlen verlangen spezielle Instrumente. Mit einem sogenannten Kolposkop kann der Gynäkologe seinen Befund dokumentieren. Und mit einem flexiblen Fiber-Gastroskop kann der Internist ein Magengeschwür im Bild festhalten.

Je nach Bauart des Endoskopes, so der Sammelbegriff dieser optischen Instrumente, wird das Bild entweder in einem starren „Rohr" durch viele Zwischenoptiken oder durch flexible Glasfasern übertragen. Am vorderen Ende des Instrumentes befindet sich immer ein auf die speziellen Belange abgestimmtes Objektiv.

Das für fotografische Aufnahmen notwendige Licht kann je nach Typ des Endoskopes durch eine kleine Blitzlichtröhre am vorderen Ende des Instrumentes abgegeben oder über Glasfasern eingespiegelt werden. Am hinteren Ende des Endoskopes kann die Leica R4-Mot über eine spezielle Zwischen-Optik adaptiert werden. Entsprechende Zwischen-Optiken und Adapter bieten die Endoskop-Hersteller an. Leitz liefert für endoskopische Aufnahmen mit der Leica R4-Mot die Klarscheibe (Bestell-Nr. 14307), die neben einem Fadenkreuz auch Markierungen für Endo-Aufnahmen trägt. Das endoskopische Bild ist in der Regel kreisrund. Seine Größe richtet sich nach der Brennweite der Zwischen-Optik. Je länger diese Brennweite ist, um so größer wird das runde Bild auf dem Film; um so mehr Licht wird allerdings auch benötigt.

Neben medizinischen Endoskopen sind auch technische Endoskope bekannt. Damit lassen sich z. B. Behälter bei Materialprüfungen und Gewehrläufe für kriminaltechnische Gutachten untersuchen.

Relativ neu ist die Methode, ein spezielles Endoskop, das Photo-Perspektar, für Modell-Aufnahmen zu benutzen. Damit kann man Aufnahme-Standpunkte beziehen, die mit herkömmlichen Objektiven nicht eingenommen werden können. Das Aufnahme-Objektiv am vorderen Ende dieses Instrumentes wird für die Aufnahme quasi in die Modell-Landschaft „getaucht" und erfaßt dadurch einen Blickwinkel, als ob das Modell im Maßstab 1:1 gebaut worden wäre. Solche Aufnahmen erlauben daher eine wesentlich bessere Beurteilung des Vorhabens, da die visuelle Wirkung des Projektes bereits am Modell-Foto festgestellt werden kann. Architekten, Bühnenbildner und Maschinenbau-Ingenieure sind zum Beispiel Benutzer dieses speziellen Endoskopes.

Adaption an optischem Fremdzubehör

In Wissenschaft und Technik wird oft ein Ansetzen von Leica R bzw. Leicaflex-Kameras an spezielle optische Geräte gewünscht. Dafür werden häufig auch entsprechende Foto-Adapter angeboten. Ist das nicht der Fall, können manchmal eigene Konstruktionen weiterhelfen. Als hilfreiches Verbindungselement hat sich dabei der hintere Ring der Ringkombination 14158 erwiesen, der direkt vom Technischen Service der Ernst Leitz Wetzlar GmbH oder von den jeweiligen Landesvertretungen als Ersatzteil unter der Sachnummer 044-041.024-000 bezogen werden kann. Er besitzt das Schnell-Wechselbajonett der R-Objektive samt aller Belichtungs-Steuerelemente für Leica R- und Leicaflex SL-Modelle. Die Höhe des Ringes beträgt 9,5 mm und das vordere Einschraubgewinde hat die Maße M51,5 × 0,75. Falls für eigene Konstruktionen erforderlich, kann der Ring bei einem Feinmechaniker entsprechend abgedreht werden.

Das Auflagemaß der Leica R bzw. Leicaflex-Modelle, das ist die Distanz von der Auflage des Kamera-Bajonetts bis zum Film, beträgt 47 mm.

Breitbild-Aufnahmen — Breitwand-Projektion

Kino-Enthusiasten wissen genau was gemeint ist, wenn von Cinemascope-Filmen die Rede ist. Dieses Aufnahme- und Wiedergabe-Verfahren verändert das übliche Höhe/Breite-Verhältnis des Kinobild-Formates von 1:1,33 auf der Projektionswand in 1:2. Durch entsprechende Objektive bzw. durch entsprechende Objektiv-Vorsätze wird das Bild bei der Aufnahme horizontal zusammengepreßt und bei der Projektion in gleichem Maße entzerrt. So wird mit dem normalen Filmformat eine Breitbild-Wiedergabe erreicht. Das für Breitbild-Aufnahmen und Breitwand-Projektion benötigte Objektiv bzw. den dafür benötigten Objektiv-Vorsatz nennt man Anamorphot.

Auch für die Kleinbild-Fotografie werden Objektiv-Vorsätze angeboten, die sowohl für die Aufnahme als auch für die Projektion von Breitbildern benutzt werden können. International bekannt sind die Anamorphote der Fa. Isco in Göttingen, die als Iscorama-Set

Abb. 256: Der Iscorama-Vorsatz.

Abb. 257: Im Vergleich läßt sich das Prinzip der Breitwand-Wiedergabe gut darstellen. Während der Aufnahme wird das Bild durch den Anamorphoten auf die normale Negativgröße „zusammengedrängt" (links). Bei der Projektion wird das Bild dann wieder entzerrt und in übergroßer Breite projiziert (unten).

zu haben sind. Dieses Set besteht aus einem aufwendig konstruierten optischen Vorsatz, einem entsprechenden Zwischenring für die Adaption an das Aufnahme-Objektiv und aus einer Vorrichtung, mit deren Hilfe der Anamorphot vor dem Projektions-Objektiv angebracht werden kann.

Breitbild-Aufnahmen und Breitwand-Projektionen erfolgen im Querformat. Das Höhe/Breite-Verhältnis des Kleinbildformates wird dadurch in der Projektion von 1:1,5 auf 1:2,25 verändert.

Iscorama-Anamorphot 1,5 x - 54

Der optische Effekt des Zusammenpressens bei der Aufnahme und des Entzerrens bei der Wiedergabe wird durch Zylinderlinsen erreicht. Schaut man z. B. durch den Vorsatz, erkennt man deutlich diesen Vorgang: Quadrate werden zu Rechtecken, Kreise zu Ellipsen. Der hintere Linsendurchmesser des Isco-Anamorphoten beträgt 54 mm. Deshalb können alle Leica R-Objektive von 50 bis 180 mm Brennweite benutzt werden, wenn das Filtergewinde nicht größer als 55 mm im Durchmesser ist. Das Vario-Elmar-R 1:4,5/75-200 mm läßt sich nur mit 200 mm Brennweiten-Einstellung verwenden, weil bei einer Brennweiten-Veränderung die Gegenlichtblende herausgezogen werden muß. Das ist jedoch durch den vorgeschraubten Anamorphoten nicht möglich. Kürzere Brennweiten als 50 mm führen zu Vignettierungen in den Bildecken. Bei einigen R-Objektiven mit ausziehbaren Gegenlichtblenden kann der Vorsatz nicht ohne zusätzliche Maßnahme tief genug, und damit nicht sicher, eingeschraubt werden. Mit Hilfe des eingeschraubten Filter-Adapters, Bestell-Nr. 14 225, wird eine sichere Verbindung erreicht.

Sollen bei der Aufnahme Filter angewandt werden, lassen sich Filter der Serie 7 in den oben erwähnten Filter-Adapter einlegen, bzw. wird anstelle des Adapters ein Leitz-Einschraubfilter E 55 benutzt. Bei den 50mm-Objektiven kommt es dann allerdings zu einer geringfügigen Vignettierung in den Bildecken. Für die Aufnahme muß der Vorsatz so ausgerichtet werden, daß das Bild in horizontaler Richtung komprimiert erscheint. Mit Hilfe einer Grifftaste läßt sich das leicht bewerkstelligen. Ganz genau erreicht man das, wenn man die Kamera dabei auf ein Stativ setzt, durch den Sucher schaut und sie zunächst ohne Anamorphot auf senkrechte Linien, z. B. auf Hausecken, ausrichtet. Nachdem dann der Vorsatz auf das Objektiv geschraubt wurde, kann man, wiederum beim Blick durch den Sucher, anhand dieser Senkrechten eine ganz exakte Ausrichtung vornehmen.

Die Entfernungseinstellung wird nur am Vorsatz vorgenommen, während das Leica R-Objektiv auf „∞" eingestellt bleibt. Die kürzeste Einstell-Entfernung beträgt dann 2 m. Damit sind auch formatfüllende Porträt-Aufnahmen im Querformat mit dem Elmar-R 1:2,8/135 mm möglich.

Bei der Wiedergabe verfährt man ähnlich wie bei der Aufnahme, d. h. man richtet zunächst den Projektor ohne Vorsatz aus. Wichtig ist, daß man dabei möglichst waagerecht projiziert. Trapezförmige Projektionsbilder, die bei geneigtem Projektor entstehen, machen sich bei einer Breitwand-Projektion störender bemerkbar, als bei normaler Projektion. Die Projektionsentfernung, also der Abstand vom Projektor zur Bildwand, wird am Anamorphoten eingestellt (Entfernung ausmessen oder schätzen). Danach wird die Scharfeinstellung am Projektions-Objektiv vorgenommen bzw. korrigiert.

Da das Dia um den Faktor 1,5 x breiter projiziert wird als normal, verringert sich natürlich auch die Helligkeit des Projektionsbildes entsprechend. Genau so, als würde aus einem größeren Abstand oder mit kürzerer

Brennweite projiziert. Bei den lichtstarken Pradovit-Projektoren von Leitz leidet die Leuchtkraft der Bilder jedoch nicht darunter. Die Absorption des Lichtes durch den Anamorphoten kann vernachlässigt werden — die optische Leistung ist für einen derartigen Vorsatz beachtenswert. Die Wirkung der Breitwand-Projektion ist überwältigend!

Optische Spielereien

Der Effekt des Komprimierens in einer Richtung kann auch als Dehnung in einer dazu um 90 ° versetzten Richtung angesehen werden. Beides läßt sich als bildgestalterisches Element überzeugend einsetzen. Erfolgt z.B. bei einer Landschafts-Aufnahme mit Bergen die Aufnahme mit Anamorphot, die Wiedergabe jedoch ohne, so erscheinen die „verzerrt" wiedergegebenen Berge höher, mächtiger und unüberwindlich. Durch diese „Steigerung" im Foto läßt sich ein schroffer Gebirgszug viel besser darstellen. Umgekehrt

Abb. 258: Wird die Höhe des Bildes bei der Aufnahme gestaucht und normal wiedergegeben, erscheint alles viel breiter. Oben: ohne Anamorphot; unten: mit Anamorphot.

kann auch ein flaches, sportliches Auto noch „geduckter", auf überbreiten Reifen stehend, dargestellt werden, wenn das Bild in senkrechter Richtung komprimiert wird. Je nach Motiv können so Objekte gestaucht oder gestreckt werden. Natürlich sind diese Manipulationen sowohl im Hoch- als auch im Querformat möglich. Diese Art der nicht gestaltgetreuen Abbildung nennt man übrigens anamorphotisch.

Panorama-Aufnahmen

Bereits seit den ersten Tagen der Fotografie sind Panorama-Aufnahmen bekannt. Ihrer Faszination konnte und kann sich der Betrachter — damals wie heute — nicht entziehen. Berühmte Kamera-Konstrukteure und Fotografen haben sich mit dieser Aufnahmetechnik beschäftigt. Auch Oskar Barnack hat sich dafür interessiert, wie ein Versuchsmuster einer Panorama-Kamera, die im Leitz-Museum zu sehen ist, zeigt. Seit den ersten Tagen der Fotografie hat sich die Aufnahmetechnik der Panorama-Aufnahme praktisch nicht verändert, wenn man von der einfacheren Verarbeitung des Filmmaterials und den Möglichkeiten der farbigen Diaprojektion absieht. Ohne Zweifel hat jedoch die Panorama-Projektion mit modernen Pradovit-Projektoren und die bequeme Vergrößerungstechnik mit dem Focomat V 35 dazu beigetragen, daß sich heute wieder mehr Fotografen für Aufnahme- und Wiedergabetechnik der Panorama-Fotos interessieren. Man kann Panorama-Aufnahmen auf verschiedene Weise fotografieren:

● Mit Spezialkameras, die bei der Aufnahme einen Schwenk bis 360 ° durchführen und dabei den Film über einen Spalt kontinuierlich belichten, wie z. B. die Roto-Camera von Arca-Swiss.
● Mit Spezialkameras, die ein bewegliches Objektiv besitzen, das während der Belichtung annähernd einen Halbkreis beschreibt. Dabei wird der kreisförmig angeordnete Film durch einen sich ebenfalls bewegenden Schlitz hindurch belichtet. Das Versuchsmodell von O. Barnack weist ähnliche Konstruktionsmerkmale auf. Typischer Vertreter einer solchen Kamera ist mit 140 ° Bildwinkel die Widelux der Fa. Panon Camera Shoho Company Ltd.
● Mit Einzelaufnahmen normaler Kameras, z. B. einer Leica R. In dem Fall werden die Einzelbilder zu einem Panorama montiert.
Charakteristisch für „echte" Panorama-Aufnahmen, die mit Spezialkameras fotografiert werden, ist die Zylinderperspektive, das heißt, alle senkrechten Linien

bleiben gerade, alle waagerechten biegen sich — je nach Abstand zur Bildmitte — mehr oder weniger stark durch (Abb. 263 b). Wird das Foto zu einem Hochzylinder gebogen, bzw. projiziert man das Bild auf eine ringförmig angeordnete Leinwand und betrachtet es von der Mitte aus, erscheint es wiederum natürlich. Die gebogenen waagerechten Linien, zum Beispiel einer Häuserfront, nehmen unsere Augen auch beim Drehen des Kopfes wahr. Doch unser Gehirn weiß aus Erfahrung, daß Häuser gerade sind und korrigiert unsere Wahrnehmung entsprechend: Wir „sehen" sie gerade!
Bei Panoramen aus aneinandergesetzten Einzelaufnahmen fehlen zwar die kontinuierlichen Durchbiegungen der Waagerechten, dafür entstehen jedoch „Knickstellen" an den Stoßkanten der Einzelbilder (Abb. 263 c). Diese Wiedergabe-Merkmale fehlen bei Kameras für Breitwand-Aufnahmen, wie zum Beispiel der Technorama von Linhof. Streng genommen handelt es sich bei den Bildern dieser Kamera um Weitwinkelfotos mit von der Norm abweichendem Seitenverhältnis des Aufnahmeformates.
Wer heute von Panorama-Aufnahmen spricht, denkt dabei auch an die Leica-Vision-Vorträge, mit denen bekannte Fotografen immer wieder beweisen, daß man mit jeder Leica R und Leicaflex ohne besondere Hilfsmittel derartige Bilder fotografieren kann. Allerdings müssen einige Fakten bei der Aufnahme und bei der Wiedergabe berücksichtigt werden, wenn man die besondere Wirkung, die von derartigen Panoramen ausgeht, ohne Einschränkungen genießen will. Zunächst muß man wissen, daß sich nicht jedes Motiv für ein Panorama-Bild eignet. Ein wenig Übung gehört schon dazu, den wirkungsvollsten Ausschnitt zu entdecken, wenn man sich bisher in seiner Umwelt nur nach Sujets für das Format der normalen Kleinbild-Aufnahme umgesehen hat. Leider gibt es auch keine Spezialsucher für Panorama-Aufnahmen. Der Fotograf muß deshalb nacheinander die einzelnen Ausschnitte betrachten, die dann später aneinandergefügt werden. Ein gewisses „inneroptisches" Vorstellungsvermögen des Fotografen ist deshalb von Vorteil.

Abb. 259: Gedämpfte Farben, gedämpftes Licht und ein ▷ hochlichtstarkes Objektiv waren die Zutaten für dieses freundliche Porträt eines Händlers im Basar von Dubai. Bei voller Öffnung des Objektivs Summilux-R 1:1,4/80 mm reicht die Schärfentiefe gerade, um die rechte Augenpartie des Mannes scharf wiederzugeben. Als Druckvorlage diente eine 24 × 30 cm große Vergrößerung, die mit dem Focomat V 35 hergestellt wurde. Summilux-R 1:1,4/80 mm 1/125 sec, volle Öffnung, Farb-Negativfilm.

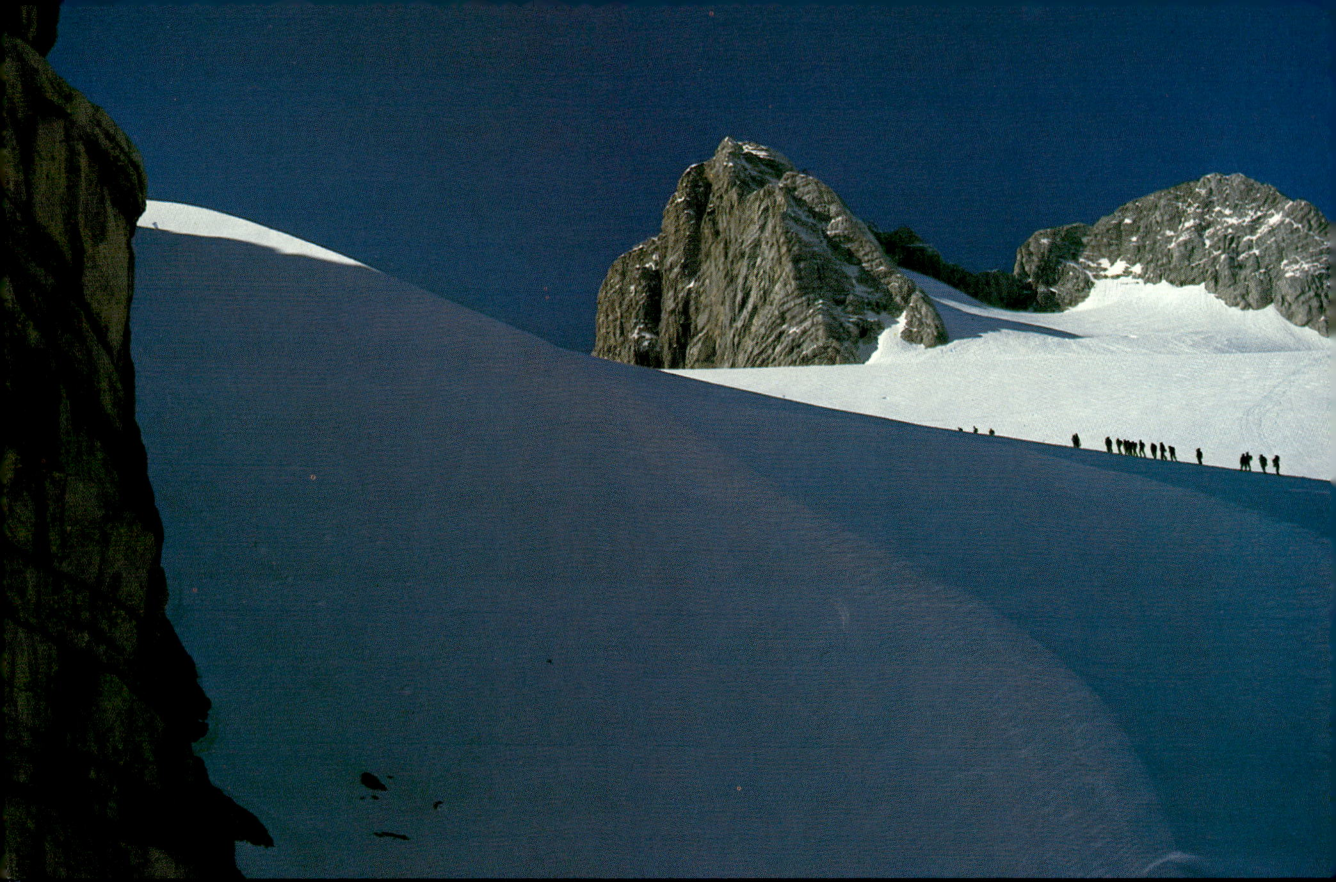
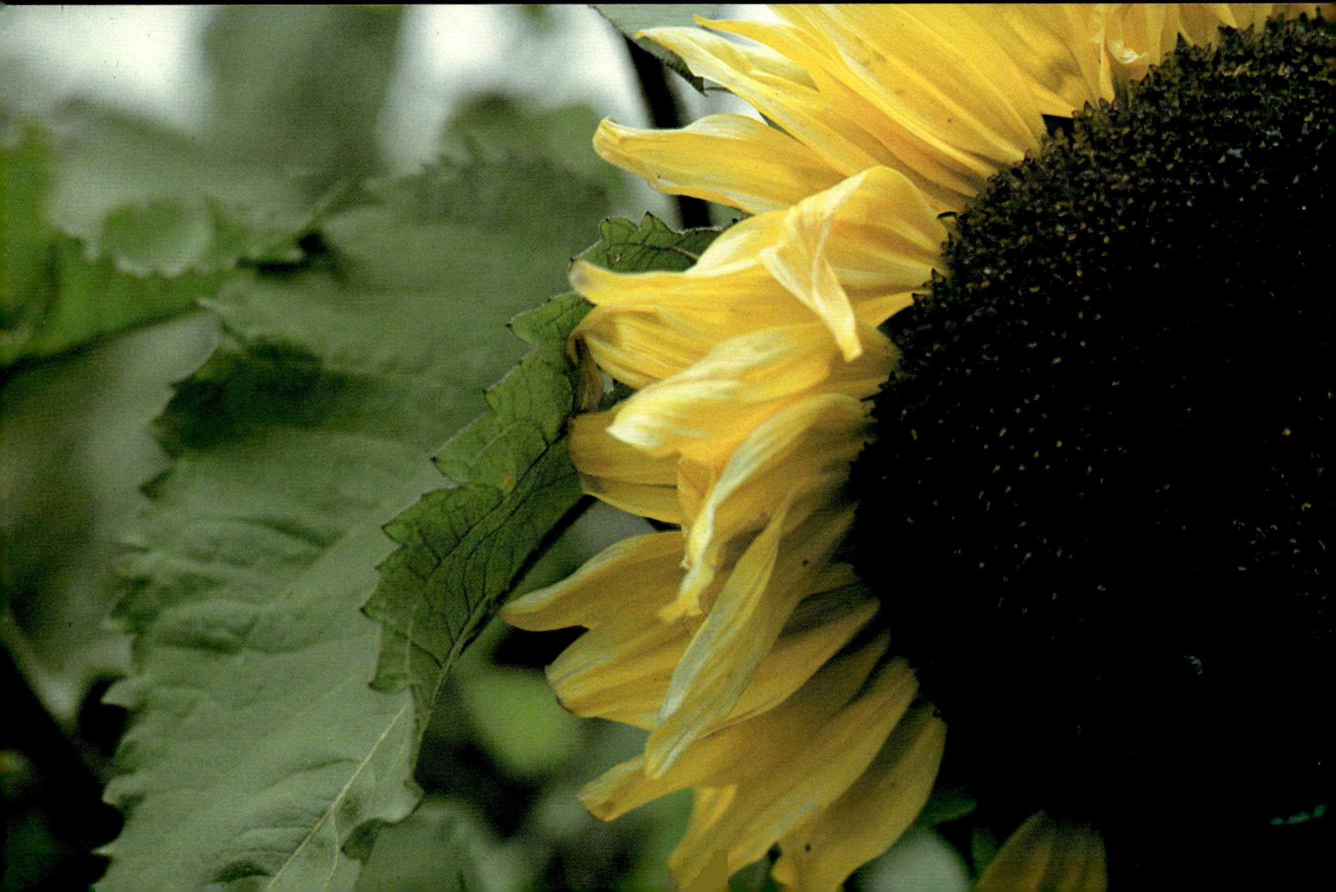

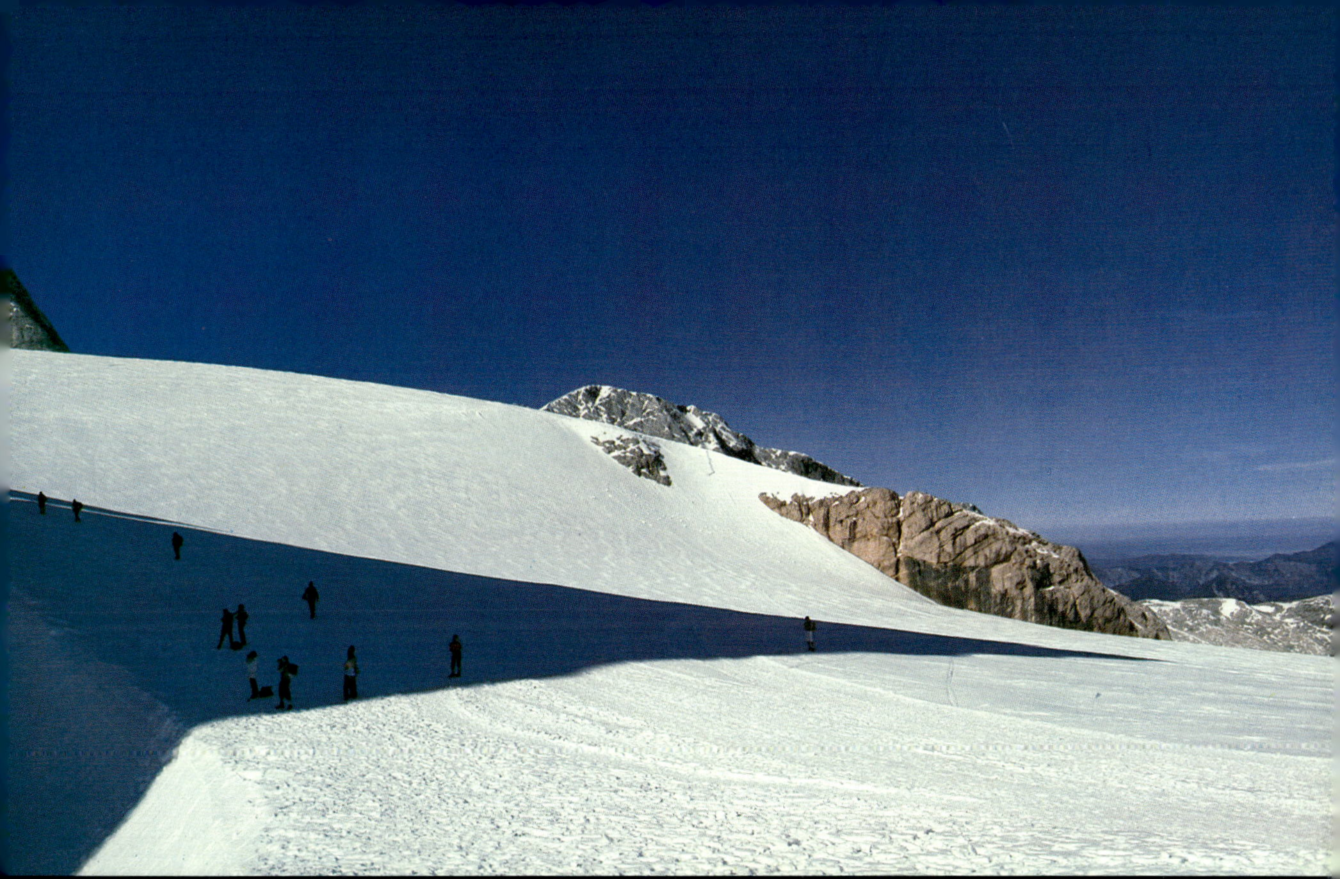
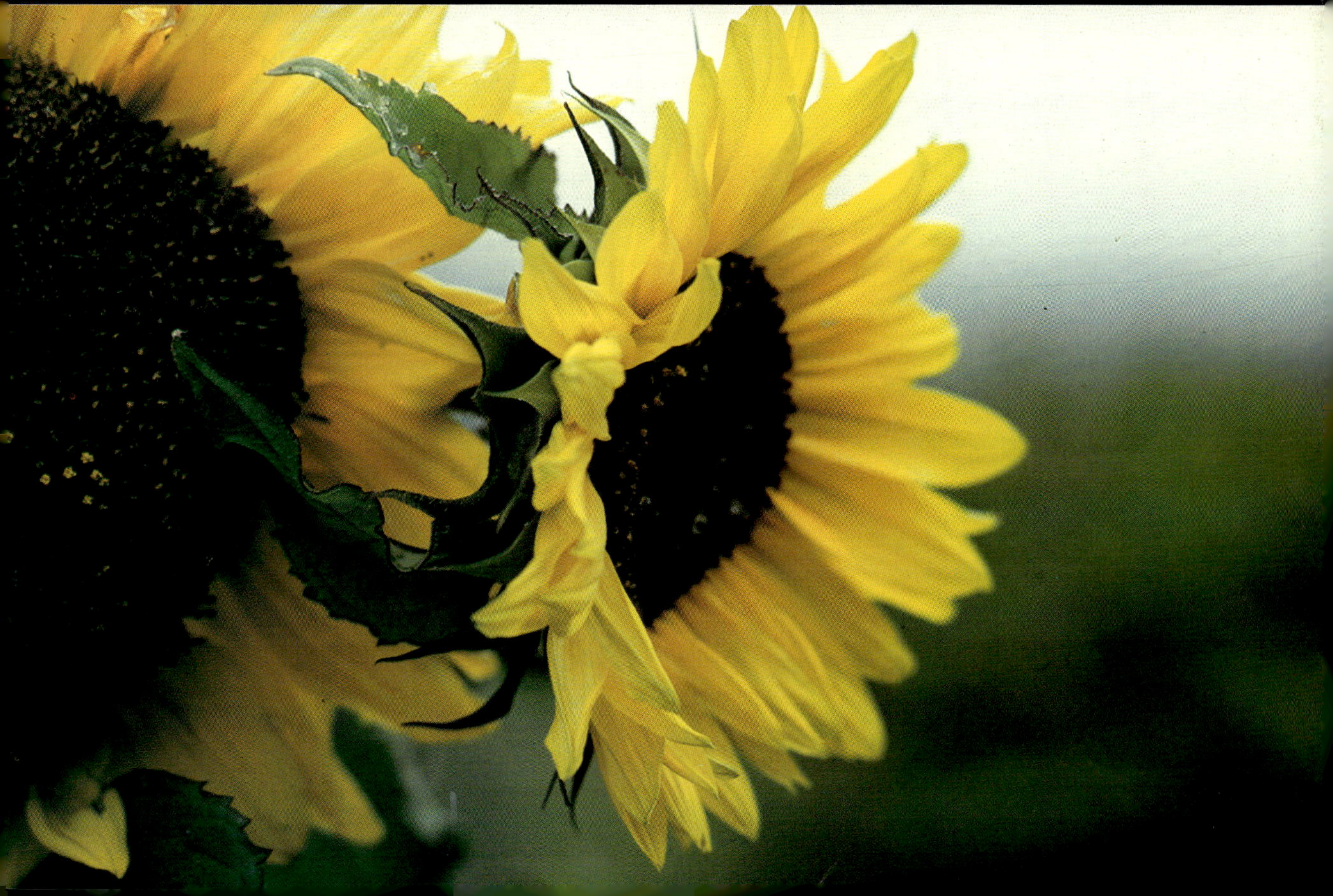

262

Daran ändert sich auch nichts, wenn man mit mehreren Kameras arbeitet, die man auf einer Schiene oder einem Brett montiert hat. Grundsätzlich gilt, daß Panorama-Motive um so schwieriger aufzuspüren sind, je größer der Aufnahmewinkel der Kamera ist bzw. je mehr Einzelaufnahmen aneinandergereiht werden. In der Regel wird man deshalb mit einer einzigen Kamera auskommen, mit der man aus der Hand, also ohne Stativ, zwei Bilder nacheinander fotografiert. Panorama-Köpfe auf Stativen oder nebeneinander auf einer Schiene montierte Kameras sind dafür also nicht unbedingt erforderlich. Im Gegenteil, die Vorteile der schnellen Leica R und Leicaflex werden damit verschenkt. Außerdem hat diese Methode den Vorteil, daß die Teilbilder mit derselben Kamera und demselben Objektiv auf denselben Film belichtet sowie im selben Entwickler zur gleichen Zeit entwickelt werden und damit dieselbe „Charakteristik" besitzen. Damit sich die Aufnahmen bei der Wiedergabe nahtlos aneinanderfügen, merkt man sich im Sucher entsprechende „Passer". Fotografiert man zum Beispiel zuerst das linke Teilbild, so merkt man sich in der äußersten rechten unteren oder oberen Sucherecke ein markantes Motivdetail. Bei den Leica R-Modellen ist das besonders einfach, weil die Sucherecken kaum abgerundet sind. Beim Schwenk zum rechten Teilbild hat man dann einen genauen Anhaltswert dafür, wie weit geschwenkt werden muß. Die Horizontalebene kann ebenfalls durch die waagerechten Begrenzungen des Sucherbildes ausreichend genau beobachtet und exakt eingehalten werden. Noch leichter gelingt das allerdings mit der zur Leica R4-Mot angebotenen Vollmattscheibe mit Koordinaten.

Das weiter oben im Test als Passer apostrophierte markante Motivdetail ist jedoch nur ein Anhaltswert. Da die Sucherbilder der Leica R und Leicaflex-Modelle nur das zeigen, was in etwa bei der Diaprojektion zu sehen ist, muß man ein wenig über diesen Passer

Abb. 260 u. 261: Wenn es sie nicht schon gäbe, müßte sie direkt erfunden werden, die Panorama-Aufnahme! Hallstätter Gletscher: Summicron-R 1:2/50 mm, Pol-Filter, Farb-Umkehrfilm 15 DIN. Sonnenblume: Macro-Elmarit-R 1:2,8/60 mm, volle Öffnung, Farb-Umkehrfilm 19 DIN. Freihand-Aufnahmen.

Abb. 262: Im Labor müssen sich die Arbeitstechniken nicht nur auf die originalgetreue Wiedergabe eines Fotos beschränken. Mit speziellen Materialien können interessante Verfremdungen erzeugt und gesteuert werden. So entstand z. B. von einer Schwarzweiß-Aufnahme, unter Verwendung des Agfa-Contour-Professional-Films diese farbige Sonnenblume. Foto: Agfa-Gevaert AG.

hinausschwenken. Wie weit, das ist bei Diapositiven von der Art der verwendeten Diarähmchen abhängig. Einige Testaufnahmen sind deshalb unerläßlich.

Qualitäts-Kriterium: die exakte Belichtung
Die Teilbilder der Panorama-Aufnahme müssen exakt gleich belichtet werden. Bei Aufnahmen mit der Leica R sollte deshalb die Automatik generell ausgeschaltet und die Belichtungszeit manuell eingestellt werden. Selbst ganz gleichmäßig ausgeleuchtete Landschaften zeigen geringe unterschiedliche Belichtungsmeßwerte beim Schwenken, wie das für Panorama-Aufnahmen nötig ist. Erfolgt dabei eine Korrektur durch die Belichtungs-Automatik oder von Hand, dann ist zwar jedes Teilbild (für sich) optimal belichtet, doch an den Stoßkanten werden die feinsten unterschiedlichen Dichten deutlich sichtbar.
Selbstverständlich muß diese Tatsache auch bei der Wiedergabe beachtet werden. Beim Projizieren müssen die Projektoren den gleichen Lichtstrom liefern! Das setzt voraus, daß die Projektionslampen genau justiert sind. Auch die unterschiedliche Brenndauer der verschiedenen Lampen kann zu geringen unterschiedlichen Helligkeiten führen. Eventuell muß man die etwas dunklere Projektionslampe durch eine neue ersetzen.
Beim Vergrößern wird für die einzelnen Teilbilder jeweils die gleiche Papiergradation, die gleiche Filterung (bei Farbaufnahmen) und die gleiche Belichtungszeit eingesetzt. Auch die Papierentwicklung muß für alle Teilbilder identisch sein!
Ein Neigen der Kamera nach oben oder unten läßt bei streng geometrischen Objekten, wie zum Beispiel bei Häuserfronten, stürzende Linien entstehen, durch die sich Einzelbilder nicht mehr zusammenfügen lassen (Abb. 265). Hier kann man einen kleinen Trick anwenden. Man wählt als „Nahtstelle" einen Baumstamm, einen Laternenmast oder ähnliche Gegenstände im Vordergrund. Ob bei der Wiedergabe die Durchmesser dieser Objekte ganz der Wirklichkeit entsprechen, ist meist unerheblich, ebenso, wenn sie sich etwas verjüngen. Natürlich muß diese „Korrektur" bewußt mit in die Bildgestaltung einbezogen werden. In vielen Fällen hat sich bei Panorama-Aufnahmen auch das PA-Curtagon-R 1:4/35 mm bewährt. Allerdings muß mit diesem Objektiv vom Stativ aus gearbeitet werden.
Die Plazierung der Stoßkanten im Motiv ist oft entscheidend für das spätere Zusammenpassen. In der Regel sind großflächige Motivdetails mit wenigen waagerechten Linien oder eine Vielzahl von unregelmäßigen Strukturen gleichermaßen problemlos. Au-

285

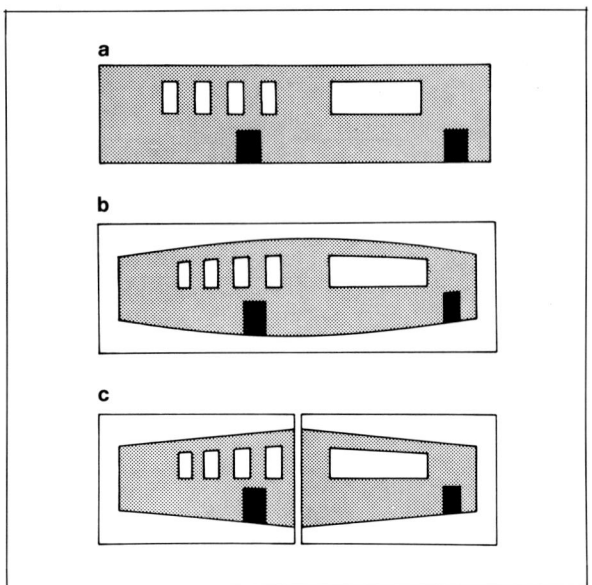

Abb. 263: Die Fassade eines langgestreckten Gebäudes, wie sie vom Fotografen wahrgenommen und bei einer Frontalaufnahme abgebildet wird (a). Durch die Zylinderperspektive werden waagerechte Linien bei „echten" Panorama-Aufnahmen um so stärker tonnenförmig durchgebogen, je weiter sie von der Bildmitte entfernt sind (b). Wird ein Panorama aus einzelnen Aufnahmen zusammengefügt, entstehen Knickstellen an den Stoßkanten (c). Jede einzelne Abbildung erfolgt nach den Gesetzen der Zentral-Perspektive.

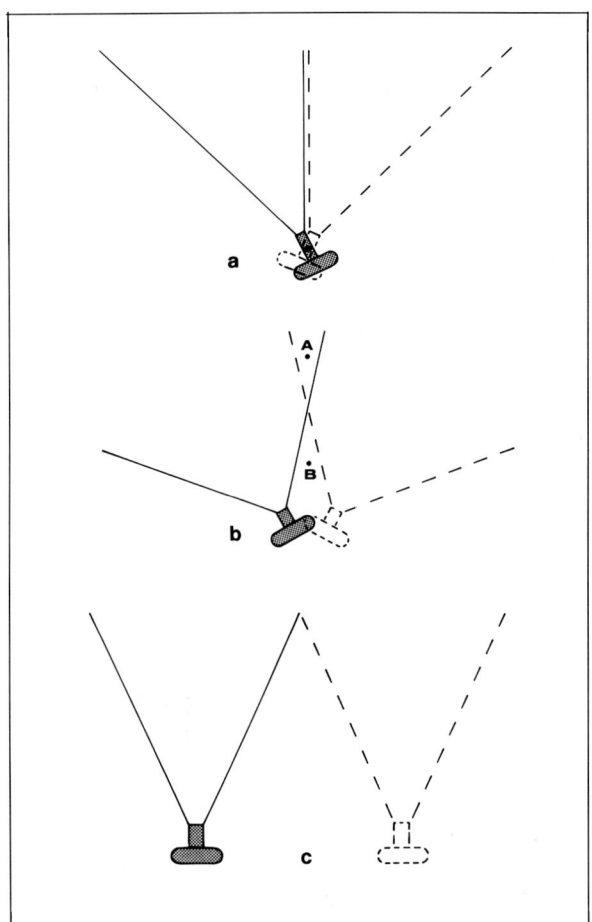

Abb. 264: Der ideale Schwenk für eine Panorama-Aufnahme erfolgt um einen Drehpunkt, der mit der Eintrittspupille des jeweiligen Objektivs zusammenfällt. In der Regel liegt dieser Drehpunkt damit etwa in der Mitte des Objektivs (a). Aus freier Hand kann diese ideale Voraussetzung kaum eingehalten werden. Im Hintergrund sind deshalb häufig die gleichen Motivdetails (A) sowohl im linken als auch im rechten Bildteil zu sehen. Im Vordergrund entstehen manchmal Schwierigkeiten, weil das im linken Teilbild zu erkennende Detail keine Fortsetzung im rechten Bild findet. Man kann diesen Effekt benutzen, störende Objekte im Vordergrund (B) verschwinden zu lassen. Bei Nahaufnahmen hat sich anstelle des Schwenks ein seitliches Versetzen der Kamera bewährt (c). Dabei muß die Versatzebene eingehalten werden, weil das Objekt sonst in unterschiedlichen Abbildungsmaßstäben wiedergegeben wird.

Abb. 265: Neigt man die Kamera nach oben oder unten, erfaßt sie ein trapezförmiges Objektfeld (a): Es kommt zu stürzenden Linien in den Teilbildern! Eine akkurate Panorama-Montage ist dann nicht mehr möglich. entweder fehlen Motivdetails, d. h. linkes und rechtes Teilbild ergänzen sich nicht nahtlos (Baum im Vordergrund) oder es sind die gleichen Motivdetails (Berggipfel im Hintergrund) sowohl im linken als auch im rechten Teilbild auszumachen (b).

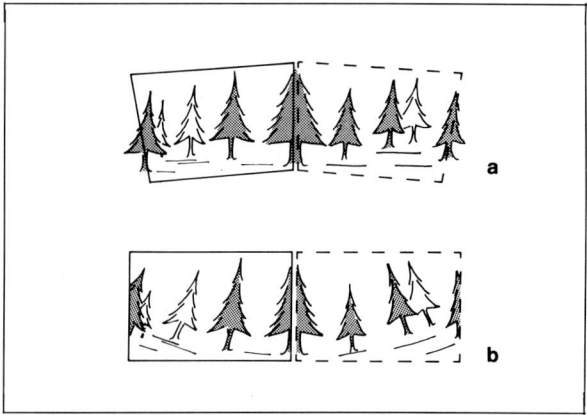

Abb. 266: Durch zusätzliches Verkanten (a) kann zwar bei geneigter Kamera eine bessere Paßgenauigkeit an den Stoßkanten erreicht werden; die stürzenden Linien werden jedoch an den äußeren Bildrändern des Panoramas deutlich verstärkt und alle waagerechten Linien, z. B. der Horizont, werden zu schiefen Ebenen ausgebildet (b). In der Praxis sind kleinere „Fehler" oft unvermeidbar. Meistens wird die Bildwirkung dadurch jedoch nicht beeinträchtigt.

ßerdem sollten die Stoßkanten die für die Bildaussage wichtigen Motivdetails auf keinen Fall „zerschneiden". Zum Beispiel wird man bei einer Stadtansicht von Paris nicht gerade den Eiffelturm in die Nahtstelle verlegen.

Die praktische Erfahrung zeigt, daß mit längeren Brennweiten leichter Erfolge zu erzielen sind als mit kurzen, weil bei Tele-Aufnahmen der Vordergrund meist nicht im Bild erscheint. Je mehr Ebenen (Vorder-, Mittel- und Hintergrund) an den Stoßkanten zusammengefügt werden müssen, um so exakter muß die Kamera geschwenkt werden (Abb. 264). Bei Nahaufnahmen wird häufig ein besseres Ergebnis erreicht, wenn die Kamera versetzt und nicht geschwenkt wird (Abb. 264 c).

Korrekturen bei der Montage

Viel Geduld erfordert das paarweise Montieren der Diapositive, denn geringfügige Korrekturen erweisen sich meist als notwendig. Deshalb benutzt man am besten Rahmen, in denen sich das Dia ein wenig verschieben, aber dennoch fixieren läßt, wie zum Beispiel bei den Rähmchen von Gepe. Bei anderen Diarahmen, zum Beispiel Perrotcolor, kann das Diapositiv notfalls mit einem kleinen Stückchen Klebeband positioniert werden.

Beim Zusammenfügen der Papiervergrößerungen beschneidet man zunächst eine Seite einer Vergrößerung: entweder vom linken Teilbild den äußersten Rand der rechten Seite oder vom rechten Bild den äußersten linken Rand. Dieser erste Schnitt kann mit einer normalen Papierschneidemaschine vorgenommen werden oder mit Eisenlineal und Messer erfolgen. Danach legt man die beschnittene Bildkante auf das dazugehörige zweite Teilbild und richtet das Foto so aus, daß sich die Bilddetails beider Aufnahmen deckungsgleich ergänzen. Danach muß — entsprechend — das Eisenlineal aufgelegt und das zweite Teilbild beschnitten werden. Anschließend werden die übrigen Bildränder bearbeitet.

Kleine Unregelmäßigkeiten beim Zusammenpassen lassen sich durch eine „neutrale Naht" zwischen den Teilbildern vertuschen: Bei Vergrößerungen zieht man die Bilder mit einigen Millimetern Abstand auf, zum Beispiel auf schwarzen Karton; bei der Projektion richtet man die Projektoren so aus, daß zwischen den Bildern deutlich eine Trennung wahrgenommen werden kann. Diese Trennähte, die auch bei den hier veröffentlichten Bildbeispielen miteinbezogen wurden, verdeutlichen die Aufnahmetechnik und stören den Gesamteindruck der Wiedergabe nicht. Sie wirken ästhetischer als ein unpräzises Überlappen.

Abb. 267–269: Die Wahl der jeweils geeigneten Brennweite spielt bei Panorama-Aufnahmen eine große Rolle. Unter Beachtung einiger weniger Regeln können alle Leica R-Objektive benutzt werden. Beispiele dafür sind diese Bilder, die alle aus freier Hand fotografiert wurden. Fischerdorf in Goa: Summicron-R 1:2/35 mm, 1/250 sec, Bl. 8–11. Straßenszene in Dubai: Summicron-R 1:2/90 mm, 1/500 sec, Bl. 5,6. Giglachsee mit Ignaz-Mattis-Hütte: Elmarit-R 1:2,8/28 mm, 1/125 sec, Bl. 11.

Die Wiedergabe

Das perfekte Foto ist in der Regel nicht das Produkt eines Zufalls, sondern das Ergebnis einer Kette von Überlegungen und programmierten Abläufen unterschiedlicher Art. So wie die Wahl des Aufnahmestandpunktes und die benutzte Brennweite Perspektive und Ausschnitt des Fotos bestimmen, so entscheiden hoch- und niedrigempfindliche Filme z. B. darüber, ob eine Aufnahme verwackelungsfrei oder nur unscharf möglich ist. Beleuchtungstechnik und Filmentwicklung hinterlassen ihre charakteristischen Spuren ebenso, und die Güte der Wiedergabegeräte diktiert die Qualität des projizierten Dias oder des vergrößerten Negativs! Wer die Vorzüge seiner Leica R oder Leicaflex voll nutzen will, wird deshalb sein Augenmerk auf jedes einzelne Glied der langen Kette — von der Aufnahme bis zum Betrachten des fertigen Bildes — richten, denn die gesamte Kette kann nur so stark sein, wie ihr schwächstes Glied!

Vergrößerungsgeräte von Leitz

Wer das Letzte aus seinen Aufnahmen herausholen will, für den ist das Selbstvergrößern unerläßlich. Erst im Labor wird das Bild endgültig geboren. Hier kann sich der ideale Bildausschnitt in Ruhe bestimmen lassen und alle Kreativität zur Entfaltung kommen. Hier wird buchstäblich noch einmal Hand angelegt. Aus diesem Grund sind Leitz-Vergrößerungsgeräte Focomat in besonderer Weise nach bedienungstechnischen Gesichtspunkten konstruiert und gleichzeitig auf allerhöchste optische Abbildungsleistung ausgelegt. Sie geben verlustlos wieder, was Leica-Objektive bei der Aufnahme eingefangen haben.

Leitz Focomat V35 Autofocus

In die Konstruktion dieses modernen Kleinbild-Color-Vergrößerungsgerätes hat Leitz alle Erfahrungen fließen lassen, die in Jahrzehnten gewonnen wurden. Es läßt daher kaum noch Wünsche offen; weder in der Optik noch in der Mechanik! Der große Autofocus-Bereich mit dem Weitwinkel-Vergrößerungsobjektiv WA-Focotar 1:2,8/40 mm arbeitet von 3- bis 16fach automatisch mit allerhöchster Schärfe. Damit sind Vergrößerungen von 72 × 108 mm bis 384 × 576 mm möglich. Außerhalb dieses Autofokus-Bereiches kann die Scharfeinstellung manuell vorgenommen werden. Die nach modernsten lichttechnischen Gesichtspunkten konstruierte Beleuchtungs-Einrichtung mit Kaltlicht-Spiegellampe 12 V/75 W sorgt dabei für ein extrem helles Projektionsbild. Der Focomat V35 Autofocus ist daher auch hervorragend für Großvergrößerungen, dichte Negative, unempfindliche Schwarzweiß- oder Farbmaterialien und hohe Filterungen einsetzbar.

Der Schwenkarm des Vergrößerungsgerätes, der die Maßstabänderung und über eine Kurve zugleich die automatische Scharfeinstellung steuert, ist ebenso wie die weiteren Bedienungselemente des Gerätes funktionell gestaltet, d. h. der Schwenkarm läßt sich, sobald die Arretierung gelöst ist, mühelos weich und gleichmäßig verstellen. Der Gewichtsausgleich und die ergonomische Konstruktion gewährleisten, daß selbst harter Dauereinsatz zu keinerlei Ermüdungserscheinungen beim Bedienen führt.

Modernes Beleuchtungssystem

Die Lichtführung im Beleuchtungskopf des Vergrößerungsgerätes erfolgt nach dem Prinzip der Ulbricht'schen Kugel. Die Mischkammer besteht aus farbneutralem Polyalkene-Schaum. Dadurch wird eine hohe Lichtausbeute, eine optimale Ausleuchtung und eine gute Lichtmischung erreicht. Das diffuse Beleuchtungssystem mit seiner weichen Ausleuchtung eignet sich hervorragend für Color-Arbeiten. Ein Infrarot-Sperrfilter am vorderen Teil der Mischkammer reflektiert die Wärmestrahlen in Richtung Lampe. Es ist auf die spektrale Empfindlichkeit der Color-Materialien abgestimmt und sperrt Strahlungen im infraroten Bereich. Die auf die Spiegelfläche der Lampe auftreffenden Wärmestrahlen werden direkt nach hinten abgelenkt. Ein von Leitz konstruiertes Kühlsystem sorgt in Verbindung mit der Spezialhalterung der Kaltlicht-Spiegellampe 12 V/75 W für ein sicheres Ableiten der entstehenden Wärme. Auch wenn der Focomat V35 Autofocus im Dauereinsatz betrieben wird,

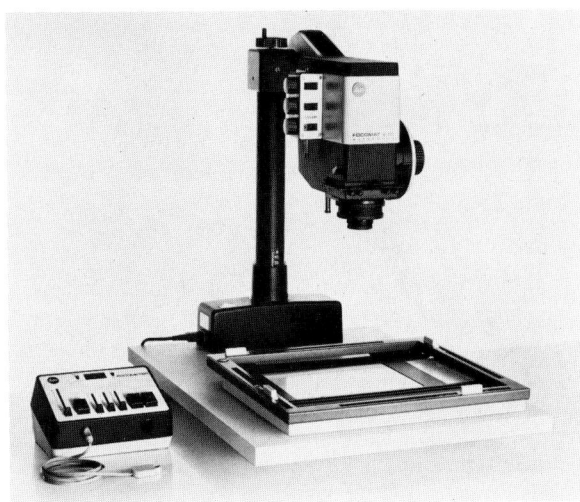

Abb. 271: Der Focomat V35 Autofocus.

erwärmt sich die Vorlage in der Bildbühne nur unwesentlich. Alle Bedienungselemente bleiben kühl. Alle stromführenden Teile, aber auch alle beweglichen Gelenke sind staub- und berührungssicher abgedeckt. Auf dem Grundbrett und im Labor liegen keine hinderlichen Verbindungsleitungen. Der Niedervolt-Transformator ist fest im Fuß des Vergrößerungsgerätes eingebaut.

Leitz-Modulen für Farbe und Schwarzweiß

Der Color-Modul des Vergrößerungsgerätes Focomat V35 Autofocus ist eine Filtersteuereinheit, die für Farbvergrößerungen konzipiert wurde und sich voll in den Beleuchtungskopf integrieren läßt. Die Anzeigenskala für die Dichte-Werte der dichroitischen Filter ist farblich gekennzeichnet und von innen beleuchtet. Die Bedienungsknöpfe befinden sich auf der linken Seite des Beleuchtungskopfes und sind auch im Sitzen sehr einfach zu bedienen. Die subtraktiven Farbkorrektur-Filter werden über Kurven gesteuert und sind stufenlos einstellbar. Die präzise Abstimmung der errechneten Kurven garantiert die hohe Linearität der Filtersteuerungs-Werte über den gesamten Bereich. Alle drei Filter — Y = Yellow (Gelb), M = Magenta (Purpur) und C = Cyan (Blaugrün) — können gleichzeitig unter Beibehaltung der programmierten Filterwerte, aus dem Strahlengang geschwenkt und selbstverständlich im programmierten Zustand auch wieder eingeschwenkt werden. Der Filterdichtebereich des Color-Moduls erstreckt sich über 200 densitometrische Dichteeinheiten. Das entspricht 288 CC-Dichten nach Kodak oder 400 Agfa-Dichten. Damit sind alle

Filterprobleme gelöst und keine zusätzlichen Filter mehr erforderlich.

Bei der Schwarzweiß-Ausführung des Vergrößerungsgerätes ist das schwenkbare Rotfilter Bestandteil eines Moduls, der im Beleuchtungskopf anstelle des Color-Moduls zwischen Lampe und Lichtkammer eingesetzt wird. Er kann mit einem Handgriff schnell und einfach gegen die Farbfilter-Steuereinheit ausgetauscht werden.

Ist der Focomat V35 Autofocus als Color-Vergrößerungsgerät ausgerüstet, ist ein Schwarzweiß-Modul nicht unbedingt erforderlich, denn das Rotfilter läßt sich leicht aus den Farben Gelb (Y) und Purpur (M) mischen. Beide Filter werden in diesem Fall auf den höchsten Filterwert (200) eingestellt. Bis zu 20 sec kann das Schwarzweiß-Vergrößerungspapier diesem Licht ausgesetzt sein, ohne daß Spuren einer Vorlichtung sichtbar werden. Also lange genug, um vor der Belichtung des Papiers dessen Lage zu überprüfen. Mit dem Color-Modul können darüber hinaus auch Schwarzweiß-Vergrößerungen auf Papier mit variabler Gradation belichtet werden (Yellow- oder Magenta-Filterung).

Spezialobjektive für Vergrößerungen

Speziell für das Vergrößerungsgerät Focomat V35 Autofocus wurde von Leitz ein Hochleistungs-Weitwinkel-Vergrößerungsobjektiv gerechnet, das WA-Focotar 1:2,8/40 mm. Es handelt sich dabei um einen 5linsigen, abgewandelten Gaußtyp. Spezielle, bei Leitz entwickelte Gläser absorbieren die Ultraviolett-Strahlen. Der hohe Kontrast, das große Auflösungsvermögen und die exzellente Farbdifferenzierung des Objektivs ergeben eine brillante Wiedergabe. Zusammen mit der Beleuchtungseinrichtung, die speziell auf das WA-Focotar abgestimmt ist, wird eine optimale Wiedergabe bei Blende 5,6 — 8 erreicht. Das WA-Focotar 1:2,8/40 mm kann wahlweise auf rastende oder kontinuierliche Blendeneinstellung umgestellt werden. Die an der Blendenskala eingestellten Werte sind von innen beleuchtet. Das Objektiv läßt sich über einen Rändelring immer in die optimale Ableseposition stellen.

Verglichen mit einem 50 mm-Focotar ergibt sich mit dem WA-Focotar 1:2,8/40 mm bei gleichem Arbeitsabstand 30% mehr Vergrößerung und 70% mehr Bildfläche.

Vergrößern leichtgemacht

Das sinnvolle Zubehör zum Focomat V35 Autofocus erleichtert das Arbeiten in der Dunkelkammer. Für Schwarzweiß- und Farbvergrößerungen hat sich der

Abb. 272: Für viele Fotografen gilt: Das Bild entsteht erst in der Dunkelkammer! Papiergradation und Ausschnitt bestimmen, Nachbelichten und Abwedeln zählen dabei zu den wichtigsten Handlungen, die das Bild beeinflussen. Verfremdungen in Farbe und Schwarzweiß gehören ebenfalls dazu. Auch wenn sich einige professionelle Labors auf diese „Spielereien" verstehen, so hat doch die eigene Arbeit viele Vorteile. Von den Kosten einer Auftragsarbeit abgesehen, können unmittelbare Eingriffe in den Prozeß des Entstehens nur in eigener Dunkelkammer erfolgen. Die hier gezeigte Foto-Grafik (rechts) entstand vom Negativ einer normalen Aufnahme (links). Auf Äquidensiten-Film, der unter dem Namen Agfa-Contour im Foto-Fachhandel erhältlich ist. Beide Abbildungen: Agfa-Gevaert AG.

Belichtungsautomat Leitz-Focometer bewährt. Er bietet elektronische Lichtmessung mit automatischer Umrechnung in die entsprechende Belichtungszeit und digitale Anzeige dieser errechneten Zeit. Sie kann bis zur nächsten Messung gespeichert werden. Der Focometer kann für selektive und integrale Messung eingesetzt werden. Letztere erfolgt über eine Streuscheibe vor dem Objektiv. Die beleuchteten Bedienungselemente (Taster) sind auch im Dunkeln einfach zu finden.

Wenn auf eine Lichtmessung verzichtet werden kann, z. B. bei Schwarzweiß-Vergrößerungen, oder wenn bereits eine derartige Einrichtung, z. B. in Verbindung mit einem Color-Analyser vorhanden ist, ist der Leitz-Focotimer als elektronische Belichtungsschaltuhr mit digitaler Leuchtanzeige unentbehrlich.

Für beide Geräte gilt: Die ermittelte bzw. eingestellte Zeit ist in der Anzeige sichtbar und läuft nach dem Auslösen im Zeitmaß rückwärts bis zur Stellung 000. Durch wiederholtes Drücken des Zeittasters kann man den Ablauf stoppen und die ermittelte bzw. eingestellte Zeit erscheint automatisch wieder in der Anzeige. Während des Ablaufs kann über die Schiebeschalter eine neue Zeit eingegeben und im Anschluß abgerufen werden. Die Geräte besitzen zwei Zeitbereiche. Der Sekundenbereich erstreckt sich von 0,1 bis 99,9 sec, einstellbar in 0,1 Sekunden-Schritten; der Minutenbereich erstreckt sich von 0,01 bis 9,99

min, einstellbar in 0,01 Minuten-Schritten. Der Langzeit-Bereich kann auch für die Überwachung von Entwicklungsprozessen benutzt werden. An beiden Geräten kann ein Fußschalter angeschlossen werden. Beide Geräte verfügen über eine Steckdose, an die der Focomat V35 Autofocus angeschlossen wird. Die Elektronik von Focometer und Focotimer ist in MOS-Technik aufgebaut und speziell gegen Störungen vom Netz gefiltert. Die Ausgangsleistung beider Geräte beträgt 440 VA.

Zum weiteren Zubehör gehören ein Spannungskonstanthalter, der bei Farbvergrößerungen empfehlenswert ist, wenn große Netzschwankungen vorhanden sind.

Ein Diahalter für gerahmte Diapositive 5 × 5 cm ist neben den normalen Negativhaltern 24 × 36 mm (als Ersatz), 28 × 28 mm und 13 × 17 mm ebenfalls verfügbar. Außerdem ist ein glasloser Negativhalter 24 × 36 mm sowie ein Doppelglashalter 24 × 36 mm lieferbar.

Leitz Focomat IIc

Für professionelle Fotografen und Amateure, die auch mit Mittelformat-Kameras fotografieren, hat Leitz das Vergrößerungsgerät Focomat IIc geschaffen. Es bietet ein Höchstmaß an optischer Leistung und Bedienungskomfort, wobei besonderer Wert auf Stabilität und Robustheit bei einfacher Bedienung gelegt wurde. Sie ist die Gewähr dafür, daß die Feinheiten und

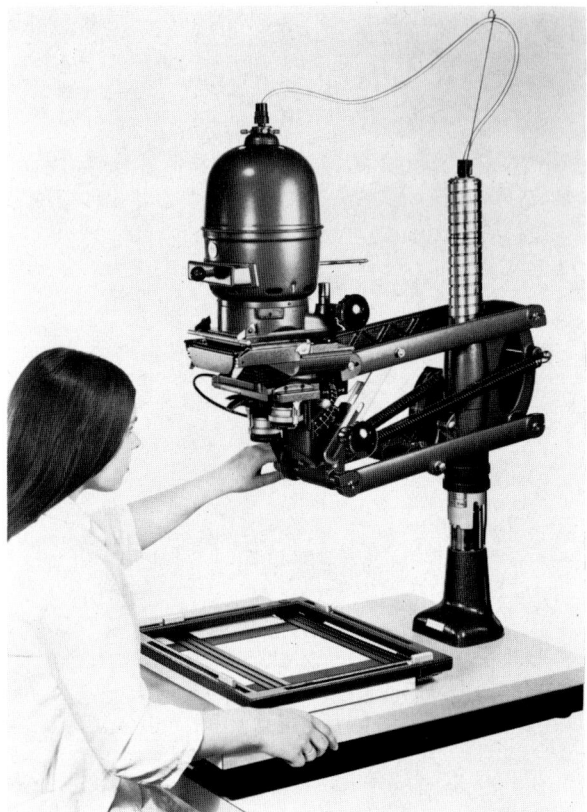

Abb. 273: Der Focomat IIc.

zielen, sind drei Raststellungen für den Objektivträger, der in der Höhe verschiebbar ist, angebracht. Ein Beschädigen der ausgeschalteten Steuerungsorgane wird durch die federnde Rastung ausgeschlossen.

Automatische Scharfeinstellung

Der Bereich der automatischen Scharfeinstellung erstreckt sich beim Objektiv Focotar 1:4,5/60 mm von ca. 2- bis 11fach, beim Focotar-2 1:5,6/100 mm von ca. 1,5- bis 6fach. Vergrößerungen außerhalb der automatischen Scharfeinstellung sind durch Höherstellen des Beleuchtungskopfes an der Säule mit dem Focotar 60 mm bis 16fach und mit dem V-Elmar 100 mm bis 8,6fach herzustellen. Zusätzlich lassen sich Abbildungsmaßstäbe bis 1:1 und Verkleinerungen bis 1:2,5 erreichen. Durch entsprechendes Zubehör ist damit z. B. ein bequemes Umkopieren von 6 × 9-Aufnahmen auf das Format 24 × 36 mm möglich.

Die Parallelogrammführung bietet ein leichtes und schnelles Verstellen des Beleuchtungskopfes. Sie hat besonders verwindungssteife, gut gelagerte Hebel und Gewichtsausgleichsfedern. Der Beleuchtungskopf läßt sich in jeder beliebigen Höhe innerhalb des gesamten Schwenkbereiches sicher arretieren. Das Lampengehäuse sorgt für eine außerordentlich wirksame Wärmeableitung und ist für Sonderaufgaben in der Höhe verstellbar. In der Normalausführung arbeitet der Focomat IIc mit einer 150 W-Bildvergrößerungslampe. Für eine Optimierung der Gleichmäßigkeit der Ausleuchtung läßt sich die Lampe in der Höhe verstellen, drehen und durch drei Feststellschrauben fixieren.

Negativformate von 13 × 17 mm bis 6 × 9 cm

Die Grundausrüstung beinhaltet einen Negativhalter, mit dem alle gängigen Formate von 13 × 17 mm bis 6 × 9 cm verarbeitet werden können. Auf Bestellung ist außerdem eine spezielle Filmanpreß-Vorrichtung mit einseitigem Glasandruck für die Verarbeitung von 35 mm Kleinbildfilm lieferbar.

Zur Negativabdeckung dienen feste Formatblenden, die es für die gängigsten Formate von 13 × 17 mm bis 6 × 9 cm gibt. Die Blende 6 × 9 cm ist fest eingebaut. Alle Blenden lassen sich bequem in den Negativhalter einschieben. Beim Wechsel der Negativhalter bleibt die eingestellte Schärfe unverändert, so daß sich ein Nachstellen der Objektive erübrigt. Für Vergrößerungen von Glasnegativen 6,5 × 9 cm und 7 × 7 cm steht ein besonderer Halter zur Verfügung. Einzelnegative können auch in eine spezielle Doppelglasplatte eingelegt werden, die an die Stelle des Negativhalters eingesetzt wird. Der Focomat IIc ist auch für

Vorzüge sowie die universelle Verwendbarkeit dieses hochwertigen Präzisionsgerätes auch über viele Jahre voll ausgenutzt werden kann.

Der Focomat IIc ist mit den Objektiven Focotar 1:4,5/60 mm (für Kleinbildformat) und Focotar-2 1:5,6/100 mm (für das Mittelformat) ausgerüstet, die speziell für den Nahbereich korrigiert sind, und zwar sowohl für Farbe als auch für Schwarzweiß. Beide Spezialobjektive sitzen in einem Objektiv-Wechselschieber und stellen sich im entsprechenden Schwenkbereich des Beleuchtungskopfes automatisch auf die höchste Schärfe ein. Ein einziger Handgriff bewirkt den Objektivwechsel und das Umschalten der automatischen Objektivsteuerung. Wechselschieber und Steuerkurvenabgriff sind durch Bowdenzug miteinander gekuppelt. Die Führungen für Objektivträger und Wechselschieber sind rollengelagert.

Für Sonderzwecke (z. B. Entzerren) kann die automatische Objektivsteuerung ausgeschaltet werden. Um dabei einen möglichst großen Verstellbereich zu er-

Elektronenmikroskop-Aufnahmen vorgesehen. Dafür gibt es Einsätze mit vergrößertem Ausbruch zur Aufnahme der Doppelglasplatte 10 × 22 cm und Negativblenden in den Formaten 62 × 65 mm, 79 × 93 mm und 76 × 95 mm. Für Platten im Format 3 1/2 × 4 Zoll (83 × 102 mm) wird ein Einsatz mit Verlauffilter und Schneckengangraste für das Nutzformat 76 × 95 mm benötigt.

Farbvergrößerungen

In Verbindung mit Focomat IIc sind die gängigen Farbmischköpfe der Firmen Agfa, Durst und Chromega sowie die auf dem Markt angebotenen Color-Analyser, z. B. von Wallner, verwendbar. Der Focomat IIc besitzt außerdem einen Filterschieber zum Einlegen von Korrekturfiltern 12 × 12 cm. Die Filter lassen sich mit Hilfe der Abhebevorrichtung leicht auswechseln.

Für Farbvergrößerungen hat sich die besonders lichtstarke Vergrößerungslampe von 250 W bewährt. Wesentlich ist dabei das Konstanthalten der Stromspannung. Die Benutzung eines Spannungskonstanthalters ist deshalb immer angebracht, wenn Schwankungen im Stromnetz nicht ausgeschlossen werden können.

Für das Vergrößern von Farbnegativen im Format 6 × 9 cm ist die Verwendung eines zusätzlich lieferbaren Verlauffilters empfehlenswert. Durch diesen Verlauffilter wird eine gleichmäßige Ausleuchtung bis in die Bildecken erreicht.

Leitz Vergrößerungsrahmen

Wichtig für ein schnelles und sauberes Vergrößern sind Vergrößerungsrahmen, die sich auch im Dunkeln einwandfrei bedienen lassen. Die Leitz-Vergrößerungsrahmen werden auf die kunststoffbeschichteten Grundplatten der Focomat-Vergrößerungsgeräte gestellt. Die Gummifüße an der Unterseite gewährleisten eine optimale Haftung bei allen Arbeiten und verhindern damit ein unbeabsichtigtes Verschieben. Der Vergrößerungsrahmen 24 × 30 cm ist durch die flache Bauweise des Rahmens und durch das Wegtauchen des seitlichen Anschlags auch für größere Papierformate als 24 × 30 cm geeignet. Die voreilende Papierklemmung, die automatische Arretierung des Rahmens in geöffnetem Zustand und das unbeschwerte Arbeiten auch bei sehr kleinen Ausschnitten und Formaten durch vier unabhängig voneinander einstellbare Randmasken sind weitere Vorzüge.

Der Vergrößerungsrahmen 30 × 40 cm ist in erster Linie für das Fachlabor geeignet. Die Randmasken sind unabhängig voneinander einstellbar und können arre-

Abb. 274: Leitz Vergrößerungsrahmen 24 × 30 cm.

tiert werden. Eine Teilung in cm und mm (oder in Zoll) ist übersichtlich angeordnet.

Selbstvergrößern — gewußt wie

Wer sich für das Selbstvergrößern seiner Negative und Dias interessiert, findet alle wichtigen Informationen darüber in entsprechenden Büchern (siehe Seite 295). Eine besondere Hilfestellung bietet auch die Firma Leitz an. Unter dem Titel „Selbstvergrößern leicht gemacht" gibt sie (gegen eine Schutzgebühr) eine Broschüre heraus, in der die verschiedenen Verarbeitungsverfahren für Farbe und Schwarzweiß in Comic strip-Manier beschrieben werden. Ein kleines Buch, 100 Seiten stark, im Format 20 × 21 cm, das sowohl dem Anfänger als auch dem Fortgeschrittenen mit ausführlichem Rat zur Seite steht, wenn mit dem Leitz Focomat V35 Autofocus gearbeitet wird.

Projektoren von Leitz

Projektionsgeräte gab es schon lange vor Erscheinen der ersten Leica. Die Laterna Magica aus dem Jahre 1659 ist wohl der bekannteste Vertreter aus der viele hundert Jahre zählenden Geschichte der Projektoren. Spezielle Kleinbild-Projektoren gibt es seit 1926. Natürlich kam auch dieser Projektor von Leitz und natürlich wurde dieser Projektor auch von Oskar Barnack, dem Erfinder der Leica, konstruiert. Er wußte, wie entscheidend das Ergebnis seiner Leica-Aufnahmen durch die Wiedergabe beeinflußt wird. Ihm war klar: Erst die optimale Vergrößerung des Kleinbild-Negativs und die optimale Projektion des Kleinbild-Dias zeigen, was in einer Leica-Aufnahme steckt. Was damals galt, gilt auch heute noch im gleichen Maße.

Alle automatischen Leitz-Kleinbild-Projektoren für Langmagazine tragen den Namen Pradovit. Durch zusätzliche Bezeichnungen werden die unterschiedli-

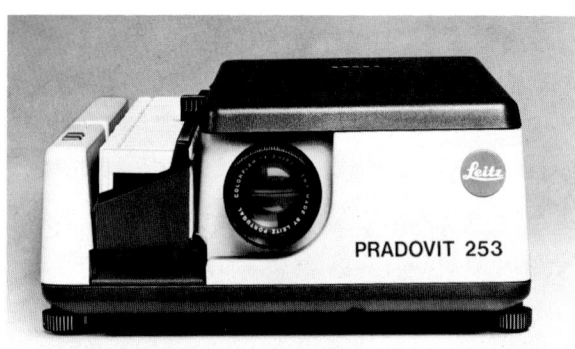

Abb. 275: Pradovit 253.

chen Konstruktionsmerkmale hervorgehoben. Die Zusatzbezeichnung „C" tragen alle „großen" Projektoren, die mit dem patentierten „Diawechsel ohne störende Dunkelpause" ausgestattet sind. Das zusätzliche „A" steht dabei für die mittlerweile bei allen Leitz-Projektoren obligatorische automatische Scharfeinstellung = Autofocus. „IR" heißt (kabellose) Infrarot-Fernsteuerung und „DU" meint, daß dieser Projektor für die Überblend-Projektion eingerichtet ist (DU = Dissolve Unit, ist die englische Bezeichnung für „Überblend-Steuergerät"). An den Zahlen „153", „253" und „2502" kann man erkennen, mit welchen Halogen-Glühlampen die Pradovit-Projektoren ausgestattet sind: **15**3 = 24V/150W; **25**3 und **25**02 = 24V/250W. Die jeweils letzte Ziffer „3" bzw. „2" kennzeichnet die Geräte als Projektoren der neuen Generation, die zwei bzw. drei verschiedene Dia-Magazine aufnehmen können.

Die Pradovit-Reihe 153 und 253

Alle Varianten dieser Projektoren-Reihe basieren auf der gleichen Grundkonzeption von robuster, dauerlaufsicherer und zuverlässiger Mechanik und hoher optischer Leistung. Alles attraktiv verpackt in einem schlag- und kratzfesten Kunststoffgehäuse von zeitlosem Design. Für strahlendhelle Projektionsbilder sorgen eine 24V/150W-Halogen-Projektionslampe beim Pradovit 153 bzw. eine solche von 24V/250W beim Pradovit 253, eine aufwendige Beleuchtungsoptik und hochkorrigierte Projektionsobjektive von 50 bis 150 mm Brennweite. Darunter auch das weltberühmte Colorplan 1:2,5/90 mm. Damit wird nach DIN 19021 ein Nutzlichtstrom von ca. 600 Lumen (153) bzw. ca. 950 Lumen (253) erreicht. Außerdem werden CF-Objektive für ungeglaste Diapositive und ein Vario-Projektionsobjektiv von 60 bis 110 mm Brennweite angeboten.

Alle Projektoren können mit den drei gebräuchlichsten, jedoch unterschiedlichen Magazin-Systemen ar-

beiten: LKM-, Gemeinschafts- und CS-Magazin. Mit einer einfachen Handbewegung werden die Projektoren Pradovit 153 und 253 vom LKM- oder CS-Magazin auf die Benutzung eines Gemeinschafts-Magazins umgeschaltet. Damit ist er für alle normgerechten Kleinbild-Diapositive optimal geeignet.

Allen Projektoren gemeinsam ist auch eine Einrichtung zur automatischen Scharfeinstellung. Dieser sogenannte Autofocus besteht aus einem opto-elektronischen System.

Als Lichtquelle dient eine Soffitten-Lampe, als Empfänger wirkt ein reaktionsschneller Doppel-Fotowiderstand. Liegt ein Dia nicht in der exakten Schärfenebene, so wird die motorische Schärfenregulierung ausgelöst. Das geht so schnell, daß es vom Betrachter kaum registriert wird. Selbstverständlich kann die Bildschärfe auch manuell über die Fernbedienung eingestellt werden. Dazu läßt sich der Autofocus einfach „überfahren" (override). Ein umständliches Aus- und anschließend wieder Einschalten entfällt damit. Beim nächsten Diawechsel wird die Autofocus-Einrichtung dann wieder automatisch aktiviert.

Zur bequemen Projektion eines einzelnen Diapositivs kann die Bildbühne der Projektoren Pradovit 153 und 253 nach oben herausgezogen und mit einem Dia bestückt werden. Außerdem läßt sich so spielend leicht ein gerade projiziertes Dia einer Serie umdrehen oder austauschen, ohne das Magazin herauszunehmen. Ein leises, jedoch äußerst wirksames Kühlgebläse und ein Wärmeschutzfilter sorgen dafür, daß die Diapositive auch bei langen Projektions-Standzeiten geschont werden. Zusatzgeräte wie Timer, Überblendsteuergeräte und Tonband sowie Fernbedienungskabel oder externe Infrarot-Steuerung werden an eine einzige, 10-polige Buchse angeschlossen.

Pradovit 153 und Pradovit 253

Die Grundmodelle haben alles, was zum Projizieren nötig ist. Einschließlich Halogenlampe, Geräteanschlußkabel und Magazin. Zwei Varianten — 220V und umschaltbar 110 bis 240V — stehen zur Auswahl. Als Zubehör gibt es einen Timer für die selbsttätige Projektion mit Dia-Standzeiten zwischen 3 und 30 Sekunden sowie eine Infrarot-Fernsteuerung.

Pradovit 153 IR und Pradovit 253 IR

Diese Projektoren haben eine eigene komfortable Infrarot-Fernsteuerung gleich von Haus aus eingebaut. Mit dem Handregiestück lassen sie sich ohne störende Kabelanschlüsse vor- und rückwärts schalten und fokussieren.

Bei völliger Bewegungsfreiheit rund um den Projektor herum beträgt die Reichweite bis zu 12 Meter. Außerdem haben diese Modelle einen Lampenschnellwechsler mit zwei Lampen, so daß im Bedarfsfall ein einfaches, schnelles Umschalten auf die Reservelampe möglich ist. Auch bei den Projektoren Pradovit IR kann zwischen zwei Varianten — 220V und umschaltbar 110 bis 240V — gewählt werden. Als Zubehör gibt es den Timer und eine Kabelfernbedienung. Zwei Halogenlampen, Geräteanschlußkabel und Magazin gehören zum Lieferumfang.

Pradovit 153 DU und Pradovit 253 DU

Diese Modelle haben einen eingebauten TRIAC zur Steuerung der Lampenhelligkeit für die Überblendprojektion. Sie sind umschaltbar von 110 bis 240V und besitzen ebenfalls den Lampenschnellwechsler mit zwei Lampen. Als Zubehör gibt es eine Kabelfernbedienung, Überblend-Steuergeräte, den Timer und die Infrarot-Fernsteuerung. Zwei Halogenlampen, Geräteanschlußkabel und Magazin gehören ebenfalls zum Lieferumfang.

Weitere techn. Daten über Pradovit 153-/253-Modelle:

Diawechseltasten am Projektor (vor- und rückwärts); schneller Diawechsel in ca. 1,2 Sekunden; störungsfreier Dia-Transport durch hartverchromte Diabahnen und sicher geführten Diagreifer (ragt nicht über das Projektorgehäuse hinaus); eingebauter Kondensor für Projektionsobjektive von 50 bis 150 mm Brennweite; Bildfenstertemperatur nach DIN 19021: maximal 60° C; standfeste 3-Punkt-Aufstellung; Horizontalausgleich durch Höhenverstellung von zwei Rändelschrauben bis ca. 6°; am Projektorboden die Möglichkeit zur Aufwicklung der gerätefesten Anschlußleitung; schutzisoliertes Gerät (VDE- bzw. GS-Zeichen, ferner SEMKO, NEMKO, DEMKO und SEV); Länge: 295 mm, Breite: 270 mm, Höhe: 135 mm; Gewicht: Pradovit 153 ca. 4400 g, Pradovit 253 ca. 5000 g.

Pradovit CA 2502

Die Projektion ohne störende Dunkelpause ist das besondere Konstruktionsmerkmal dieses Leitz Pradovit-Projektors. Den Konstrukteuren von Leitz ist mit diesem Gerät eine richtungsweisende Entwicklung gelungen, von der in einem Fachgutachten von Privatdozent Dr. Hauke-Krey (Zentrum für Hals-, Nasen-, Ohren- und Augenheilkunde am Klinikum der Justus-Liebig-Universität Gießen) folgendes zu lesen ist: „Die Verkürzung der Dunkelpause auf 180 ms (Millisekunden) bei der Projektion von Diapositiven verhindert die Störungen, die durch längere Dunkelpausen bei der herkömmlichen Projektion ausgelöst werden. Die verkürzte Dunkelpause interferiert nicht mit dem Adaptionszustand der zentralen Netzhaut und wirkt der Wahrnehmung von Nachbildern entgegen. Eine

Abb. 276: Pradovit CA 2502.

Dunkelpause von 180 ms, wie sie der Projektor Leitz Pradovit CA bietet, kann daher als nicht störend gewertet werden."
Der Pradovit CA 2502 ist ein automatischer Kleinbild-Projektor mit Dia-Wechsel ohne störende Dunkelpause, mit Halogen-Glühlampe 24V/250W und Autofocus-Einrichtung. Die 250W-Lampe, die wie beim Pradovit 253 ebenfalls einen Lichtstrom von ca. 950 Lumen liefert, wird überall dort gebraucht, wo es auf eine höhere Lampenleistung ankommt, z. B. bei einer Projektionsbildbreite von 2 m und größer — und bei einer Projektion in nicht voll verdunkelten Räumen, z. B. bei Vorlesungen, in Seminaren usw.
Für den Pradovit CA 2502 gibt es Objektive von 35 mm bis 300 mm Brennweite; damit ist eine Anpassung des Projektors an fast alle Raumgrößen möglich.

Die verschiedenen Dia-Magazine

Die neue Generation der Pradovit-Projektoren kann wahlweise mit dem herkömmlichen Langmagazin (Gemeinschaftsmagazin) oder mit dem kompakten LKM-Magazin (Leitz-Kindermann-Magazin) benutzt werden. Dieses kompakte Magazin nimmt unterschiedlich gerahmte Diapositive (Kunststoff oder Pappe) bis 2 mm Dicke verschüttgesichert auf. Bei gleicher Länge wie das normale Langmagazin faßt das LKM-Magazin etwa 60 % mehr Dias. Das CS-Magazin nimmt nur Dias auf, die nach dem Agfa-Prinzip gerahmt sind. Diese Diapositiv-Rahmen können ohne Einschränkung auch in den beiden anderen Magazinen benutzt werden.

Auswechselbare Projektions-Objektive

Je nach gewünschter bzw. gegebener Projektionsentfernung und Schirmbildgröße (Bildwand) wird man unter den Leitz Projektions-Objektiven die „richtige"

Tabelle 30: Projektionsabstand und Schirmbildgröße bezogen auf das Kleinbildformat 24 × 36 mm.

Für die Projektion im Hoch- und Querformat ist ein quadratischer Bildschirm erforderlich, dessen Seitenlänge in Metern aus der nachstehenden Tabelle zu entnehmen ist.

		\<span\>Objektivbrennweiten in mm\</span\>							
		35	50	90	120	150	200	250	300
Projektionsabstand in m	1	0,95							
	2	1,95	1,30						
	3	2,95	1,95	1,10					
	4	3,95	2,65	1,50	1,10				
	5		3,30	1,85	1,40	1,10			
	6		4,00	2,25	1,70	1,35			
	7			2,65	1,95	1,55			
	8			3,05	2,25	1,80	1,35		
	9			3,45	2,55	2,05	1,50		
	10			3,80	2,85	2,25	1,70	1,35	
	11				3,15	2,50	1,85	1,45	
	12				3,45	2,75	2,05	1,60	
	13				3,70	2,95	2,20	1,75	1,45
	14				4,00	3,20	2,40	1,90	1,55
	15					3,45	2,55	2,05	1,70
	16					3,65	2,75	2,15	1,80
	17					3,90	2,90	2,30	1,90
	18					4,15	3,10	2,45	2,05
	19						3,25	2,60	2,15
	20						3,45	2,75	2,25
	21						3,60	2,85	2,40
	22						3,80	3,00	2,50
	25						4,30	3,45	2,85
	30							4,15	3,45
	35								4,00

Brennweite wählen. Sie läßt sich nach folgender Formel errechnen:

$$f = \frac{E \cdot \text{Objektgröße}}{\text{Schirmbildgröße}}$$

Dabei ist f die Brennweite des Objektivs, E die Entfernung von Projektor zur Bildwand, und als Objektgröße gilt die längere Seite des Kleinbild-Diapositivs mit 35 mm.
Bei einem Projektionsabstand von z. B. 5 m (5000 mm) und einer Bildwand von 1,80 × 1,80 m (1800 mm) wird die erforderliche Brennweite in Millimeter so ermittelt: 5000 × 35 = 175000 : 1800 = 97. Demnach kann man sowohl ein Colorplan 1:2,5/90 mm als auch ein Elmaron-P 1:2,8/100 mm wählen. Die geringen Differenzen zwischen ermittelter Brennweite und

gegebenen Objektivbrennweiten lassen sich leicht ausgleichen, wenn der Projektor um einige Zentimeter von der Bildwand weiter entfernt oder näher herangerückt wird.
Die Größe der Bildwand ist in erster Linie von der Raumhöhe abhängig. Da Diapositive normalerweise sowohl im Hochformat als auch im Querformat projiziert werden, sollte die Bildwand quadratisch sein. Bei einer rechteckigen Wand, z. B. von 2 m Höhe und 3 m Breite müßte man sich sonst auf Dias im Querformat beschränken, die dann allerdings so projiziert werden können, daß sie die Bildwand voll ausfüllen. Je größer die Bildwand ist, desto besser kommen die Dias zur Geltung!
Die kurzbrennweitigen Projektions-Objektive machen eine „große Projektion" auch bei kurzem Projektionsabstand möglich. Dazu gleich ein Beispiel: Bei einem Abstand von 3,10 m erhalten Sie mit dem Colorplan 1: 2,5/90 mm ein Schirmbild von 0,80 × 1,20 m Größe. Bei gleicher Projektionsentfernung, projiziert mit dem Elmaron P 1:2,8/60 mm, wird das Bild 1,20 × 1,80 m groß. Mit dem Elmaron-P 1:2,8/50 mm ca. 1,43 × 2,15 m und mit dem Elmaron P 1:2,8/35 mm gar ca. 2,05 × 3,10 m groß. Man kann also mit den kurzen Brennweiten 35, 50 und 60 mm auch dann noch groß projizieren, wenn die räumlichen Verhältnisse etwas knapp sind. Im umgekehrten Sinn „verkleinern" längere Brennweiten das Bild bei gleichbleibender Projektionsentfernung. So können auch große Entfernungen bei der Projektion überbrückt werden, ohne daß die Bildwand zu einem übergroßen Monstrum werden muß (siehe auch Tabelle 30).

Dia-Rahmung mit und ohne Glas
Das Lager der Dia-Fotografen ist seit langem geteilt. Die einen schwören auf geglaste Diapositive, die anderen argumentieren mit den Vorteilen der ungeglasten Dias. Tatsache ist, daß verschiedene, oft entgegengesetzte Forderungen von allen Diapositiven erfüllt werden müssen, wenn man über längere Zeiträume Freude an der Dia-Projektion behalten möchte. Die beiden wichtigsten Voraussetzungen sind:

● Diapositive müssen „atmen" können, d. h. es muß ständig ein ungehinderter Luft- und Feuchtigkeitsaustausch garantiert werden, wenn Reaktionen vermieden werden sollen, die auf dem Diapositiv zur Bildung von Flecken führen, oder gar die Leuchtkraft herabsetzen. Nur die glaslose Dia-Rahmung gewährleistet das mit Sicherheit!
● Diapositive müssen bei der Projektion exakt plan gehalten werden, wenn man eine absolute Schärfe

bis in die Bildecken fordert. Nur die Dia-Rahmung zwischen zwei Glasplatten kann das gewährleisten! Auch andere spezielle Eigenschaften kennzeichnen beide Rahmungsarten. Sie führen immer wieder zu heftigen Diskussionen, weil sie von ihren Anhängern unterschiedlich bewertet werden: da ist z. B. die glaslose Rahmung, die ohne größeren Zeitaufwand möglich ist, dafür aber die Dias nur im Magazin gegen Fingerabdrücke ausreichend schützt. Glasgerahmte Dias gewährleisten dagegen auch einzeln einen guten Schutz gegen mechanische Beschädigungen und Staub. Beim Projizieren kann allerdings die eingeschlossene Feuchtigkeit nicht mehr ohne weiteres entweichen. Sie schlägt sich dann auf den inneren Glasflächen des Dias nieder und macht sich durch vergraute Farben und verschwommene Konturen bemerkbar. Und selbst bei Verwendung spezieller Gläser wird die Bildung von farbigen Newton-Ringen nicht immer verhindert. Außerdem ist das Gewicht geglaster Diapositive erheblich größer als das von ungeglasten!

Wer also auf die bessere Projektionsqualität Wert legt, muß — jedenfalls bisher — den größeren Zeitaufwand bei der Rahmung in Kauf nehmen, kann nur besondere Gläser benutzen, die die Bildung von Newton-Ringen weitgehend verhindern, und muß die Diapositive bei Temperaturen unter +20 °C bei einer relativen Luftfeuchtigkeit von etwa 50% aufbewahren.

Natürlich gehört zur exzellenten Diaprojektion auch sehr viel Licht. Leitz hat dem Rechnung getragen, indem alle Kleinbild-Projektoren mit hervorragenden optischen Systemen für die Lichtführung ausgerüstet wurden. Und, nicht zuletzt, bestimmt das Projektions-Objektiv die Qualität des projizierten Bildes. Leitz hat deshalb eine Reihe von Hochleistungs-Projektions-Objektiven für Leitz-Projektoren entwickelt.

Die Abbildungsleistung des Leitz-Projektions-Objektives Colorplan ist z. B. bislang unübertroffen. Es hat in allen bisherigen Tests, die von unabhängigen Zeitschriften und neutralen Testinstituten durchgeführt wurden, ausnahmslos die besten Beurteilungen bekommen. Leitz bezeichnet deshalb das Colorplan 1:2,5/90 mm nicht ohne Grund als „König" ihrer Projektions-Objektive. Seit Jahrzehnten ist das Colorplan 1:2,5/90 mm das Synonym für die sprichwörtliche Leitz-Schärfe bis in die Ecken des projizierten Bildes. Die besonders detailreiche, farbrichtige und brillante Wiedergabe zeichnet nach wie vor dieses Objektiv aus. Diese Leistung kann jedoch nur ausgenutzt werden, wenn das projizierte Diapositiv exakt plangehalten wird, d. h. wenn es zwischen zwei Glasplättchen eingebettet, gerahmt wurde.

Abb. 277: Auswechselbare Projektions-Objektive.

CF-Projektions-Objektive für ungeglaste Dias

Die für Amateure so bequeme Diarahmung ohne Deckgläser, die auch bei einigen Filmfabrikaten im Entwicklungspreis mit eingeschlossen ist, kann diese Planlage aus physikalischen Gründen nicht gewährleisten. Aufgrund des Filmaufbaus, der aus einer mehrschichtigen, hygroskopischen Emulsion auf einem Trägerfilm besteht, neigt ein ohne Deckgläser gerahmtes Diapositiv dazu, sich in Abhängigkeit von Luftfeuchtigkeit und Temperatur mehr oder weniger stark durchzuwölben. Das führt zu partiellen Unschärfen im Projektionsbild, die um so deutlicher sichtbar werden, je besser die benutzten Aufnahme- und Projektions-Objektive korrigiert sind. Manchmal verändert sich sogar der Grad dieser Durchbiegung während der Projektion. Ein Effekt, der als „Poppen" ungeglaster Dias bekannt ist und besonders unangenehm auffällt.

Neben den oben geschilderten Umweltbedingungen beeinflußt im gewissen Umfang auch das aufgenommene Motiv den Grad der Durchbiegung, da sich ein stark gedecktes (dunkles) Dia etwas anders verhält als ein relativ durchsichtiges (helles). Ähnlich verhält es sich mit dem Alter eines Diapositives, da ein frisch entwickelter Umkehrfilm noch einen höheren Feuchtigkeitsanteil enthält, als ein „abgelagerter" Film.

Umfangreiche statistische Untersuchungen sowohl im Hause Leitz, als auch bei den großen Filmherstellern haben jedoch gezeigt, daß ungeglaste Dias unter Berücksichtigung der angeführten Schwankungen eine mittlere Durchbiegung mit einem Radius von ca. 280 — 300 mm aufweisen. Dieser Mittelwert wurde daher den Berechnungen der Leitz-Projektions-Objektive mit gekrümmten Bildfeld zugrunde gelegt.

Diese Objektive tragen die zusätzliche Bezeichnung „CF", die für „curved-field" steht, was soviel wie „gekrümmtes Bildfeld" heißt: Colorplan-CF 1:2,5/90 mm, Elmarit-P-CF 1:2,8/120 mm und Elmarit-P-CF 1:2,8/150 mm.

Je näher die tatsächliche Durchbiegung eines glaslosen Dias bei diesem Mittelwert liegt, desto deutlicher ist die mit den CF-Projektions-Objektiven erreichte Leistungssteigerung erkennbar; optimale Schärfe und Detailwiedergabe über das gesamte Bildfeld hinweg. Bei frischen Dias und solchen, die noch nicht projiziert wurden, tritt dieser Effekt erst nach einer gewissen Vorführdauer ein. Dies sollte besonders beim schnellen Durchprojizieren von ungeglasten Dias, die gerade aus der Entwicklungsanstalt kommen, berücksichtigt werden. In den sonstigen Eigenschaften entsprechen die CF-Projektions-Objektive völlig den bisherigen Versionen mit ebenem Bildfeld.

Damit sowohl die Freunde geglaster als auch ungeglaster Diapositive in den Genuß einer optimalen Projektion gelangen, werden von Leitz beide Objektiv-Varianten zu den Pradovit-Projektoren angeboten: Die bewährte Ausführung mit ebenem Bildfeld für die Projektion von geglasten, d. h. geebneten Diapositiven und die „curved-field"-Ausführung für glaslose gerahmte Dias. Damit bietet Leitz für alle Projektionsbedingungen optimale Objektive an.

Keine Regel ohne Ausnahme

In einigen wenigen Fällen können die CF-Projektions-Objektive allerdings auch nicht die gewünschte Schärfe über das gesamte Bildfeld bei glasloser Rahmung garantieren. Wenn z. B. bei Duplikat-Diapositiven, die als Kontaktkopien hergestellt wurden, die Schichtseite vom Objektiv abgewandt liegt, ist das nicht möglich. In solchen Fällen kann der Schärfeabfall zum Rand hin bei Verwendung der CF-Projektions-Objektive sogar noch verstärkt werden, da sich diese Dias eventuell entgegengesetzt durchwölben! Durch glaslose Plastik-Rähmchen, bei denen dem Dia durch eine besondere Ausbildung der Auflagestege und Halteklammern bewußt eine „Vorspannung" gegeben wird, kann der Schärfegewinn durch die CF-Projektions-Objektive unter Umständen geringer werden.

Projektions-Zubehör

Zu den Pradovit-Projektoren wird ein umfangreiches Zubehör angeboten, das die Projektionsmöglichkeiten erweitert und perfektioniert. Erwähnt seien hier nur die Steuergeräte DU 24M und DU 24A für die Überblend-Projektion. Umfangreiches Prospektmaterial und informative Druckschriften halten der Info-Dienst von Leitz, der Foto-Fachhandel oder die entsprechenden Landesvertretungen bereit.

Auch das sind Leitz-Projektoren

Für die verschiedenen Anwendungsbereiche in Wissenschaft und Technik liefert Leitz seit Generationen unterschiedliche Projektionseinrichtungen, die jeweils den speziellen Anforderungen angepaßt sind. Darunter z. B. Profilprojektoren für Meßzwecke. Leitz-Projektoren gehören auch seit Jahrzehnten zur Standardausrüstung der Schulen und Hochschulen. Und in den USA wird sogar ein Kleinbildprojektor für Rundmagazine angeboten, der Pradolux RT 300.

Abb. 278: Konsole und Überblend-Steuergerät DU-24A mit Aufzeichnungsmöglichkeiten für Kassette und Tonband in Verbindung mit zwei Pradovit CA 2502-Projektoren.

Abb. 279: Überblend-Einrichtung, bestehend aus zwei Projektoren 153 Pradovit DU und dem Überblend-Steuergerät DU-24M für manuelle Überblendungen.

Empfehlenswerte Foto-Literatur

Es gibt kaum einen Bereich unseres Lebens, der nicht von der Fotografie berührt oder durch die Fotografie beeinflußt wird. Entsprechend vielfältig sind die Möglichkeiten, sich fotografisch zu betätigen. Ständiger Fortschritt sorgt außerdem dafür, daß durch neue Produkte und Arbeitstechniken bessere Ergebnisse bequemer erzielt werden können. Wer sich als Fotograf vervollkommnen und seinen Wissensstand erweitern möchte, kann auf aktuelle Foto-Zeitschriften und bewährte Foto-Literatur zurückgreifen.

Mehr als tausend Foto-Bücher und Bildbände unterschiedlicher Thematik sowie mehr als ein halbes Dutzend Foto-Zeitschriften werden zur Zeit angeboten. Wer sich z. B. über das fotografische Schaffen be-rühmter Fotografen orientieren möchte, kann das anhand von Monographien tun. Wer sich für die neuesten Arbeiten aus jüngster Zeit interessiert, wird die Jahrbücher der Fotografie gerne als Nachschlagewerke benutzen. Auch historisch interessierte Foto-Fans finden eine Reihe von informativen Büchern; genauso wie die Fototechniker, die sich mehr mit den theoretischen Grundlagen der Fotografie beschäftigen möchten.

Foto-Literatur kann über Buchhandlungen oder beim Foto-Fachhändler, Foto-Zeitschriften auch am Zeitungs-Kiosk, bezogen werden. Die nachfolgend angegebenen Titel empfiehlt der Autor als Ergänzung zum vorliegenden Buch.

Foto-Zeitschriften

LEICA-FOTOGRAFIE, Umschau Verlag, Frankfurt
Die internationale Zeitschrift für Kleinbild-Fotografie wendet sich insbesondere an die Freunde der Leica: bekannte Amateur- und Berufsfotografen des In- und Auslandes berichten über ihre praktischen Erfahrungen, zeigen ihre besten Aufnahmen und geben — auch für besondere Situationen und Möglichkeiten — eine sichere technische Beratung. Man findet eine Fülle von Fotobeispielen mit Kommentaren und Anregungen. Es erscheinen Ausgaben in deutscher, englischer und französischer Sprache.

Außer den bekannten Foto-Zeitschriften, die sich mit den populärsten Gebieten der Fotografie befassen und ständig über Neuheiten berichten, ist noch eine weitere Zeitschrift von besonderer Bedeutung:

MFM, Moderne Fototechnik,
A.G.T. Verlag Thum GmbH, Ludwigsburg
Eine unabhängige Monatszeitschrift für alle Gebiete angewandter Foto-, Film- und AV-Technik.

Bildgestaltung

HUGO SCHÖTTLE: Farbfotografie für jedermann.
Leica-Fotografen aus aller Welt sind die Bild-Autoren dieser interessanten Buchreihe. In ausführlichen Bildanalysen werden die Farbfotos beschrieben und die vielschichtigen Motivbereiche dargestellt. Diese Bücher ergänzen in idealer Weise die Angewandte LEICA-Technik und gehören in den Bücherschrank eines jeden Leica-Freundes.

Bisher erschienen: Die Landschaft, Der Nahbereich, Das Porträt, Das Tier.
Jeder Band hat 96 Seiten, davon 40 Farbseiten. Umschau Verlag, Frankfurt

OTTO CROY: Praxis der Foto-Graphik
216 Seiten, Heering-Verlag, München 1977

ANDREAS FEININGER: Richtig sehen — besser fotografieren
200 Seiten Farb- und Schwarzweißabbildungen, Econ-Verlag, Düsseldorf 1977

WILLY HENGL: Zeitloses Schwarzweiß in der Fotografie
192 Seiten, 150 Schwarzweiß- und 9 Farbabbildungen, Wilhelm Knapp Verlag, Düsseldorf 1978

HARALD MANTE: Bildaufbau
Gestaltung in der Fotografie
108 Seiten, zahlreiche Schwarzweiß- und Farbabbildungen, Verlag Laterna magica, München 1977

HARALD MANTE: Farb-Design in der Fotografie
Eine Farbenlehre
108 Seiten, 75 Fotos. Otto Maier Verlag, Ravensburg 1977

CLAUDE NURIDSANY/MARIE PERENNOU: Makrofotografie
160 Seiten. Verlag Laterna magica, München 1979

Aufnahmetechnik

HELMUTH BECHTEL: Naturfotografie
240 Seiten, 60 Farbabbildungen, 42 Zeichnungen. Ulmer Verlag, Stuttgart 1979

OTTO CROY: Reproduktion und Dokumentation
Heering-Verlag, München 1975

BRAUN AG: Einfach blitzen
Herausgegeben von der BRAUN AG, Frankfurt

JOACHIM GIEBELHAUSEN: Foto- und Filmtricks in table-top-Technik
144 Seiten, 75 Farb- und 12 Schwarzweißabbildungen. Wilhelm Knapp Verlag, Düsseldorf 1978

MARKUS GRIESSER: Himmelsfotografie
Hallwag Verlag, Stuttgart 1976

RUDOLPH M. HANKE: Filterfaszination
123 Seiten, 40 Schwarzweiß- und 100 Farbabbildungen. Hamaphot 1978

THEO KISSELBACH/WINDISCH: Neue Foto-Schule
Heering-Verlag, München 1977 und Wilhelm Goldmann Verlag (Goldmann-Ratgeber 10588), München 1977

ARNOLD MELLERT/DIETRICH OPPITZ: Filter und Trickvorsätze
144 Seiten, 134 Abbildungen, davon 74 farbig. Fachverlag Schiele & Schön GmbH, Berlin 1978

OLYMPIADE DER FARBFOTOGRAFIE II
Herausgegeben von Hugo Schöttle
96 Seiten, 111 Farbabbildungen. Umschau Verlag, Frankfurt 1980

ARNIM TÖLKE: Der UR-Ringblitz
72 Seiten, 37 teils mehrfarbige Abbildungen. Paffrath & Kemper, Köln

KLAUS UNBEHAUN: Blitzlichtfotografie
Hallwag-Verlag, Stuttgart 1977

KAMILLO WEISS: Unterwasser-Fotografie
144 Seiten, 12 Farbtafeln, 86 Fotos und Zeichnungen. Busse, Herford 1979

Dunkelkammer-Technik

WILLY BEUTLER: Meine Dunkelkammer-Praxis
140 Seiten, 38 Schwarzweiß- und 12 Farbabbildungen. Wilhelm Knapp Verlag, Düsseldorf 1978

THEO KISSELBACH: Dunkelkammer-Handbuch
Grundlagen und Schwarzweiß-Technik. Heering-Verlag, München

RUDOLF SECK: Heimlabor-Praxis Color
ca. 250 Seiten. Heering-Verlag, München 1980

GÜNTER SPITZING: Das Foto-Labor
320 Seiten, 48 Farbtafeln, 112 Schwarzweißabbildungen, 200 Zeichnungen. Mosaik Verlag, München

Geschichte der Fotografie

MICHEL AUER: Kameras — Gestern und Heute
290 Seiten, 630 Abbildungen, davon 70 Seiten Farbe. EDITA S.A., Lausanne (Auslieferung: Heering-Verlag, München)

WOLFGANG BAIER: Geschichte der Fotografie
704 Seiten, 313 Abbildungen. Verlag Schirmer Mosel, München 1977

JAMES E. CORNWALL: Historische Kameras 1845—1970
Ein Handbuch für Sammler. 260 Seiten, 856 Abbildungen. Verlag für Wirtschaft und Industrie 1979

G. ROGLIATTI: Leica 1925—1975
Ein Handbuch für Sammler. 200 Seiten. EDITA S.A., Lausanne (Auslieferung: Heering-Verlag, München)

UWE SCHEID: Photographica sammeln
Kameras — Photographien — Ausrüstungen. 192 Seiten, 180 Schwarzweißabbildungen, 8 Farbtafeln. Keysersche Verlagsbuchhandlung, München 1977

Nachschlagewerke

HUGO SCHÖTTLE: DuMont's Lexikon der Fotografie
Foto-Technik — Foto-Kunst — Foto-Design. Verlag DuMont Schauberg, Köln 1978

KURT DIETER SOLF: Fotografie
Grundlagen, Technik, Praxis. (Fischer Tb. Bücher d. Wissens 6034) Fischer Taschenbuch-Verlag, Frankfurt 1976

Handbuch des Leica-Systems
Ausführliche technische Daten und Tabellen sämtlicher z. Zt. lieferbarer Fachhandels-Produkte — Kameras, Objektive, Projektoren, Vergrößerungsgeräte, Ferngläser und Zubehör. Dieser Gesamtkatalog enthält außerdem wichtige Informationen, wie z. B. die Anschriften der Leitz-Vertretungen in aller Welt. Gegen eine Schutzgebühr zu beziehen beim Leitz-Informationsdienst.

Wichtige Adressen

Leitz-Informationsdienst
der direkte Draht für technische Auskünfte:
Tel. (0 64 41) 29 24 36. Montag bis Freitag ist das Telefon von 8.00 bis 12.00 Uhr und von 13.00 bis 16.00 Uhr besetzt. Der Leitz-Informationsdienst ist auch schriftlich zu erreichen:

Leitz-Informationsdienst
c/o ERNST LEITZ WETZLAR GmbH
Postfach 20 20
6330 Wetzlar
Fernschreiber: 04 83 849
Telegramm-Anschrift: Leitz Wetzlar

Sind Reparaturen notwendig, sollten Leitz-Geräte nur von autorisierten Vertrags-Werkstätten oder direkt vom Leitz-Kundendienst instand gesetzt werden:

ERNST LEITZ WETZLAR GMBH
Technischer Service
Postfach 20 27
6330 Wetzlar
Telefon (0 64 41) 291